U0306206

中国油桐栽培学

何　方　张日清　王承南　著

中国农业科学技术出版社

图书在版编目（CIP）数据

中国油桐栽培学 / 何方，张日清，王承南著 . —北京：中国农业科学技术
出版社，2016.9

ISBN 978 - 7 - 5116 - 2718 - 6

Ⅰ. ①中⋯　Ⅱ. ①何⋯②张⋯③王⋯　Ⅲ. ①三年桐 - 栽培学　Ⅳ. ①S794.3

中国版本图书馆 CIP 数据核字（2016）第 203346 号

责任编辑　徐定娜
责任校对　李向荣

出 版 者　中国农业科学技术出版社
　　　　　北京市中关村南大街 12 号　邮编：100081
电　　话　(010) 82105169（编辑室）　(010) 82109702（发行部）
　　　　　(010) 82109709（读者服务部）
传　　真　(010) 82109707
网　　址　http：//www. castp. cn
经 销 者　各地新华书店
印 刷 者　北京富泰印刷有限责任公司
开　　本　787 mm×1 092 mm　1/16
印　　张　22.5
字　　数　423 千字
版　　次　2016 年 9 月第 1 版　2016 年 9 月第 1 次印刷
定　　价　128.00 元

作者简介

何　方

何方，江西上饶人，1931 年 4 月 5 日生。从事林业教育六十年。

何方先生 1954 年 9 月毕业于华中农业大学林业专业，同年由国家分配至湖南省林业厅，不久分配至湖南省江华林区经营管理局工作。1956 年 5 月调回湖南省林业干部学校任教。1958 年调湖南林学院筹委会工作，后调林学系任教至今。

忠诚林业教育　教书育人

1959 年 1 月 1 日湖南林学院在长沙成立。何方先生根据湖南省经济林种类多资源丰富的特点，提出开办经济林专业，并积极参与创建我国第一个经济林专业。从此，经济林教育和科研成为何方教授终生追求的事业。

何方先生 1981 年晋升为副教授，1982 年在学院始招经济林专业硕士生研究生。何方为学院经济林专业硕士研究生起草了第一个培养计划。后受林业部委托执笔起草了全国普通高等林业院校《经济林专业硕士研究生培养方案》。何方先生 1987 年晋升为教授。1992 年由何方教授执笔起草了学院申报博士点的论证材料和申报书，以及申报林业部重点实验室的报告。1993 年经国务院学位委员会审查批准在中南林学院首设经济林学科博士学位授予点，是学院"零"的突破，重点实验室也经批准，均是全国唯一的，同时何方教授被批准为学院两位博导之一。何方教授起草了中南林学院第一个博士研究生培养计划。

何方教授在六十年的教学生涯中，形成了他自己的教育思想。可以概括为：爱国、修身、读书、研究、慎思、实践 12 个字。

献身林业科研　成果累累

何方教授自 20 世纪 80 年代以后的 30 多年中，在经济林领域，先后主持了国家攻关油茶、油桐课题，国家自然科学基金、林业部、湖南省科委、湖南省林业厅重点课题等 26 项。主持制定完成油茶、油桐等林业行业标准 7 项。

1981 年由林业部批准成立经济林研究室。1987 年 5 月由林业批准晋升为中南林学院经济林研究所。有课题，有经费，有地盘，有人马，何方利教授用好机遇，带领他的科研团队，组织了全省、全国的协作攻关，他一生的能量这时才迸射出光芒，是改革开放带来的春天。先后获国家、国家教委、林业部、湖南省科技进步奖 16 项，其中国家科技进步三等一项，二等奖一项。从所获科研成果奖说明何方教授几十年来凝神静气，锲而不舍，成为了著名经济林专家。

为加速我国油桐生产的良种化进程，何方教授会同中国林科院方嘉兴副研究员，广西林科院凌麓山研究员，共同主持了由全国油桐科研协作组组织有 13 个省区 218 个单位 530 位技术人员参加的"全国油桐良种化工程"研究及推广项目。

油茶是南方重要的食用油，全国平均亩产茶油仅 3.5 kg。在专家们的建议下经林业部向国家农发办申报，批准于 1990 年开始在南方油茶 7 个主产省区实施面积 100 万亩的第一期油茶林低改工程项目。何方教授主持制订了《油茶低产林改造工程规划设计大纲》《油茶低产林改造技术规定》。

国家农发办对林业部实施油茶低改第一期工程的效益满意，又批准 1993 年开始的第二期油茶工程，1995 年又开始第三期工程。两期工程创产值 12.5 亿元。

何方教授是公认的油茶、油桐科研国内领军人物之一。他在技术上归纳起来有十大贡献，①油茶、油桐丰产栽培技术。②建立了油桐、油茶品种分类系统及良种选育程序，与优良无性系选择标准和方法。③为第一期全国油茶低产林改造工程起草了规划设计大纲和技术规定。④建立了中国油桐、油茶林地土壤分类系统。据此，建立了立地分类及立地类型分类系统。⑤研究了油茶、油桐在中国的分布区及其生态适应，完成了全国栽培区划。⑥油茶、油桐现代产业体系建设。⑦论证了在我国山区综合开发与扶贫中经济林的战略地位及技术措施。⑧经济林产业在丘陵山区农村有效地调整了产业结构，转变经济发展方式。⑨经济林产业在社会主义新农村建设中可成支柱产业。⑩在丘陵山区"两型社会"建设中经济林产业是航母。

何方教授在数十年的科研实践中，积累形成了他自己的科学研究思想，他将它概括为：调查、试验、观察、求真、思辨、创新 12 个字。

勤奋潜心治学　著述等身

何方教授六十年来，潜心治学，勤奋著述。1998 年由中国林业出版社出版《何方文集》147 万字。于 2011 年 2 月，由中国林业出版社出版《何方文集》（续集），全书 214 万字。该文集的出版是为了纪念何方教授八十华诞暨从事林业教育五十五周年。

何方教授出版个人文集、教材、专著 10 部。其中 2013 年出版《中国油茶载培》（与姚小华合作）；2015 年出版《生态文明概论》。实际由他撰写的约 700 万字。

在何方教授的著作中反映他的创新学术观点和学术贡献，主要的可以归纳如下七方面：①他从1958年开始，经过几十年的教学科研实践，在1992年由他撰写的申报经济林学科博士点的报告中，从理论上系统完整的阐明了经济林作为一个独立学科的内涵、界定、任务及发展方向与前景。②"在经济林栽培中合理利用环境资源"的学术论文，他将环境中的各个要素作为资源，在经济林栽培经营中如何科学地利用时间和空间资源。③在1990年的"生态经济林经营模式"的论文中，阐明了生态经济林的定义、意义和任务。经研究认为经济林是次生偏途演替，经济林作为植物群落，只有植被演替到一定阶段时，才能栽培经营，说明了经济林人工生态系统的特点，构建了生态经济经营模式。④1991年在"生态资源观"的文章中根据中国自然资源双重性的特点，提出生态资源观，阐明了定义、意义与任务。据此提出建立"生态资源型国民经济体系"，将天、地、物、人纳入统一的整体中。⑤1996年在"我国利用丘陵山地发展木本粮油生产的对策研究"的论文中阐明了发展木本粮油生产天时地利，发展战略与技术策略，并认为21世纪是"绿色世纪"。⑥他1995年在"可持续发展的中国经济林"一文以及后来在多篇有关可持续发展的文章中，论述了可持续发展战略在经济林建设中的指导意义和运用。⑦2007年在"现代经济林解读"一文中，提出了现代经济林理念，现代经济林产业体系结构模式。⑧2008年在"运用科学发展观指导博士研究生教育"一文中，系统地论述了在研究生教育中如何贯彻落实科学发展观。在另一文中提出了在研究生教育中如何构建社会主义核心价值体系。⑨2008年在"博士研究生教育中传承中华传统文化"一文提出在森林培育博士研究生教育中加强人文教育。⑩2006年在"自然论理学"论文中提出了概念和研究对象及其应用。

何方教授的治学方法提倡：宽容、勤奋、博学、积累、审问、慎立12个字。

终生淡泊名利 光明磊落

何方教授自志：自甘寂寞，笑对寒窗。他热爱祖国，光明磊落，胸怀开阔，诚恳待人，追求真理，献身事业，勤奋耕耘，至今八十四高龄，仍在为我国经济林事业努力奋战，成就了德高望重的一代宗师。

何方教授1961年参加中国共产党，多次评为学校优秀党员和优秀教师。1982年林业部授予有突出贡献专家，1985年评为湖南省优秀教师，1989年评为全国优秀教师。1990年湖南省政府授予优秀技术工作者，1992年享受政府特殊津贴。2009年获海峡两岸林业敬业基金奖。

何方教授主编（执行）《经济林研究》从1983年创刊至2003年移交学校终止，历时二十年。

何方自喻：头脑简单，一生糊涂，仁厚宽容，笑口常开！

张日清

张日清，汉族，1959 年 10 月生，湖南醴陵人，中国共产党党员。1982 年 7 月获经济林专业学士学位；1994 年 6 月获经济林专业硕士学位；2000 年 9 月获森林培育专业博士学位。历任中南林业科技大学涉外学院院长、资源与环境学院院长。现任中南林业科技大学经济林学科教授，博士研究生导师，国家林业局经济林育种与栽培重点实验室副主任，图书馆馆长，第四届教育部高等学校图书情报工作指导委员会委员。"湖南省普通高等院校学科学术带头人培养对象""湖南省新世纪 121 人才工程人选"。任中南林业科技大学果树学学科带头人、森林培育国家重点学科经济林栽培方向负责人。1995 年、1997 年赴美国 LSU、LA 进行业务培训和研修。

张日清先生政治思想品德优秀，治学严谨，具有较扎实的基础理论知识和较强的专业实践能力，在教育教学、人才培养、学科建设、国际合作与交流和林业科学研究中取得了突出的成绩。先后招收培养博士、硕士研究生近 40 人；主持国家自然科学基金、国家林业公益科研专项、948 引进项目和省部级重点项目 20 余项。取得油茶低产林改造、美国山核桃引种等科技成果 6 项；获湖南省、林业部科技进步二等奖 1 项、三等奖 2 项；制定油茶、榉树标准各 1 项；获发明专利授权 6 件。2007 全国林业突出贡献先进个人奖。在 HortScience、Journal of Horticultural Science & Biotechnology、Acta Horticulturae、Journal of Integrative Plant Biology、Genetics and Molecular Research、International Journal of Experimental Biology、Asian Journal of Chemistry 及省级以上刊物发表学术论文 160 余篇，编写出版经济林教材、专著 7 部。主持《经济林栽培学》湖南省精品课程 1 门，获省级以上教学个人奖 1 项，团队奖 5 项，发表教学研究论文 10 余篇。兼任中国经济林学会常务理事，《经济林研究》副主编等职务。应邀担任国际木本粮油培训班讲师多次，参加非木质林产品国际学术会议 10 余次。

主要研究领域：经济林栽培育种、林业生物技术应用、经济林景观价值研究，主要研究树种包括油茶、油桐、银杏、美国山核桃、榉树等。

主要教授课程：高级经济林栽培学专题（硕士研究生），生态经济林原理与应用（硕士研究生），农林复合经营（硕士研究生）、专业英语（本科、硕士研究生），英语科技论文写作（博士研究生）、林木研究法专题（博士研究生），经济林栽培学（本科、木本芳香油料树种）。

王承南

王承南，男，籍贯：浙江宁波，1956年12月出生于上海；1962年至1974年在长沙市完成了小学、初中、高中的学习；1975年初，到长沙县团然公社梅怡大队林场；1978年9月考入中南林学院学习，1982年7月毕业于中南林学院林学系经济林专业，毕业后留校。

毕业以来，一直从事经济林的教学与科研，1999年任中南林业科技大学林学院教授，2013年晋升为二级教授，并担任中国林学会经济林分会理事、中国油桐研究会会长、杜仲研究会副会长、中国经济林协会木本油料分会理事、全国经济林产业标准化技术委员会委员、湖南省自然科学基金评审委员会委员等社会职务。

王承南先生长期从事经济林栽培与育种的研究工作，主要研究方向：油桐、油茶、杜仲、厚朴、黄皮树、香椿等树种的栽培与育种；参加《中国油桐种质资源研究》工作，获国家科技进步三等奖，参加的"中国经济林栽培区划""中国油桐栽培区划""中国油桐土壤立地条件及土壤类型划分研究""中华人民共和国国家标准油桐丰产林"等6项科研项目并获省部科技进步三等奖；主持了林业部重点课题"油茶丰产技术及深度加工利用的研究"及"罗汉果产品质量等级""厚朴产品质量等级"二项国家标准项目；2007年以来主持国家林业局"黄皮树栽培技术规程"等林业行业标准5项，目前《黄皮树栽培技术规程》《厚朴栽培技术规程》《香椿栽培技术规程》等标准已发布实施；担任了《经济林栽培学》（第二版）教材的副主编、《中国经济林名优产品图志》常务编委、《中国经济林栽培区划》《经济林育种》《中国油桐》等专著、教材的编委等职务。近年来在《经济林研究》《中南林学院学报》《林业科技开发》等刊物发表油桐、油茶、杜仲、厚朴等经济林相关文章38篇。

前　言

我们中南林业科技大学林学院师生三教授，数十年如一日，主攻油桐科研，矢志不移，定为终生事业。我们至今无怨无悔，默默地干，勇往前闯，不求闻达。何方教授今年八十有五，一生布衣，专攻油桐，别无他求。

我们数十年来对油桐作了全面系统研究。先后研究了国内前辈油桐研究历史和成果，叙述了建国后油桐科研大事记录；研究了油桐种的分类命名演变，调查研究了全国油桐农家（地方）品种形成过程、现有品种资源、油桐农家品种分类沿革及其中优良品种类型的分类依据、形态特征与特性及栽培性状和要求，据此，提出油桐现有农家品种分类系统，作出检索表，并提出优良无性系选育方法；研究了油桐生物学特性、生长发育规律，如种仁形成油脂最佳日期，据此，提出油桐生命周期的划分和最适采收日期，是油桐栽培经营的科学依据；研究了油桐生态学特性、自然分布和栽培分布的一致性、分布区气候、土壤生态特点，据此，提出全国油桐栽培区划及立地分类系统和立地类型划分方法与应用。上述研究属应用基础研究，为油桐优质高产栽培系列技术措施提供了科学理论铺垫。据此，提出了油桐丰产栽培系列技术措施、油桐生态系统特点及生态系统管理。

油桐上山栽培后，从幼苗开始形成新桐林人工生态系统。按照建立桐林稳定生态系统和高产要求，进行无公害、绿色、可持续管理，保证生态、生产双赢。

我们探讨了油桐产业基地建设。我们组织"七五"油桐早实丰产课题协作组成员，在湖南、湖北、广西、浙江、贵州、四川、陕西7省、自治区与当地农民合作共建立13个油桐早实丰产试验基地，总面积 2 034 亩（1 亩 ≈ 666.7 m²；全书同）。6 年生桐林经检查验收，平均产量 23.84 kg/亩。当时全国桐林平均产量 8.4 kg/亩。就近辐射 6 年生桐林平均产量 17.8 kg/亩。据此，提出了油桐现代化产业系体建设方略。

先后制订《油桐栽培》技术标准 2 个。根据试验研究成果和全国油桐产区调查研究成果，在国内报刊共发表研究报告和论文 36 篇，获国家、部（省）科技进步奖 8 项。

在书中有关我们研究成果的引用，不仅仅用了结果，还想告诉读者研究方法和数据的处理运算方法，以提高结论的可信度，并让读者了解来龙去脉。

《中国油桐栽培学》是从我们数十年来先后发表的论著中系统梳理、整理而成的专著，奉献给世人，也算是为我们油桐科研画上句号。"书不尽言，言不尽意"，既济有止，未济无止，留待后人。

《中国油桐栽培学》的出版，实非我等三人之功。源从1958年在湖南林学院开始，当时何方助教一人在湘西自治州古文、永顺、大庸、保靖进行油桐生产调查研究。1959年写成第一篇有关油桐文章《湘西油桐生产调查报告》，后来油桐研究成为何方教授终身事业。

何方开始时段进行油桐科研第一个较长期合作者，是经济林教研室胡保安助教。

十年"文化大革命"期间，在广州中南林学院，何方静心凝气，完成《中国油桐栽培区划》研究报告，此报告1987年获得林业部科技进步三等奖。之后学院回迁湖南，曾在中南林学院参与"六五"油桐良种选育国家政关、"七五"油桐早实丰产国家攻关。至今，油桐科研仍未停顿。在这数十年漫长的过程中，不同的时间段，中南林学院经济林研究所油桐研究课题组，先后合作进行油桐研究的有院内师生，有院外油桐协作攻关的同志，有油桐基地的同志，在外出调查时市县配合调查的同志，共有170余人。对他们的辛劳，在此深表谢意！

前言可作为本书的导读。

本书的责任编辑中国农业科学技术出版社的徐定娜同志对文字进行了精心审改，在此特致谢意。

本书部分出版经费由中南林业科技大学森林培育国家重点学科支持。

作　者

2016 - 3 - 10

目　　录

绪　论[①]

一、油桐的理化性质

油桐原产中国，利用和栽培历史逾千年。现在世界各地所栽培之油桐，包括美洲栽培的千年桐，皆源出我国，是祖国劳动人民对世界栽培作物宝库所作的重大贡献。

油桐干种仁含油率 60% ~ 70%。桐油中主要成分是桐酸，含量达 80%，其结构式为：

$$CH_3（CH_2）_3CH = CHCH = CHCH = CH（CH_2）_7COOH$$

从结构式中看出，其具有 3 个共轭双键，所以容易氧化干燥，聚合成薄膜，具有绝缘、耐酸碱、防腐防锈等优良特性，在工业、农业、渔业、医药及军事等方面有广泛的用途。桐饼含有机质 77%，是高效有机肥料。果皮含钾量达 3% ~ 5%，可提取桐碱和碳酸钾。

油脂的理化性质取决于所含脂肪酸的种类及其数量，并决定油脂的性能。桐油的脂肪酸组成主要有 6 种：软脂酸、硬脂酸、油酸、亚油酸、亚麻酸、桐酸。软脂酸与硬脂酸是饱和脂肪酸，仅占脂肪酸总量的约 5%，其余的约 94% 为不饱和脂肪酸。桐酸占脂肪总量 80% 左右，是决定桐油性质的主要物质。以桐酸为主的不饱和脂肪酸，分别带有 1 ~ 3 个共轭双键，化学性质极为活泼，所以容易氧化干燥，聚合成薄膜，具有绝缘、耐酸性能。其开键结构特别有利于引入各类官能团，能聚合成千上万种桐油族化合物，在工业、农业、渔业、医药及军事等方面有广泛的用途。

1. 碘值（碘价）

每百克桐油吸收碘的克数，称为桐油的碘值（碘价）。油脂吸收碘的能力和吸收氧的能力是一致的，故碘值可反映油脂的干燥性能。碘值在 130 以上者，吸氧能力强，

---

① 绪论由何方编写，资料来源于油桐产品质量等级标准制订说明（何方 等，2005）。基金项目为国家林业局 2002 年下达林业行业标准计划项目，合同任务书编号：2002—LY ~ 022。后改为《油桐栽培技术规程》。

在空气中容易干燥，是为干性油。桐油的碘值在 163～173，表示每百克桐油能吸收 163～173 g 的碘。因此，桐油是优良的干性油。碘在桐油的结合是在双键位置上，每个双键处结合 2 个原子的卤素，故碘值可提供桐油中不饱和酸的含量以及干燥能力的准确信息。碘值愈高，说明不饱和脂肪酸含量多、干燥性能好。如果桐油之中掺入其他半干性油、不干性油或已酸败、变质的桐油，则碘值下降。碘值与折光指数也存在一定的联系，折光指数随碘值的升高而增大。

2. 酸值（酸价）

中和每克桐油中游离脂肪酸所需 KOH 的毫克数，称为桐油的酸值（酸价）。桐油酸值也是衡量桐油品质的重要指标，酸值愈小则品质愈好，酸值高时胶化时间不正常，影响工艺过程及产品质量，近来在外贸市场上要求桐油酸值控制在 3～6。种子或桐油贮藏过程中发生酸值提高的原因，是由于在含水量多、温度高条件下，脂肪水解酶催化发生水解反应，产生游离脂肪酸的结果。

充分成熟的种子油脂，游离脂肪酸含量低，酸值仅在 2 以下。所以应从各个环节防止其酸值提高。提早采收种仁含水量高，酸值高。所以要适时采收。

3. 皂化值（皂化价）

1 克桐油皂化时所需 KOH 的毫克数，称为桐油的皂化值（皂化价）。皂化值是表示桐油纯度和制皂时加碱量的依据。一定种类的油脂是由一定比例的甘油三酸酯组成的，其皂化值也基本上是某个定值，桐油的皂化值多在 190～195，可用于判断油脂中含脂肪酸的平均分子量。皂化值愈大，脂肪酸的平均分子量就愈小。

4. 折光指数

光线经空气射入桐油时，其入射角的正弦与折射角正弦之比，即为桐油的折光指数。折光率通常随分子量的增加而提高，不饱和脂肪酸的折光率高于饱和脂肪酸。在植物油类中，桐油折光指数最高，一般为 1.516～1.524，而同温度条件下其他多数植物油的折光指数是 1.46～1.48。当桐油掺入其他油类时，折光指数即下降。桐油的折光指数可作为判定桐油纯度的依据，亦可间接判定桐油碘值或是否酸败的参考值。充分成熟的优质种子，不仅含油量多，而且不饱和脂肪酸含量多、碘值高、酸值低、折光指数高，干燥性能好。

桐油的色泽和透明度从理论上说应是无色和透明的。但实际上难免掺入杂质及微量色素（胡萝卜素、叶绿素及其分解物等），使桐油产生微浊。桐油中含水量低、杂质少、色泽好、纯度高，则利用价值高。

5. 脂肪酸组成

桐油的脂肪酸组成是桐油质量的综合指标。优质桐油的不饱和脂肪含量高，尤其桐酸的含量高，反之则低。充分成熟的正常油桐果实，由于品种、生长条件、生育期不同，桐油主要脂肪酸组成成分大体是：软脂酸 2%～4%、硬脂酸 2%～4%、油酸4%～10%、亚油酸 7%～11%、亚麻酸 0.2%～2%、桐酸 78%～85%。

取不同成熟程度的果实，测定种仁脂肪酸组分（表绪–1）。桐油脂肪酸组分分析，要求的精确度高，必须在设备条件好的实验室进行。

表绪–1　不同时期油桐种仁脂肪酸组分　　　　　　（%）

采果日期（月. 日）	棕榈酸	硬脂酸	油酸	亚油酸	亚麻酸	桐酸
7. 24	18. 71	3. 77	6. 14	50. 11	19. 70	1. 97
8. 11	15. 49	2. 20	5. 82	43. 48	8. 52	24. 47
8. 25	8. 80	1. 82	5. 46	24. 47	4. 53	54. 92
9. 15	4. 73	2. 34	6. 84	13. 48	1. 87	71. 10
10. 10	2. 83	2. 88	5. 39	8. 65	0. 83	79. 42

据 2003 年使用湘西永顺桐油试样。分析结果见表绪–2，分析测定结果与湖南省桐油质量出口的要求（表绪–3）稍有出入。

表绪–2　桐油测定结果

指　标	测定结果
色泽和透明度	橙色透明，不溶于新制 0.4 g 重铬酸钾，溶于 100 mL 硫酸（比重 1.84）的溶液
气味	无异臭
比重	0. 940 0～0. 943 0（15.5℃）
折光指数	1. 516 8～1. 520 0（20℃）
碘值	162～170
酸值	3～8
皂化值	193～198
水分杂质	0. 35%～0. 43%
检定掺杂试验	不掺含其他油类
华司托试验	加热至 280℃，7.5min 内凝成固体，切时不粘刀
β 型桐油试验	无沉淀析出

表绪-3　湖南省桐油质量外贸出口标准

指标	测定结果
色泽和透明度	橙色透明，不溶于新制 0.4 g 重铬酸钾，溶于 100 mL 硫酸（比重 1.84）的溶液
气味	无异臭，不酸败
比重	0.936 0 ~ 0.939 5（20℃）
折光指数	1.517 0 ~ 1.522 0（20℃）
碘值	163 ~ 173（韦氏法）
酸值	3 ~ 6
皂化值	190 ~ 195
水分杂质	不超过 0.3%
检定掺杂试验	不掺含其他油类
华司托试验	加热至 280℃，7.5 min 内凝成固体，切时不粘刀，压之裂碎
β 型桐油试验	无结晶沉淀析出

据前商业部对我国桐油质量的调查统计和桐油酸价质量的调查分析（表绪-4、表绪-5），从中可以看出，桐油产地的不同，桐油品质稍有差异。

表绪-4　全国各省、市历年桐油质量调查统计（1970—1983 年）

省（直辖市）	批准（次）	代表数量（kg）	酸 价				水分及挥发物含量（%）			
			3 以内	3 ~ 5	5 ~ 7	7 以上	0.10 以内	0.10 ~ 0.15	0.15 ~ 0.20	0.20 以上
四川	465	43 744	10 008.6	30 489.6	2 773.3	542.4	38 337.2	5 406.7		
北京	38	480	175.9	150	81.6	72	122	154		
陕西	116	254	114	77.2	54.1	8.6	64.3	111	65.5	13.2
湖南	17	836.1	419.33	416.81		384.27	141.87	10	300	
上海	180	12 648.56	2 590.4	726.03	2 722	75.9	6 483.7	5 564.1	418.7	1 821
浙江	154	364.8	358.4	63.8						
合计	961	58 327.4	13 666.6	38 457.6	5 631	698.9	45 391.47	11 377.7	494.3	495.3
比例（%）			23.4	65.9	9.7	1.2	77.8	19.5	0.85	0.79

省（直辖市）	批准（次）	代表数量（kg）	杂质（%）				折光指数*		
			0.10 以内	0.10 ~ 0.15	0.15 ~ 0.20	0.20 以上	1.518 5 ~ 1.519 5	1.519 5 ~ 1.520 5	1.520 5 以上
四川	465	43 744	43 717.8	17.5			4 496.9	19 855.4	19 702.3
北京	38	480	168.7	61.2	104.4	144.4			
陕西	116	254	121.9	23.9	91.4	16.8	44.2	67.8	110.5
湖南	17	836.1	445.6	14.8	120	255.74		300.6	535.48
上海	180	12 648.56	11 736.6	616	31.6	366.8	4 061.5	5 753.8	867.7

（续表）

省（直辖市）	批准（次）	代表数量（kg）	杂质（%）				折光指数*	
			0.10 以内	0.10～0.15	0.15～0.20	0.20 以上	1.518 5～1.519 5	1.519 5～1.520 5
浙江	154	364.8					197.6	130.6
合计	961	58 327.4	56 190.6	718.6	347.4	783.7	8 800.2	26 108.2
比例（%）			96.33	1.23	0.6	1.34	15.1	44.8

注：＊表示测定时温度为20℃

表绪－5　1983年全国各省、市桐油酸价质量调查

省（自治区、直辖市）	测定份数	酸价			省（自治区、直辖市）	测定份数	酸价		
		平均	最高	最低			平均	最高	最低
四川	110	3.02		0.51	贵州	29	3.64		
北京	10	4.56			西安	65	3.21		
陕西	53	4.49			上海进出口公司	68	4.03		
湖南	17	2.57			广西壮族自治区[①]	32	4.03	12.4	
上海油司	14	4.55			合计	423	3.46		
浙江	28	1.14							

桐果采收之后，经种子的剥取、干燥、贮存、榨油，遂得桐油原（毛）油。桐油榨取方法有机械榨油及浸出法制油2种。目前生产上使用的榨油机，有液压式榨油机和螺旋式榨油机2类。浸出法制油是现代油脂工业中先进的制油方法。但目前在桐油浸出法的实用上尚存在许多技术问题，因此，桐油生产仍以压榨为主。

我国油桐生产已从传统的单纯取种子榨油，步入近代桐油深加工及产后物综合利用的新阶段。发展新工艺、研制新产品、拓宽新的应用领域，变资源优势为商品优势，已成为今后我国油桐发展战略方向。随着近代化工科学技术的发展，使用桐油研制新涂料、新型油墨、合成树脂、黏合剂、药品等已呈现广阔前景。在综合利用方面，亦有新的发展，桐饼正用于生产饲料、人造石油、农药及复合肥料；果皮用于生产糠醛、钾肥；木材用于制造轻型家具、食用菌培养基等。

民国时期至20世纪50年代，湖南洪江将桐油加热熬炼成浓稠的洪油。

二、油桐产区分布

油桐中心产区是处于武陵山、巫山、大巴土、峨眉山之中，油桐栽培分布在这些大山大岭之间，海拔300～700 m的低山丘陵的坡上。这里平缓有水源的地方是水稻

---

① 广西壮族自治区简称广西，全书同。

田，在田边田埂也零星栽有桐树。在地势平坦没有水源的地方是旱地，在旱地的周围以及在旱地上也混栽有桐树。在村前房后也栽有桐树，即是常说的"四旁四边"，到处可见群众誉称为"摇钱树"的桐树。在更高的山上则是用材林，或各类常绿阔叶林，或混杂的次生林，分层次地组成这里的自然生态系统，保护着自然生态环境。油桐在低山丘陵栽培分布的土壤主要是石灰土、紫色土、泥质页岩风化半风化的泥质土，最适宜油桐生产。红壤、红黄壤、同地黄壤也可以栽培油桐。这里具有山区的气候特点，风速小，湿度大，特别 7—8 月雨水充足，有利油桐果实的生长发育和油脂的转化积累。形成现在油桐这种网络分布的格局，是经过长期的自然选择和人类行为选择的结果。这些地方如果油桐林遭受破坏，任意更换其他树种，其适宜性远远没有油桐佳，是违反自然规律的，带来的必然是惩罚。这是我们必须具备的自然历史观。

油桐产区大多是贫困山区，在历史上桐油收入在人民群众的生产、生活中占有重要位置，有的地方人们的吃、穿、用全靠桐油，有农谚"家有千株桐，永世都不穷"，"要家富，靠种桐"。油桐产区群众有经营油桐的习惯，并且有丰富的生产经验，积累了从林地选择、开梯作埂、选择良种、桐粮间作、抚育管理、除虫灭病，直至采收贮运的系统生产技术措施，这是重要的技术财富，是发展油桐生产的良好社会基础。在山区发展油桐生产是天时、地利、人和，顺乎民心的，是农民脱贫致富建成全面小康社会的必由之路。

进入 21 世纪，我国油桐生产基本处于停顿状态。传承千年的资源性产业，眼看要断代，必须进行抢救，恢复发展。

桐油，在世界现代工业产业具有不可替代的广泛用途，国内外市场仍有一定的需求，中国桐油不能退出国际市场。桐油仍然是重要的资源。

《中国油桐栽培学》出版的意义是完整地保存中国油桐栽培产业，它蕴含老祖宗传统技术，是否能算是传统文化科技遗产尚未可论，它同时又融入现代科学理论和技术方法。我们坚信油桐产业重现昔日的辉煌，这一天不会很远，《中国油桐栽培学》定会重新出版发行，这也是我们精心撰著的初衷。

三、油桐良种化工程及实施效果

方嘉兴、何方、凌麓山主持的全国油桐科研协作组做了一件有理论和生产实践意义的大事——全国油桐良种化推广工程，这是中国油桐生产千年来空前的，但不能是绝后的，恳希后来者超越。工程包含三个方面的内容：全国油桐农家品种资源谱及良种的筛选、油桐优良无性系的选育、油桐良种化栽培推广。该成果最后由何方、方嘉兴、凌麓山汇总、整理、执笔撰写成《油桐良种化工程及实施效果》研究报告。该成果获 1993 年国家教委科技进步三等奖。

现将该研究报告刊载如下。

油桐良种化工程及实施效果①

全国油桐科研协作组

摘　要：参加全国油桐良种化工程系列研究和实施的有 13 个省区 218 个单位的 530 位专业技术人员，研究工作范围包括油桐分布区的 66 个地区 233 个县市，面积约 70 万 km²，自 1977 至 1989 年历时 13 年的研究成果，基本查清了全国 184 个地方品种，两批共选优树 1 846 株，评选出全国 71 个油桐主栽品种，选育出全国油桐优良品种 39 个；收集油桐种质资源 1 849 号，建立全国油桐基因库 5 处，地方基因库 19 处。应用数量分类方法，将全国油桐品种科学地划分为 7 个品种类群；营建母树林 14 785 亩，实生种子园、无性系种子园、杂交种子园共 9 123.6 亩，采穗圃 940.6 亩，年产良种种子 90 110 万 kg，接芽 1 000 万只以上，良种的生产能力已超过全国年造林 150 万～200 万亩的总需要量水平；良种的推广面积 184.01 万亩（占全国 1 600 万亩投产桐林的 11.5%），良种平均年产桐油 0.293 4 亿 kg（占全国年总产量 1.06 亿 kg 的 27.6%），良种平均亩产桐油 15.9 kg（为全国平均 6.6 kg 的 2.4 倍），良种推广年创产值 2.05 亿元，6 年期间共产桐油 1.76 亿 kg，计创总产值 12.32 亿元。

关键词：油桐、良种化工程、实施效果

1　研究方法

1.1　依靠我国油桐科技水平和技术队伍的优势，用统一的技术方案，在全国油桐分布区范围内，全面开展以地方种清查为中心，以优树选择及优育品种选择为重点，以种质资源收集为基础，以良种应用推广为目的，实施包含品种清查、种质收集、品种整理、良种选育、良种繁育、良种推广等环节的油桐良种化工程系列研究，组织全国进行大协作攻关。

1.2　地方品种的清查与优良品种选择相结合，与单株优良选择结合，与种质资源的收集、存贮和研究结合，建立包含品种、优树，特殊类型及其他种质材料的全国油桐基因库和省地级油桐基因库，为进一步开展良种选育研究，提供广泛的优良种基础。

1.3　在分省划片完成地方品种清查的基础上，全国集中进行品种整理。整理的第一

---

①　本论文原载于中国林学会经济林学会主编的中国林学会经济林学会第二次代表大会论文选，中国林学经济林学会，1992。

步是用数量分类方法，将全国品种进行聚类，划分品种类群，建立新的全国统一的油桐品种谱系分类系统；整理的第二步是确认各省区的油桐主要栽培品种，并评选出品质更好的优良品种。

1.4 以当地决选优树为主要供试材料，分省或分地区组织实施，广泛开展优树无性系测水平。并由中国林科院亚热带林业研究所制订了"全国油桐种质资源调查、整理技术方案"。

技术方案规定外业调查和内业初步整理后必须完成的项目内容、技术指标和测定数据，其中包括社会经济状况、自然条件、土样分析、植被及品种的评价等 11 个大项。各品种必须完成 11 个大项中的 42 个内容共 281 个技术指标的调查测定数据。

2 研究内容及结果分析

2.1 全国油桐地方品种清查、整理及资源收集

我国油桐栽培历史长、分布范围广，由于分布区内自然生态条件存在极大的差异，加之经过人工多世代的选择结果，使油桐种类在长期的系统发育、进化过程中，产生了诸如反映在生活习性、形态特征及济利用价值等方面具有明显区别的许多地方品种。例如，丰产型品种有：小米桐、葡萄桐、股爪桐、中花丛生球桐、串桐等；稳产型品种有座桐、大米桐、大蟠桐、叶里藏、独果桐、满天星等；早熟型品种主要有对年桐；丰产稳产型品种有大米桐、五爪桐、少花丛生球桐、五大吊等；此外还有适于密植栽培的窄冠桐，花果性状独特的柿饼桐等。油桐种内表现在树形、分枝习性、续发枝力、花果序类型、丛生性、适应性等特征特性的多种性，反映在品种之间往往具有基因型差异，有不同的利用价值。因此，在全国范围内开展油桐地方品种清查、收集、整理、研究和选择，是极其重要的。

20 世纪 80 年代之前，我国没有进行过有计划的统一的油桐地方品种清查与整理工作，只有四川、广西、湖南、浙江在省内部分产区进行过局部的品种调查。从 1978 年开始组织准备，先在湖南、浙江、广西等省（区）开展试点工作，然后于 1981 年 1 月，全国油桐协作组在贵阳召开"第四届全国油桐协作会议"的预备会上，根据成员单位代表的一致建议，从 1981 年起，正式组织开展全国性油桐地方品种清查和整理工作。

2.1.1 组织

本研究项目由"全国油桐科研协会"组织。中国林科院亚热带林业研究所为协作组的挂靠单位并担任协作组组长，因此具体负责本项研究任务。四川省林业科学研究所、贵州省林业科学研究所及贵州农学院、湖北省林业科学研究所、中南林学院及湖南省林业科学研究所、广西壮族自治区林业科学研究所、江苏省林业科学研究所为研究项目的参加单位，并分别为各省区的负责单位，承担实施本省区的计划研究任务。

各省区根据自己的工作量，组织相应力量，完成分省任务。

本研究课题，分别纳入各级"六五""七五"科研计划或地方课题，研究所需经费概由各省区地方资助和自筹解决。

2.1.2　技术方案

根据全国总体部署，清查是以省区划片，分成 14 个单元相对独立进行。各省区的所有外业调查，地方品种的内业初步整理与认可，大体也是分开完成的。为增加可比程度，满足全国集中整理时所需技术资料的完整性和可靠性，要求有个统一的技术方案，用同一的技术标准指导各省区外业调查及内业初步整理，以期使独立分开进行的工作，达到全国规范化的需求。

华东油桐基因库：设于浙江、福建

华中油桐基因库：设于湖南

华南油桐基因库：设于广西

西南油桐基因库：设于贵州

西北油桐基因库：设于河南。

2.1.3　外业清查工作的规模和结果

2.1.3.1　清查范围包括全国 14 个省区，油桐主要分布区的 66 个地区 233 个县，面积约 70 万 km^2。

2.1.3.2　参加清查工作的有 13 个省区林业科研、教学、生产及业务行政部门的 218 个单位 530 位技术人员。

2.1.3.3　调查中共设置标准地 1 712 块；实测固定标准株 85 500 株；采集并分析测定土壤样品 814 个。

2.1.3.4　清查出油桐地方品种 184 个；选出优树 1 846 株；收集油桐种质资源 1 849 号。

2.1.3.5　外业调查及内业整理，研究共使用经费 32.5 万元。

2.2　全国油桐地方品种的确认

所谓品种不是分类学上的类别，而是栽培植物的经济概念。品种的形成是物种系统发育过程中自然选择和人工选择的结果，离开一定的自然条件和栽培目的，作为生产资料的品种便失去原来的意义。

2.3　全国油桐种质资源的收集保存

种质资源是良种工作的基础，良种工作成就的大小，从根本上讲取决于种质资源的丰富程度。为了研究油桐物种的演化过程，认识物种系统发生的规律，了解种内遗传变异的幅度与形式，寻找直接用于生产及遗传改良的育种材料，必须进行种质资源的收集与研究工作。这是提高育种工作水平和效能，能够不断为生产提供良种的物质基础。

种质资源的实质是基因资源，对油桐采取的收集对象是包括地方品种、现行的主栽品种，优良品种，半野生类型和野生类型及人工创造的育种材料等。保存的形式是建立地栽油桐基因库的办法，分全国和地方两级建库的形式，对我国油桐种质资源进行分级贮存管理。两级基因库共收集保存资源号 1 849 个。

2.4　全国油桐基因库

其任务是分片收集保存全国主要油桐种质资源，5 片共收集保存资源号 1 239 个，子代测定及杂交育种，选育出适于各地区自然生态条件的油桐、优良无性系、优良家系及杂交种。

对评选出的主栽品种，按各省区生产发展规划，建立相应面积的母树林，生产初级良种的种苗，在生产上推广；对近 10 余年来各省区试验研究选育成功的优良品种、家系、优树无性系和杂交组合，用以建立各类种子园，采穗圃，生产高一级的良种种苗，广泛在生产上推广应用，为油桐生产的新造林良种化作出示范。

2.5　地方油桐基因库

其任务是收集保存各省区油桐种质资源，全国有省地级油桐基因库 19 处，共收集保存油桐种质资源共 610 号。

3　油桐良种选育

3.1　全国油桐主栽品种的评选

在 184 个油桐地方品种中，其适应范围、种植面积、遗传品质等方面存在一定差异。为将其中优良部分选择出来，经全国集中整理，已评选出 71 个主栽品种。主栽品种是指已经在当地油桐生产中，占有重要分量、栽培面积大、产量高、经济性状较稳定、遗传品质好的一类地方品种。

3.1.1　评选标准

A. 在该品种的主分布区内，占有油桐总体数量的 20% 以上；

B. 产量水平超过当地其他地方品种平均值的 15% 以上；

C. 具有某方面突出的优良特征、特性。

依据 3 项标准的综合评估，选出主栽品种。

3.1.2　各省区油桐主栽品种

经全国集中整理、研究，最后评选出各省区主栽品种如下。

四川省共 3 个，为四川小米桐、四川大米桐、四川立枝桐。

贵州省共 6 个，为贵州对年桐、贵州小米桐、贵州大米桐、贵州窄冠桐、贵州矮脚桐、贵州垂枝桐。

湖北省共 6 个，为湖北九子桐、湖北五子桐、湖北五爪龙、湖北小米桐、湖北大米桐、湖北郧阳桐。

湖南省共 6 个，为湖南小米桐、湖南大米桐、湖南五爪龙、湖南葡萄桐、湖南柏枝桐、湖南对年桐。

广西壮族自治区共 11 个，为广西龙胜大蟠桐、广西南丹百年桐、广西隆林米桐、广西三江五爪桐、广西隆林矮脚桐、广西都安矮脚桐、广西恭城对年桐、桂皱 27 号、桂皱 1 号、桂皱 2 号、桂皱 6 号。

陕西省共 3 个，为陕西小米桐、陕西大米桐、陕西周岁桐。

河南省共 5 个，为河南股爪青、河南五爪龙、河南叶里藏、河南大红袍、河南矮脚黄。

浙江省共 5 个，为浙江座桐、浙江五爪桐、浙江少花单生满天星、浙江中花丛生球桐、浙江多花丛生球桐。

云南省共 3 个，为云南高脚米桐、云南矮脚米桐、云南球桐。

福建省共 5 个，为福建一盏灯、福建少花丛生球桐、福建对年桐、福建串桐、福建软枝千年桐。

江西省共 5 个，为江西周岁桐、江西鸡婆桐、江西百岁桐、江西鸡嘴桐、江西千年桐。

广东省共 4 个，为广东大米桐、广东小米桐、广东对年桐、广东千年桐。

安徽省共 6 个，为安徽周岁桐、安徽独果桐、安徽大扁桐、安徽小扁桐、安徽五大吊、安徽丛果桐。

江苏省共 3 个，为江苏大米桐、江苏小米桐、江苏球桐。

3.2 全国油桐主栽品种的整理与汇编

71 个主栽品种约占现有林面积的 70% 以上，是我国油桐资源中的主要部分。为适应今后良种选育、引种及生产上直接应用的需要，协作组对主栽品种进行了规范化整理与汇编工作。为保持各主栽品种资料的真实性、可比性和完整性，根据编写提纲的标准化要求，全面地充实了所需的技术资料和测定数据，并集中采样进行桐油理化性质、脂肪酸成分的分析测定。最后按植物学特征、经济性状、生物学特性、适应性、栽培特点等项做规范化描述，每个主栽品种还附有典型花序、果序两张图。将 71 个主栽品种汇编成册，印发全国油桐各产区料研、教学及生产单位，以供应用。现选择 71 个主栽品种之一的浙江五爪桐为例，进行叙述（由方嘉兴完成）。

3.2.1 植物学特征

干型：中高干型，壮龄树高 5 ~ 7 m，径粗 10 ~ 22 cm，枝下高 0.6 ~ 0.8 m，分枝角度 55°~60°，主枝轮数 2 ~ 3 轮，轮间距离 100 ~ 120 cm，树冠多呈半椭圆形，冠幅 5.3 m（6.1 m，主干侧枝明显，枝条稀疏粗壮，壮龄旺盛生长期单位枝条发梢数 2 ~

3，顶芽长圆锥形。

花型：先叶后花型，开花期也较迟，雌性极强，花序着生于当年生短梢的顶端，由 1~8 个粗短的主花轴簇生于同一枝位点上，彼此相对独立，其上分别着生一朵雌花，形成典型的五爪桐主轴 5~8 朵纯雌花丛生花序，发育成有 5 个果左右的多轴短梗（1~3 cm）丛生果序，状如五爪，得名"五爪桐"，雌雄花比例（1~8）：0，座果率高。五爪桐典型的花果序性状大多出现于盛果期和植株树冠的中上部，随树龄增大或立地条件差、营养跟不上时，丛生性减弱，部分乃至全部表现与座桐相似的单雌花单生果序，仅能从往年残留果梗的形态来与座桐相区别；五爪桐花序的中心主花轴亦能抽发 2 级花轴分枝，并着生 1 朵雌花。

果型：中型果，圆球形或扁球形。同果序上的果实常紧密排列，果顶有皱棱，果高 6.22 cm，果径 5.69 cm，果尖 0.51 cm，果颈 0.90 cm 单果鲜重 75.03 g，平均单果含籽数 4.18 粒。

3.2.2 经济性状

纯林经营的单株产油量一般 0.8~1.2 kg，高的可达 2.0~2.6 kg，零星种植的单株产油量可达 4~5 kg；单位面积产油量 30~40 kg/亩。结果枝比例一般 70%~85%。

鲜果皮厚度 0.55 cm。气干果出籽率 56.82%，出仁率 60.85%，籽重 3.77 g，干仁含油率 64.89%。油脂理化性质：折光指数为 1.5185，酸值 0.3658，碘值 163.4，皂化值 192.6。脂肪酸主要成分：棕榈酸 2.27%，硬脂酸 2.10%，油酸 6.4%，亚油酸 8.40%，亚麻酸 0.18%，桐酸 79.64%。

3.2.3 生物学特性

个体生长发育规律：播种后 3~4 年始果，5~6 年进入盛果期，盛果期一般持续 10~15 年，18~20 年后逐渐衰老，正常寿命可达 35~45 年。

4 良种的繁育与推广

4.1 良种的繁育

根据当时油桐良种工作的基础和技术条件，采用了营建母树林、种子园及采穗圃的繁育方式。

4.1.1 母树林的营建

主要采取在主栽品种的优良林分中划定母树林。把品种纯度作为选择优良林分的首要指标，规定母树林必须是来源清楚，纯度较高的当地主栽品种。当其他条件也符合母树林的基本条件时，进一步采取留优去劣的办法划定、改造和经营。全国各省区先后共建母树林 1.478 5 亩（其中主要有广西 6 035 亩、浙江 2 000 亩、四川 2 000 亩、河南 1 500 亩、江西 1 200 亩、陕西 910 亩、湖南 613 亩、安徽 250 亩、贵州 247 亩等）。年生产 60 万~70 万 kg 油桐初级良种，可供造林 120 万~140 万亩。

4.1.2　各类种子园的营建

4.1.2.1　实生种子园　协作组确定：用于建实生种子园的材料必须经试验评选的优良品种、家系或决选优树；每片油桐种子园必须是单一品种；每片单一品种的种子园，必须由不少于 15 个家系、或 15 株优树、或 15 株优良品种代表株的子代组成，也有用不少于 30 个上述样品数建立实生种子园，结合进行家系、优树子代测定，并在测定结果后改造成高一级的种子园。供试材料的设置，注意减少近亲授粉机会，按设计尽可能拉大了距离。

4.1.2.2　无性系种子园　油桐无性系种子园，是选用单一品种中的 30 个以上优树，结合优树无性系建园的。测定工作结束后，改造成高一级的种子园。全国共有油桐无性系种子园 2 750.5 亩，占全国种子园总面积的 30.1%。

4.1.2.3　杂交种子园　油桐杂交种子园是经过试验测定，选出具有配合力高，杂种优势强的双亲本作材料嫁接建园。母本与父本的比例（2∶1）～（4∶1）配置。此类种子仅浙江省选用了 3 个组合，建立双亲本杂交种子园 300 亩。

　　上述 3 类种子园，全国共建 9 123.6 亩（其中主要有湖南 4 602 亩、浙江 1 800 亩、四川 1 152.9 亩、河南 596 亩、贵州 355 亩、安徽 210 亩、陕西 202.5 亩、湖北 150 亩等），年生产 35 万～40 万 kg 良种，可供造林 70 万～80 万亩。

4.1.3　采穗圃的营建

　　以经过正规试验测定选育的优良无性系，或杂交种优良单株作材料，营建采穗圃。用于建圃的材料繁殖成无性系苗木，以 3 m×3 m 密度定植。全国已建油桐采穗圃 940.6 亩（其中广西 449 亩、浙江 200 亩、湖南 160 亩等）。在正常情况下，每亩年生产合格的接芽 1 万～2 万芽。广西推广千年桐无性系栽培的面积大，建有的采穗圃占全国的 47.7%。采穗圃分 3 级建圃，即原种采穗圃、中心采穗圃及临时采穗圃，有效地保持了优良品种的品质，防止退化、混杂。

　　综上，我国现在已有油桐母树 14 785 亩，种子园 9 123.6 亩，采穗圃 940.6 亩，年产油桐初级、高级良种的种子 90 万～110 万 kg，高级良种接芽 1 000 万只以上每年可供造林 200 万～220 万亩。据统计，近 10 多年来全国每年新建油桐林大体是 150 万～200 万亩之间，这说明我国目前油桐良种的年生产能力，已经达到了全国新造林的总需求量水平。这是我国油桐良种工作者努力工作、协同攻关、为实现油桐新造林初级良种化目标，所作出的具有划时代意义的重大贡献，是与林业部和各省区、地、县各级行政部门的大力支持分不开的，

　　当然，目前油桐良种生产的布局尚不尽合理，各省区的良种生产量与造林需要量不够吻合，有些省区过剩，有些省区则不够。从整体看，母树林生产的种子比重大，高级良种的比重只占 1/3 左右，由初级良种化水平到局级良种化水平，尚需继续努

力，逐步提高。

4.2 良种的推广

4.2.1 推广面积

全国油桐良种的推广面积已达 184.01 万亩，其中无性系造林 24 万亩（占良种面积的 13%）。各省区推广面积分别为湖南 67.03 万亩，广西 45 万亩，河南 30 万亩，贵州 20 万亩，浙江 18.5 万亩，江西 1.2 万亩，四川 1.1 万亩，福建 1.1 万亩，其他 0.08 万亩。云南及广东未计入。推广面积的统计，三年桐为 1982 年以来推广面积的总数，千年桐为无性系造林面积的总数。

4.2.2 良种推广后的产量

良种在推广中表现的产量水平，分别由各协作省区统计上报中国林科院亚热带林研所，然后统一数字汇总。

4.2.2.1 产量测定的标准

①三年桐以 5~6 年平均产量为准，千年桐无性系造林以 6~8 年平均产量为准计量。

②良种产量是与传统混合种子造林，在相似条件下的比较；千年桐良种是无性系造林与实生种子造林产量的比较。

③每 1 000 亩设一测产单位，重点区由省地县联合验产，一般由县与生产单位共同验产。

④有组织的良种推广多点试验，其试验结果，可作为所在地区测产的依据。

4.2.2.2 产量汇总

根据各省区测算上报数字，在全国推广区内，良种年平均桐油产量分别为 10~32 kg/亩；良种的增产率分别 20%~500%。按分省折算后汇总，全国油桐良种推广的总面积 184.01 万亩，年产桐油共 2 934.46 万 kg。分省区汇总如表。

表　全国油桐良种推广面积及产量汇总

省（区）	良种推广面积（万亩）	良种年平均桐油产量（kg/亩）	年总产油量（万 kg）
湖南	67.03	13.68	916.97
广西	30.00	19.50	585.00
	15.00（皱）	30.00	450.00
河南	30.00	12.00	360.00
贵州	20.00	10.00	200.00
浙江	13.50	15.00	202.50
	5.00（皱）	32.00	160.00
江西	1.20	12.00	15.00

（续表）

省（区）	良种推广面积（万亩）	良种年平均桐油产量（kg/亩）	年总产油量（万kg）
四川	1.10	10.40	11.44
福建	0.10	17.50	1.17
	1.00（皱）	31.00	31.00
其他	0.03	10.00	0.80
合计	184.01		2 934.46

4.2.3　良种推广效益的估算

油桐良种在全国推广的面积达 184.01 万亩（占全国 1 600 万亩投产桐林的 11.5%），1984—1989 年的 6 年期间，良种平均产桐油 0.293 4 亿 kg（占全国桐油年总产量 1.06 亿 kg 的 27.6%）；良种平均亩产桐油 15.9 kg（为全国平均亩产桐油 6.6 kg 的 1.4 倍）。按目前国内市场价格每千克桐油 7 元计算，年创产值 2.05 亿元；6 年共产桐油 1.76 亿 kg，创总产值 12.32 亿元；若将这批桐油用于出口外销：按每吨 1 000～1 200 美元计算，年创汇 0.29 亿～0.35 亿美元，6 年创汇 1.76 亿～2.11 亿美元。

桐油为多用途的工业原料，桐油以原料投入电子工业、军工、漆料、印刷、农药、渔业、机械及交通车船制造行业之后，将分别增值 3～5 倍，按理论推算，6 年之中油桐良种共生产桐油 1.76 亿 kg，若全部用做工业原料，经济效益将高达 36.96 亿～61.60 亿元之巨。

5　结　论

5.1　全国油桐科学研究协作组，为加速我国油桐生产的良种化进程，充分调动全国油桐科技队伍的力量，依靠自己的技术优势，在无专项经费的条件下，通过多渠道的横向联系，努力争取地方资助，筹集研究经费 32.5 万元，在不影响各自承担各级"六五""七五"油桐攻关任务的前提下，统筹兼顾，开展了全国性的油桐地方品种清查、整理和良种选择、推广工作。研究及工程实施历时 13 年（1977—1989），参加本项研究任务的有 13 个省区林业科研、教学及业务行政部门共 218 个单位的 530 位专业技术人员（附录）。品种清查及优树选择的范围，包括全国油桐分布区内的 66 个地区 233 个县（市），面积约万 km² （占全国油桐总分布面积及 700 余个分布县的近 1/3），共设置标准地 1 712 块，实测固定标准株 85 500 株，分析测定土壤样品 814 个，其涉及面积之广，工作量之大及研究的广度、深度，是我国油桐科研大协作的一次重大成功。

5.2　研究工作在统一技术方案的指导下，开展以地方品种清查为中心，以优树选择为重点，以种质资源收集为基础，以良种选育与应用推广为目的的油桐良种化工程系列研究，取得了丰硕成果。基本查清了全国 184 个油桐地方品种，两批共决选出优树 1 846 株，整理出全国 71 个油桐主栽品种，选育出全国油桐优良品种 39 个。

5.3 收集地方品种、现行主栽品种、优良品种和优良单株、半野生类型与野生类型以及人工创造的育种材料，建立全国油桐基因库 5 处，地方基因库 19 处，集中保存了我国油桐珍贵的种质资源 1 849 号，为进一步开展良种选育提供了丰富的种质材料。

应用数量分类的方法，对全国油桐品种进行主分量分析和聚类分析，科学地将全国油桐分成 7 个品种类群，解决了长期存在的关于油桐品种归属问题上的学术分歧。

5.4 用主栽品种建立母树林 14 785 亩，年产初级良种 60 万 ~ 70 万 kg。以优良品种、家系、无性系、杂交亲本建立实生种子园、无性系种子园、杂交种子园 9 123.6 亩，年产高级良种 35 万 ~ 40 万 kg。用新育成的优良无性系、杂交种优良单株作材料，建立采穗圃 940.6 亩，年产合格的高级良种接芽 1 000 万只以上。上述 3 项，年产初级、高级良种共 90 万 ~ 110 万 kg，接芽 1 000 万只以上，每年足可供应造林 200 万 ~ 220 万亩。初高级良种的总生产能力，已经超过近 10 年全国平均每年新造桐林 150 万 ~ 200 万亩的总需要量水平，尽管目前初级良种的比重约占 65% 的多数，但从原来的用种质量水平看，从发展上看，无疑是在原有基础上的飞跃提高。这是全国油桐良种工作者，在为提高我国油桐生产良种化水平上，所做出的具有划时代意义和重大贡献。

5.5 全国油桐良种的推广面积 184.01 万亩（占全国 600 万亩投产林面积 11.5%）。1984—1989 的 6 年期间，良种平均产桐油 0.2934 亿 kg（占全国桐油总量 1.06 亿 kg 的 27.6%）；良种平均亩产桐油 15.9 kg（为全国平均亩产桐油 6.6 kg 的 2.4 倍）。按目前国内市场价格每千克桐油 7 元计算。年创产值 2.05 亿元；6 年计产桐油 1.76 亿 kg，创总产值 12.32 亿元。

四、发展油桐现代化产业体系

为适应我国国民经济现代化发展，要组桐—工—贸，油桐现代化产业体系，直接融入国家现代化建设，成为国家社会主义建设事业组成元素。要完成此项事业，必须做好下面几件事。

（一）建立油桐栽培生产基地

农户栽培经营油桐栽培产业，面积小，已不适应桐油加工企业，现代化生产中，形成小农户，大企业。油桐栽培产业要升级转型，栽培大产业对接发加工大企业。面向市场变资源优势为经济优势。要由油桐生产合作社，或种桐大户，组成油桐栽培产业基地，形成大批量优质桐油生产。

建立基地是发展油桐生产的可靠保证，可以方便使用新技术，方便投资，方便管理，是由封闭式的产品生产，转向开方式的大批量的商品生产，变资源优势为经济优势，推动油桐生产向专业化、商品化、现代方向发展。

建设5 000亩以上相对连片油桐栽培产业基地，其中包括多户林地进行林业流转。集体林地现行政行，是所有权，承包权，经营权，三权分置，原是林地不能改变使用性质，有利林地流转经营。

全国27亿亩集体林地，一般立地条件较好，多在海拔1 000 m以下，村寨附近，特别适宜栽培各类经济林，可形成在丘陵山区农村全面小康社会的支柱产业。至2015年全国建成林业专业合作社15.57万个，经营林地面积3.82亿亩。建林业专业合作社，在政策、体制、管理方面有成熟经验。组织起来，产品有销路，保护农户生产油桐的安全感。

基地是有林地，有人马，有资金，有组织的实体，形式：农户＋合作社＋基地＋企业。也可以收购周边农户生产的桐籽或桐油。

基地推进油桐现代产业建设，有五个有利于：有利于林地流转经营。农户可以林地入股，也可以出租。有利于引入企业，多渠道集资。有利于推广先进技术。有利于提供绿色、优质、足量桐油。有利于无公害生产，保护生态环境。

（二）完善市场机制，设立桐油保护价

国务院1984年将桐油按二类派购，改为三类商品放开经营，这一措施本来对活跃市场、促进流通、加速油桐生产发展是有利的。但因市场机制发育不健全，经济改革不配套，行业失控，多家经营，市场秩序混乱，流通不畅，要油买不到，有油卖不出，价格不稳，严重地挫伤了桐农和经营者双方的积极性。在外贸出口上，多家对外，不顾质量，据日本提供的检验数据：南美桐油的酸值1.37～1.61，而我国桐油酸值高于南美桐油，另外存在颜色深、透明度差等问题。这不仅影响我国桐油的信誉，而且在价格上也吃亏。

长期以来，我国桐油价格既不反映使用价值，也不反映供求关系，比价不合理。1950年每吨油价为733元，经6次调价至1981年为每吨2 600元，1984年桐油实行议购议销至今，价格一直偏低，并且波动很大，同时还受剪刀差的影响，桐农收入逐年下降。据四川涪陵地区粮食局在武隆县的调查，1985年亩产纯收益为31.50元，1986年为22.70元，1987年为17.20元，1988年为14.40元，1989年为14.20元。桐农在市场经济的影响下，迫使他们转向经营别的生产门类。要迅速改变目前桐油市场经营情况，要完善市场机制，归口经营，理顺购销关系，疏通流通渠道。桐油出口贸易归

口统一经营，及时掌握国际市场信息，保证桐油品质，迅速恢复我国桐油品质的国际信誉。

桐油购销价格要逐步理顺，调整合理的比价，提高桐农经济收益。国家除规定合理的收购指导价外，还要建立桐油收购的保护价，保护桐农的利益不受市场价格下跌的影响，提高桐农种桐的安全感和积极性。

（三）依靠科技进步

要改变我国当前油桐低效益的落后面貌，大幅度的提高经济效益，迎接其他生产门类的挑战，必须依靠科学技术的进步。要大力推广现有科技成果，贯彻执行林业行业栽培标准《油桐技术规程》中提出的各项技术措施，提高单产，增加总产。要开展桐壳、桐饼、桐油综合利用的研究和推广应用，其中特别是桐油深度加工利用的研究，是大幅度提高经济效益途径。

国家林业局应在重庆、湖南、贵州三市省各下达一项50万元油桐良种选育和丰产林为期5年的研究课题，作为技术储备，并要连续研究。

桐—工—贸，油桐现代产业建设是民生林业，同时也是生态林业，民生林业，生态林业兼备。世界上唯有油桐（经济林）产业具有如此之天然内在外延功能，内在功能是生态系统，是生态环保，外延功能是桐油生产系统是产业。

在南方丘陵山区农村油桐（经济林）具有"产业、生态、富民、文明、宜居"五赢之功，现代化之路，建成全面小康社会，美丽中国。

第一章　中国油桐生产历史沿革[①]

第一节　油桐生产历史沿革

一、历史时期

油桐（*Vernicia fordii* Hemsl.）原产中国，经过劳动人民长期栽培选育、繁育，培育出许多优良农家品种，是桐农们对世界栽培作物宝库所作的重大贡献。

中国油桐之利用及栽培历史起于何时，实属难考。如果按用漆与用桐油有关考，尧舜时代在食具、祭具上涂漆汁，则有四五千年的历史，但在当时可单用生漆不一定混配用桐油。据现已查寻到的资料，最早是在唐代陈藏器所著《本草拾遗》中记有："罂子桐生山中，树似梧桐。"该著作成于公元739年，距今有1 250年之久。北宋寇宗奭所著《本草衍义》中记有"荏桐早春先开淡红花，状如豉子花，花开成实，子可作桐油。"该著作成于公元1116年。从上文中看出，关于油桐花之形态及开花习性已有认识。13世纪意大利人马可·波罗所著《东方游记》中记有中国用桐油混石灰及碎麻用以修补船隙。明代李时珍所著《本草纲目》中记有："罂子因其实状似罂也，虎子以其有毒也，荏者言其油似荏也。"荏即苏子油，亦属干性油类。该著作于公元1578年编成，公元1590年刊印。关于油桐栽培及桐油之利用，在明代徐光启所著之《农政全书》则有较为详细的记述："江东江南之地，惟桐树黄粟之利易得。乃将旁边山场尽行锄转，种芝麻收毕，仍以火焚之，使地熟而沃。有种三年桐，其种桐之法，要二人并耦，可顺而不可逆，一人持桐油之瓶，持种一箩，一人持小锄一把，将地拨起，即以油少许滴土中，随之种置之，次年苗出，仍要耘籽一遍。此桐三年乃生，首一年犹未盛，第二年则盛矣。"又记有："种油桐者必种山茶（即油茶），桐子乏，则茶子代，较种栗利近而久。"关于油桐之利用，该书亦有记述："油桐一名荏桐，一名罂子桐，盛，循环相一名虎子，桐实大而圆，取子做桐油入漆及油器物、舱船"。该著作于公元1620年编成，1639年刻印刊行，而徐光启则先于公元1633年逝世。从上文中可见徐光启对油桐生物学特性之了解虽不尽然，但却确有所知。成书稍后的清吴其睿著《植物名实图考·长编》中记有："罂子桐荏桐虎子桐一也，今俗油桐。"

政府之大力提倡植桐，根据历史查考，约始于明朝。明《食货志》载有："洪武对命种桐、漆、棕于朝阳门外钟山之阳，总50万株。"经过数十年之努力，至明宣德三年（1428年朝阳门外所植之桐、漆、棕即达200万株。至1950年在南京孝陵卫气存有"桐园"字样的牌坊。清雍正亦曾诏令各地荒山种树，清同治五年（1869年）开始少量输往美国。1875年国外始发现桐油优良之干燥性能，可用来代替亚麻油，第二年即1876年（清光绪二年）始输往欧洲，进入国际市场。

二、民国时期

民国初（1911年）全国桐林面积已达280余万亩，是年出口桐油9 000万 kg，主要输往美国。进入20世纪20年代桐油量为47.5万 kg，年平均出口量达5 111.0万 kg，出口量占产量的84.5%。由干桐油出口量大增，植桐之利妇幼皆知，引起朝野之重视。1917年江苏省在江浦老山建立教育林场，油桐列重要之栽培树种。

民国时期，从20世纪20年代开始在国民政府大力提倡植桐者，当首推广西省，该省奖励私人开荒植桐，从1927年至1933年新造桐林18余万亩。并定桐花为广西省花，4月1日定为桐花节。其他各省亦相继推广植桐事业。湖南、江西、浙江省旧政府曾颁布植桐之奖励办法。1930年，国民政府财政部贸易会拟订了全国发展油桐生产计划，并以巨款资助川、湘、鄂、桂、黔等产桐区发展油桐生产，并同时在广西创建油桐研究所，进行良种选育和丰产栽培技术的研究。经几年努力，20世纪30年代全国桐林面积发展至700余万亩，年均产桐油达1.034 75亿 kg，年均出口6 513.0万 kg，出口量占产量的62.9%。其中1936年桐油产量高达1.368亿 kg，为民国时期最高年产量。由于四川省历史习惯以及天时地利之原因，有利油桐生产的发展，全省年产桐油达4 500万 kg，湖南年产桐油3 000万 kg。湖北、广西、浙江、贵州年产桐油皆逾1 000万 kg。

进入20世纪40年代之后，国内虽经"七·七"事变，发生抗日战争，但植桐事业仍盛不衰。国民政府农林部于1941—1943年先后建立4处经济林场（包括用材林），其中第一林场设于贵州镇远，以培植油桐为主。广西在临桂良丰建立广西油桐研究所。在粤北阳山、连山等地建立了私人植桐林场。太平洋战争爆发以后，桐油输出量逐年减少，因而影响国内桐油生产。在这期间年平均产量7 546.0万 kg，出口2 793.0万 kg，出口占产量的 37%。第二次世界大战结束以后，油桐生产复有回升，至 1949 年全国桐林面积发展至 1 132 万亩。

随着世界工业生产之发展，桐油用量日增，促进了我国油桐生产之发展。由于我国桐油品质优良，从民国初年大量出口以来，享誉世界，独霸国际市场，经数十年而不衰。长期以来，购买桐油的主要是美国、日本、西欧、中国香港和澳新地区。据统计，1937 年以前，主要是美国，年平均从我国购买桐油量是 4 200 多万 kg，占我国出口量的 64%，1938—1950 年主要是香港地区，年从我国其他地区购买桐油 2 500 多万 kg，美国占 25%，退居第二位。20 世纪 50 年代以后主要出口前苏联和东欧国家，占出口桐油量的 50%。

早在 1912 年，我国年产桐油 5 917 t，自 20 世纪 20 年代至新中国成立时的 30 年中，平均年产桐油 7 800 t，其中最高年度 1936 年为 136 800 t，至 1949 年新中国成立时下降至 96 000 t。

表 1 - 1 为统计 1912—1949 年我国年桐油出口量。1937 年以前，主要销往美国，年平均出口桐油 4 200 多万 kg，占我国出口量的 64%。1938 年以后香港从我国其他地区，年平均购买桐油 2 500 多万 kg，美国购买桐油量仅占 25%，退居第二位。

表 1 - 1　1912—1949 年中国出口桐油数量[①]

年份	出口数量（100 kg）	年份	出口数量（100 kg）
1912	352 481	1920	327 020
1913	280 408	1921	253 739
1914	365 422	1922	450 910
1915	187 693	1923	506 141
1916	311 571	1924	541 915
1917	242 739	1925	540 725
1918	295 653	1926	542 494
1919	371 011	1927	545 094
1928	661 821	1939	335 015
1929	646 910	1940	233 472
1930	705 944	1941[②]	205 778
1931	503 051	1942	24 000
1932	485 507	1943	21 000
1933	754 081	1944	3 000

（续表）

年份	出口数量（100 kg）	年份	出口数量（100 kg）
1934	652 835	1945	2 000
1935	738 865	1946	352 638
1936	867 783	1947	805 373
1937	1 029 789	1948	760 925
1938	695 777	1949[③]	168 929

注：① 全书单独提四川省者皆包含 1997 年新建制的重庆市。

②据 1950 年浙江省农业展览会资料，1941 年出口量为 1—10 月的统计数。

③1949 年出口量为 1—5 月的统计数来源于熊大桐等所著的《中国近代林业史》，由中国林业出版社于 1989 年出版。

第二节　新中国成立以来油桐生产科研概况

一、油桐生产概况

新中国成立以后，我们党和政府仍然重视油桐生产。前中央林垦部于 1950 年 2 月 27 日在北克召开的第一次全国林业工作会议上，确定林业方针任务时，油桐被确立为重点发展的造林树种之一。第一个五年计划期间，油桐生产得到迅速恢复和发展，1957 年全国桐林面积 2 266 万亩，比 1949 年的桐林面积增加 1 倍。20 世纪 50 年代平均年产桐油 1.1961 亿 kg，比 1949 年增产 58.4%，平均年出口量 4 401.0 万 kg。其中 1959 年桐油产量达 1.7 亿 kg，创油桐生产历史最高纪录，是我国油桐生产的黄金时代。

20 世纪 60 年代的桐油产量大幅度下降，年平均产桐油量只有 8 772.5 万 kg，出口 1 704.5 万 kg，仅占年产量的 19.4%，其中 1960 年桐油产量 5 300 万 kg，低于 20 年代的年平均产量，为历史低年产量。为了恢复和促进油桐生产的发展，在 60 年代期间林业部先后于 1960 年四川万县，1962 年在四川成都，1964 年在北京，召开过三次油桐专业会议。1964 年北京油桐会议是与国家计委共同召开的。是新中国成立后第一次召开的全国油桐大型会议。1978 年 4 月在北京召开了第二次大型全国油桐专业会议。1981 年由林业部在北京召开小型油桐生产座谈会。每次会议都制订了发展油桐生产的规划和相应的方针政策，有力地推动了我国油桐生产事业的发展。

在 1960 年和 1963 年两次全国油桐会议之后，经各桐产地有关省（区）的努力，1963 年营造油桐 250 万亩，仅湖南该年垦复桐林 90 万亩，桐油产量达 9 000 万 kg。1964 年 1 月第三次油桐会议之后，1964—1965 年油桐生产发展很快，各省（区）根据会议要求建立了一批油桐基地县。仅广东省在韶关地区建立万亩油桐林场 4 处。全国油桐林面积发展至 2 600 万亩。

从 1966 年开始的 10 年中，油桐生产急剧下降，至 1976 年全国桐林面积下降至 1 500 万亩，年产桐油 8 500 万 kg，低于新中国成立时的水平，造成内外供应紧张，影响着工农业生产。根据桐油出口外贸和国内供求的需要，林业部于 1978 年 4 月在北京召开了第四次全国桐油（油桐）生产专业会议。会议就油桐生产的发展作了规划，建立桐油生产基地县 101 个，产量有所突破。同时，调整了有关政策。会议结束后，国务院转发了《全国桐油会议纪要》。在《纪要》中明确地指出要将发展油桐生产当作山区建设的一项重要工作，要求各级政府认真做好。经过一系列努力，为 20 世纪 70 年代桐油产量回升奠定了基础。在党的十一届三中全会之后，举国上下经过拨乱反正，调整农村生产结构，有力地促进了油桐生产的发展。在 70 年代期间桐油年平均产量 9 718.5 万 kg，年平均出口量为 2 364.5 万 kg，出口量占年产量的 24.3%。年产量和出口量比之 60 年代虽都有回升但尚未恢复 50 年代的水平。

20 世纪 80 年代油桐生产总的趋势是发展的，1980 年全国新造桐林 402.1 万亩，全国桐林面积达 2 800 万亩，其中基地造桐林 227 万亩。这一年全国桐油产量 1.33 亿 kg，比 1979 年增产 21.2%，年产桐油 50 万 kg 以上的县达 60 个，充分显示出基地县在增加桐油总产的重要作用。为进一步促进油桐生产的发展，研究有关油桐生产政策问题，如育林费的征收、营造桐林的补助等，1981 年林业部在北京召开了一次小型的油桐生产座谈会。1990 年 11 月林业部在北京召开了一次油桐、油橄榄座谈会，这次座谈会着重研究了在新形势下油桐生产问题。

从 1981 年至 1984 年连续 4 年，全国每年新造桐林面积均在 400 万亩。全国桐林总面积达 28 万亩，年平均产桐油量 1.0 亿 kg。1985 年之后桐林面积下降，但产桐油量仍达 1.10 亿 kg，比 1984 年略有增产。1985 年之后，由于桐油产销在国内渠道不畅，外贸因价格上的原因，加之不切实际的强调经济效益，从 1986 年至 1988 年连续 3 年桐油减产，给油桐生产以不利的影响。1989 年 6 月在广东省供销商品交流会获知，桐油在国内外市场紧缺，供不应求，外贸每吨桐油价格由上年的 700 美元，上涨至 1 100 美元。1993 年初又上涨至 3 100 美元。国内价格也上涨 至每吨 4 500 元，1993 年初上涨至 12 000 元。这一市场情况的变化，给油桐生产带来新的活力。根据科学预测桐油供需量是 1.5 亿～2.0 亿 kg，1995 桐油产量仅 1 亿 kg 水平，远远没有达到饱和、过剩。

21 世纪初开始，随着工业的发展，桐油用量日增，世界各地争相引种中国油桐。

美国1902年从我国引进少量油桐种子，1905年复派员来我国考察油桐分布、栽培方法后，在美国密西西比、佛罗里达、乔治亚、阿拉巴马、路易西安纳和田纳西等州，至20世纪50年代发展至1000万株，年产桐油量达1000万kg，密西西比州占产量的一半。由于经营较集约，一般亩产桐油60~70kg。2013年美国还有人研究油桐，并有小面积油桐林。

世界上其他国家，如苏联、英国、法国、日本、印度、越南等也相继引种我国油桐，由于自然条件等原因，均成效不佳，未形成批量生产，因而停止。目前，世界上引种我国油桐成功，并仍保持一定出口桐油量的国家有阿根廷，年出口量1000万~1400万kg，巴拉圭年出口量900万~1000万kg，按照20世纪80年代国际桐油市场的贸易总量，这两个南美洲弹丸之国，与我国是三分天下。其他马拉维、巴西、马达加斯加也引种我国油桐，并形成批量生产，年产桐油100万kg左右，但70年代中期以后也没有桐油出口。

因此，在桐油国际市场上，目前能与我国竞争的只有阿根廷和巴拉圭两个国家。他们也是由个体农户经营，由于经营集约度较高，一般亩产30~40kg。油桐原产我国，我们栽培经营油桐具有天时地利人和的有利条件，21世纪，国际桐油市场应仍归我国独占。

新中国成立60多年来，油桐生产虽受挫折，几起几落，经历了20世纪50年代的恢复、发展；60年代初期上升以后下降；70年代中期以后再恢复、再发展；80年代中期下降，末期又恢复、发展，由党和政府及时制定了有关油桐生产的方针政策，复又促进了油桐的恢复发展。新中国成立以来为油桐生产召开过4次全国性的专业会议，1次小型座谈会，在所有的林业生产门类中是绝无仅有的，油桐生产总的趋势仍然是向前发展的，有成绩的，新中国成立60多年来，累计生产桐油51亿kg，外贸出口15亿kg，为我国四化建设作了极其重要的贡献。

二、油桐科研概况

（一）前人研究

有关油桐利用和栽培方法的详尽记述，当首推明代徐光启所著《农政全书》。油桐科学研究之始，是在20世纪30年代桐油出口量大增后，已有80多年历史。新中国成立前，先后进行过油桐研究的有梁希、贾伟良、林刚、陈嵘、叶培忠、陈植、马大浦、徐明、邹旭圃、毕卓君、吴志曾等人。曾在广西柳州、四川重庆、湖南衡阳等地建立过油桐研究的专业机构。开展过油桐栽培、品种、病虫害防治、桐油性质和利用等方面的研究，发表过各类论文、报告和专著百余篇，对推进我国油桐生产事业起过积极作用。

（二）科研内容

正如恩格斯所指出："科学的发生和发展从开始便是由生产所决定的。"新中国成立后，由于发展油桐生产的实际需要，在生产实践中，提出了一系列的科学技术问题，要求作出科学的解答并应用于生产，从而推动了油桐科研的发展。目前，我国从事油桐科研工作的专业机构，有亚热带林研所，有各油桐生产省（区）的林科所，地区、县林科所，高等林业院（系），有关的植物所和植物园有 40 多个，专业研究人员约有 300 人，已经形成了一支专业队伍与群众相结合的油桐科研队伍。

油桐良种选育正式列入"六五"国家攻关研究项目。"七五"国家攻关研究项目继续列入油桐良种选育外，并增列油桐丰产林的研究项目。

油桐生物学特性是基础研究，油桐栽培、选种育种都离不开对生物学特性的了解。在国内早期有贾伟良、林刚及果树学家李来荣，前中农所等都进行过研究。国外着重在开花习性、高温、低温对开花影响的研究。20 世纪 50 年代着重在物候观察的初步研究，60 年代以后才开始有分项的研究论文报告。

四川林科所对花芽分化、开花习性作过研究。华中师范学院生物系研究过果实胚胎发育。浙江研究过油桐根系。中南林学院研究过生长发育规律和油桐果实油分转化积累。

1978 年中南林学院开始湖南油桐栽培区划及立地类型划分的研究，接着陕西、四川、福建、湖北等省也作了这方面的研究。中南林学院经济林研究所 1981 年完成了中国油桐栽培区划的研究。1990 年完成油桐生物量和养分循环的研究。2001 年完成油桐产量遗传效应的研究。广西林业科学所完成了油桐生态地理分布的研究。中国林业科学研究院亚热带研究所完成了主要栽培品种脂肪酸含量、组织切片等研究。中南林学院经济林研究所、贵州农学院进行油桐密度的研究。

促进油桐丰产是全部油桐科研的中心和目的。在 20 世纪 50 年代，着重在调查总结群众丰产经验。60 年代以后，各地开始搞丰产试验研究，但多着重于栽培方面。70 年代开始，生产试验转向以良种优树为中心环节，配合建立"三保山"，系统地提出了良种优树、保持水土、绿肥覆盖等技术措施。

以往全国桐林平均亩产桐油 6~7 kg，产量是很低的。单产低的原因是：现有桐林大量荒芜，衰老桐树没有更新，品种混杂；在新造幼林中，又存在种植粗放，管理失时等问题，致使老林结果少，新林结果迟，产量自然上不去。油桐并非天然低产经济林木，在长期生产实践中，已出现很多高产典型。如贵州省正安县，全县 18 万亩桐林，平均亩产桐油 15 kg。该县的龙江 900 亩桐林，平均亩产桐油 40 kg。湖南省石门县福坪、湘西自治州林科所的桐林，平均亩产桐油 33.5 kg。广东省阳山县黄岑林场 20 亩油桐丰产林，平均亩产桐油 37 kg。广西"桂皱 27"取得了 6 年生亩产桐油近 100 kg 的试验产量水平。他们共同的主要措施是：适地移植，选用良种，及时管理。为迅速改变油桐生产的落后局面，要迅速加强现有林的经营管理，提高新造林的科学技术水平，保证达到林业部提出的平均亩产桐油 14 kg 的要求。

油桐是原产我国的重要工业油料树种，桐油是大宗传统出口商品，享誉国际市场。长期以来，油桐生产大面积单产低，据在湖南湘西自治州的调查，全州有投产桐林 120 余万亩，其中一类桐林亩产桐油 7.5 kg，占总面积的 15.6%，二类桐林亩产桐油 5～7.5 kg，占总面积的 23.0%，三类桐林亩产桐油 5 kg 以下，占总面积的 61.4%，全州平均亩产桐油 5.33 kg。究其原因，主要是品种混杂低劣，经营粗放。大面积、大幅度地提高单产，增加总产，是当务之急。据此，开展"七五"国家科技重点攻关项目"油桐早实丰产技术"的研究，该项研究是由中南林学院经济林研究所主持，有中国林科院亚热带林业研究所，广西、贵州、四川、陕西、湖北 5 省（区）林科所参加，共 7 个单位组成攻关协作组，连同试验基地共有 24 个单位，52 位科技干部参与科研攻关。攻关项目的基本内容是：从 1986 年开始至 1990 年的 5 年内完成油桐早实丰产片面 2 000 亩，从第三年开始亩产桐油 2～3 kg，进入盛果期，亩产桐油 20～25 kg。

1990 年 6 月下旬至 8 月初，由林业部科技司和中国林科院会同参加攻关单位所在省（区）的林业厅共同进行了检查验收，验收结果，油桐丰产林面积，以及各项技术指标也达到项目规定的要求，由于至计产年数太短，因而计产量延至 1991 年，1992 年 5 月初完成《油桐早实丰产技术研究报告》，并请求林业部科技司组织鉴定。1994 年获林业部科技进步三等奖。

油桐早实丰产技术的研究是"七五"国家科技重点攻关项目。项目要求从 1986 年至 1990 年的 5 年内完成油桐丰产试验林面积 2 000 亩，从第三年开始亩产桐油 2～3 kg，进入盛果期亩产桐油 20～25 kg。经 6 年的努力，实际完成丰产林面积 2 037.5 亩，超额 1.7%。从 1988 年至 1991 年 4 年间累计产桐油 89 932.8 kg，连同林地间种总收入是 582 208.6 元，扣除科研投资 30 万元（地方资助 5 万元），盈余 28 万元。丰产林产生的辐射效应，带动农户造桐林 1 万余亩。每亩多增收 30 元，则有 30 万元。油桐早实丰产技术研究，不仅为油桐生产提供应用技术，并且也直接创造经济效益。本课题所营造的丰产林获得成功的关键技术是实现了栽培良种化，应用立地类型划分的方法，正确选择宜桐林地，合理调整林分结构，运用生态系统的理论和方法，集约化经营好桐林，这是丰产的保证。同时在试验研究的过程中，贯彻执行了正确的科研指导思想和技术路线。

试验林面积和产量见表 1－2。

表1-2　油桐早实丰产试验林面积、产量统计

参加单位	最后核实完成面积（亩）	桐油总产量（kg）	1991年桐油产量 亩产	1991年桐油产量 总产量	1990年桐油总产量（kg）	1989年桐油总产量（kg）	1988年桐油总产量（kg）	总经济收益（元）合计	总经济收益（元）1991年	1989—1990年 桐油	1989—1990年 林地间种	1989年	备注
中南林学院经济林研究所	512.50	25 044.8	24.7	12 658.8	9 216.0	2 405.0	765.0	161 351.6	88 611.6	58 105.0	9 735.0	4 900.0	
中国林科院亚热带林业研究所	400.00	16 836.0	26.7	10 680.0	4 978.0	1 178.0		114 985.0	74 760.0	30 780.0	4 560.0	2 750.0 2 135.0	
广西壮族自治区林科所	400.00	22 040.0	11.3 39.4	2 260.0 7 880.0	98 000	2 100.0		137 495.0	70 780.0	59 500.0	4 800.0	2 415.0	油桐千年桐1988年只38亩产量，1991年是第五年产量
贵州省林科所	201.50	5 270.0	15.1	3 020.0	1 785.0	596.0	69.0	34 988.0	21 140.0	10 905.0	2 100.0	843.0	
陕西省林科所	200.00	8 053.0	24.4	4 880.0	2 715.0	458.0		52 287.0	34 160.0	15 865.0	1 800.0	462.0	
四川省林科所	222.00	8 308.0	18.4	4 048.0	3 102.0	913.0	245.0	52 651.0	28 336.0	20 075.0	2 640.0	1 600.0	
湖北省林科所	100.00	4 391.0	25.0	2 500.0	1 410.0	260.0	211.0	28 450.0	17 500.0	8 350.0	1 200.0	1 400.0	
合计	2 034.00	89 932.8		47 926.8	33 006.0	7 710.0	1 290.0	582 208.6	335 287.6	203 580.0	26 835.0	16 505.0	1

说明：

1. 1988、1989、1990年3年的产量是历年向林业部科技司汇报材料的产量，由于造林时间有先后，在表中不方便注明单产。
2. 1990年前桐油价按5元/kg计，1991年按7元/kg计。
3. 林地间种收益前3年累计每亩120元，后2年按20～25元计算。

以往，我国桐林大面积亩产 40 kg 油算是高产水平，但比之国外还有差距，他们亩产油 50~70 kg。国外的高产措施主要是三个方面：一是选择良种优树，嫁接繁殖；二是树体管理；三是施肥，配合使用微量元素。国外从我国引进油桐以后，即开始注意良种的选择，从中选择优良单株，采用无性系芽接繁殖，不断地进行提纯选择。

在美国油桐定植 2~3 年之内就要开始整形修剪，在适当的高度摘顶和进行疏枝，使之形成骨干枝分布匀称的盆架形。6~7 年时树体丰满进行修枝时仅清除病虫，又有人研究油桐疏果的办法来克服结果的认为每一个油桐果实的叶面积最适为 2 866 cm^2，每一株桐树可以根据这一叶面积来考虑留果实的多少。

据美国的报道，施用氮肥和石灰增加产量 22%~40%，含油量增加 5.15%。施用 N、P、K，再加石灰，可以提高产量 68%，施用量一般每亩用氮肥 50 kg、磷肥 25 kg、钾肥 60 kg。另外还要根据土壤情况，注意加施铜、锌、锰、铁、镁。除施肥、中耕除草外，还采用豆科植物进行覆盖。

我国桐油质量一贯居世界之冠，但现在急降，油质差，颜色深，透明度不够，酸价高达 7.13，而南美洲产的桐油颜色浅、酸价只有 1.37~1.61。按照国际惯例，酸价高 1，售价相应的要降低 1%。造成酸价高的原因主要是采收过时存放期长和存放不妥以及加工技术上的问题。我们要赶上先进水平，不仅要提高单产，还要提高油质。

我们针对存在的问题，根据现有条件和可能，同时借鉴国外的经验，当前各地正在开展现有林改造利用的研究，重点在垦复管理和老树更新。良种优树的选择是让新造林从一开始就建立在优良的物质基础上。在有条件的地方推行无性系嫁接繁殖，为达到适地种植，湖南准备有计划地开展油桐立地类型的调查和划分。在栽培上矮化密植，为今后机械化作好准备，积极寻找矮化砧木。无论新老桐林都要逐步过渡至"三保山"。

关于"三保山"的问题。现在一提"三保山"就一定要开梯级，否则就不算是"三保山"，这是一种误解。开梯土确实是一种水土保持的好方法，要提倡。但是不问条件，不管坡度大小，不管石山土山，不管土质，一律要开梯土，这是形而上学的做法，就会走向反面。在南方山地水土流失的原因主要是地表径流引起的。防止水土流失，从根本上说就是防止或减免地表径流。在油桐林地要减免地表径流，达到保土、保水、保肥，方法是可以多种多样的，桐区群众就创造有各种办法，经验丰富，不能视而不见。

国外在农业上推行免耕法，在油桐林地也可以研究试行免耕法。

为提高油质，要强调适时采收，改进加工榨油、炼油技术降低酸价，提高折光指数，提高桐油品质。

油桐育种工作在民国时期贾伟良、林刚虽曾进行过工作，但主要还是在 20 世纪 60

年代以后。亚热带林业研究所、江苏、浙江、四川、广西、湖南先后都进行过油桐有性杂交育种。浙江初步找出几个较好的杂交组成，如以五爪桐与少花吊桐的杂交，杂种第一代有明显的杂种优势。四川选出杂种第一代的两个优株。方嘉兴等进行了自交系育种，已至第三代，初步获得可喜的结果。

各地先后也开展了千年桐与油桐（三年桐）的种间杂交，目前还未取得有生产价值的成果。种间杂文如发生真正的精卵结合，通常 F_1 是不育的。国外曾有人希望得到开花迟的品种，以避免花期霜冻危害，采用千年桐与油桐的杂交，F_1 代仅有少量花朵，使用油桐进行重复回交，增加了可育性，国内也有 F_4 代不育现象。

育种工作从现在开始就要注意株型和抗性育种。

良种是丰产的物质基础，离开良种要达到丰产是不可能的。要选择良种，首先要摸清品种（类型）资源。20 世纪 50 年代是延续民国时的油桐品种的研究，主要工作是品种资源的清查阶段。从 20 世纪 60 年代开始，着重研究品种的分类问题和优良品种的鉴定评比，这是基础工作。70 年代以后转入优树选择。

油桐优树的选择比之其他用材和经济林本来是开展工作较晚的。广西开展工作较早，经过多年的努力，选出 4 个千年桐的高产无性系，比其他千年桐产量高出 1 倍以上。全国性的油桐选优工作是 20 世纪 70 年代才开始。1977 年 8 月在广西崇左召开了第一次全国油桐优树选择技术碰头会。会议交流了优树选择的经验，认真的讨论和研究了油桐优树的标准，选择方法和鉴定技术问题。会议对全国的油桐选优起了积极的推动作用。经过几年的选择，粗略估计全国选出各类油桐优树 2 000 余株。

1978 年，湖南根据中南林学院经济林研究所提出的油桐优标准，组织了一次全省性的优树选择活动，据 10 个主产县的统计共选出优树 460 株，全省集中评比结果选出 85 株定为全省初选优树。优树单株平均结果 988 个，其中新晃县选出一株 18 年生米桐，单株结果 4 250 个，鲜果重 165 kg，这是罕见的。各县累计优树选择的范围面积 5 万余亩，被选的桐树 20 余万株。一般优树的选择强度是千分之二，全省性的优树选择强度是万分之四。

优树无性系的测定各考都在进行，并评选出一批增 30% ~ 50% 的无性系优株。这一批无性系优株在生产中使用后，为油桐增产将会起重大的作用。凌麓山等在广西于 20 世纪 60 年代就开始优树无性系的选育，评选出的千年桐桂皱 27 等 3 个无性系，推广栽培 6 万余亩，获得良好的经济效益，据此而获 1987 年国家发明三等奖。

油桐家系的选育也获一批具有增产效益的子代。如刘学温、方嘉兴、王劲风等选育出的光桐 3 号、6 号、7 号等家系增产效益在 40% 以上。

我国林子种子园的建立始于 20 世纪 60 年代。油桐种子园及采穗圃的发展很快，现全国油桐种子园有 3 千余亩，采穗圃 1 千余亩。从长远看油桐的栽培将使用优良无性系嫁接苗植树造林。但在目前种子园的建立也是必要的。

病虫害每年给油桐生产带来 10% ~ 25% 的损失，防治病虫害是丰产不可缺少的一环。油桐枯萎病在广东、广西都是具有毁灭性的病害；近年在湖南、江西、贵州、浙江、四川也相继发现病有所扩大，要引起高度注意。枯萎病是真菌性维管束病害，防治较为困难。中南林学院、中国林业科学研究院亚热带科研所、西川林业科学研究所、广西林业科学研究所都曾进行过防治试验的研究。目前主要的防治措施是使用千年桐作砧木进行嫁接，使用嫁接苗木造林。油桐黑疤病、角斑病近年有所发展，各省区正在积极研究防治措施。

油桐尺蠖在湖南、四川是具有毁灭性的虫害。四川、湖南、浙江都曾经研究防治，还有人工挖，中南林学院正在研究生物防治方法。油桐天牛危害也很严重，湖南保靖县著名林业劳模彭图远同志在生产实践中，根据天牛的生活习性，摸索出行之有效的防治方法。金龟子也要注意防治。

全国油桐进行科学研究取得巨大的成就，科研成果有力地支撑着油桐生产，提高科技含量。至 20 世纪末，全国累计发表科技论文 700 余篇，获得科技成果 120 余项，获得国家、部省级科技进步奖 70 余项。

三、全国油桐学术组织

（一）全国科研协作组

为了将全国的油桐科研力量组织起来，1963 年，在成都召开了第一次全国油桐科研协作会议，参加会议代表 20 多人，收到论文 20 余篇。会上成立了全国油桐科研协作组，商定了科研协作课题，订出协作章程。

1964 年，第二届全国油桐科研协作组会议在广西南宁召开，由协作组挂靠单位中国林科院亚热带林业研究所主持，广西壮族自治区林业科学研究所承办，出席代表 40 余人，收到论文 40 余篇。

在时隔 14 年之后，于 1978 年，第三届全国油桐科研协作组会议在浙江富阳召开，由中国林业科学研究院亚热带林业研究所主持，出席代表 48 人，收到论文 20 余篇。具体会务以及油桐协作计划的制订，由方嘉兴主持。

本次会议是"文化大革命"之后召开的，是油桐科学研究春天来临，与会代表欣喜异常。因此，与会代表一致认为，会议重启油桐科研协作之门，是具有里程碑意义的。油桐科研开始进入国家"六五"攻关，从此取得一系列科研成果，成为推动我国油桐生产的科技支撑。

1981 年 9 月，第四届全国油桐科研协作组会议在贵州正安县召开，此次会议是富阳会议的成果。会议由中国林科院亚热带林业研究所主持，贵州林业科学研究所承办。出席会议的有来自 13 个省（区）的 49 个从事油桐的科研、教学、生产单位和管理部门的代表 60 余人，特邀代表 12 人，大会收到论文 72 篇。

1984 年 9 月 2—8 日，第五届全国油桐科研协作组组织的全国油桐主栽品种整理和幼林丰产技术学术讨论会在浙江省永嘉县召开。由协作组方嘉兴、何方、凌麓山主持，永嘉县承办。参加会议的有来自 14 省（区）、市的科研、教学和生产单位的专家、教授和科研工作者，油桐主要产区林业、粮食或土产部门的领导，以及中国林科院情报所等单位的代表共 96 人。会议由中国林科院亚热带林业研究所杨培寿所长主持，会议主要讨论了油桐主栽品种整理、幼林丰产技术措施及 1985 年第六届协作会议的有关事宜。

第六届全国油桐科研协作组会议于 1985 年 9 月 11 日至 13 日在湖南石门县召开。由协作组方嘉兴、何方、凌麓山主持，湖南省林业科学研究所承办。全国 13 个省（区）从事油桐科研、教学生产单位和管理部门共 80 人参加了会议。湖南省林业厅副厅长李正柯、林业部造林司经济林处副处长李聚祯等领导同志到会并讲了话。中国林科院亚热带林业研究所所长杨培寿同志做大会总结。会议检查总结了上届油桐科研协作项目的执行情况，进行了学术交流，大会共收到学术论文 68 篇。本次会议本着实事求是，百家争鸣的精神，组织大小会议进行了充分的学术交流。其中有 22 位代表在大会上发了言，内容包括：油桐生产中系统工程、发展计划、生产布局、立地类型划分、良种选育和良种化措施、丰产林标准化、现有林增产技术、病虫防治、生理生化、组织解剖结构、市场信息以及如何提高经济效益等广泛的内容，充分反映了我国油桐生产科研所取得巨大成绩。会议还充分讨论制订了 1986—1989 年的全国油桐科研协作计划。计划包括：油桐基因资源的收集与研究；油桐良种选育的研究；桐林增产技术措施的研究和油桐病虫害的研究。特邀中南林学院何方副教授作了"系统和系统工程"的学术报告，受到与会代表的一致好评和热烈欢迎。大会期间还组织参观了省、地、县的油桐种子园和其他试验林。

会议一致推荐亚热带林业研究所继续担任协作组组长。

1989 年 8 月，第七届全国油桐科研协作组会议在河南内乡县召开，由协作组方嘉兴、何方、凌麓山主持，河南林业科学研究所承办。来自全国 12 个省（区）31 个从事油桐科研、教学、生产单位和管理部门单位，共 60 余人参加了会议，会议收到论文 40 余篇。

全国先后开展协作的研究课题，包括栽培措施、桐农间作、抚育管理、品种嫁接繁殖、杂交育种、优树选择、北移引种、桐林结构、立地型及其评价、病虫防治、水土保持、生物学特性等项内容。有的研究课题已取得成果，如四州、浙江的有性杂种，湖南的优树选择，陕西的北移引种，贵州的丰产栽培，广西的千年桐无性系选择，福建的千年桐丰产造林和江西的千年桐嫩苗嫁接等。

全国油桐科研协作组在短短 11 年中，组织全国 50 多位（实际参加逾 200 人）科技人员协作攻关，取得丰硕理论成果和全国油桐生产技术推广，农民增产增收取得可喜的成绩。

理论成果出版著作 4 部：《中国油桐主要栽培品种志》，长沙：湖南科技学术出版社，1985；《中国油桐科技论文选》，北京：中国林业出版社，1988；《中国油桐品种图志》（彩图），北京：中国林业出版社，1993；《中国油桐》，北京：中国林业出版社，1998。

1987 年，国家标准《油桐丰产林》经审订以 GB 7905—87 编号正式颁布，1988 年 3 月 1 日起实施，该标准主要起草人为：何方、方嘉兴、凌麓山、陈炳章、王承南。该标准为我国油桐丰产栽培技术首项国家标准，后改为林业行业标准，编号：LY/T 1327—1999，为油桐生产起到了积极作用。1989 年获林业部科技进步三等奖。证书编号：林科奖（89）第 3 - 40。

2006 年 8 月 31 日由国家林业局发布《中华人民共和国林业行业标准·油桐栽培技术规程》，编号：LY/T 1327—2006，本标准主要起草人：何方、何柏、王承南、黄正秋、王桂芝。本标准规程代替 LY/T 1327—1999。

全国油桐良种化工程是由全国油桐协作组方嘉兴、何方、凌麓山主持，于 1977 年开始至 1989 年历时 13 年。有全国 13 个省区 218 个单位 530 位油桐科研、生产单位同志参加，实施范围包括油桐分布区的 66 市地区 233 县市。

通过工程的实施，基本查清了全国 184 个油桐地方品种，评选出 71 个油桐主栽品种。

良种推广面积 184.01 万亩（占当时全国 1 600 万亩桐林的 11.5%）。良种平均亩产桐油 15.9 kg（是全国平均 6.6 kg 的 2.4 倍），6 年共增产桐油 1.76 亿 kg，累计创总产值 12.32 亿元。

后由何方、方嘉兴、凌麓山撰成研究报告：油桐良种化工程及实施效果。获 1992 年国家教委科技进步三等奖。证书编号：92-7480。获奖人员：何方、方嘉兴、凌麓山、王承南、李龙山、郭致中、徐嵩法。

（二）油桐研究会

1995 年 9 月 13 日至 14 日，中国林学会经济林分会油桐研究会成立暨学术讨论会在湖北省房县召开，出席会议的有湖北、湖南、浙江、四川、河南、江西、安徽、陕西8个省18个单位50位代表参加。本次会议的议程：总结回顾全国油桐科研协作组32年来的工作，进行学术交流，成立油桐研究会。油桐研究会经充分民主协商，决定靠挂中南林学院，并推举出组成研究会人选，会长：何方；副会长：方嘉兴、凌麓山、王承南、李纪元；秘书长：王承南（兼）。

1997年6月13日至15日，中国林学会经济林分会油桐研究会第二次全国油桐学术研究会在重庆市云阳县召开。会议由油桐研究会会长、中南林学院经济林研究所所长何方教授主持。会议于6月10日上午在云阳县隆重开幕。出席开幕式的有来自重庆、北京、四川、湖南、湖北、浙江、安徽、陕西、云南、江西、福建、广西12个省市区的代表61人，其中大部分是研究会理事，从事油桐生产科研和教学的专家。

1999年8月12日至14日，中国林学会经济林分会油桐研究会第三次理事会在云南红河哈尼族彝族自治州弥勒县召开，中国林学会经济林分会油桐研究会第二届理事会，会议选举了新一届理事会，会长：王承南；副会长：盖延亮、李世增、姚小华；秘书长：王义强；副秘书长：欧阳绍湘。

第二章　油桐种和品种^①

第一节　油桐种

一、种的概念

种（Species）是植物分类学最基本的分类单位。能作为一个独立的种存在，必须具备三个条件：①植物形态特征有其特点，能与其他植物种有区别，肉眼直观能识别，并具有独特的生物学和生态学特性；②具有生殖隔离；③组成一定的植物群落，形成其自然分布区。

在植物分类中种的学名的命名，是采用林奈的双名法。属（genus）名随其后的一单个种加词，构成双名组合而成，用拉丁文。如油桐 *Vernicia fordii* Hemsl，第一个词是油桐属，第二个词是种加词，共同组成油桐学名，第三个字是定名人名。一般的应用分至科（familia）止。即：种—属—科。

二、油桐属、种分类沿革

植物分类学家对油桐属和种的分类，曾有不同划定。1776 年划定为石栗属（*Aleurits* Foist）、个种；1790 年将千年桐（*A. montana*）从中划出，成立油桐属（*Vemicia* Lour.）；1866 年又归并成一个属，即油桐属（*Aernicia*）的 6 个种，长期为中外学者及其著作所采用；1966 年 H. K. Aiiy Shaw 在对大戟科进一步研究的基础上，提出 3 属 6 种和 1 个变种的分类方法，即石栗属（*Aleurites*）、油桐属（*Vemicia*）、菲律宾油桐属（*Reutealis*）新属。此后，国内外学者多认同这一分类方法。

---

① 第二章由何方编写。

（一）油桐属（*Vemiciu*）3 个种

油桐〔*Vemicia fordii*（Hemsl.）Airy Shaw〕主要分布中国、中南半岛等。

千年桐〔*Vemicia montana*（Wils.）Lour〕主要分布中国中南部、中南半岛、南美洲等。

日本油桐〔*Vemicia cordata*（Thunb.）Airy Shaw)〕主要分布日本。

（二）石栗属（*Aleurites*）2 个种及 1 个变种

石栗〔*Aleurito moZwmma*（L）Wild.〕主要分布印度、中国、新西兰等。

夏威夷油桐（*Aleurites remyi* Sheiff）主要分布夏威夷群岛。

石栗变种（*Aleurites nioluccana* var. *jloccsa* Airy Shaw）主要分布新几内亚等。

（三）菲律宾油桐属（*Reutealis*）1 个种

菲律宾油桐〔*Reutealis trisperma*（Blanco）Airy Shaw〕主要分布于菲律宾等。

在油桐属中三个种，作为工业油料树种，广为栽培的只有油桐，千年桐只限局部地区有栽培，在全国桐油总产量中，所占甚微。因此，在本书中讲述的是油桐。

日本油桐在中国没有栽培。

石栗属中石栗只有少量零星栽培，不作为工业油料树种。

三、油 桐

别名：三年桐、光桐、桐籽树

学名：油桐 *Vernicia fordii* Hemsi

科名：大戟科 Euphorbiaceae

油桐原产中国，是重要的工业油料树种，利用和栽培历史逾千年。现在世界各地所栽培之油桐，皆源出我国，是祖国劳动人民对世界栽培作物宝库所作的重大贡献。

用油桐种子榨出的油称为桐油。桐油是一种优良的干性植物油，干燥快，比重轻，有光泽，不怕冷，不怕热，耐酸、耐碱、防湿、防腐、防锈。因此，在工业上具有广泛用途，据不完全统计约有 1 000 种以上的工业产品与桐油有关。桐油是国际性商品，是我国大宗传统出口商品。随着四化建设的发展，桐油用量日增，必须大力发展油桐生产。

落叶小乔木，高 3 ~ 9 m。树皮灰白色，初光滑，后生裂痕。叶草质，卵圆形至心脏形，先端渐尖，全缘，有时 1 ~ 3 裂，叶柄长 10 ~ 20 cm，顶部有红色、扁平、无柄腺体2~5个，以2个为多。4月初开花，花大，白色略带红色斑，单性，雌雄同株，排列于先年生枝顶端，成圆锥形复聚伞花序。果10月成熟，果皮光滑，直径4~6 cm，种子3~5粒，广卵形（图2-1）。

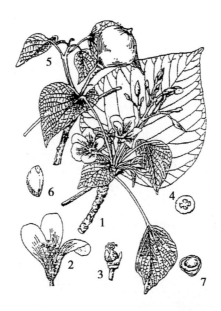

1. 花枝；2. 雄花；3. 雌花；4. 子房横切面；
5. 果枝；6. 种子；7. 种子横切面
图2-1 油桐各部位示意图

我国油桐栽培分布范围界线是：北纬22°15′~34°30′，东经99°40′~121°30′。包括甘肃、陕西、云南、贵州、四川、重庆、河南、湖北、湖南、广东、广西、安徽、江苏、浙江、江西、福建共15个省区市的近700个县。

四、千年桐

别名：皱桐、木油树、木油桐
学名：油桐 *Vernicia mantana*（Wils）Lour
科名：大戟科 Euphorbiaceaa

千年桐原产中国西南。千年桐的油和油桐的油它们的化学结构虽不同，但在工艺上的利用性能和价值相同，故也泛称桐油。我国千年桐在20世纪60年代以后，在华南才有较大面积栽培。世界上许多地方引种中国千年桐试验栽培，其中南非、南美已获良好结果。

种子榨出的油和桐油用途一样。

千年桐半落叶性乔木，树高达 10 ~ 14 m。叶广卵形或心脏形，先端渐尖，通常 3 ~ 5 裂，叶背有明显五条主脉。叶柄顶部具有杯状和柄腺体。花期 4 月，单性，雌雄异株，果 11 月成熟，果皮有皱纹，蒴果卵形，直径 3 ~ 5 cm，种子 3 粒（图 2 - 2）。

1. 花枝；2. 果

图 2 - 2　千年桐

千年桐比之油桐性不耐寒，分布较南。栽培分布区主要在广西中部、南部，广东北部、西部，福建西南部，浙江东南部，江西南部和云南中部、南部。上述这些栽培分布区大体上位于北纬 23°10′ ~ 25°01′，东经 103°10′ ~ 120°03′，属中亚热带南缘，南亚热带北缘狭窄地带。千年桐和油桐在分布上有交叉出现的，如广西柳州、广东昭关，千年桐、油桐均有栽培分布，在湖南湘西、江西宜春有千年桐的零星栽培分布。

我国广为栽培的是油桐，栽培分布范围包括南方 15 个省（区）。千年桐性忌寒冷，分布较南，适宜丘陵平原栽培，主要在广西、广东、福建及浙江南部有较大面积栽培。

第二节　油桐品种分类

一、品种概念

油桐是栽培植物，不仅要区别种，并在这个基础上还要区别品种。这是按照一定的形态特征和经济性状更细微的分类单位，来反映人们在栽培上的经济要求。油桐栽培历史久，分布广，异花授粉，易于天然杂交，在它的长期系统发育过程中，受着人工选择和自然选择的共同作用，变异很多，形成各种品种或类型。但要单独成为一个油桐品种，必须具备的条件是：①因品种是生产资料，要具有一定的经济价值；②形态特征上要具有一定的差异，在一定程度内能反映出经济特性，并且要有相对的稳定性，能够遗传；③对一定的自然区域有一定的适应性，有一定的立地条件和栽培条件的要求；④不能是单一的个体，要有一定的数量组成群体，并且有一定的外貌和结构特点。或在品种栽培比较混杂的情况，单株广泛存在形成零散插花式分布，这两种情况都可以作为品种存在的具体形式。

二、油桐（光桐）品种分类

（一）分类沿革

桐油品种分类是丰产栽培，良种选育的基础研究，因而关于中国油桐品种的分类问题，早年国内外都有人做过很多工作。远在 1931 年，毕卓君在其所著《种油桐法》一书中，以产地来划分品种和命名，分为湘种、川种、陕种等。后有研究者加上云贵种、两广种、福建种等。以后陈嵘、王儒林、汪秉全、王一桂等人都用这一分类命名。1942 年，马大浦在《油桐及其变种之性状与分布》一文中，根据花和果，划分出艳花桐、秀花、柿饼桐以及周年桐等九个品种。1943 年，徐明在《油桐之栽培及改良》一书中将四川油桐分为小米桐、大米桐、柴桐三种。叶培忠等人分油桐为对岁桐、柿饼桐、米桐、柴桐 4 个变种。叶培忠将米桐再分为大米桐和小米桐。使油桐的划分逐步形成大米桐、小米桐、柿饼桐、柴桐、对岁桐五大类。

贾伟良在民国时期研究油桐。在他离世之后，于 1957 年出版遗著《中国油桐生物学之研究》，在该书中根据油桐果形、果皮、子数将油桐品种分为了三大类（变种 Varietas）：米桐、柴桐、柿饼桐。在其下分为若干型（foma）。

林刚等人在 20 世纪 50 年代将我国油桐划分为光桐系及皱桐系。光桐系再分为米桐、柴桐、柿饼桐、对岁桐 4 类 10 个品种；皱桐系下分圆皱桐、长皱桐、尖皱桐、菱皱桐 4 个品种。

林刚、黎章矩、夏逍鸿在《浙江油桐品种调查与良好选择补报》一文中，按花、果序性状将浙江油桐划分为单花类、少花类、多花类的三大类 10 个品种。

阚国宁、黄爱珠在《浙江常山油桐类型初步观察》一文中，依据油桐的花、果序性状；花、叶开放顺序关系；果形、叶形、分枝习性等，将常山光桐分为座桐、吊桐和野桐三大类的 10 个型。

何方在《湖南油桐品种及优良类型选择的研究》一文中，将湖南光桐划分为大米桐、小米桐、柴桐、柿饼桐、对岁桐共 5 个品种，10 个类型。

凌麓山在《广西的油桐及其经营栽培》一文中，将广西光桐划分为对年桐、三年桐、五年桐 3 个类群的 7 个优良品种。

1965 年"全国油桐科学研究协作组"在四川万县地区召开油桐品种分类现场讨论会，当时取得对油桐品种分类问题的基本一致看法。提出以花、果序特征作为一级标准，以果实特征结合树形作为二级标准的光桐品种分类依据。会议根据花序的大小和果实的着生方式，将光桐划分为 3 个大的品种群。

（1）少花单生果类

1 个花序上的花在 15 朵以下，少有单生花，花轴分枝 2 级以下，果实单生或少有丛生。其中代表品种有：四川、湖南的柴桐、柿饼桐；浙江的座桐、少花吊桐；云南的厚壳桐等。

（2）中花丛生果类

1 个花序上的花一般不超过 40 朵，花轴分枝 2~3 级，果实丛生或少有单生。其中代表品种有：四川大米桐、小米桐；湖南米桐、罂桐、葡萄桐；浙江吊桐；湖北九子桐；广西小蟠桐、对岁桐、老桐；云南矮子桐；贵州大瓣桐等。

（3）多花单生果类

1 个花序上的花一般是 40 朵以上，花轴分枝 3 级以上，雌花比例极低/长柄单生果，极少丛生果。其中代表品种有：湖南、湖北公桐；浙江野桐等。

这一油桐品种分类方法，是沿用浙江原有分类依据。因花期很短难见到，后在国内未能推行。

改革开放带来了科学研究的春天。1981 年 1 月"全国油桐科学研究协作组"在贵阳市召开会议，确定开展"全国油桐种质资源调查"的科研协作项目。经过 5 年时间，各省、市自治区先后发表了调查研究报告，共发掘油桐品种、类型 184 个，并分别进行不同深度的归类划分。

李福生等在《湖南油桐农家品种资源普查报告》一文中，按形态特征、经济性状和生育特点，将湖南油桐划分为 16 个品种。

贵州农学院在《贵州油桐品种及良种选择初步研究》一文中，按生育特性、形态特征及花、果序性状，将贵州油桐划分为 7 个农家品种。

刘翠峰等在《河南省油桐资源调查研究报告》一文中，将河南油桐划分为 9 个品种和 6 个变异类型。

方嘉兴等在《浙江油桐主要品种类型》一文中，按性别分化及相关性状的变异方向，将浙江光桐划分为 7 个品种、类型。

赵自富在《云南油桐品种及分布》一文中，将云南光桐分为 8 个品种；皱桐分为 2 个品种和 1 个野生类型。

欧阳准等在《福建省油桐农家品种类型》一文中，将福建光桐分为 8 个品种类型；皱桐分为 2 个品种类型和 1 个变种。

李龙山等在《陕西省油桐品种资源调查及优良品种选择》一文中，以果实特征为主要依据，结合花、树形、分枝习性和生育特点，将陕西油桐分为 10 个品种和 1 个类型。

邱金兴等在《江西省油桐种质资源调查研究》一文中，按三大类法将江西光桐分为 3 类 5 个品种；将皱桐分为 4 个类型。

周伟国、欧阳绍湘等在《湖北省油桐品种资源调查研究报告》一文中，以花、果序结构和雌雄花比例作一级标准，以果实性状和树形等作二级标准，将湖北油桐分为 12 个主要品种。

宣善平在《安徽油桐的地方品种及其利用前景》一文中，以生物学特性为主，结合形态特征和经济性状，将安徽油桐分为 9 个地方品种。

郭致中在《贵州省油桐品种调查研究》一文中，以花、果序特征为一级标准，以油桐的早实性、结实年限、树体结构和果实性状为次级标准，将贵州油桐分为 7 个品种。

高长炽等在《江苏省油桐农家品种资源的调查研究》一文中，以花、果序特征作为一级标准，以花、果序特征结合树形作为二级标准，将江苏油桐品种分为 11 个品种。

此外，段幼萱等在《试论我国油桐品种类群划分》一文中，沿用五大类划分法，将全国油桐品种划分为小米桐、大米桐、对年桐、柿饼桐、柴桐五大类。

由于分类的依据不同，所以名称也就各异。油桐品种的划分仍应以形态特征对比的分类法则为依据，从对比中发现特征，选取特征，进行分类命名。目前沿用的基本上是前广西油桐研究所也即四川的分类和命名方法。1981 年 1 月在贵阳市召开的第四届全国油桐科研协作会的准备会议上，倡议由协作组主持编写《中国油桐主要栽培品种志》。后由何方、方嘉兴、凌麓山、李福生、夏逍鸿 5 人主持，经 5 年努力，最后由何方主持统一整理审定，于 1985 年 11 月由湖南科学技术出版社，出版《中国油桐主要栽培品种志》。该书共收入 14 省（区）地方主栽品种 65 个，另 4 个优良千年桐无性系。这本书的出版理顺了全国油桐主要栽培品种。

（二）油桐品种的数量分类

何方、姚小华等在《中国油桐品种数量分类的研究》一文中，提出了油桐品种类、品种亚类、品种的三级分类系统。将我国油桐分为四大类：大米桐类、小米桐类、对岁桐类和柴桐类。其中大米桐类又分大米桐亚类、五爪桐亚类、柿饼桐亚类；小米桐类又分小米桐亚类、矮脚桐亚类、窄冠桐亚类。

《中国油桐品种图志》一书（凌麓山，1993），依数量分类方法增加窄冠桐类群及座桐类群，将油桐分为大米桐类群、小米桐类群、对年桐类群、柴桐类群、窄冠桐类群、座桐类群及柿饼桐类群共7个。

《中国油桐品种图志》由凌麓山、何方、方嘉兴主编，1993年，中国林业出版社出版。该书收集油桐品种136个（含同物异名），千年桐品种15个，共计151个品种。品种彩照及形态描述，由各省区市按照协作组提供品种形态描述统一样稿，照片要求。最后由凌麓山主持，统一整理出版。

三、油桐品种分类再研究

在前人研究的基础上我们又经多年的研究，再提出分类系统。

（一）分类依据和方法

从国内油桐和千年桐品种或类型的划分情况看来，有的比较接近，有的差别很大，总的来说品种划分的不一致主要是分类标准和命名方法的各异所造成的，很易造成同种异名或异种同名。品种虽不是植物分类学上的类别，但在实际进行品种分类时，在目前仍是通用形态特征的比较分析。进化论说明，形态特征是表现各品种之间血缘关系的标志。形态特征作为品种的分类依据是最方便、最实用的。因为品种的经济性状是通过形态特征来体现的。如油桐果实的大小形态，着生方式，出籽、出仁、出油等。为了使品种的划分更好服务于生产，不仅要从形态上加以识别，了解其经济性状，栽培区域及栽培措施，并要进一步了解其系统发育的规律、起源和进化，为培育新品种作指南。油桐品种分类所依据的特征，应该是根据品种群中最明显、最重要（对机体本身和经济性状）和能够遗传的特征。但不能只限于单一的特征，因为品种之间的血缘系统在历史上是连续的，它们的特征是错综复杂甚至是交叉出现的，不是个别现象所能加以区分的。品种分类的特征是相对的，只有通过对比分析才能体现的。如树高与树矮，果皮光滑与有棱，对年结果与三年结果，都是指在这个种的范围内，某一个品种所显示出来的特征，只有相对的意义，并不存在单独的意义。据此，我们认为油桐可以开始收获的年龄和成熟期，树形的高矮和分枝特征，果实的形态特征及着生方式，作为划分品种的主要依据。其他枝叶、果梗、果色，适应性等作为辅助因子。

油桐和千年桐品种分类方法，均采用形态特征对比方法。

桐品种分类系统可划分为二级。第一级为品种，第二级为类型。油桐的栽培性状是较显著具体的表现是不耐荒芜，要求一定的立地条件和栽培条件。油桐品种在演化形成过程中，人工选择是主导的，具体表现在各个品种的栽培面积上，一些不良品种已快绝迹。各个品种的形态特征是比较明显和稳定，异地栽培鉴定仍是如此。所以我以为油桐是够条件划分品种的。在品种之下，根据更小的变异再划分为类型。

关于品种的命名问题。命名最好是将特征和经济性状结合起来。避免混乱，力求统一，在命名时要考虑下列条件：①要反映出最主要的特点，达到名副其实。②力求简明，尽量采用一般通用或群众原有习惯称呼，便于接受推广。不要强行统一命名，但油桐科研人员，应明确归属哪个品种群。③为了达到界限清楚，特征分明，可以突出某些特殊特点。

（二）油桐地方品种分类

油桐品种根据培育成的方法起源的不同，可以分为地方品种（农家品种）和人工育成品种。地方品种是桐农在长期栽培生产实践过程中，自觉或不自觉的优良自然变异的选择培育而成。

人工育成品种是通过人工杂交，或应用新技术诱发变异，人为选择优良变异培育而成的新品种。

现大面积人工栽培的油桐林全部是应用优良地方品种，尚无人工育成新品种。

因此，我们研究的油桐品种分类，仅是地方品种的分类。

根据我们提出的油桐品种分类标准和方法，将油桐分为：小米桐品种群，大米桐品种群，柴桐品种群，窄冠桐品种群，对年桐品种群，共5个品种群。

另外根据其形态特征明显，独特，无成片栽培，少量混生在其化品种群体林分中，划分出2个独立的品种，即柿饼桐和五爪桐。

柿饼桐属纯雌株，单花，顶生，开花量少，因而结果量低，油桐产区已很少见。但作为油桐种质资源要保存，作为遗传基因资源的用途现在未研究，还不知道其价值。

另有纯雄株，只有少量雌花，无油桐生产价值，已很少见，故称野桐。其基因资源研究价值还不知道。但作为种质资源和基因资源仍要保存。

油桐品种特征特性及品种间差异见表2-1、表2-2和图2-3至图2-8，以及书后彩图。

表2-1　油桐品种群最主要特征对比及内涵各地品种

品种群名称	最主要识别特征特性	内涵各地品种
对年桐品种群	树高在2m以下，播种造林当年幼树分枝，第二年始果。盛果期4~7年，果形多样，多丛生	在南方杉木及油茶主产区，在历史上对年桐主要用于杉桐、茶桐短期混交，有早期油桐收益。杉林郁闭后去桐留杉，油茶结果去桐留茶。现杉木造林密度提高至240~400株亩。油茶经营水平提高，现基本不用混交

（续表）

品种群名称	最主要识别特征特性	内涵各地品种
小米桐品种群	树高 3～5 m，播种造林后，第二年幼树分枝，第三年始果，故又名三年桐。果皮光滑，球形果3～7果丛生，果柄长10～15 cm，果下垂。盛果期5～20年	小米桐是四川最早命名的品种，现为全国广为栽培的优良品种。现四川、贵州、湖南、湖北、陕西、江苏、广东均称小米桐。湖北九子桐、五子桐、郧阳桐，湖南葡萄桐、五爪龙，广西南丹百年桐 隆林半爪（龙）桐、隆林矮脚桐、都安矮脚桐，河南股爪青、五爪龙、矮脚黄，浙江少花吊桐、多花吊桐，云南矮脚米桐，福建少花丛生球桐、串桐，安徽小扁球、五大吊、从果桐，江苏、球桐等均属小米桐品种群
大米桐品种群	树高 6～8 m。果卵形，果皮有纵棱。果单生或丛生，果柄长10 cm左右。微有果颈，果顶微凸。盛果期7～25年	大米桐是四川最早命名的品种，主栽品种。性耐瘠薄。可在立地条件较差处栽培。现四川、贵州、湖北、湖南、陕西、广东、云南、江苏均称大米桐。广西称大蟠桐，湖北称大红袍，浙江满天星等均属大米桐品种群
柴桐品种群	树高 5～8 m。盛果期5～25年。果大，径6 cm左右，皮厚，长卵形，有粗短果颈，果单生	该品种树体高大，树叶盛密，但结果量少，没有大面积人工林，仅混生于其他品种林分中，在栽培中属淘汰品种。但作为种资源要保存
窄冠桐品种群	树形高大，树高7～9 m，分枝角度小，25°～30°，近直立，冠幅小，2 m左右。果形多样。盛果期6～25年	该品种主要栽培分布于四川、湖南。由于树体高大，但冠幅小，有利于长期间种、密植。有较大面栽培的主要在重庆万县、达县两地
五爪桐	果丛生，果柄粗短，果紧聚生，如头状，果顶向上。少有组成林分，多与其他品种混生	该品种无大面积栽培林分，主要混生于其他油桐品种林分中。栽培分布主要在重庆、湖南、广西、浙江。易和五爪龙混名。主要差别是五爪龙果柄长
柿饼桐	果特大，果径7～9 cm，扁平，状似柿饼，果皮厚1 cm，单果，柄短，果顶向上	该品种树体高大，树叶茂密，但结果量少，属纯雌株，无大面积人工林，仅混生于其他品种林分中。在栽培中属淘汰品种，在油桐产区已经很少见。但作为种质资源要保存

表 2－2 千年桐和油桐及品种检索表

1 半落叶性大乔木，树高7～10 m，叶3～5深裂，花雌雄异株，少有同株，叶柄顶端及叶裂底部有黄褐色或青绿色杯状有柄腺体，果丛生，卵形果皮有网状皱纹，含种子3粒，少有4粒，蒴果

.... 千年桐

　2 一年开花一次

　　3 结果枝细软，果下垂······························· 福建软枝千年桐

　　3 结果枝粗硬，果顶向上····························· 福建硬枝千年桐

　　　4 果序结构，果径大

　　5　果序开展，每序结果 3～5 个，果大，平均果径 4.9 cm ……………… 广东千年桐品种群

　　　5　果序紧密，每序结果 5 个以上，果较小，平均果径 4.0 cm 广西千年桐品种群

　　4　果序丛生，果形

　　　6　果长尖（青毛桐）　…………………………………………… 云南果长尖千年桐

　　　6　果长圆（黄毛桐）　…………………………………………… 云南果长圆千年桐

　　　　7　果序丛生，果大小

　　　　8　果大，鲜果重 90 g 以上 …………………………………………… 大果千年桐

　　　　8　果中，鲜果重 60 g 左右 …………………………………………… 中果千年桐

　　　　7　果序丛生，果小，鲜果重 50 g 以下 ………………………… 江西小果千年桐

2　一年开花 2～4 次，果卵圆形，果较小，平均果径 4.0 cm ……………… 江西宜四季千年桐

1　落叶性中乔木，树高 3～5 m，叶全缘，幼叶有浅裂，叶柄顶端有红色扁平腺体，果丛生，少有单生，果扁球形，或球形，或卵形，果皮光滑或有棱，含种子 4～6 粒，果不开裂 ………… 油桐

　　9　小乔木，树高 2 m，播种当年幼树分枝，翌年始果 …………………… 对年桐品种群

　　9　中乔木，树高 3～5 m，分布后当年幼树不分枝，翌年分枝，第三年始果

　　　10　树形高大，乔木，树高 7～9 m，分枝高，分枝角度小，约 25°～30°，枝近直立，冠幅小，2 m 左右 ………………………………………………………………………………… 窄冠桐

　　　10　树形较矮小，中乔木，树高 3～5 m，分枝低，分枝角度大，约 45°～50°，树冠开展

　　　　11　果特大，果径 7～9 cm，扁平，含种子 6～12 粒，果皮厚 1 cm，单生，果柄短，果顶向上 ……………………………………………………………………………………… 柿饼桐

　　　　11　果中大，丛生，果径 5～7 cm，果柄粗短，长 2～3 cm，果紧聚生，如头状，果顶向上 …………………………………………………………………………………………… 五爪桐

　　　　　12　树高 3～5 m，果近圆球形，果皮光滑无棱

　　　　　13　果径在 5 cm 以内，果颈短或平缺，果顶微有针状尖，果皮薄，3～5 mm，果多丛生，果柄长 10 cm 以上 ………………………………………………………………… 小米桐品种群

　　　　　　14　果丛生，4～8 果 ………………………………………………………… 小米桐

　　　　　　14　果丛生 10～30 果 ………………………………………………………… 葡萄桐

　　　　　13　果尖突然伸出，直立长 5 mm 以上 …………………………………………… 尖桐

　　　　　12　树高可达 8 m，果卵形，果皮有棱，果径 5 cm 以上，果颈长 6 mm，果尖粗短，果皮厚 7 mm 以上，果单生或 2～3 果丛生，果柄长 10 cm 以内 ………………… 大米桐品种群

　　　　　　15　2～4 果丛生，少单生，果大，平均果径 6.5 cm ………………… 四川大米桐

　　　　　　15　4～5 果丛生，少单生，果柄粗，短，平均果径 5.1 cm ………… 湖北五爪龙

　　　　　　　16　果实长卵形，果径 5.5～6.5 cm

　　　　　　　　17　果实有果颈，粗短，果类具或缺

　　　　　　　　18　果颈长 5.5～6.5 mm，果尖长 3～5 mm，不具果尖凹陷

　　　　　　　　18　果颈长 6.0～7.0 mm，果尖长 1.3 cm，粗壮并歪向一边 …… 桃桐

　　　　　　　　17　果颈长 1.0～1.3 cm，但长呈葫芦状，果尖长 6～7 mm …… 胡芦桐

　　　　　　　16　果近圆球形，果大，果径 7.5～8.0 cm，果颈长 7 mm，果尖缺 …………

………………………………………………………………………………………………… 大柴桐

(三) 代表性品种图例

圆球形和扁球形是桐果的基本形状, 随果尖、果颈、含子数变异 (图2-3)。

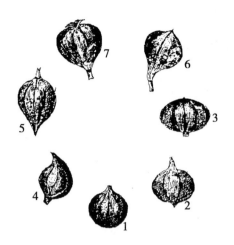

1. 圆球形　2. 扁球形　3. 柿饼形　4. 鸡嘴形　5. 寿桃形　6. 葫芦形　7. 罂粟形

图2-3　油桐果实形态

含子数及果尖、果颈的生长量差异是油桐果形多样性的直接原因。在评价果实经济性状时, 含子数多且种子饱满者通常属于优, 果尖及果颈突出且颈大者一般视为次; 中型扁球形果及中型圆球形果, 具有果皮薄、出子率高等优点, 在良种选育中多受重视。光桐的果皮表面光滑, 绿色, 有5条与子室数相应的纵隔深色条纹, 在正常情况下各纵隔线的等位点间距离大体相似。随着果实生长定形及逐渐成熟, 果皮由绿色转为红绿至紫红色。油桐主要栽培品种的果实性状 (表2-3)。

表2-3　油桐主要栽培品种果实性状

性　状	鲜　果	气干果
果径 (cm)	5.12~8.26	4.45~7.28
果高 (cm)	4.68~7.41	4.02~6.56
果尖 (cm)	0.10~1.73	0.08~1.52
果颈 (cm)	0.05~1.17	0.03~0.96
果皮厚度 (cm)	0.51~1.10	0.25~0.54
果重 (g)	40.93~237.35	25.21~92.15
子重 (g)	3.25~7.60	2.45~5.71
仁重 (g)	2.05~5.15	1.43~3.25
出子率 (%)	21.05~35.56	47.34~58.61
出仁率 (%)	55.17~72.87	55.45~71.57

资源来源:《中国油桐》(方嘉兴, 何方, 1998)。

每果含子数多为 4~5 粒，平均 4.66 粒。全干种仁含油率 56.86%~66.77%。

油桐主要品种的花序、果序、果形典型图例如图 2-4 到图 2-8 所示。

小米桐花序

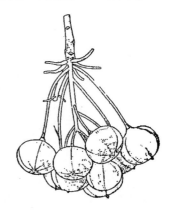

小米桐果序

图 2-4　小米桐图例

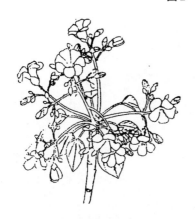

大米桐花序

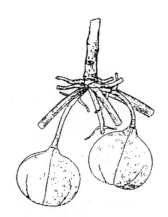

大米桐果序

柴桐花序果序

图 2-5　大米桐和柴桐

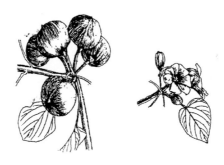

图 2-6 五爪桐花序及果序

柿饼桐花序及果序　　　　　　　　野桐花序及果序

图 2-7 柿饼桐和野桐

湘桐中南林37号无性系果序　　　　　湘桐中南林23号无性系果序

图 2-8 油桐优良无性系果序

四、油桐地方品种普查

(一) 普查方法

1981 年 1 月在贵阳市召开的第四届全国油桐科研协作会的准备会议上,倡议由协作组主持编写《中国油桐主要栽培品种志》。同年 9 月在贵州正安县召开的大会上,这一倡议得到与会代表的热烈响应，并初步商讨了调查方法。1982 年初由中国林业科学研究院亚热带林业研究所油桐研究组初步拟订了统一的调查整理方案，并于同年 8 月在福建漳州召开的协作会上进行了讨论修改。各省区经过 1982 和 1983 两年的工作，1984 年 9 月在浙江永嘉召开了全国油桐主要栽培品种整理会议，修订了《全国油桐主要栽培品种整理方案》，统一编写规格。1985 年 3 月在株洲市由该书编委最后统稿定稿。经 5 年的努力，《中国油桐主要栽培品种志》1985 年 11 月由湖南科技出版社出版，由何方、方嘉兴、凌麓山、李福生、夏肖鸿主编。该书共收入 14 省（区）地方主栽品种 65 个，另有 4 个优良千年桐无性系。这本书的出版理顺了全国油桐主要栽培品种。

全国油桐科研协组组织进行的第一次全国油桐地方品种源调查，是我国古代人类初始利用野生桐树桐果所产之桐油和野生油桐驯化栽培千年历史头一回。根据收集调查，进行归类整理，自 1981 年开始至 1985 年 9 月，各省、自治区按计划陆续完成。调查范围包括我国 14 个省、自治区中的油桐主要分布区、66 个地区 233 个县市，面积约 70 万 km^2；调查中共设置标准地 1 712 块；实测固定标准株 85 500 株；采集并分析测定土壤样品 814 个；收集油桐种质资源 1 849 号；初选优树 1 846 株；整理出油桐地方品种、类型 184 个；整理出主要栽培品种 71 个。这是全国油桐工作者协作攻关所取得的重大成果，它为今后提高我国油桐育种效能提供了充分的种质基础。

（二）普查结果

地方品种确认，按前述 4 条标准，并按全国油桐地方品种整理方案的程序进行。第一步由各省、自治区在种质资源调查的基础上整理出各自的地方品种、类型；第二步由 1980 年的第四届及 1985 年第五届全国油桐科研协作会议分别审核确认。经两届会议确认的首批油桐地方品种、类型共 184 个（含当时已经过试验鉴定育成的 13 个光桐家系、8 个皱桐无性系，9 个皱桐地方品种）。其中：1 四川小米桐，2 四川大米桐，3 四川立枝桐，4 四川矮干桐，5 四川对年桐，6 四川柿饼桐，7 四川紫桐，8 贵州对年桐，9 贵州小米桐，10 贵州大米桐，11 贵州窄冠桐，12 贵州矮脚桐，13 贵州垂枝桐，14 贵州柿饼桐，15 贵州裂皮桐，16 黔桐 1 号，17 黔桐 2 号；18 湖北九子桐，19 湖北五子桐，20 湖北五爪龙，21 湖北景阳桐，22 湖北小米桐，23 湖北大米桐，24 湖北观音桐，25 湖北座桐，26 湖北球桐，27 湖北柿饼桐，28 湖北桃桐，29 湖北公桐；30 湖南大米桐，31 湖南小米桐，32 湖南五爪龙，33 湖南葡萄桐，34 湖南柏枝桐，35 湖南七姐妹，36 湖南满天星，37 湖南对年桐，38 湖南观音桐，39 湖南丛生柿饼桐，40 湖南柿饼桐，41 湖南球桐，42 湖南尖桐，43 湖南葫芦桐，44 湖南寿桃桐，45 湖南柴桐；46 龙胜对年桐，47 永福对年桐，48 恭城对年桐，49 三江对年桐，50 三江红皮桐，51 忻城青皮单桐，52 上林单果桐，53 龙胜小蟠桐，54 荔浦五爪桐，55 三江五爪桐，56

忻城红皮丛桐，57 都安矮脚桐，58 那坡米桐，59 上林多果桐，60 乐业米桐，61 龙胜大蟠桐，62 隆林矮脚桐，63 永福米桐，64 南丹百年桐，65 天峨三年桐，66 隆林米桐，67 都安高脚桐，68 凤山米桐，69 东兰三年桐，70 田林三年桐，71 柿饼桐，72 桂皱1号，73 桂皱2号，74 桂皱6号，75 桂皱27号，76 南百1号；77 陕西大米桐，78 陕西朝天桐，79 陕西桃形桐，80 陕西尖桐，81 陕西葫芦桐，82 陕西大青桐，83 陕西柿饼桐，84 陕西小米桐，85 陕西对年桐，86 陕西柴桐；87 河南股爪青，88 河南五爪龙，89 河南叶里藏，90 河南桃形桐，91 河南葫芦桐，92 河南矮脚黄，93 河南大红袍，94 河南满天星，95 河南小荆子，96 河南小蛋桐，97 河南歪嘴桐，98 河南肉壳桐，99 河南青皮赖，100 河南迟桐，101 河南野桐；102 浙江座桐，103 浙江五爪桐，104 浙江少花单生满天星，105 浙江少花丛生球桐，106 浙江中花丛生球桐，107 浙江多花单生球桐，108 浙江野桐，109 浙江早实三年桐，110 浙江大扁球，111 浙江桃形桐，112 浙江光桐3号，113 浙江光桐6号，114 浙江光桐7号，115 浙桐选7号，116 浙桐选2号，117 浙桐选08号，118 浙桐选10号，119 浙桐选9号，120 浙桐选15号，121 浙桐选5号，122 浙皱7号，123 浙皱8号，124 浙皱9号；125 云南高脚米桐，126 云南矮脚米桐，127 云南球桐，128 云南八瓣桐，129 云南柴桐，130 云南观音桐，131 云南厚壳桐，132 云南丛生球桐，133 云南尖嘴皱桐，134 云南园皱桐；135 福建一盏灯，136 福建罂蒴桐，137 福建座桐，138 福建五爪桐，139 福建少花丛生球桐，140 福建对年桐，141 福建桃形桐，142 福建多花单生球桐，143 福建串桐，144 福建硬枝型皱桐，145 福建垂枝型皱桐，146 福建武平皱桐，147 闽皱8 901号；148 江西周岁桐，149 江西鸡婆桐，150 江西百岁桐，151 江西鸡嘴桐，152 江西蟠桐，153 江西大果丛生皱桐，154 江西小果丛生皱桐，155 江西四季皱桐；156 广东小来桐，157 广东大米桐，158 广东对年桐，159 广东皱桐；160 安徽独果桐，161 安徽大扁球，162 安徽尖嘴桐，163 安徽五大吊，164 安徽小扁球，165 安徽丛果球，166 安徽平顶桐，167 安徽长把桐，168 安徽短把桐，169 安徽周岁桐，170 安徽杂果桐，171 安徽一把爪；172 江苏大米桐，173 江苏小米桐，174 江苏球桐，175 江苏座桐，176 江苏柿饼桐，177 江苏葫芦桐，178 江苏丛生球桐，179 江苏扁球桐，180 江苏满天星，181 江苏桃形桐，182 江苏柴桐，183 江苏大花桐。

（三）主要栽培品种

《中国油桐主要栽培品种志》一书中"主要栽培品种"的含义，是按全国油桐科研协作组界定：主要栽培品种的桐林平均产量高出其他普通桐林15%；其栽培面积要占该地桐林总面积70%以上。全国油桐科研协作组按此两条标准，全国初评选出71个主要栽培品种。后在收入品种志中只有65个品种，其中包括柴桐、柿饼桐非栽培品种，是作业为种质资源保存的。

五、千年桐（皱桐）品种分类

（一）分类沿革

千年桐性怕寒冷，栽培分布地局限南部，在广西有较大面积栽培，在广东、浙江、福建、江西、云南、贵州、四川、湖南等省仅有小面积栽培，主要还是四旁零星栽培。千年桐栽培历史较短，经营粗放，栽培技术，良种选育深入研究不够，比之油桐粗浅，未能形成完整的系列技术，因而形成农家品种少。

之前广西桐油研究所和林刚均是按千年桐果实的形状分为大皱桐、尖皱桐、圆皱桐和菱形果 4 个品种。

近年各省（区）进行的油桐种质资源普查涉及千年桐的只有广西、福建、云南、江西 4 省（区）。凌麓山等根据对广西 28 个千年桐产区县的调查，按花序结构将千年桐区分为总状聚伞花序、圆锥状聚伞花序和伞房状聚伞花序 3 个类群；欧阳准则分福建千年桐为软枝型和硬枝型两个类型；赵自富分云南千年桐为长尖皱桐（青毛桐）和圆皱桐（黄毛桐）2 个品种；邱金兴等分江西千年桐为大果丛生型、小果丛生型、中果型和四季千年桐等 4 个品种（类型）。

《中国油桐品种图志》共搜集 15 个千年桐品种（包括无性系），根据习惯，总称为皱桐系，然后按凌麓山的分类方法，将其区分为总状聚伞花序、圆锥状聚伞花序和伞房状聚伞花序 3 个类群。

总状聚伞花序类群：雌花花序为总状聚伞花序，不具侧轴，每序雌花在 20 朵以下。

圆锥状聚伞花序类群：雌花花序为圆锥状聚伞花，每花序雌花数多的可达 50 ~ 60 朵。

伞房状聚伞花序类群：花序结构宛如无限花序中的伞房花序，但却是顶花先开，为伞房状聚伞花序，每花序雌花数一般为 30 ~ 40 朵，多的达 50 ~ 60 朵。

《中国油桐》将千年桐分为 2 个类型，如下所示。

（1）雌雄异株类型

类型内自由授粉的实生子代，分别出现约 50% 的雌株及雄株。该类型占皱桐种群的绝大多数。类型的代表有云南、贵州、广西、广东、福建、江西、浙江的绝大多数实生皱桐。

（2）雌雄同株类型

类型内自由授粉的实生子代，能较稳定地表现出雌雄花同株异序或同序习性。该类型占皱桐种群的少数，在自然状态下多呈分散分布。类型的代表有福建武平12号、武平18号；福建莆田荔城1号、荔城2号；江西乐平5号、乐平6号等；江西四季皱桐等。在南方皱桐主产区的实生林分中，常有零星分布。

（二）分类结果

各省区市千年桐品种间特征特性之异同，及品种命名交叉，因研究不够深入，难以区分，归类。20世纪80年代以后，千年桐生产处于停顿状。因此，只有原来有关省区市分类命名资料。

1. 广西千年桐品种群

桂27号无性系，桂皱1号无性系，桂2号无性系，桂皱6号无性系，苍梧18号无性系。

2. 浙江千年桐品种群

浙皱7号无性系，浙皱8号无性系，浙皱9号无性系。

3. 江西千年桐品种群

4. 福建千年桐品牌群

软枝千年桐，硬枝千年桐。

5. 云南千年桐品种群

果长尖千年桐，果长圆千年桐。

6. 广东千年桐品种群

广东千年桐，肇庆1号无性系。

（三）千年桐优良无性系

千年桐优良无性系见图2－9至图2－12。

广西桂皱27号花序　　　　广西桂皱27号果序

图2－9　桂皱27号

广西桂皱1号花序　　　　　　　广西桂皱1号果序

图 2 - 10　桂皱 1 号

 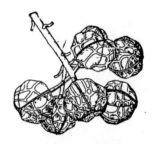

广西桂皱2号花序　　　　　　　广西桂皱2号果序

图 2 - 11　桂皱 2 号

 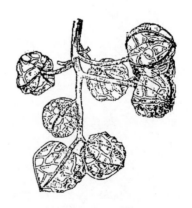

广西桂皱6号花序　　　　　　　广西桂皱6号果序

图 2 - 12　桂皱 6 号

第三节 油桐品种性状研究①

油桐原产中国，栽培历史悠久，分布地域广阔，分布区的土壤、气候条件相差悬殊，经历了长期的自然选择和人工选择，加之油桐属异花授粉植物，自然杂交座果率高，因而形成了极其丰富的农家品种资源。

植物种质资源的保护和保存是人类生存和发展的需要。油桐品种基因资源的收集保存是保证油桐栽培品种多样化的重要措施。在湖南省林业厅营林局的大力支持下，我们从 1984 年开始，在湖南省衡阳县岣嵝峰林场建立了油桐基因库，共完成基因资源收集保存 169 号。油桐基因库的建立不仅具有收集保存基因资源，用作今后育种材料之作用，同时还具有品种（家系、无性系）评比之性质。因此，自 1984 年以来，我们对所收集的油桐基因资源进行了全面、系统的观察、分析和测定工作，现将收集到的来自全国 9 个油桐主产省的 66 个油桐品种资源及评比试验结果报告如后。

一、材料与方法

（一）试验地概况

试验地设在湖南衡阳县岣嵝峰林场的岣嵝峰山麓，海拔 200~300 m。地理位置为东经 112°26′，北纬 27°16′，属中亚热带季风湿润气候区，年均温 18℃，年降水 1 600~1 800 mm，但夏秋干旱。试验地土壤是由砂岩发育而成的红壤，pH 值在 5 左右，有机质含量 1.18%~1.68%，速效氮 0.02% 左右，速效磷 22~126 mg/kg，速效钾 35~40 mg/kg，土壤较瘠薄，保水性能差。原有植被主要为马尾松、油茶、蕨类。

（二）材料收集

1983 年冬收集了湖南、湖北、贵州、四川、浙江、广西、江西、安徽、陕西 9 省（区）的 66 个主要油桐品种，各品种编号、名称、原产地和所属类群见表 2-4。其中对年桐类 1 个品种，大米桐类 19 个品种，小米桐类 37 个品种，五爪桐类 1 个品种，窄冠桐类 3 个品种；柿饼桐类 2 个品种，柴桐类 3 个品种。

---

① 参加研究的人员如下：何方，谭晓凤，王承南，何立友，粟彬，罗建谱，宋金国，苏维埃，王文英，徐仲民。资料来源于《中国 66 个油桐品种资源收集及评比试验研究报告》（何方，谭晓凤，王承南，等，1992）。

表2－4 品种一览

序号	品种名称	原产地	类群	序号	品种名称	原产地	类群
1	浙优14	浙江	③	31	广西忻城红皮丛桐	广西	③
2	浙优13	四川	②	32	广西那坡小米桐	广西	③
3	浙优11	浙江	②	33	广西都安矮脚桐	广西	③
4	浙优17	浙江	③	34	广西上林多果桐	广西	③
5	浙优3	浙江	③	35	湖北柿饼桐	湖北	⑥
6	浙优20	浙江	③	36	湖北五子桐	湖北	③
7	浙优19	浙江	②	37	湖北大米桐	湖北	②
8	湖南柴桐	湖南	③	38	湖北小米桐	湖北	③
9	湖南慈利大米桐	湖南	②	39	湖北柴桐	湖北	⑦
10	湖南保靖小米桐	湖南	③	40	湖北球桐	湖北	③
11	湖南小米桐	湖南	③	41	湖北九子桐	湖北	③
12	湖南黔阳小米桐	湖南	③	42	贵州矮脚桐	贵州	③
13	湖南五爪龙	湖南	③	43	湖北五爪龙	湖北	③
14	湖南观音桐	湖南	⑤	44	湖北桃桐	湖北	⑦
15	湖南葡萄桐	湖南	③	45	湖北景阳桐	湖北	②
16	湖南五爪龙	湖南	⑤	46	湖北百年桐	湖北	②
17	湖南保靖大米桐	湖南	②	47	浙选 I_6	浙江	②
18	湖南葡萄桐	湖南	③	48	浙选 II_4	浙江	③
19	湖南柿饼桐	湖南	⑤	49	广西对年桐	广西	①
20	湖南柏枝桐9号	湖南	②	50	梅岩小米桐	江西	③
21	湖南柏枝桐3号	湖南	②	51	歙县大果桐	安徽	②
22	广西隆林矮脚	广西	③	52	广西四季桐	广西	③
23	广西天峨米桐	广西	②	53	乐平小米桐	江西	③
24	广西隆林米桐	广西	②	54	齿卉百年桐	广西	②
25	广西龙胜大蟠桐	广西	②	55	陕西大米桐	陕西	②
26	广西荔浦五爪桐	广西	③	56	五爪桐	浙江	④
27	广西乐业小米桐	广西	③	57	少花吊桐	浙江	③
28	广西三江五爪桐	广西	②	58	新晃82-1	湖南	③
29	广西永福米桐	广西	②	59	新晃82-3	湖南	③
30	广西南丹百年桐	文西	②	60	贵48号 F_{10}	贵州	③

（续表）

序号	品种名称	原产地	类群	序号	品种名称	原产地	类群
61	新晃 82-2	湖南	③	64	贵州小米桐	贵州	③
62	贵州窄冠桐	贵州	⑤	65	四川立枝桐	四川	⑤
63	新晃 82-13	湖南	③	66	四川小米桐	四川	③

注：①对年桐类；②大米桐类；③小米桐类；④五爪桐类；⑤窄冠桐类；⑥柿饼桐类；⑦柴桐类。

（三）田间试验设计

采用单株小区，随机区组排列，重复 10 次。

（四）造林及试验地管理

1984 年春，采用水平梯带、挖穴直播造林，每穴施基肥（饼肥）0.25 kg。造林密度 4 m×4.5 m。1988 年春每株施尿素 0.1 kg，1989 年和 1990 年春每株各施尿素 0.25 kg。

（五）调查观测

每年秋季进行 1 次生长量和产量调查，按株建立技术档案，调查内容包括树体、枝叶和结实量。从 1987 年开始，每年春季进行花序结构和开花习性调查，内容包括花序大小、雌雄花数量和比例、开花物候和其他开花习性。

（六）分析测定

1. 各品种经济性状测定

1988 年秋每品种采取果实样品各 1 份，室内测定其果实大小、果皮厚度、出籽率、出仁率和种仁含油率。

2. 油脂理化性质分析

1988 年 10 月，常规方法分析测定各品种的酸值、碘值、皂化值和折光指数。

3. 品种油脂的脂肪酸组成和含量分析

1988 年 3 月，气相色谱法分析各品种油脂的脂肪酸组成及含量。

（七）数据整理

先按年度分单株分别计算其生长量和产量，再按品种号和区组分类统计。产量平均值为 1987—1990 年的 10 次重复的平均值，产量方差分析则以 1987—1990 年 1~4 区组的数据进行分析，其他生长量的方差分析均以 1990 年 1~4 区组的数据进行分析。

二、结果与分析

（一）树体性状

1. 树高

树高是树体纵向生长的反映，在一定程度上也反映其分枝轮数和冠高。各品种树高平均值见附表1。表2-5是各品种树高方差分析结果。

表2-5　树高方差分析

变异来源	DF	SS	MS	F	$F_{0.05}$
区组	3	1.514 8	0.504 9	1.961 7	2.65
品种	65	30.567 9	0.470 3	1.827 1	1.35
误差	195	50.190 5	0.257 4		

方差分析结果表明，各品种间树高生长存在极显著的差异。经 q 检验（表略，下同，其中 $D_{0.05}=1.270$，$D_{0.01}=1.433$）表明，广西忻城红皮丛桐（7年生树高3.75 m）与树高在2.48 m以下的34个品种存在显著差异，贵州矮脚桐与树高在2.41 m以下的31个品种存在显著差异，四川立枝桐和广西天峨米桐与湖北景阳桐存在显著差异。

据观测，似乎不同地理种源（南北）其高生长（尤其在幼轮期）存在一定差异。树高平均值最大的12个品种中广西占5个，其余有2个为窄冠桐，1个柴桐，来自广西的品种较其他省的品种生长速度要快。

此外，小米桐类品种似乎在幼龄期较大米桐类生长更快些，生长最快的几个品种均为小米桐和窄冠桐。

2. 冠幅

冠幅是树枝横向生长的表现，各品种冠幅方差分析见表2-6。

表2-6　冠幅方差分析结果

变异来源	DF	SS	MS	F	$F_{0.05}$
区组	3	178.25	59.42	3.53*	2.65
品种	65	2 093.22	32.20	1.91*	1.35
误差	195	3 286.84	16.86		

注：＊表示存在显著差异。

结果表明各品种间，存在显著差异。经 q 检验（$D_{0.05}=110.284$，$D_{0.01}=11.598$）表明，广西忻城红皮丛桐（16.61 m²）与冠幅在6.326 m²以下的20个品种存在显著差异，广西天峨米桐、湖南小米桐、广西南丹百年桐与树冠在4.036 m²以下的4个品种存在显著差异，广西都安矮脚桐和四川小米桐、湖南观音桐存在显著差异。

将树高和冠幅联系起来看，表现出 3 种不同的相关性；一般说来，树体越高，冠幅越大，如广西忻城红皮丛桐、广西天峨米桐、湖南小米桐、广西南丹百年桐、浙江少花吊桐等品种，它们的树高和冠幅平均值均居前列，树高与冠幅的直径基本相等，表现出纵向生长与横向生长的同步协调性，但也存在与之截然相反的类型，这就是窄冠桐类品种，如四川立枝桐、湖南观音桐它们的树高居前列，而冠幅则居末位，分枝角度小，分枝少，表现出纵向生长和横向生长的相悖性。另外还有一类品种，一般树体不高，冠幅中等或较大，如浙优 20，浙江五爪桐等品种，它们一般结实早、雌花比例大，果实丛生性强，表现出横向生长大于纵向生长、生殖生长对营养生长的制约性。

3. 径　粗

径粗是树干生长的体现，树干与树高、冠幅构成树体的基本骨架。各品种径粗方差分析见表 2 - 7。

表 2 - 7　径粗方差分析结果

变异来源	DF	SS	MS	F	$F_{0.95}$
区组	3	9.082	3.027	1.574	2.65
品种	65	284.671	4.379	2.278*	1.35
误差	.195	374.808	1.922		

注：* 表示存在显著差异。

结果表明，各品种间存在显著差异。经 q 检验（$D_{0.05} = 3.4729$，$D_{0.01} = 3.9166$）表明，广西忻城红皮丛桐、广西天峨米桐、广西南丹百年桐与贵州小米桐等 13 个品种存在显著或极显著差异；浙江少花吊桐、广西都安矮脚桐与歙县大果桐等 7 个品种存在显著差异。

（二）枝叶性状

1. 分枝数

枝叶数量体现该品种营养生长的好坏。1990 年各品种 1～4 区组分枝数平均值见附表 1。方差结果见表 2 - 8。

表 2 - 8　分枝数方差分析结果

变异来源	DF	SS	MS	F	$F_{0.05}$
区组	3	14 075.04	4 691.68	1.206 0	2.65
品种	65	465 834.06	7 166.68	1.842 2*	1.35
误差	196	758 603.71	3 890.28		

注：* 表示存在显著差异。

结果表明，各品种间分枝数存在显著差异检验 $D_{0.05} = 150.24$，$D_{0.01} = 176.20$ 表明，广西龙胜大蟠桐与湖北柿饼桐等 10 个品种存在显著或极显著差异，广西那坡小米桐与浙优 17 存在显著差异。

正常情况下，树体越大，分枝越多，这在大米桐类较为突出，如广西龙胜大蟠桐、广西天峨米桐、广西南丹百年桐等。另外小米桐也不乏其例，如广西都安矮脚桐、广西那坡小米桐、广西忻城红皮丛桐、贵州矮脚桐等。但影响分枝多寡的因素很多，既有遗传性本身的原因，与营养状况有关，或者两者兼而有之，如浙江五爪桐等品种就是如此，一般分枝较少。窄冠桐类品种则是由于其本身遗传特性的原因树冠小，每年分枝很少，但分枝均较长、较粗。先年和当年结实率严重地影响树体的营养状况，往往由于结实太多导致分枝较少，甚至枯枝，如广西对年桐和一些小米桐类品种，但也不是每年分枝少，而是间歇性的。

2. 叶面积

1990 年各品种单株叶面积平均值见附表 1。叶面积最大的是广西天峨米桐（42.27 m^2），其余依次是浙优 19、广西南丹百年桐、湖南柿饼桐、浙江少花吊桐、广西忻城红皮桐、湖南柏枝桐、广西西季桐等，方差分析见表 2 - 9。

表 2 - 9　株叶面积方差分析结果

变异来源	DF	SS	MS	F	$F_{0.05}$
区组	3	333.625	111.208	0.409 8	2.65
品种	65	23 665.660	364.087	1.324 1	1.35
误差	195	52 921.991	271.395		

结果表明，各品种间差异不显著 0 = 1.324 < $F_{0.05}$ = 1.35）。从平均值看相差甚远，但差异不显著，这可能是由调查误差引起的。因为叶面积调查不能数取全部叶片数量，只能采用折算办法，加之调查人员较多，误差较大。

（三）花序性状和开花习性

1. 开花时间

据 1987—1990 年共 4 年的观测，在衡阳岣嵝峰林场，各品种间花序显露期相差较远，多在 3 月中旬，早的在 3 月上旬，晚的在 3 月下旬甚至 4 月初。但开花时间相对比较集中，一般都在 4 月 20 日前后。品种间开花时间略有差异，但相差时间很短。野桐一般最先开花（4 月 15 日前后），其余依次是对年桐、柿饼桐、小米桐、大米桐类品种，一般仅相差 1 ~ 2 d，窄冠桐类品种开花时间与小米桐相近。

1987 年早春气温很高，花序显露早，生长快。但 3 月底至 4 月上旬的寒潮致使花序生长突然中止，开花时间与1988、1989、1990年完全一致。

2. 花序大小

花序大小因品种不同差异较大。各品种每花序平均花数见附表2。平均花序最大的是四川立枝桐（每序74.0朵），最小的是湖南柿饼桐（每序4.4朵）。若论具体1个花序的花杂数差异则更大，最大的1个花序达246朵（湖南柏枝桐），最小的为单花。

若根据花序大小将各品种分为少花花序（平均每花序花朵数15以下）、中花花序（40朵以下，15朵以上）、多花花序（40朵以上）类型，则为多花花序类型的有四川立枝桐、湖南柏枝桐、南丹百年桐、广西对年桐等13个品种；中花花序类型的有湖南小米桐、广西忻城红皮丛桐等30个品种，少花花序类型有湖南大米桐、柿饼桐等13个品种。

花序大小不仅因品种不同差异较大，而且同一品种也因生育阶段和年份不同变化较大。1987年多数品种刚开花结实，除个别品种外（如广西对年桐），基本上都表现为少花或单花花序，中花花序类型很少。1989年为正常年份，花序普遍较1987年大。又如广西对年桐正常年份（盛果期）表现为多花花序，但1990年开始衰老，花序变小，每序花数仅为正常年份的一半。

花序大小还与营养状况有关。1987年夏秋干旱近4个月，普遍生长不太好，1988年花序较之正常年份1989年要小得多。而且，据我们1989年调查，同一株油桐树上，因其抽生枝条的长粗不同差异也明显，枝条粗壮而长其花序大，细短枝条花序小。

据观测结果，一些品种的花序大小（类型）与原来品种志书上记载有大出入，如湖南柏枝桐、浙江少花吊桐，这可能与调查时的生育时期、立地条件以及当时的营养状况等不一致有关，也说明花序大小随时随地变化之大。

3. 雌雄花比例

各品种雌雄花比例见附表2。根据雌雄花比例可以划为5类。第一类是在1：2以内，包括浙江五爪桐、湖南柿饼桐、湖南大米桐等9个品种，这一类都是少花类型，一般每花序都在10朵以下，偏雌性；第二类是在1：2至1：5，包括湖南五爪龙、广西天峨米桐、隆林米桐、忻城红皮丛桐等15个品种，它们一般都是少至中花花序，雌雄比适中，果实丛生性比较强；第三类是在1：5至1：10，包括湖南小米桐、葡萄桐、广西乐业小米桐等24个品种，一般为中花至多花花序，雌雄花比例适当；第四类是在1：10至1：20，包括江西乐平小米桐、浙江少花吊桐、四川立枝桐等8个品种，一般为多花花序，虽然雌雄比不大，但多数品种果实丛生性强，这是因为每花序上雌花绝对数较多；第五类是雌雄比在1：20以上，包括湖南柏枝桐、广西四季桐等7个品种，它们都是多花花序，雌花较少，果实多单生；但也有2~4个丛生的。

花序的雌雄花比例与花序大小一样，不仅品种不同差异较大，而且也因其所处生育阶段和年份不同变异较大，与营养状况也有关。广西对年桐在盛果期每花序上一般都有 3～7 朵雌花，但进入结果衰退期（第 7 年）则每个花序上仅 1 雌花。安徽歙县大果桐 C 座桐）1989 年基本上都表现为单果，但 1990 年多数表现为 3～4 果丛生。1989 年为结实大年，，多数品种果实丛生性好，1990 年为结实小年，一些本来丛生性强的品种因 1989 年营养过量消耗而表现为单生。

（四）产量及结实特性

方差分析结果表明，各品种间产量存在极显著差异（表 2－10）。经 q 检验（$D_{0.05}=3.1596$，$D_{0.05}=3.5633$）表明，浙优 13、浙优 19、湖北大米桐、广西隆林米桐、广西都安矮脚桐、广西对年桐等 6 个产量最高的品种与广西那坡小米桐、贵州小米桐等存在显著或极显著差异。

上述产量最高的 6 个品种中，对年桐属早实丰产品种但从第 7 年开始衰退，适宜与杉木和油茶混交。其他的浙优 13、浙优 19、湖北大米桐；广西隆林米桐均属大米桐类，广西都安矮脚桐虽属小米桐类，但树体较高大，果实也较大。说明在肥力较差的丘陵红壤地区以大米桐类反映较好。

上述品种还有一个共同特点就是树体较紧凑、分枝数较多，果实丛生性一般。

小米桐类品种一般大小年明显。四川小米桐开始生长缓慢，结实较少，但后期生长快，1990 年单株产量最高。

窄冠桐类品种普遍产量低，四川立枝桐果实丛生性很强，但因树冠太小，分枝少而单株产量低。

柴桐类品种除湖北桃桐外，产量均低。湖北桃桐在岣嵝峰生长结实较好，产量居中等水平。

表 2－10　产量方差分析结果

变差来源	DF	SS	MS	F	$F_{0.05}$
区组	3	8.13	2.71	1.703	2.65
品种	65	225.21	3.465	2.178[**]	1.35
误差	195	1 310.21			

注：** 表示极显著差异。

（五）经济性状

1. 果序性状

各品种均表现为不同程度的丛生性，其中以小米桐类和五爪桐丛生性最强，如广西忻城红皮丛桐、上林多果桐、湖南葡萄桐等品种常 5～8 个丛生，最多达 20 多个。浙江五爪桐一般 5 个丛生。

大米桐类一般表现为 2~4 个丛生，有的表现为单果。也有些品种在幼龄期丛生性较强，如浙优 13 号最多时每果序可达 8 个，陕西大米桐和安徽歙县大果桐可达 5~6。

对年桐一般表现为 3~7 个丛生。窄冠桐类以四川立枝桐丛生性最强，一般每序 4~8 个果，最多可达 10 个以上；贵州窄冠桐丛生性次之，常 2~5 个丛生；湖南观音桐丛生性较差，一般 2~3 个丛生，多单生。

柴桐类的湖南柴桐和湖北柴桐结实少，一般表现为单生，也有 2~3 个丛生，但湖南桃桐表现为丛生，最多可达每序 5 个。

柿饼桐类一般表现为单生果序，湖南柿饼桐偶尔也有 2~3 个丛生。

2. 果实和种子性状

附表 4 是 1988 年测得的各品种果实和种子主要性状统计表。从表中可以看出，各品种果实大小、果皮厚度、出籽率及出仁率差别较大。就果实大小而言，以柿饼桐和大米桐类品种为大，其中又以湖南柿饼桐、湖北柿饼桐、安徽歙县大果桐、陕西大米桐为最大，均在 100 g 以上。窄冠桐类果实最小，一般在 40 g 左右。

果皮厚度与果实大小关系密切，一般果实大的品种其果皮较厚，最大者达 9.1 mm（浙优 20 号）出籽率与果实大小及果实形状有很大关系。出籽率因品种不同差异较大，出仁率差异则较小。

产量最高的 6 个品种的果实均较大，因而其出籽率相对较低，但出仁率较高。

3. 种仁含油率

各品种种仁含油率见附表 5，一般都在 60%以上。从表中可以看出，种仁含油率与果实大小存在一定关系，果实太小品种，其种仁含油率均低。含油率最高的是湖南小米桐（66.95%）和湖南新晃 82-1（66.69%），其次为湖南柏枝楠 9 号、广西荔浦五爪桐、湖南保靖大米桐等。产量最高的 6 个品种除广西对年桐较低（当年果实特别小）外，其余一般都在 60%以上。

4. 油脂理化性质

酸值与含油率有关，含油率低的品种其酸值大，如湖南观音桐等。此外，四川立枝桐含油率较高（56.12%），但其酸值最高，达 8.9%，可能与成熟度有关，窄冠桐成熟一般较晚。6 个高产品种除广西对年桐外，一般都低于 2%。

碘值一般都在 160 以上，皂化值一般都在 190 以上。折光指数差异不明显。

5. 油脂的脂肪酸组成及含量

经气相色谱检测分析，桐油中含有 2 种饱和脂肪酸和 4 种不饱和脂肪酸。饱和脂肪酸有棕榈酸（$C_{16:0}$）和硬脂酸（$C_{18:0}$），不饱和脂肪酸有桐酸（$C_{18:3}$，$\triangle^{9,11,13}$）、油酸（$C_{18:1}$）、亚油酸（$C_{18:2}$）、亚麻酸（$C_{18:3}$，$\triangle^{9,12,15}$）。饱和脂肪酸含量很少，一般不到4%，基本上都为不饱和脂肪酸。不饱和脂肪酸主要为桐酸，一般占全部脂肪酸的80%以上。桐酸中又以α桐酸为主，β桐酸是α桐酸的异构物，含量过多出现白色沉淀，俗称β型桐油，β型桐油含量越少越好。各品种油脂的脂肪酸含量见附表6。

各品种桐酸普遍较高，含量最高的是广西忻城红皮桐，达89.46%。6个高产品种中以广西都安矮脚桐含量最高达88.19%，其β桐酸含量仅0.54%，其他几个品种都在76%以上。

三、结论与讨论

油桐基因资源是油桐良种选育的物质基础，是宝贵的自然资源。油桐基因资源的收集、保存、研究和利用是一项长期而艰巨的任务，有必要建立固定的基因库，促进油桐育种业的稳定、持续发展。

不同的油桐品种之间其形态特征、生物学特性、产量、经济性状、桐油理化性质存在一定或较大差异。同一类群的不同品种既有其共同之处，也有其不同之点。

花序大小、雌雄花比例和果实丛生性状不仅不同品种之间存在很大差异，而且因生育阶段、年份和营养状况不同而有很大差异。

不同种源的油桐品种在生长方面表现一定差异，来自较南（广西）的品种生长较快。

评比试验评选的6个较好品种表现出较高的产量、较好的经济性状和良好的适应性，它们多数属大米桐类品种，可以在湖南低丘红壤上推广应用。

建立油桐基因库同时结合进行品种（或家系、无性系）评比试验是一举两得之事，既可收集、保存现有油桐基因资源，为今后育种或研究提供试材，又可为当地油桐生产提供新的良种，特别是建立省级或地区级油桐基因库更应结合评比试验进行，但必须进行田间试验设计。

附表1　各品种生长量统计

品种号	树高(m)	冠幅(m^2)	径粗(cm)	分枝数	株叶面积(m^2)	品种号	树高(m)	冠幅(m^2)	径粗(cm)	分枝数	株叶面积(m^2)
1	2.6	6.82	5.98	112	15.3	5	2.30	6.26	5.75	100.8	18.66
2	2.3	6.52	5.52	115.3	17.21	6	2.41	10.49	6.03	117.3	21.06
3	2.28	8.68	5.78	118.8	28.36	7	2.23	7.99	5.20	162.8	41.25
4	2.26	5.79	3.75	35.8	3.95	8	2.20	4.99	4.05	76.0	17.16

（续表）

品种号	树高（m）	冠幅（m²）	径粗（cm）	分枝数	株叶面积（m²）	品种号	树高（m）	冠幅（m²）	径粗（cm）	分枝数	株叶面积（m²）
9	2.53	9.02	4.23	59.8	8.55	39	2.7	7.02	4.70	125	17.65
10	2.35	5.31	5.98	128.8	10.31	40	2.48	6.24	4.24	99.8	12.99
11	2.8	12.70	6.28	130.5	19.68	41	2.25	7.21	6.58	105	14.86
12	2.38	6.16	4.05	47.8	26.21	42	3.68	9.40	5.63	168	22.45
13	2.23	5.61	4.20	46	8.27	43	2.84	6.84	4.83	177	21.03
14	2.88	1.96	5.63	53.8	7.43	44	2.45	9.55	4.98	122.5	14.91
15	2.5	6.98	4.48	90.3	14.01	45	1.75	3.27	5.78	107	13.87
16	2.43	6.89	4.25	79.5	10.87	46	2.18	7.59	6.58	104.5	16.42
17	2.33	9.45	5.38	117.3	14.05	47	2.6	10.16	6.68	168.5	25.00
18	2.4	5.79	4.23	78	9.70	48	1.93	9.72	4.95	181	24.92
19	2.41	6.57	5.50	122.5	38.59	49	2.18	4.35	5.35	77	10.43
20	2.35	9.3	6.55	148	24.90	50	2.68	6.01	4.1	108.8	15.20
21	2.25	6.35	5.06	172	35.58	51	2.05	4.78	6.325	58	11.30
22	2.28	7.63	5.43	143	21.52	52	2.49	4.84	6.7	150	33.23
23	3.0	14.32	7.83	186	42.27	53	2.56	9.79	6.45	114	22.99
24	2.55	8.65	5.98	143.3	16.08	54	2.50	8.36	3.91	136.3	24.86
25	2.73	9.96	5.75	232	26.50	55	2.18	5.10	4.58	60.5	8.26
26	2.4	7.09	5.24	116	33.00	56	1.89	6.28	7.6	49.5	5.61
27	2.65	7.81	5.83	108.5	23.38	57	2.69	12.09	5.4	182.3	37.66
28	2.50	6.99	6.35	97.8	21.65	58	2.68	11.14	5.4	142.5	22.59
29	2.68	11.09	5.20	145.3	18.30	59	2.58	8.10	5.5	122.8	23.54
30	2.7	12.65	7.83	169.5	39.02	60	2.40	6.28	3.70	76..8	13.11
31	3.75	16.61	7.90	167	36.41	61	2.31	3.10	4.1	50.3	6.19
32	3.09	9.9	6.68	197	27.11	62	2.30	6.52	5.55	93.5	17.45
33	2.55	12.605	7.58	175.5	31.59	63	2.68	12.40	6.68	170	32.57
34	2.58	11.411	5.88	120	31.88	64	2.29	7.28	4.35	76.8	16.63
35	2.00	5.47	4.85	73.8	10.49	65	3.13	2.90	4.15	96.0	15.36
36	2.38	11.64	6.05	101.5	19.42	66	2.65	7.15	5.63	132.3	31.48
37	2.73	8.95	5.10	139.5	13.82	$\sum x$	658.35	2 097.8	1 455.04	30 815	5 421.16
38	2.6	8.62	5.40	90.5	19.21	$\bar{x}$	2.494	7.946	5.512	116.7	20.535

注：调查时间为 1990 年 7 月。

附表2　各品种花序性状统计

品种号	主轴长	侧轴长	雌花数	雄花数	雌雄比	每花花序数	品种号	主轴长	侧轴长	雌花数	雄花数	雌雄比	每花花序数
1	9.13	9.07	2.8	43.5	1:15.53	52.5	34	6.3	6.0	3.5	32.0	1:9.14	35.51
2	9.33	7.33	3.67	23.0	1:6.27	26.67	35	4.63	3.87	1.0	8.5	1:8.5	9.5
3	7.6	7.0	4.4	13.8	1:3.14	18.2	36	7.5	5.75	1.25	21.5	1:17.2	22.75
4	5.0	5.5	1.5	36.7	1:2.45	46.7	37	1.1	6.9	3.3	9.5	1:2.88	12.8
5	10.4	8.4	2.2	36.1	1:16.41	38.3	38	9.25	9.75	4.25	26.25	1:6.18	30.5
6	7.0	3.2	2.75	24.4	1:8.87	27.65	39	3.5	3.75	2.5	7	1:2.8	9.5
7	8.0	7.4	2.1	32.2	1:15.33	34.2	40	4.75	4.63	4.75	2	1:0.42	6.75
8	7.5	9.25	3.75	2.75	1:0.73	6.5	41	5.1	4.5	4.3	8.4	1:1.75	13.2
9	6.19	5.76	1.84	6.89	1:3.7	8.73	42	5.83	5.33	3.0	29.3	1:9.77	32.33
10	6.25	7.0	4.25	23.25	1:5.47	27.5	43	7.2	9.2	4.0	20.2	1:5.05	24.2
11	5.43	5.43	1.58	14.0	1:8.86	15.58	44	5.0	5.5	5.5	1.5	1:0.27	7.0
12	5.63	6.5	4.0	3.75	1:0.94	7.75	45	9.25	7.5	3.25	32.5	1:10	35.75
13	3.0	6.5	4.5	18.25	1:4.06	22.75	46	8.7	9.2	2.5	50	1:20	52.5
14	3.75	4.25	2.25	3.0	1:1.33	6.25	47	6.1	4.9	2.2	15	1:6.82	17.2
15	10.5	8.75	3.5	34	1:9.71	37.5	48	7.25	6.0	0.75	29.5	1:39.33	30.25
16	3.74	3.1	1	4.7	1:4.7	5.7	49	3.07	5.0	5.67	45.78	1:8.07	51.44
17	4.5	5.0	2.0	3.5	1:1.75	5.5	50	7.5	7.4	2.2	39	1:17.72	41.2
18	11.1	10.0	4.9	35.0	1:7.14	42.0	51	9.67	9.2	1.4	61.33	1:43.81	62.33
19	5.4	5.0	2.1	2.3	1:1.1	4.4	52	9.0	8.8	1.2	51	1:42.5	52.2
20	10.6	9.4	3.6	43.8	1:12.17	47.4	53	4.98	6.82	2.5	46.17	1:18.47	48.67
21	7.5	8.5	1	49.0	1:49	50.0	54	4.67	4	5	16	1:3.2	21.0
22	12.75	9.25	0.25	52.25	1:209	52.5	55	11.1	8.5	2.3	27.6	1:12	29.9
23	3.5	4.25	3.5	7.5	1:2.14	11.0	56	6.3	4.8	4.5	4.	1:0.89	8.5
24	8.0	6.6	4.0	13.65	1:3.41	18.67	57	9.1	7.5	2.0	39.2	1:19.6	41.2
25	7.7	7.5	4.25	25.5	1:6.0	29.5	58	8.67	7.67	2.67	17	1:6.37	19.67
26	7.5	5.63	0.5	23.25	1:46.5	23.75	59	6.34	6.40	3.2	21.4	1:6.69	24.6
27	6.47	6.1	1.47	1.5	1:7.82	12.97	60	4.6	5.2	1.67	8.7	1:5.21	10.37
28	7.0	5.75	2.51	6.5	1:6.6	19	61	7.5	7.83	3	87.5	1:2.92	11.75
29	4.0	4.5	5.0	4.25-	1:0.85	82.5	62	3.9	4.64	1	5.4	1:5.4	6.4
30	7.75	6.5	7.25	4.75	1:4.79	40.25	63	4.67	4.0	1.33	10.8	1:8.12	12.13
31	4.08	4.20	4.17	23.33	1:4.96	27.5	64	8.3	7.8	3.5	22.1	1:6.31	25.6
32	1.5	1	1	0.8	1:5.2	6.2	65	160	12.33	4	70	1:17.5	74.0
33	6.0	6.0	6.6	14.8	1:2.24	21.4	66	7.6	7.4	3.6	20.7	1:5.75	24.3

附表3 66个油桐品种历史产果量统计

品种号	年份						
	1987年	1988年	1989年	1990年	$\sum x$	$\overline{X_i}$	S
1	0.60	2.27	7.73	2.57	13.17	3.29	3.08
2	1.32	3.10	10.75	1.07	16.24	4.06	4.55
3	0.50	3.00	7.27	1.78	42.55	3.14	2.94
4	0.65	1.62	4.90	1.40	8.57	2.14	1.88
5	0.76	3.72	5.30	1.60	11.38	2.85	2.06
6	0.53	1.73	8.54	2.48	13.28	3.32	3.57
7	0.21	1.73	8.67	4.29	14.89	3.72	3.70
8	0.05	1.82	3.30	0.68	5.85	1.46	1.43
9	0.04	0.79	5.31	1.16	7.3	1.83	2.37
10	0.22	1.14	2.13	1.25	4.74	1.19	0.78
11	0.05	1.59	4.31	2.58	8.53	2.13	1.79
12	0.03	0.49	2.52	1.27	4.31	1.08	1.09
13	0.00	1.04	4.2	0.61	5.85	1.46	1.87
14	0.12	1.09	1.72	0.56	3.49	0.87	0.69
15	0.81	2.02	7.73	1.96	12.52	3.13	3.12
16	0.01	1.51	3.08	0.62	5.22	1.31	1.33
17	0.16	2.53	4.48	2.37	9.54	2.39	1.77
18	0.15	1.43	5.55	2.03	9.14	2.29	2.31
19	0.27	2.94	4.86	1.89	9.96	2.49	1.92
20	0.04	1.03	5.51	1.42	8.0	2.0	2.41
21	0.32	1.88	4.12	2.12	8.44	2.11	1.56
22	0.34	0.97	4.45	2.24	8.0	2.0	1.81
23	0.24	0.86	8.13	1.51	10.74	2.69	3.67
24	0.16	2.13	10.42	1.75	14.46	3.62	4.62
25	0.68	1.49	4.32	1.54	8.03	2.01	1.59
26	0.16	1.33	4.02	1.40	6.91	1.73	1.63
27	0.19	1.11	4.11	1.18	6.59	1.65	1.70
28	0.46	1.44	6.72	1.21	9.83	2.46	2.87
29	0.11	0.55	4.34	1.92	6.9	1.73	1.89
30	0.27	1.82	7.57	4.66	14.32	3.58	3.22
31	0.13	0.98	7.27	1.03	9.41	2.35	3.30
32	0.04	0.23	0.79	0.69	1.75	0.44	0.36
33	0.54	2.04	9.77	2.12	14.47	3.62	4.17
34	0.10	0.90	8.94	1.40	11.34	2.84	411

品种号	年份						
	1987 年	1988 年	1989 年	1990 年	$\sum x$	$\overline{X}_i$	S
35	0.08	0.50	2.59	2.04	5.21	1.30	1.20
36	0.07	0.72	2.77	2.00	5.56	1.39	1.22
37	0.56	3.00	8.88	2.27	14.71	3.68	3.62
38	0.12	0.33	3.51	1.71	5.67	1.42	1.56
39	0.15	0.19	1.61	1.06	3.01	0.75	0.71
40	0.09	0.19	3.78	1.05	5.11	1.28	1.72
41	0.02	0.85	3.05	3.85	7.77	1.94	1.80
42	0.00	0.11	3.67	3.16	6.94	1.74	1.95
43	0.09	0.72	3.40	2.29	6.5	1.63	1.50
44	0.07	1.60	6.41	2.97	10.51	2.63	2.79
45	0.23	0.63	3.75	1.26	5.87	1.47	1.58
46	0.20	1.37	8.49	1.28	11.34	2.84	3.81
47	0.17	2.23	4.97	3.18	10.55	2.64	2.00
48	0.59	3.87	6.38	1.12	11.96	2.99	2.68
49	0.77	3.54	8.15	1.95	14.41	3.60	3.24
50	0.22	1.99	7.56	1.85	11.62	2.91	3.21
51	0.39	0.73	3.3	1.26	5.63	1.42	1.30
52	0.32	1.52	4.41	2.79	9.04	2.26	1.75
53	0.04	0.24	2.52	1.88	4.68	1.17	1.22
54	0.24	1.63	7.69	1.66	11.22	2.81	3.32
55	0.62	2.41	4.07	1.21	8.31	2.08	1.52
56	0.69	3.26	3.40	1.33	8.68	2.17	1.37
57	0.36	1.74	5.01	3.53	10.64	2.66	2.03
58	0.35	1.82	4.70	0.43	7.3	1.83	2.03
59	0.75	1.74	5.92	1.65	10.06	2.52	2.31
60	0.08	0.20	0.38	1.56	2.22	0.56	0.68
61	0.33	0.84	3.60	0.95	5.72	1.43	1.47
62	0.00	0.33	1.88	1.09	3.3	0.83	0.84
63	0.21	0.88	2.44	3.27	6.8	1.7	1.40
64	0.30	0.02	1.49	0.52	2.06	0.52	0.69
65	0.01	1.63	2.88	0.81	5.33	1.33	1.23
66	0.18	0.98	1.73	4.07	6.96	1.74	1.68

附表 4　各品种果实主要经济性状分析

品种号	横径(cm)	纵径(cm)	果重(g)	鲜果皮厚(mm)	干果皮厚(mm)	鲜出籽率(%)	干出籽率(%)	鲜出仁率(%)	干出仁率(%)
1	5.5	6.33	62.7		4.1		4.07		62.0
2	5.60	5.34	80.2		3.45		50.0		54.5
3	5.42	5.16	65.04	5.8		37.1		57.0	
4	5.88	5.18	64.30		3.0		52.7		61.5
5	4.91	5.37	53.28		3.5		45.2		47.4
6	5.56	5.34	78.30	9.1		31.4		53.7	
7	5.33	4.79	55.28		2.4		52.0		61.0
8									
9	4.94	4.99	50.76	5.9		36.9		47.0	
10	4.51	4.48	41.1		2.8		47.7		54.9
11	4.39	5.05	33.10		3.3		48.8		57.7
12	4.02	4.32	42.02	4.0		35.6		35.1	
13									
14	4.86	4.72	46.50		3.0		65.2		61.5
15	4.57	4.41	36.3		2.6		53.5		55.3
16	5.19	4.98	53.4		3.7		50.5		60.1
17	5.22	5.45	57.2	6.6		31.2			58.5
18	4.69	5.39	43.2	3.8		40.5		60.8	
19	6.55	5.90	104.5		5.7		34.7		59.5
20	4.47	4.68	35.8		2.8		45.7		59.5
21	4.30	4.32	42.02	4.0		35.6		35.1	
22									
23									
24	4.75	4.94	46.36	3.9		44.0			48.6
25	4.20	4.66	36.68	7.8		23.7			53.7
26	5.75	5.52	72.94		3.9		44.4		46.3
27									
28	4.99	5.27	58.7		4.1		51.3		55.7
29	4.08	4.05	29.18	3.9		28.9		56.1	
30	4.17	4.41	36.2	2.9			35.6		55.2
31	4.67	4.82	45	83			4.1	46.1	55.0
32	4.88	4.71	47.18	4.8		39.3			59.8
33	5.27	5.82	64.46	6.8		31.5			56.2
34	3.84	4.36	26.2		2.6		75.0		47.5

品种号	横径（cm）	纵径（cm）	果重（g）	鲜果皮厚（mm）	干果皮厚（mm）	鲜出籽率（%）	干出籽率（%）	鲜出仁率（%）	干出仁率（%）
35	6.49	5.86	102.0		5.6		36.1		58.6
36	4.63	5.00	40.70		2.2		51.1		56.7
37	4.78	6.11	44.56	5.5		34.2		60.3	
38	4.59	4.77	37.62	3.9		44.0			58.5
39									
40	4.76	5.22	42.18		2.8		53.5		56.8
41					2.9		41.3		58.0
42									
43	3.91	4.65	32.94		2.0		43.6		51.2
44	4.51	5.59	41.56	5.3		34.3		62.1	
45	4.74	4.49	39.9	4.5		42.2			60.8
46	4.97	4.77	52.12		4.0		42.7		58.0
47	5.36	5.73	64.0		5.1		41.1		65.0
48	5.32	50.4	45.65		5.0		51.7		57.7
49	5.03	5.03	55.1	5.3		38.0			30.1
50	4.94	5.58	92.2	4.2		51.9			47.1
51	60.1	5.88	49.2		5.0	38.6	51.1		56.7
52	4.57	5.77		4.3					56.2
53									
54	5.98	5.58	86.38		4.2		38.6		63.6
55	6.58	6.33	101.96		5.1		51.1		61.9
56	5.24	5.51	56.5		4.5		46.8		49.5
57	4.65	4.69	45.8		4.5		32.0		64.6
58	4.61	5.15	42.8		3.2		40.1		59.6
59	5.88	6.22	86.4	8.3		34.3		34.3	
60	4.31	4.80	38.38		3.1		36.0		64.2
61	5.20	7.99	61.14		3.1		34.2		55.9
62									
63	4.95	4.79	47.38	3.9		42.4			48.6
64									
65	4.29	4.82	37.42		2.5		55.7		58.5
66	4.82	4.95	43.7		3.4		36.0		77.5

附表5 各品种种仁含油率及主要油脂理化性质分析

品种号	种仁含油率（%）	酸值	碘值	皂化值	折光指数
1	62.68	1.28	174.09	195.68	1.517 2
2	60.00	1.40	176.90	199.38	1.517 0
3					
4	59.65	1.74	178.5		1.469 3
5	45.04	4.30	162.67	197.75	1.520 2
6	64.07	1.77	171.14	195.21	1.518 1
7	61.28	1.70	167.27	181.01	1.518 3
8	60.76	0.85	167.03	194.38	1.520 2
9	63.07	1.65	170.76	196.28	101.95
10	62.92	1.31	170.91	182.65	1.518 8
11	66.95	1.64	174.94	194.28	1.518 5
12					
13					
14	28.67	6.88	171.74	200.00	1.512 0
15	62.69	1.05	173.16	199.34	1.518 6
16	61.03	1.49	168.92	195.66	1.512 5
17	66.33	0.99	172.57	198.57	1.516 5
18	60.16	1.00	176.81	197.74	1.518 2
19	57.83	0.93	164.37	195.48	1.519 5
20	65.88	1.38	173.14	190.59	1.512 8
21	60.44	1.14	164.31	179.95	1.519 2
22					
23	59.82	1.37	143.33	200.03	1.520 3
24	63.51	0.83	163.20	199.53	1.519 0
25	57.58	18.65	166.36	195.61	1.512 0
26	65.56	0.76	170.38	198.63	1.515 5
27					
28					
29					
30	40.44	7.04	164.53	200.06	1.516 0
31	59.28	1.93	165.68	200.03	1.520 0
32	62.03	0.72	178.73	198.63	1.519 2
33	64.49	0.85	179.53	198.16	1.520 8

（续表）

品种号	种仁含油率（%）	酸值	碘值	皂化值	折光指数
34	60.77	3.0	166.29	200.06	1.513 4
35	62.00	0.79	164.85	199.57	1.519 5
36	58.23	1.09	170.36	198.63	1.520 2
37	57.20	20.9	164.74	197.36	1.519 3
38	65.29	0.86	179.83	199.63	1.525 2
39					
40	65.01	1.77	177.98	198.36	1.517 6
41	64.24	1.63	179.60	199.18	1.514 0
42					
43	61.78	3.22	160.70	199.26	1.519 0
44	63.85	2.02	172.24	197.77	1.518 8
45					
46	63.19	1.87	175.78	196.49	1.518 2
47	26.55	7.67	168.19	198.34	1.510 4
48	63.48	1.69	163.23	198.99	1.518 0
49	37.49	5.30	179.34	199.23	1.519 8
50	56.91	1.75	174.09	190.36	1.519 0
51	56.87	3.38	178.81	198.31	1.522 0
52	64.52	2.44	179.00	195.78	1.519 0
53					
54	61.89	2.32	170.65	198.52	1.519 0
55	54.29	2.12	166.86	196.77	1.519 3
56	56.58	3.12	169.03	196.52	1.517 5
57	62.62	2.26	178.58	188.74	1.519 4
58	66.69	4.65	179.10	195.97	1.518 2
59	63.66	4.65	179.10	195.97	1.518 2
60	60.64	1.70	179.10	191.39	1.520 1
61	58.63	1.28	179.10	194.58	1.517 0
62					
63	51.52	4.70	179.56	193.07	1.518 5
64					
65	56.12	8.9	178.43	194.78	1.519 7
66	61.76	10.12	166.5	198.76	1.515 8

附表6 各品种脂肪酸含量

品种号	$C_{16:0}$	$C_{18:0}$	$C_{18:1}$	$C_{18:2}$	$C_{18:3}$	α 桐酸	β 桐酸
1	1.46	1.46	5.86	6.9	0.57	83.28	0.47
2	1.88	1.93	5.92	8.39	0.56	76.27	5.05
3							
4	1.47	1.43	3.14	5.72	0.53	81.42	6.30
5	2.19	0.94	2.60	7.28	0.48	80.57	5.95
6	1.74	1.69	5.66	6.59	0.48	77.21	6.62
7	1.48	1.05	3.22	6.30	0.28	79.35	8.31
8	1.63	1.33	4.31	7.14	0.44	84.89	0.25
9	1.67	1.53	5.47	6.65	0.51	79.00	5.18
10	1.79	1.51	5.31	6.41	0.41	82.15	2.42
11	1.84	1.97	6.14	5.69	0.39	83.54	0.43
12							
13							
14	2.44	2.42	8.58	7.63	0.50	74.24	4.20
15	1.72	1.82	5.83	7.42	0.44	79.01	3.76
16	2.55	2.30	14.13	10.82	0.67	69.36	0.18
17	1.83	1.98	6.49	7.66	0.45	78.34	3.25
18	1.62	1.49	3.61	6.03	0.42	84.00	2.83
19	1.68	1.48	4.40	5.88	0.41	86.15	
20	2.20	2.73	12.04	9.35	0.40	69.56	3.73
21	1.85	1.68	3.10	5.72	0.24	87.17	0.24
22							
23	1.83	1.47	3.72	5.97	0.32	79.57	7.12
24	1.41	1.55	5.76	6.77	0.49	75.95	8.07
25	2.33	1.51	3.00	7.48	0.39	84.17	1.13
26	1.86	1.89	8.37	8.55	0.49	78.58	0.26
27							
28							
29							
30							
31	1.25	1.20	3.31	4.14	0.42	89.46	0.22
32	1.53	1.67	4.58	6.03	0.34	85.68	0.16
33	1.32	1.34	3.69	4.55	0.37	88.19	0.54

（续表）

品种号	$C_{16:0}$	$C_{18:0}$	$C_{18:1}$	$C_{18:2}$	$C_{18:3}$	α桐酸	β桐酸
34	2.39	2.11	8.86	9.37	0.50	76.57	0.19
35	1.39	1.45	4.53	5.86	0.46	86.05	0.25
36	1.41	1.01	2.83	5.22	0.29	89.08	0.16
37	1.58	1.32	4.65	5.79	0.40	85.94	0.32
38	1.45	1.47	3.90	5.42	0.42	82.25	5.09
39							
40	2.27	1.91	7.22	8.57	0.46	74.69	4.88
41	2.24	2.40	9.75	9.84	0.59	70.05	5.14
42							
43	1.72	1.81	3.75	5.70	0.47	80.91	5.65
44	2.03	1.91	5.55	6.27	0.038	79.39	4.47
45							
46	2.13	1.74	6.01	7.10	0.40	78.69	3.93
47							
48	1.72	1.38	5.87	6.04	0.30	81.91	2.78
49	2.31	0.76	2.62	7.98	0.49	85.42	2.78
50	1.49	1.30	4.71	6.83	0.51	81.39	3.77
51	1.82	1.48	2.98	5.06	0.17	88.38	0.11
52	1.63	1.31	5.40	6.53	0.34	84.48	0.31
53							
54	1.84	1.78	6.51	6.81	0.52	82.38	0.16
55	1.31	1.31	4.13	5.17	0.37	87.72	
56	1.91	1.65	6.15	7.82	0.38	81.73	0.36
57	1.53	1.38	5.49	6.23	0.35	84.73	0.23
58	1.61	1.55	6.84	6.86	0.48	82.19	0.46
59	1.56	1.74	6.87	6.59	0.49	79.72	3.02
60	1.33	1.61	3.76	5.10	0.38	87.83	
61	1.73	1.50	5.16	5.89	0.31	85.20	0.21
62							
63	1.71	1.09	3.8	5.99	0.30	86.80	0.31
64							
65	1.61	1.17	3.40	5.19	0.34	88.30	
66	2.04	2.16	8.74	8.86	0.47	77.55	0.19

第四节　千年桐原产地研究[①]

千年桐是重要的工业油料树种，其油的用途和油桐的油相同。云南南部金平县分水岭野生千年桐的首次发现，对论证千年桐物种起源与演化，基因资源的保存与利用，都具有十分重要的意义。基因资源的保护是"人与生物圈"计划国际协作重要内容之一。就野生千年桐的问题，我们于1978年8月初和9月底，先后两次至金平分水岭一带的深山老林进行实地的调查研究。分水岭老林是人迹罕至之处，我们认为在那里发现的千年桐是野生种，并进一步确认，我国滇南是千年桐原产地。

一、调查地区的自然概况

金平县位于云南省南部，红河哈尼族彝族自治州境内。野生千年桐主要在县境西部分水岭海拔 1 000～1 800 m 山地，常绿阔叶次生林中。地理位置大致在北纬 22°40′，东经 103°18′左右。分水岭属哀牢山南伸余脉，与越南隔山紧邻。分布区山峦起伏，高差甚大，从境内藤条江河谷至分水岭最高点，高差 2 400 m。在雨量集中的气候影响下，流水的冲刷切割，形成陡峭的高山峡峪地形。母岩为花岗岩，土壤为山地棕色黄壤，土层深厚、疏松。由于森林植被覆盖较好，枯枝落叶层厚达 15 cm 以上。表土层呈浅黑色，厚度在 20 cm 以上。有机质含量在 10% 左右，下层土为黄褐色至黄色，全剖面呈酸性反应。

金平分水岭地处低纬度，高海拔，又临孟加拉湾暖流控制的迎风面上，其气候特点是温暖潮湿，多云雾，少日照，四季不明显，只有干季、雨季、雾季之分。3 月至 5 月为干季，6 月至 10 月为雨季，11 月至翌年 2 月为雾季。年平均气温在 20℃以上。即使在海拔 2 340 m 之高山，年平均气温也在 11℃以上。年降水量在 2 500 mm 以上，水量的 80% 集中在 6 月至 10 月。全年平均相对湿度在 90% 以上。

由于气候凉爽，潮湿阴暗的生境，附生植物特别发达，形成具有南亚热带特点的山地常绿阔叶苔藓林。大量的苔藓附生厚度一般 5～10 cm，最厚达 20 cm，覆盖率在 80% 以上，并且种类繁多，十分引人注目。在一株乔木上，从树干、树枝至树叶都有苔藓附生覆盖，种类多达 10 余种。如南亚雨苔（*Plagiochila belangerama*）、羽拔平藓（*Pinnatila imtrabata*）、牛苔藓（*AnomoJom sibinlegerrimus*）、垂藓（*Chrysocladium*

---

① 原文资料于 1982 年完稿。参加研究人员包括何方，孙茂实，白如礼，赵自富。

retrosum），悬挂在树枝上的为绿带藓（*Fjorlbifndaria fjoribunda*）。附生在灌木、草本层、地表的苔藓又是另外一些种类。组成森林群落的种类较为丰富，但老茎生花植物与支柱根极少见，板根也不发育，森林郁闭，结构层次不十分明显。乔木较为高大，大体可分为两层，上层高 20～25 m，最高达 30 m，以山毛榉科的毛粉栗（*CastanoPsis ceratacantha*）、大叶泡（*C. cala-tliiformis*）、石栎（*LithacarPus echinocaPnla*）、青岗（*Qugreus glaucoidia*），金缕梅科的白克木（*Symingtonia PoPulnea*），樟科的楠木（*Phoebe nanma*）、柔毛楠（*AlseadaPhne mobbis*）、海桐樟（*Cinnamanun PitlosPoroides*），茶科的木荷（*Sohima suPerba*），木兰科的木莲（*Manglietia ford. jana*）等几十种常绿大乔木组成，同时也混生有暖温带的落叶树种如野茉莉（*Styvax canaleriei*）、鹅掌楸（*Liriodendron chinense*）、拟赤杨（*Alnipiphynum fortunei*）。次层高 10～15 m，不很发达植物较多如文山茶（*Cameeia wenshanensis*）、大头茶（*PojysPora axillaris*）、多种梗木（*Euryo sPP*），以及灰木（*SymPlocos staPfjama*）、尾叶山胡椒（*Lind'e a caud-ata*）、木姜子（*Litsea cubeba*）等。林下灌木和草本分布不均，灌木以野生牡丹（*selastoma candidum*）、福角木（*Fiediophyton sp*），偏瓣花（*plagiopetalum serretum*）和竹类较普遍。草本层有百合科、禾本科、荨麻科和多种蕨类植物。

二、野生千年桐调查

千年桐混生在这种恢复较为稳定阶段的次生林中，并组成上层林冠。植株个体数量比起主要树种来是较少的，据我们在两个样地的调查，每公顷平均6.1株（表2-11）。由于千年桐在林分中株数较少，并且分布范围不广，不易发现，因此在有关云南植被调查研究的论文或报告中，未见提及，没有作为群落组成的树种。

表2-11　千年桐每公顷株数调查

| 样地号 | 样地面积（m） | | 总株数 | 其中 | | | 雌株占总株数（%） | 每公顷株数 |
	长	宽		雌株	雄株	幼树		
1	2 000	50	50	22	17	11	53.7	5.0
2	3 000	40	86	18	19	49	43.6	7.2
平均			68	20	18	30	51.15	6.1

林内没有发现天然更新幼树，在结果的雌株下面的林地上亦不例外。唯有在林缘、路边、林间空地上空旷向阳的地方才有幼树生长，在局部地段甚至可以小片生长，长

势旺盛。

生长在这里的千年桐形态上主要特征是树形高大，干形圆满通直，枝下高约占全树的 1/2 ~ 2/3，主枝轮生状明显；枝距较长，一般有 3 ~ 4 m，表现出野生森林树木的特点。其他植物学上的形态特征与目前栽培种没有明显的区别。

千年桐在这里生长迅速健壮，发育良好，一般树 15 ~ 25 m，胸径 20 ~ 35 cm，冠幅较狭小。调查区最大的一株约 40 年生，树高 30 m 以上，胸径 75 cm，冠幅 11.7 m × 12.2 m。外业中对一株 14 年生雌株作了树干解析（表 2 - 12）。这株千年桐生于林中，已结实。在周围 7 m 范围内有高 10 ~ 18 m 的乔木数株。千年桐树高 17.4 m，胸径 14.7 cm，枝下高 7.2 m，有 4 轮枝条，未发现病虫害。

表 2 - 12　千年桐树高、胸径生长过程

龄阶	树高（m）	树高生长过程（m）		胸径生长过程（cm）		
		连年生长	平均生长	胸径	连年生长	平均生长
2	1.3	0.65	0.65			
4	3.6	1.15	0.90	3.6	0.00	0.90
6	7.6	2.00	1.27	6.9	1.70	1.15
8	10.6	1.50	1.33	9.2	1.15	1.15
10	13.6	1.50	1.36	12.9	1.85	1.29
12	15.6	1.50	1.30	16.0	1.55	1.33
14	17.4	0.9	1.24	18.9	1.45	1.35

从图 2 - 13 中看出，树高连年生长量从第 2 年即开始迅速生长，第 4 年以后更为迅速，第 6 年出现峰值，以后逐渐下降，第 12 年与平均生长量相交，至第 14 年仍保持 0.9 m 的生长量。树高平均生长量与连年生长量较一致，10 年以后虽有所下降，但不明显，仍保持稳定的水平。

从图 2 - 14 中看出胸径的连年生长从第 4 年进入速生期，第 6 年虽有下降，但第 8 年后又渐回升，第 10 年出现峰值，以后下降，至 14 年仍保持 1.45 cm 的生长量，胸径的平均生长量从第 6 年以后一直上升，直至 14 年亦未出现峰值。从上述材料看出，14 年生的千年桐营养生长仍处于旺盛阶段。

千年桐由于生长于林中，同时是混合芽顶生，限于先年生枝条顶部抽枝，开花结果，因此雌结果仅限于树冠外围。据两株雌树结果量的调查（表 2 - 13）看来单株产量还是较高的。并且丛生性状良好，丛生果枝占总结果枝的 85% 以上。

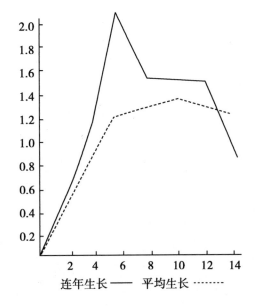

连年生长 —— 平均生长 ……

图2-13 树高连年生长量和平均生长量

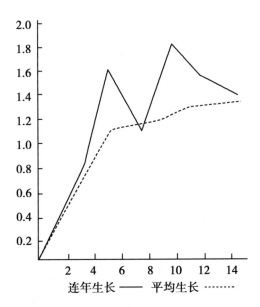

连年生长 —— 平均生长 ……

图2-14 胸径连年生长量和平均长量

表2-13 千年桐雌株结果调查

编号	树龄（年）	树高（m）	胸径（cm）	冠幅（m）	结果枝总数	结果总数（个）	单果枝数	丛生果枝数		
								3果以上	5果以上	比例（%）
1	20	18	24	7×8	140	388	20	69	15	85.6
2	40	30	75	11.7×12.2	475	1 558	57	323	95	83.0

三、野生千年桐的分布范围

野生千年桐在金平的分布范围包括阿德博公社、大寨公社、马鞍底公社相连的地区。从三岔河、滑石板、向北经鱼戛底、潘家寨、新寨、周家寨，到阿哈迷、阿底迷，海拔1 000～1 800 m山地次生林中，这一范围约有90 km²。在南部勐拉公社的翁当、八家一带海拔800～1 000 m的次生林中亦有分布。在这个完整的山脉中，植被的垂直带很明显。在海拔大体一致的情况下，植被的连续性相当强，群种的成分变化不十分大，但因水分的差异，在苔藓的覆盖率和厚度上有不同程度的差异。

野生千年桐除在金平发现外，并先后也在红河州的屏边，文山州的马关，西双版纳州的勐海，思茅地区的勐连、澜沧等地发现。所有这些地方都在滇南，处于北纬22°～23°之间，均处于南亚热带。但千年桐分布在海拔1 000 m以上的山地次生林中。这里虽远离海洋，由于降水量多，具有海洋性气候湿度大之优点，冬季多雾露，弥补了降水不足的缺点，苔藓林的存在就是水分充足的证明。因植被覆盖较好，无论红壤或山地黄壤，一般土层深厚肥沃。

四、结论与讨论

我国第四纪大冰川期与欧美不一样，不是成片的，而是东一片，西一块"山地冰川"。在云南出现过大理亚冰期，但滇南却没有冰川经过，成为古老植物区系的避难所，保留下不少古老孑遗植物的种类，如木莲、水青树（*Tetracintron sinense*）、大果五加（*DiProPanax sfochuythus*）等，被称为"活化石"，故云南有"植物王国"之称。大戟科在进化排列上是比较古老的，现在被发现的千年桐即为原种。

千年桐这个种的学名，最初是 Lonr 于 1790 年定为 Vernicia montana。相隔 123 年之后，在 1913 年，经 Wils 订正归入至 Aleurites 属（现称为油桐属），定名为 A·montana。Aleurifes 属，最初是由 Forst 创立。"Montana"这个字的拉丁原意是"山地生的"意思。Loup 最初定千年桐学名的文章是刊登于《Bull》（即印度支那植物志）上。以往国内外都有千年桐产在我国南部及越南、老挝、柬埔寨之说（Ochse J J, Soule M J, Dijkman M J, *et al*, 1961）。按照进化论的观点，物种起源是一元的，"物种最初从一地产生，其后再尽可能向外迁移"（达尔文，2005）现在越南、老挝和柬埔寨分布的千年桐，是由我国滇南的千年桐原种"其后再尽可能向外迁移"的结果。

我国滇南与上述各国相邻都有高山峻岭阻隔；千年桐种子有毒，因此一般不可能通过动物来传播，种子粒大也不可能由风来传播，唯一可能的方式是通过河流随水向外传播。金平的藤条江流入越南的黑水河。马关、屏边的河流都是注入越南的红河。勐海、澜沧河流入老挝的湄公河，直至柬埔寨。勐连的南垒河流经缅甸后再注入湄公河。我国滇南正处于上游，因此千年桐的种子是通过河流向这些国家传播的。

我国著名的林学家已故的陈嵘教授在其所著的《造林学各论》（1953）中曾提到，据闻广东省紫金县有千年桐的天然林。经我们的实地调查[①]，千年桐主要分布在紫金上半县的龙窝、苏区、苏南等山区公社，历史上产桐油，1965 年以前，常年收购量 1 500 担。据调查访问，这里有近百年植桐历史，最初是从外面引进来的，并非原产。紫金县在北归线以北附近，地处中亚热带南缘，年平均气温在 21℃以上，年降水量在 1 500 mm 以上，全年平均相对湿度 80%以上。这 3 个公社土壤都是在花岗岩上发育的红壤、黄壤，土层深厚。这里的水分与土壤条件与滇南相似，非常宜于千年桐生长。三个公社其中特别是苏区、苏南海拔较高，约在 300～500 m 的山地上常有常绿阔叶次生林，在其中没有发现野生千年桐。经访问和野外调查，证明这里并非千年桐的原产地。千

---

① 中南林学院何方、吴楚材调查。

年桐在这里主要是零星分布在"四旁"、山脚、河岸，经营粗放，处于半野生状。在地边也有天然更新的千年桐，被误认为是天然林。近年来也有成片的造林。

被子植物的发源地并不仅限于热带地区，也有可能是在潮湿而温暖的亚热带气候区域。野生千年桐在滇南的分布区域正是这样的气候条件。千年桐在长期的系统发育过程中都是在这样的环境条件下，形成了千年桐个体生长发育的重要生态条件，极不宜于过分炎热和干燥的气候。

目前我国千年桐有较大面积人工栽培，而取得较好效果的地方，并不是在我国华南地区的南部，更不是北纬19°的热带地区（中国林木志编委会，1978），广西北部桂林地区有分散栽培，中部柳州有大面积栽培。南部的南宁市南部崇左有大面积栽培。钦州地区和东部的玉林地区；福建西南部的龙岩地区；广东北部的韶关地区、东北部的惠阳地区；江西南部的赣州地区赣西宜春地区、东北部的上饶地区；其他湖南西部、贵州东南部、浙江南部、湖北西南部，以及四川盆地都只有零星栽培。所有上述有千年桐栽培分布的地区，除广西南宁地区纬度稍低外，其他大都处于华中地区的亚热带范围之内，与千年桐原产地的生态条件是一致的。在台湾省千年桐常和泡桐、南洋楹一样利过在低矮的立地条件较好的山地（Kao C，1977）。

我国栽培利用千年桐较为广泛，现越南、老挝、柬埔寨、缅甸千年桐的栽培利用不多，远远不如我国。

现千年桐的栽培种和野生种在植物学形态上除果实稍大外，其他没有什么显著差异，这说明千年桐的人工栽培驯化时间的短暂，人工选择还未导致在形态上的显著变异。现栽培的千年桐树形高，分枝高，干形通直，仍保持原有森林树种的特点，也是证明。栽培种叶子比野生种较小，是由于水分不足生态因素所引起的。据估计千年桐栽培历史仅百余年。在我国古农书中有关油桐的栽培记载都是指三年桐。国内早期有关油桐论著也只仅限于三年桐。现在有关千年桐的性状、品种、栽培措施等都不及三年桐研究的深入。

野生千年桐在滇南多出现在 1 000 ~ 1 800 m 山地次生林中。在这些山地多为少数民族聚居的地方。农业生产方式落后，长期以来刀耕火种，毁林烧荒，开垦种粮，经种植数年后就丢荒。森林植被处于人为破坏自然恢复，又破坏，又恢复的状态。在 1 800 m 以下的山地，除极少数边远地方外，几乎都遭受过人为的破坏，形成次生林。现有保存完整的原始老林，大都在 1 500 m 以上的山地，因为那里已远离村寨，不宜种植农作物，方得幸存。同时也不宜于千年桐的生长。海拔 1 800 m 是千年桐在这里分布的上限。

我们考察几处植被演替情况。原有森林植被遭受破坏，开垦种植后丢荒，开始是草本植物侵入，随后是阳性木本植物进入，与原有遗留大树一起，形成具有尾叶山胡椒、木姜子、旱冬瓜（*Alnus nePalensis*）、野牡丹等亚热带稀树灌木草丛，从丢荒过渡到这一阶段，大约是 10～15 年的时间。在这一基础上，再经过 30～40 年的时间，大体上可以恢复至以山毛榉科、樟科、山茶科等为主的次生常绿阔叶林，千年桐也是在这一阶段与上述植物同时进入的。我们调查几处有野生千年桐的地方，林龄比较一致，都在 25～30 年，丢荒到现在是 50 年左右的时间。某些 40～50 年的千年桐一般是残留下来的。长期以来，这里的森林虽受破坏，还能恢复，这是因为每次都是小面积的，一般是 10～20 亩，很少有超过 50 亩的。仅引起局部地段的土壤条件激烈变化，气候条件特别是水分条件变化不明显，生态系统的平衡未受破坏。如果没有这样的水分条件，森林是不易恢复的。在金平县城附近空旷的坡面上，由于水分条件差，同时又连续破坏，虽经 40 余年，现仍为灌丛地，恢复不起森林。在滇南热带、亚热带森林的保护，某些地方至今还未引起高度重视。1961 年，曾任中共中央国务院总理周恩来曾对云南植物学者提出"回归沙漠带"这样一个严峻的问题。并要求解决好合理开垦，保护好自然资源。

我国现在栽培的千年桐，在植物学特征、生态特性，都充分的反映出滇南野生千年桐的性状相一致。千年桐在栽培上不耐阴、需要光照的林学特性与其在野生状态中构成上层林冠，和在植被演替中处于中间过渡阶段的位置是一致的。在滇南这样大的范围，自然条件又大体一致的地区发现野生千年桐的自然分布，都充分地说明了千年桐原产我国滇南。

我们充分了解和研究千年桐原产地的自然环境条件与其生态要求，使扩大引种栽培建立在科学的基础上。野生千年桐作为基因资源，为良种选育提供有用的原始材料。研究千年桐在森林群落的演替位置和变化发展规律，为改造利用森林天然群落，为建立多层次结构合理的人工群落，提供理论依据。

千年桐现在国内外的栽培利用，是我国对人类栽培作物宝库所作的巨大贡献。

第三章　油桐优良无性系[①]

第一节　概　述

一、油桐良种的概念

油桐良种是指具有优质、高产、高效生产能力的某一油桐品种或类型。因此，油桐良种是营造经营油桐丰产林的物质基础。

油桐良种是生产资料，是属优质商品。油桐生产其商品是桐油。桐油是优质干性工业用油。

油桐良种的具体指标如下。

一是生产的桐油是绿色产品。桐油虽是工业用油，仍然要求绿色产品，是指从源头栽培经营，桐油加工工艺，桐油包装流通，全过程是无公害生产，不损害生态环境，生态与经济双赢，纳入国家绿色经济体系。

二是使用良种的油桐林分（2 亩以上）桐油总产量，比对照高出 30% 以上。

三是抗逆性强。

四是生产的桐油理化性质要符合标准要求。桐油质量等级按 GB/T 8277 执行，见表 3 - 1。

表 3 - 1　桐油质量等级理化指标

分级指标名称	等级		
	一级	二级	三级
色泽（罗维朋法）	黄 35 红 ≤3	黄 35 红 ≤3	黄 35 红 ≤7
气味	具有正常的桐油气味，无焦糊、酸败及其他异味		

---

① 第三章由何方、王承南编写。

（续表）

分级指标名称	等级		
	一级	二级	三级
透明度（静置 24 h，20℃）	透明	允许微浊	微浊
酸价（KOH）（mg/g）	≤2.0	≤5.0	≤7.0
水分及挥发物（%）	≤0.10	≤0.20	0.30
杂质（%）	≤0.10	≤0.15	≤0.25
不皂化物（%）	≤1.0	≤1.0	≤1.0
β型桐油试验 3.3～4 经 24 h 后	无结晶析出	同一级	同一级
桐油中 β 型桐油、痴油	不得检出	不得检出	不得检出

注：桐油以二级为中等标准。

各级桐油中均不得混有其他异性油脂。

二、良种选育方法

良种选育可以分为五大类，任何植物良种选育均相同。

一类是杂交育种。杂交育种是传统方法，在种内或种间人工授粉杂交，诱发基因突变，产生变异类型，人工选择有益变异类型进行培育，创造出新品种。

基因或称 DNA，是最基本的遗传单位，携带遗传信息。不管用什么方法诱发 DNA 突变，能同时产生多种新的变异类型，在其中进行人工选择有益变异，进行培育，形成遗传性稳定的新品种。可能这次诱发基因突变，其中无一有益变异类型，这次失败，再来，有可能屡战屡败，是有风险的。当然可以再战，直至培育创造出优良新品种。

二类是辐射育种。用一定剂量的核辐射，照射种子，诱发基因突变，产生变异类型，从中选择目的变异，培育新品种。辐射育种出现目的变异类型机率很小，在林木育种中现基本不用。

三类是基因工程育种。是指应用 DNA 克隆技术获得目的基因，将其插入病毒、质粒或其他载体分子，在构成遗传物质的新组合后，将其导入到原先没这类分子的寄主细胞或个体并能持续稳定地表达，从而产生所需的物质或新个体，可称转基因植物。

基因工程自 20 世纪 70 年代初期问世以来，经过了 40 多年的发展历程，在与其他生物技术（尤其是细胞工程）的配合下，无论在基础理论研究领域还是在生产实际应用方面，都取得了惊人的成就。

染色体及基因精密结构的研究进展。它包括结构基因，调节基因及序列（包括启动子、增强子、沉默子等），真核基因或基因组的表达子、间隔子、重复序列及重叠序列的发现转座（位）子、转录因子的发现，有关基因突变及染色体的畸变；以基因组比较简单的病毒（噬菌体）及细菌（以 *E.coli* 为代表）的分子遗传学研究以及对基因加工的酶技术的发展，从而使基因工程技术发展到一个崭新的水平。

利用基因资源，人们可以在食品、农业、工业、环境保护、医药、保健等方面实行革命性的改造；利用基因资源，人们甚至可以在拆解、读懂基因的基础上，再造生命。而且随着基因技术的发展，原先需要合法出口的优良品种，如今只要拿走 DNA 就可以了。目前一场争夺这一资源的"世界大战"已经打响。由此可见，基因组研究不仅具有极为重要的理论意义，而且对今后人类社会的发展将带来十分深远的影响。

基因组研究计划的成功，将意味着人们可以克隆到：①与个体发育及生物钟有关的基因；②与各种复杂的生理生化代谢途径有关的基因；③各种致病的突变（缺陷）基因及其相应的正常基因，以及各种抗病虫害和抗不良环境因子的基因；④在农业及医药生产上，还可克隆到各种与产量有关的基因，即数量性状基因座（QTLs）；⑤通过基因工程技术有可能改变所有与上述基因有关的性状，因此达到如医学上根治某些疾病、农业上丰收等目的。

转基因植物。随着转基因技术的不断改进，人们已可用基因枪、电击、超声波等方法将外源基因直接导入带壁的植物细胞或组织，获得转基因植株，从而可避免原生质体再生的漫长过程，同时可减少基因型的依赖性。

自 1983 年首次获得转基因烟草、马铃薯以来，在粮食、经济作物、蔬菜、果树得到广泛的应用，以及在杨树造林种均获得成功。

四类是细胞工程育种。是指细胞水平的遗传操作，以及利用离体培养细胞的特性，生产特定的生物产品，快速繁殖或培育新的优良品种。它所涉及的主要技术是细胞融合、细胞拆合、染色体导入和基因转移等几个方面。这种遗传操作可以在细胞水平（细胞融合）、细胞器水平（核移植、改变染色体倍性或组成）和基因水平（外源基因的导入）等不同层次上进行。应该说细胞融合、细胞拆合和染色体导入，这是属于细胞生物学传统的技术领域，而基因转移则和基因工程相互重叠。但他们又有所不同，其区别在于凡不涉及应用重组 DNA 技术以构建质粒来转移基因的则属于细胞工程的领域。然而把这 2 种技术结合起来加以运用，已成为当今生物工程重要的发展方向。

五类是选择育种。选择育种是人类最原始的方法。现代所有的栽培农作物、家养禽畜、栽培的经济林和用材林，是经人类由于生活需求，从石器时期晚期开始，从野生可食植物驯化栽培，从野生温顺动物驯化家养，均是应用选择的方法，并且沿用至今。据此索源选择育种历史最少有 1.5 万年。

无论用什么方法诱发基因突变，用其种子进行播种繁殖，所产生的变异类型是多种多样，混杂的，要从中选择出有利变异类型，再繁殖，再选择，经多代选择培养。

油桐有性、无性繁殖均要经过 3 年结果，要经过 3 代 9 年的选择培育，才能育成遗传性状稳定的新品种。正如布尔班克所说："关于在植物改良中任何理想实现，第一个因素是选择，最后一个因素还是选择"（如何培育植物为人类服务）。

现代选择育种有 2 种选择方法，一种现有油桐林群体中植株的自然基因突变，在生产实践中农民自觉或不自觉选择有利自然变异类型，经长期连续实生繁殖培育形成新品种。证明其遗传性稳定。现在的地方品种就是这样选育出来的。这是基因型育种选择，基因自然突变几率很小。自然基因突变原因有种内天然杂交或雷击。

另一种选择方法，是数量表型选择育种。在现有桐林群体中，选择树体结构良好，无病虫害，生长健壮的植株，称为优树，所以也可称优树选择。为保持母体的优良性状，在母体树剪下一年生健壮枝条，进行芽接无性繁殖后代，进行优良无性系培育。

全国油桐产区均有自己的良种，其适生性、栽培性在原地均是最适的。因此，油桐不必异地引种。

第二节　油桐产量遗传效应研究分析

油桐原产我国，是一种重要的工业油料树种，利用和栽培历史逾千年，桐油是最好的干性油之一，具有绝缘、耐酸碱、防腐蚀等优良特性，在工业、农业、渔业、医药及军事等方面有广泛的用途。我国现存的桐林大部分采用混杂种子造林，质量差，产量低。种子品质差、纯度低，效益不好，有的甚至收不回成本，不但造成了土地、人力等资源的浪费，严重地挫伤了产区群众生产积极性，因此，提高油桐良种化水平是发展油桐生产的重要举措。

为此，笔者进行了油桐产量遗传效应分析[1]

一、材料与方法

（一）地点与材料

湖南湘西自治州林业科学研究所永顺青天坪实验林场，该地是我国油桐中心产区。试验所采用的数据是土家族苗族实验林场 6 年生的丰产试验林[2]，所评选出的前 20 名

---

[1] 资料来源于何方，王承南，林峰（2001）。

[2] 中南林学院经济林研究所油桐试验基地。

组合，组合中的亲本均为筛选取山的优良单株，一般都具有 3 轮以上的分枝，枝条粗壮，分枝较低，枝条轮间距较短，冠幅大（窄冠桐的选育目的是用作合理密植，以冠幅小为好），雌雄比高，花序数量较多，果实丛生性好。

（二）采用的方法

1. 授粉方法

油桐为异花同株；雌雄花一般在同一花序上。在雌花蕾套袋之前，首先要除掉下部雄花蕾，然后套上透明纸袋（袋长 25～30 cm，宽 18～20 cm），纸袋的顶端用回形针封严，这样在授粉时不需解绑去袋，只需拿掉回形针打开口袋即可授粉。授完粉，重新扣上回形针。在袋的下端与枝条接触处嵌些棉花，用纤维绳绑好，这样既可避免小虫夹带花粉入内，又能通气透水。套袋的适宜时间是花序中成熟的雌花花蕊 1/3 露面（露白），顶端松动时。

由于油桐雄花一般在雌花之前开放，在套袋的同时，即可开始采集花粉作好授粉准备。采集花粉尽可能在早上进行，采集含苞待放的花苞放入塑料袋，每袋 30 朵左右，在袋口绑上标签，注明父本编号。采集好所需的花粉后，带回室内，倒出摊开放于纸上，置于可见阳光处 1～2 h 即可用于授粉。一般当天采集的花粉只用于当天或次日的授粉。如果当天花粉来源不足，最多只能采用储存 2 d 的花粉。套袋隔离后，一般过 1～2 d，当花瓣张开，柱头渗出明亮的分泌物时，即可开始授粉。授粉用镊子夹住雄蕊花丝，将花粉撒在柱头上，一次大量授粉即成。授粉完毕后，封回口袋，立即登记编号，并挂上标签。一个纸袋中往往有数朵雌花不同时开放，可以分次授粉。授粉 5～6 d后，柱头枯萎，子房膨大，幼果形成，即可脱去透明纸袋。

授粉果实往往成熟较早，所以应提前几天采摘，否则掉落地上无法鉴别。采果时应同时采集父母本的非授粉果实作为试验对照。不同组合的种子应分开装袋，并分别在袋口系上标签。

2. 原始数据的处理

本实验的目的是为了将一些优良的油桐无性系和家系配合种植，从而取得较高的（桐油）产量，因此必须取得每一杂交组合的产（油）量。油桐产量受许多因子的影响，其中最主要因素有树体性状（包括枝下高、冠幅、分枝数量和角度、树体结构等）、花序雌花数、每序产果量、坐果率、平均单果生、鲜出籽率、出仁率、种仁含油率等。由于所选亲本均经过数次筛选，均具有优良的树体结构，在这一方面很难分出优劣，因此在本实验中认为各亲本树体结构均为相同；花序雌花数也是影响产量的重要因素，但它受树龄、树体营养和栽培条件等因素影响很大，即使同一树体上的数量也相差极大，很难找出能反映亲本遗传特征的标准雌花数，而且各亲本的丛生性均较优良，因此将花序雌花数作为各杂交组合的重复次数。

综上所述，在实验中主要选取每序雌花数、每序产果量、鲜出籽率、出仁率、种仁含油率作为构成产量指标，这些因子根据下式算出标准产（油）量：

标准产量 = 每序产果量/每序雌花数 × 鲜出籽率 × 出仁率 × 种仁含油率在实验中求得每组合的指标和标准产量见表3-2。

表3-2　20组合的指标和标准产量

序号	母本	父本	雌花数	产量（丛）	干出籽率（%）	干出仁率（%）	含油率（%）	标准产量	名次
28	11	44	7	405.0	53.9	56.6	56.76	10.02	15
29	11	27	3	218.0	51.3	57.1	57.39	12.22	4
38	16	44	6	356.0	55.7	58.4	56.96	10.99	9
42	16	18	4	274.4	53.7	54.0	57.43	11.42	7
47	18	41	6	334.5	52.2	56.8	57.94	9.58	16
77	27	44	5	309.0	50.8	55.9	57.73	10.13	14
80	29	27	4	204.3	56.8	56.3	57.35	9.37	17
85	29	27	4	249.0	54.0	56.6	57.34	10.91	11
88	29	49	5	261.4	53.9	55.8	57.84	9.09	18
95	40	29	5	368.0	52.8	60.7	57.54	13.57	2
101	41	45	6	395.0	54.6	58.9	56.97	12.06	5
114	43	44	6	362.5	55.8	59.5	56.64	11.36	8
127	45	44	5	305.0	56.2	57.1	55.89	10.94	10
163	47	43	4	311.0	57.3	56.0	57.52	14.35	1
170	48	17	5	330.0	52.5	54.9	56.22	10.69	13
173	48	27	3	201.0	27.0	56.9	56.9	12.36	3
178	48	49	6	314.5	52.4	51.3	57.21	8.06	20
186	48	7	3	196.0	53.4	54.5	56.32	10.71	12
187	48	41	4	203.7	54.8	56.3	55.39	8.70	19
208	49	4	5	307.0	55.7	58.4	58.01	11.59	6

二、遗传模型的原理和分析

产（油）量是一个比较复杂的数量性状，不仅受许多微效基因的作用，还在很大程度上受到环境的影响，因此群体中每一单株的产量表现都不相同，通常为特定的多基因系统与环境共同作用所形成的连续的表型频率分布，一般可用生物统计的方法估算遗传方差S^2u和基因效应u。

桐油产自油桐的种子。种子由受精卵发育而成，在采摘下来之前一直生长在母体植株上，其性状表现不仅受其基因的遗传效应影响外，也受到了一定程度的母体植株的影响，因此桐油产量主要受种子核基因加性效应、种子核基因显性效应和母体效应（或细胞质基因效应）。由于上位性效应一般远远小于其他效应，而且比较复杂，因此将其与环境效应一起归于剩余效应。

当 n 个亲本杂交产生一组杂交果，这些杂交果的性状表现可用下式表达：

$$y_{ij} = u + A_i + A_j + D_{ij} + M_i + e_{ij}$$

式中：y_{ij} 为母本 i 和父本 j 的杂交组合的平均表现值；

μ 为群体平均数；

A_i 或 A_j 为累加的加性效应，A_i 或 $A_j \sim (0, \sigma_A^2)$；

D_{ij} 为累加的显性效应，$D_{ii} \sim (0, \sigma_D^2)$

M_i 为累加的母体效应，$M_i \sim (0, \sigma_M^2)$

e_{ij} 为同环境以及上位性效应产生的剩余效应，$e_{ij} \sim (0, \sigma_e^2)$

其中 μ 为固定效应，$A_i A_j A_{ij} M_i C_{ij}$ 均为随机效应。

以上这个遗传模型可用混合线性模型矩阵形式表示：

$$y = I_u + U_A e_A + U_D e_D + U_M e_M + e_e + I_u + \sum U_U e_U \sim (I_u, \sum \sigma_u^2 U u U_U^T$$

μ 是群体平均数固定效应，I 是分量全为 I 的向量；

e_A 是加性效应向量，$e_A \sim (0, \sigma_A^2 I)$；$U_A$ 是加性向量的系数矩阵；

e_D 是显性效应向量，$e_D \sim (0, \sigma_D^2 I)$；$U_D$ 是显性向量的系数矩阵；

e_M 是加性效应向量，$e_M \sim (0, \sigma_M^2 I)$；$U_M$ 是剩余向量的系数矩阵；

e_e 是剩余效应向量，$e_e \sim (0, \sigma_e^2 I)$；

运用 MINQUE（1）法对以上模型进行分析，可以得出遗传方差 σ_μ^2 和基因效应 μ 的无偏估计。

Rao，C，R 提出的范数二阶无偏估算（MINQUE）法的主要结论为：

如果混合线性模型和简式表示：$y = 1\mu + \sum U_U e_U \sim (1\mu, \sum \sigma_U^2 U_U U_U^T)$

$$U = [U_1 \mid U_2 \mid \cdots \mid U_{m-1} \mid U_m]; U_m = I \quad e^T = [e_1^T \mid e_2^T \mid \cdots \mid e_{m-1}^T \mid e_m^T]$$

则方差分量和基因效应的 MINQUE 估计值可由解以下方程组而得：

$$[tr(U^T Q_a U_v U_v^T Q_a U_u)][\sigma_U^2] = [y^T Q_a U_U U_U^T Q_a y]$$

$$e_U = a_U U_U^T Q_y \quad Q_a = V_a^{-1} - V_a^{-1} X (X^T V_0^{-1} X) + X^T V^{-1} a \quad V_a = \sum a_u U_u U_u^T$$

其中 $[a_u]$ 是人为选定的先验值，可根据经验的以往分析结果进行选择，也可取所有的先验值为 1，这种方法即 MINQUE（1）法：

$$[tr(U_U^T Q_{(1)} U_v U_v^T Q_{(1)} U_u)][\sigma_U^2] = [y^T Q_{(1)} U_U U_U^T Q_{(1)} y]$$

$$e_u = U_u^T Q_{(1)} y \quad Q_{(1)} = V_{(1)}^{-1} - V_{(1)}^{-1} X [X^T V_{(1)}^{-1}] + X^T V_{(1)}^{-1} \quad V_{(1)} = \sum U_U U_U^T$$

可得出混合线性矩阵方程组。

三、分析与讨论

MINQUE 法是分析不平衡数据的理想方法。本次试验中分析的数据属于极不平衡数据，选用的亲本共 16 个，如果采用双列杂交中的第四种方法也需要 120 个组合，试验采取的数据仅 20 个组合，且有几个亲本仅出现一次（包括父本和母本）。MINQUE 法对这样一组极不平衡数据进行分析，无偏估计出方差和效应值，而且精度相当高，因此，可以说 MIN-QUE 是分析不平衡数据的理想方法。同时，也应看到，当试验选用的组合数较大时，MIN-QUE 法的计算量相当大，如本试验采用的组合数为 20 个，则 V、Q 等均为 20×20 的矩阵，计算相当复杂，而采用较少的组合，则又有精度不可靠的问题，解决的方法是编制 MINQUE 法计算的计算机程序（由于时间有限和本人水平有限，只编制了一部分程序，目前还无法运行）。

加性——显性——母性模型在理资上与 Griffmg 的双列杂交遗传分析方法（配合力分析）有一些共同之处。

加性效应方差占有相当大的比例。一般来说，无性系育种的理论基础是无性繁殖通过减数分裂，没有发生基因重组，子代与母本的基因完全相同，从而具有母本的所有优良特性，其遗传增益主要与广义遗传率相关。在经济林无性系育种上则有所不同，由于经济林生产目的常常是果实和种子，这些器官由母本卵细胞和父本精子结合产生，实际上也发生了基因重组，其遗传增益与狭义遗传率（加性方差与母本效应方差之和同总遗传方差之比）相关。由分析结果可以看出，在总效应方法中，加性效应占据主导地位，因此对这些优良单株进行无性选优可以取得较大的遗传增益。另一方面，这些优良单株果实和种子的性状受父本加性效应的影响也较大。因此当周围均为劣种时，其优良特性的表达将受到外来劣质花粉的影响，因此应该伐除周围的劣质种源。

显性效应值 E 存在较大差异。

第三节　选择育种

杂交育种技术要求高，风险大，只适合研究单位应用。基因工程育种，细胞工程育种，要一定的实验设备条件，因此，只限于少数单位，少数人可做。辐射育种近年应用不多，油桐育种中也不很适用。唯有优良无性系选育，看得见，摸得着，肯定可以选育成功。以往油桐直播造林，种子有性繁殖，选用种子一般没有严格精选，林分中林木个体分化严重，同时桐林面积大，提供了广大的选择空间，选择机遇多。正如达尔文所认为常见的分布广，分散大，大属的物变异多。优树选择有标准，易操作，一学就会，可以千军万马参与选择，多中取胜。

一、选择原理

植物种遗传—自然变异—自然选择—新物种。自然选择即适者生存，是物种自然进化总规律、总线路。自然选择是自然变异的选择，是推进物种进化的力量。"没有有益的变异发生，自然选择就不能有所作为"（《物种起源》本节所引均自该书）。

植物种遗传—自然变异—人工选择—优良类型，是人工选择育种的总规律、总线路。"没有人反对农学家所说的人工选择的巨大效果，不过在此场合，必须先有自然发生出来的个体差异，人类才能依某种目的而加以选择。""人类既能就一定的方向，使个体差异累积，而在家养动植物中产生极大效果，自然选择作用亦是如此，但因有不可比拟的长时期的作用，所以更容易得到效果。""人类只为了自己的利益而选择，'自然'只为了被保护的生物本身的利益而选择。"

选择是具有创造性作用的，不仅解决当前生产上的问题，通过不断的选择积累和定向培育是可以创造新的优良品种的。

二、优树选择

（一）选择标准

当前，油桐生产中存在的突出问题之一，是现有桐林中无论新老，都是品种混杂，植株间差异大，良莠不一，丰产树少，单产低。品种不同结果量差异很大，这是尽人皆知的。

米桐的产量可以高出柿饼桐 7～10 倍。但在同一品种的林分中各植株之间的结果量，差异也很大。同一林中的丰产树比结果最少的树结果量可高出 90～140 倍。比之占全林 65%～80% 的一般植株也要高出 8～12 倍，优树比之差异就更大。在林分中一般都存在有可高达 10% 左右的雄桐树，只开雄花的雄性植株，根本不结果。同一品种又处于环境条件大体一致的情况下，群体中出现表型的多样，其原因是未注意种子来源，没有认真选择，造成品种的机械混杂。另外还有生物学混杂，因油桐是雌雄异花，很易自然杂交，使后代产生性状分离现象。个体混杂的局面在新造林中不改变，要提高单产是困难的，甚至是不可能的。油桐生产要达到丰产化，首先要良种化、优树化。今后新造桐林，应使用优树嫁接苗，植树造林。现在我国桐区多用直植造林，这是重大的栽培技术改革。基地化、林场化是推行优树嫁接苗植树造林的组织保证。

油桐栽培历史悠久，分布地区辽阔——地理气候条件和栽培条件不同，油桐又是异花授粉，形成了适应本地区的各类农家品种（类型）。因此，当前各地区充分利用现有优良农家品种（类型），在它们当中选择优良单株进行繁殖，建立采穗圃，当代应用，是迅速实现油桐造林良种化、优树化，最有效的途径。近几年来，有些地区经过筛选，先后选择出一批优树，要在这一基础上，今明两年开展群众性的优树选择。湖南有桐林面积300万亩，其中绝大部分未曾进行过优树的选择，为我们选择优树提供极为广阔的场所，无疑前景是美好的。

优树是建立采穗圃和种子园或直接应用于栽培的物质基础，是带根本性的战略措施。优树选择正确与否是直接关系到高产稳产油桐基地的建设。优树的选择虽然仅是表型的选择，但在原始群体中按数量性状，选择出具有经济价值的特点的优良表型是完全可能的，比起不具这一特点的表型，在其后代中出现优良特点的几率要大得多。现有的优良油桐农家品种也仅是按表型选择出来的，这就是例证。

优树选择的效果在很大程度内取决于选择性状的数量。很明显，选择的性状数量愈多，则按个别性状淘汰的个体愈少，亦即选择的强度愈低。如果选择集中于一个或两个主要性状时，就更有可能离原始群体的均值更大，选择效果愈好。但另外一方面却增加选择的难度。这就要求我们对油桐性状的研究更加深透，抓紧主要矛盾。据此，提出油桐优树选择的两个标准。

1. 树　形

有中心主干分3层，呈台灯形。具体的指标是梦枝高，1.1～1.2 m；第一层4～5个主枝；第二层3～4个主枝，层距40～60 cm；第三层3～4个主枝，层距30～50 cm；全树高度3.4～3.6 m，最高不能超过5 m，树冠幅4.5～5.0 m。这样的树体骨架强壮，结构牢固，主枝分层着生，枝条分布均匀，立体空间利用充分，结果面大，负载量高，并且通风透光良好。一株树木是一个完整的生物有机体，同一树上的各个性状是相关的。良好的树形结构，为挂果创造了条件。

2. 10～12年生桐树单株平均结果在480个以上

应在10年生左右的优良油桐林分中加以精选。如果是早期丰产品种，树龄应在5～7年。选择差异值的大小和选择强度系数有关，选择系数愈小，则选择的强度愈大。选择强度系数是表示被选择的株数与实际选出优树株数之比。系数大小则要求选择面大和株数多，选出真正优树的几率愈多。选出一株真正的优树并不是一件很容易的事，有大量的工作要做。油桐优树登记表见表3－3。

表 3-3 油桐优树登记表

1. 编号_____品种（类型）名称：_____。

2. 位置：_____省_____县_____乡（镇）

村_____小地名_____地形部位_____。

3. 立地条件：海拔高_____（m）土壤类型_____坡向_____坡位_____

坡度_____密度_____（m）经营方式_____管理水平_____。

4. 林分情况：种子来源_____林龄_____。

5. 优树树形：分枝高_____（m）第一层主枝数_____（cm）

第二层主树数_____第一层与第二层距离_____（cm）

第三层主树数_____层距_____（cm）树高_____（m）

冠幅_____（m）。

6. 结果量：

年　度　　　　　单株结果数　　　　　年　度　　　　　单树结果数

平　均　　　　　　　　　　　平　均：　　　　　总平均：

四年平均结果数：_____

7. 其他记载：

单位_____调查人_____

调查日期：

（二）优树选择的方法和步骤

从每年的 8 月果实特征基本稳定起，至果收前，开展选优调查工作。发动群众报优树，访问普查。继之实地进行优树调查。看今年，查去年。去年结果量可通过残留果柄获得。并要调查栽培、经管历史情况，合格者为初选优树。为了满足生产的急需，今年初选树即可采用嫁接繁殖，建立采穗圃，并同时进行子代无性系鉴定。也可培育部分嫁接苗造林。故要严格掌握选择条件。第二年要进行花期和果期的复选。花期的复选主要是调查雌花的比例，最好要在 1：20 以内。中选者要逐级上报，作为国家优树资源保护。

油桐优树的选择仅是通过表型数量性状的选择。表型是遗传型与环境条件相互作用的共同结果。优树其后代虽然往往表现出优越的遗传性，但毕竟是带有盲目性，效果不稳定，因为优树表型，未必可以肯定具有优良的遗传基础。因此，不仅要进行子代无性测验，并要进行后代测验和遗传规律的研究。无性繁殖遗传基础单一，能较精确地鉴别遗传型或环境因素对表型的作用，有利于良种繁殖推广。但要进一步提高，加速培育多特性的新品种，还必须通过各种各样途径，采用有性杂交和新技术育种的方法。

湖南湘西土家族苗族自治州是我国油桐中心分布区，也是主产区，湖南桐油产量98%产自这里。农民在长期生产实践过程中，积累了丰富的经验，其中良种选择创造了"四选"经验。

（1）选桐种

根据造林地的立地条件，在条件好及能进行长期间作的，选择米桐品种群。如果是在山上，条件差，只进行短期间作的选用大米桐或柴桐。

（2）选桐林

这包括选择母树林的立地条件和林相。要选择土质肥沃适中，阳光充足，林相整齐的8~10年的桐林。

（3）选桐树

要求择树形端正，枝桠分布均匀，生长壮健，无病虫害，结果大而多的作为母树。

（4）选桐果

在母树向阳的枝条上，选择大而圆正、充实、饱满、呈固有色泽并新鲜，果皮光滑无斑点皱纹，皮薄，含种子4~5粒。

要选择充分成熟的，单株的逐个的选择，最后还要精选1次再分开贮藏。不要拾取掉在地下的果实，以免带病菌。

（三）选择实例

1978年9月，湖南省林业局在石门县举办了全省油桐重点产区的油桐选优嫁接学习班，各县市共选派林业技术员130多人参加学习。为了方便群众掌握，简便易行，减少优树选择的性状数量，集中抓住反映产量的主要表型性状，明显准确，并且选择效果也好。据此，提出油桐优树选择的两个标准，见上述。

1979年1月中旬，在长沙召开了全省重点县油桐优树选择汇报会。汇报了前段优树选择情况和成果，讨论统一了优树的繁殖利用和子代鉴定的做法。

石门选优嫁接学习班后，各县都非常重视，先后举办了油桐重点产区乡、村和林场的林业技术员参加的培训学习班。石门全县17个乡都举办了选优学习班，县委还专门下了保护油桐优树的通知。永顺县在有700多人参加的林业大会上，宣传学习油桐选优技术。保靖县委专门召开乡副书记会议研究油桐选优问题。全省约有700人参加学习，这是优树选择的技术骨干力量。在参加学习培训人员的带动下，开展群众性的优树选择活动，做了大量的工作。据全省9个重点县的粗略估计，油桐优树选择面积的范围约5万余亩，被选择的桐树20余万株，共选出优树460株，选择强度系数约为万分之二。优中选优，经初步评选，其中比较好的有 85 株，约占全部优树的 18%。据统计在米桐这个大的类型中全省平均优树单株结果量 988 个，其中石门、新晃两县单株结果量都在 1 000 个以上，特别是新晃县选出 1 株 18 年生的米桐，单株结果量多达 4 250 个，鲜果重 165 kg，这是罕见的。葡萄桐平均单株结果量 564 个。全省总平均优树单株结果量 770 个，大大超过原提出 480 个果的标准。

在选出的优树中分枝层 95% 是 3 层的，树高 5 m 左右。有 5% 是 4 层的，树高达 7 m。枝下高和分层距离与原提标准大体一致，但各层之间的距离有些出入。结果量和树形有一定的相似性，高产树形结构一定良好，没有一定的树形，就没有高产。油桐优树树形的表型，与遗传性状、环境因素和经营水平都有关系。树形优良的遗传性状是否能表现出来，起决定作用的是环境条件。从选出优树的立地条件来看，多在经营水平较高，进行长期间种的疏林边缘，或者是四旁零星分布的桐树，少有在密林中，更没有在荒芜桐林中。在品种上都集中在米桐和葡萄桐中。

优树年龄有 20 年的，大多数都在 10～15 年。

现在所选出的优树，要求今年花期和果期进行复选，进一步详细观察和分析有关性状，特别是果实的经济性状。

（四）优树繁殖和应用问题

根据当前油桐生产大上快上的要求，油桐优树不可能经过鉴定以后再用于生产，而是要为当代立即应用于生产，应采取边选择，边繁殖边使用，直接用于大面积生产。油桐完全可以和果树一样，采用无性系嫁接繁殖，可以保持母本的优良性状，这是稳妥可靠的。但在当前优树资源数量不足，还不可能全部采用无性系繁殖，并且同时要使用优树种子进行部分直播造林。种源是来自经过选择的优树，比起不经选择或选择强度低的种源，在其后代中出现优良特点的几率总要大得多。因此，省林业局在石门、自治州林科所、卢溪等地所建立的初级油桐种子园，采用 1978 年所选出的优树为种源，还不能全部满足。其他各地新造桐林也部分地使用优树种子。

优树选择虽然只是表型的选择，通过在原始群体中按数量性状，选择出具有经济价值的优良表型，也反映出一定的优良遗传性状，但毕竟缺乏对遗传性真正的认识，带有一定的盲目性。为了进一步研究遗传规律，提高选择效果，仍然要进行子代鉴定。根据目前的条件和生产上的要求，首先集中全省选出的 85 株优树，进行子代无性系鉴定。无性系遗传基础单一，能较精确地鉴别遗传型或环境因素对表型的作用，有利于优树的快速繁殖推广应用。经商定分别在石门县油料所和湘西自治州林科所两处，集中全省 85 株优树，进行无性系子代鉴定。各县按评选出的优树，分别向石门和州林科所提供优树接穗，保证其中有 60 个饱满的芽。

没有引起变异的选择和无性系繁殖，是不能创造出新品种（类型）的。优树的选择和无性繁殖是由"杂"变"纯"，连续选择，不断提高品种的纯度。能使后代个体在造林生产实践中表现出性状的一致，特别是结果数量的一致性，来达到丰产的目的。它的最大优点是快速可靠。在1985年前，要在全省油桐生产中实现良种化、优树化，主要依靠选择优树进行繁殖来完成的。要培育多特性的新品种，必须选择出芽变，或者是采用有性杂交和新技术育种的方法。

随着优树选择要求的提高和对各个油桐品种研究的深入，要分别不同品种提出各自的优树标准。同时要注意不同立地条件和经营条件，对品种和优树的具体要求的不同。还要考虑优树中某些单项特殊因子的选择和应用，如成熟期、树形、抗病虫、抗逆性等。除目前集中进行无性系鉴定外，要着手考虑研究子代的有性测验。

（五）油桐芽接[①]

优树是表型选择，优树子代繁殖，为了保持母本优良性状，必须采用优树的芽进行嫁接无性繁殖，培育优树嫁接苗。

1. 油桐芽接方法

嫁接技术源自我国，早在2 000多年以前的古农书《氾胜之书》已经有了嫁接的记述。嫁接技术是我国劳动人民在生产实践中，观察自然，学习自然而创新的，是对世界作物栽培事业的巨大贡献。嫁接技术现在农业、园艺、林业生产中应用很广泛。油桐嫁接我国虽早年也曾有人进行过，但在生产中使用不多。油桐芽接就是将优良品种的芽片（接穗），嫁接到普通实生苗木（砧木）上，芽接后长成的新植株，称油桐嫁接苗。

嫁接繁殖的接穗是来自植物有机体的个别部分，其后代个体间的性状是相对一致的，表现出品种的稳定性。因此，嫁接在生产中的主要意义，是应用它能够保持母本的优良性状。嫁接除了保存品种的优良性状外，还有其他方面的作用。①提早结实。结实早，生产上提前有收益。在林木育种上可以加速优树的子代鉴定，缩短良种的选育期。②加速繁殖。有利良种优树的引种繁殖和加速繁殖。③增强抗性。例如以千年桐为砧木，根系强大，增大生长势，并对油桐枯萎病有一定抗性。④改变树形。利用砧木的特性，调节树势，接于矮性砧木上，可以矮化树形。

油桐嫁接能够成活，主要是依靠接穗（芽片）和砧木结合部分形成层的愈合再生能力，接穗和砧木的这种结合能力称为嫁接亲和力。亲和力的大小或不亲和，是决定嫁接能否成活的主要因子。亲和力是指接穗和砧木在内部的组织结构上、生理和遗传

---

① 原文系1978年8月湖南油桐培训班讲义。

上，彼此相同或相近，从而能互相结合在一起的能力，其外部表现就是愈合生长的能力。油桐芽接所使用的砧木多为本砧或千年桐，在亲缘关系上是很相近的，嫁接亲和力是高的。嫁接愈合的机制，首先是由形成层的薄壁细胞进行分裂，形成愈伤组织，使接穗和砧木彼此结合生长在一起。形成愈伤组织是嫁接成活的第一关。形成层的薄壁细胞所以能够形成愈伤组织，是因为受伤的细胞分泌愈伤激素，刺激周围细胞分裂的缘故。愈伤组织进一步分化发展，形成新的木质和韧皮部，沟通上下的导管和筛管输导组织，保证了水分和养分的通连，而成长为一个新的植株，这才算过了嫁接成活关。影响油桐芽接成活的其他因子还有，如芽片的质量、嫁接技术、嫁接时期等方面。

2. 砧木的选择与培育

砧木对嫁接苗木的生长发育、抗性都起着重要的作用。油桐芽接在湖南一般使用油桐本砧，在南部和丘陵地区可以使用千年桐砧木。在油桐品种间可以根据栽培需要加以选择。一般宜使用单果性状的品种，在立地条件较差的可使用柴桐类型。砧木的培育，采用播种育苗，培育1年生的实生苗木。培育砧木的技术措施和其他育苗一样。但要注意3个问题：第一，是适当提早播种季节。第二，是播种用的种子要用水浮选，可选出10%～15%的空粒和不饱满的种子。水选后，要浸种48～72 h，再行播种，保证出苗整齐。第三，是适当加宽条播距离，株行距35 cm×35 cm，保证苗木壮健。每亩可产4 500～5 000株壮苗，供作砧木，以后也基本上优树嫁接苗木数。

3. 芽片的选择和切取

芽是枝条和花的原始体。根据油桐混合芽着生于枝条顶部，枝条其他部位着生的是休眠芽，只有当失去顶端抑制激素后才能变为活动芽，萌发抽枝这样的生物学特性，芽接可说是唯一的最好、最有效的方法。芽接法只用1个芽繁殖1株树，用材料经济。油桐芽接是较容易成活的，因韧皮组织发达，所使用的休眠芽萌发能力强，并且掌握嫁接技术也不难。芽片的选择包括选择良种、优树、健枝、壮芽这样4个方面的内容。嫁接的目的是为了优树的繁殖。枝条要选择中部以上的。芽随着在枝条位置的向下移，愈不饱满、不壮健、不宜使用。1根30 cm长的枝条大约有壮芽5～7个。芽片的切取方法是在枝条上以芽的位置为中心，上下左右拉1刀，切取成1.5～2.0 cm长，1.0～1.5 cm宽的长方形芽片，然后将这块带芽的树皮（不带木质部）轻轻挑下来，即为嫁接使用的芽片。

4. 芽接的具体方法

在苗圃将培育好的1年生实生砧木，离地面20 cm高刈除。在砧木离地10～15 cm处，用刀开一与芽片大小近似的切口。切口可开成"工"、"]"或"T"形状。然后将树皮撬开，并削去部分树皮（使芽能露在外面），将芽片嵌进去，再将砧木的树皮合回来，最后用塑料薄膜扎紧（图3-1，图3-2），在放芽片时要注意不要倒置，放倒了就很难愈合。因为维管束具有明显的极性，异极间可以连接而同极间不能连接。区别是否放倒，是很容易的，每1个芽的下方都有1个叶痕，放置芽片的时候，将叶痕部位在下，芽的位置在上方。包扎用的塑料薄膜，剪成宽3 cm，长30 cm 1条，1 kg 薄膜可剪1 500~1 600条。嫁接后的第二天在包扎的切口处有水珠，过几天芽和皮会变为褐色，砧木也会有伤液流出，这不影响成活。经过10 d左右的时间，芽变青并有萌动状，切口边缘有加厚的愈伤组织出现，即可将薄膜解除。春季嫁接如遇气温低，将会延长至20~25 d才出现愈伤组织。

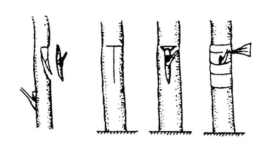

图3-1　T字形芽接

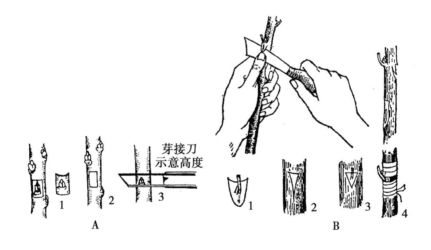

A.　方块形芽接　　1. 芽片　2. 砧木剥皮　3. 芽片嵌入

B.　倒三角形芽接　1. 芽片　2. 砧木剥皮　3. 接芽嵌入　4. 包扎

图3-2　方块形与倒三角形芽接

5. 嫁接季节

油桐芽接时期，从树液开始流动至停止流动前，整个生长期中凡树皮能顺利剥下均可进行。嫁接可春秋两季。春季嫁接一般是在3月中、下旬，树液流动，去年枝条顶芽萌裂时进行。这时枝芽贮存养分多，芽壮健，分生组织活动旺盛，嫁接成活率高。秋季嫁接，在8月份，这时今年已经结果，去年枝条上部的休眠芽已经深埋，下部的芽也不分饱满，但仍可使用。也可使今年新枝上的芽，在5—6月要剪砧、除萌与抹芽（图3-3）。砧木是先一年春天播种苗木。

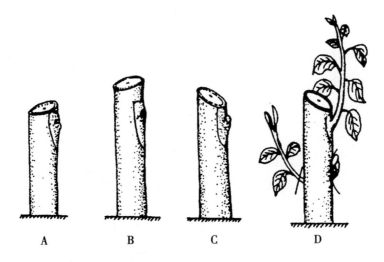

A. 剪砧正确　B. 剪口过高　C. 剪口倾斜方向不对　D. 除萌、抹芽

图3-3　除萌与抹芽

春季嫁接苗木的培育：春季嫁接苗木的培育，突出的问题是保证苗木生长健壮，又控制住高度，最好是1 m左右，最高不能超过1.2 m。超过这个高度，植树造林后，势必分枝太高，不利于树形的培养。如何控制高度的问题，初步设想是限制水、肥供给。

如果是作为采穗圃，可适当加大播种密度，加强水、肥管理，促进高生长，增多芽数。

油桐芽接是保持良种优树性状，加速繁殖，扩大引种栽培的重要技术手段。采用优树嫁接苗植树造林，是改变当前油桐生产中品种混杂，良莠不一，丰产树少，单产低的局面的有力技术措施，是重大的栽培技术改革。

三、优树子代评比测定

优树是表型选择，其子代是否再现其优良数量性状，是未知的。因此，为了从优树中选择出其优良数量性状，具有稳定遗传性，必须营造多个优树子代嫁接苗木评比测定林，从优中，再选优，即可称为优良无性系。

优树子代评比测定林的营建，是寻求未知，变已知，因而是属科学研究，要进行田间试验设计，首先要编制试验设计方案。

（一）试验设计方案

田间试验设计，应根据试验目的和要求，决定试验因素和处理数量。在试验设计中所拟定的进行比较的各组试验处理的总称，即称为试验设计方案。试验处理本次只有一个因素，结果量的比较，称为单因素试验。在该因素内设置不同的处理级别，称为水平，每一个水平即为一个处理。参加本次试验的虽有50个优树子代，但只有一个处理或水平。如试验包括两个或更多个因素，每个因素又可分若干个水平，则处理就是几个因素不同水平的组合。

试验设计方案的制订是全部田间试验工作的重要组成部分。一定要周密考虑，慎重拟订。决定试验因素和处理数量，既要熟悉生产中亟待解决的关键问题和现代科学技术发展趋势的理论问题，又要预计经过试验对生产和科研所能获得的效益和作用，只有在掌握这两方面情况的基础上，才能提出切实可行的试验方案。

试验因素的确定取决于试验的性质、目的、要求和试验方法而有所不同。

试验设计方案的制定，必须注意控制试验误差，遵循3大原则，以及试验的重演性。

1. 控制试验误差

在田间试验中，试验处理有其真实效应，但总受到许多非处理因素的干扰和影响，使试验处理的真实效应不能全部地反映出来。这样，从试验所得到的观测值，就既包含处理的真实效应，又包含不能完全一致的许多其他因素的偶然影响。这种使观测值偏离试验处理真值的偶然影响即称为试验误差或误差。试验中所发生的误差，大致可分为两种：一种为系统误差，又称片面误差，这是由试验处理以外的其他试验条件明显不一致所造成的误差。如试验地的施肥、浇水、中耕除草、整形修剪等技术操作不一致所引起的差异，或是土壤肥力东高西低所造成的系统差异。这类误差，只要工作细致，操作标准化，较易克服。另一种为偶然误差，这是指在严格控制试验条件相对一致后仍不能消除的偶发性误差，它具有随机性质，习惯上所说的试验误差，常指的是这种偶然误差。

误差的存在要影响试验的正确性。试验误差是衡量试验精确性的依据，误差小表示精确性高，误差大则精确性低。近代田间试验的特点在于注意到试验设计与统计分析的密切关系。要对试验资料作显著性检验，就必须计算试验误差。所以，在田间试验的设计与执行过程中，都要注意合理估计和降低试验误差的问题。

在田间试验中，误差是很难避免的。首先，树木田间试验误差主要是由于试验地的土壤差异及肥力不均所引起的。土壤差异除表现在土壤形成的差异上外，不同的地势、土壤结构和化学成分、生物群落，以及前后作、耕作制度等方面也会造成土壤差异。这类误差对试验影响较大，又难以控制。因此，要重视选择合适的试验地，如采用确的小区技术与试验设计加以控制以降低试验误差，提高试验精度，却是可以做到的。

2. 遵循 3 大原则

田间试验设计的主要作用是减少试验误差，提高试验的精确性，使研究人员能从试验结果中获得无偏的处理平均值及试验误差的估计量，从而能进行正确而有效的比较，在确定试验处理间的差异显著性水平后，检验试验结果的可靠性，以便为生产提供最佳因素的处理或因素间的处理组合，从而推动生产的发展。

前已述及，土壤差异是田间试验中误差的主要来源，采取某些措施虽然可以减少差异程度，但效率不高。实践证明，通过科学的正确的田间试验设计和小区技术可以大大减少土壤差异对试验结果的影响。为了控制土壤差异，减少试验误差，在田间试验设计中要遵循 3 大原则。

（1）重　复

一个试验处理（品种或措施）在试验中出现一次以上时叫做重复，或称试验中同一处理种植的小区数即为重复次数。如每一处理种植一个小区，则为一次重复，如每处理有 4 个小区，称为 4 次重复。

重复的主要作用有 3 点。

一是为试验误差提供估计量。例如，某项试验有 A、B、C、D、E 5 种处理。假若每一处理只设一个小区，则 A 与 B 之间的差异只能得到一个数值，既包括 2 个处理本身的差异，又可能包括试验误差引起的差异，差异究竟是由处理产生还是由误差引起就无从判断。假如每个处理设置 2 个或 2 个以上的重复，则同一处理之内的差异就可以断定不是由于处理的不同所引起，而是由于不易控制的试验误差所形成。所以，试验设置重复就可以测定误差的大小。

二是降低试验误差，提高试验的精确性。由数理统计学中平均数标准误与标准差的关系式 $\dfrac{s}{x} = \dfrac{s}{\sqrt{n}}$ 可以看出，误差的大小是与重复次数的平方根成反比的，故重复次数多，则误差小。

增加重复次数，则显著性检验时的自由度增大，达到显著性水平 a 的临界值可以降低。例如；进行 t 检验，试验重复 2 次，自由度为 1，$t_{0.05}$ 的值是 12.706；若重复 10 次，自由度为 9 的 $t_{0.05}$ 值只 2.26。说明重复越多，达到差异显著性水平值越小，越容易反映出处理间的变异。所以，重复能提高试验的精确性。

三是扩大试验的代表性。如果每个处理只有一个小区，则往往碰到特殊的土壤环境，处在环境较好的处理未必具有高产稳产的特性，但因环境较好却有较好的表现；

如处在较劣环境的处理，本来就是好的，因受恶劣的环境条件影响，其优良特性受到压抑蒙蔽无法表现。如果以这种没有重复试验所得的结果加以推广应用，就会造成浪费或不能发现真正好的处理。所以，试验只有通过重复才能得到代表性较大的结果，也才能给推广提供科学的依据。

（2）随机排列

通过试验误差的计算量，用数理统计方法检验处理间是否真正存在着差异，叫做显著性检验。但这种显著性检验必须在一个前提下进行才是有效的，这个前提就是试验中的数据和计算值都要求是在无偏的基础上取得的。换句话说，各个观测值，包括它们的误差，必须是彼此无关的，而出现的机会又是相等的，这在统计上称为观测值的独立分布。那么怎样肯定这个前提呢？事实上完全做到是不可能的，但如果是从一总体中随机地抽取样本，对每个样本随机地施以不同的处理或把各个处理随机地指定在试验单位或小区上，这样做就可以认为满足了观测值及误差独立分布的前提，使差异显著性检验有效，这就是随机排列的含义和作用。如果用随机排列与重复相结合，试验就能提供无偏的试验误差估计值。进行随机排列，可用抽签法或利用随机数字表确定。

（3）局部控制

局部控制的含义，是在同一重复内的各处理所处的一切条件尽量地使其一致。其作用也是减少试验误差，提高试验的精确性。经济树木的田间试验一般要求的试验地面积较大，因而土壤差异也随之增大，单纯地增加试验重复次数，试验地的面积也相应增加了，土壤差异将会更大。若将同一处理的各重复小区完全随机地排列在土壤差异增大的试验地段上，重复的增加就不能有效地降低误差。解决这个问题的办法就是要应用局部控制的原则。具体做法是根据试验地土壤肥力差异，按其高低划分成几个局部地段，每个局部地段构成一个区组，即为一次重复。每一区组再按供试品种或处理数目划分小区，一个小区安排一个不同品种或处理。由于局部地段（区组）内的土壤肥力比较均匀，每一重复内的不同小区所处的条件相对一致，即不同处理设置在较小土壤面积内，处理间的差异可以较少受土壤肥力差异的影响，使试验误差较小，试验精确性较高。区组间虽受较大土壤差异的影响，但可运用适当的统计分析方法予以分开估计，使试验结果可靠。

采用上述重复、随机排列和局部控制3条基本原则所作出的田间试验设计，配合运用适当的统计分析，就既能准确地估计试验的处理效应，又能获得无偏的、最小的试验误差估计，因而对于所要进行的各处理间的比较能作出可靠的结论。

3. 试验的重演性

重演性指在一定条件下进行相同试验时，能获得类似的结论。它说明试验结果确实反映了客观情况，这一点对于在生产实践中推广科研成果同样具有重要意义。

田间试验由于受复杂的自然条件的影响，不同年份或不同地区进行相同的试验其结果往往不同，即使在相似条件下重复试验，结果有时也有出入。这可能由于地区之间或年份之间自然条件变化所引起，也可能是原来试验结果就不准确或缺乏代表性，亦可能两者兼有。因此，为了判断试验结果的真实性，常常需要有试验的时间，田间试验要连续进行数年或更多年，才能确实了解某项技术或品种在一般自然条件下的反应。通过试验，发现问题，及时纠正，继续试验。切不要仅根据一年的试验结果或最后的产量而过早地作出试验结论。

为了使田间试验能够达到上述基本要求，在试验设计前，要充分考虑并解决好以下3个问题：首先对设置试验的目的要十分明确。无论是经济树木新品种的选育或者栽培技术措施的改革，推广和应用，事先都要明确试验需解决的问题属何种性质？试验要求达到多大的精确性？有哪些因素会对试验结果的准确性产生影响？试验结果拟在哪些地方、哪些方面应用？其次，是对试验材料和准备设置试验地的情况要有较详细的了解。它们具有什么特点，数量和面积要多大，代表性有多大。最后，是在弄清以上情况的基础上选择一个能满足试验要求又可以节省人力物力和时间的田间试验设计方案。

（二）田间试验设计

田间试验设计只介绍一种方法，随机排列法。

这类设计是按照"重复""随机排列""局部控制"的田间试验设计3条基本原则要求而作出的设计方法，可以有效地克服系统误差，并能运用方差分析技术对各种试验效应进行统计推断，获得正确的误差估计；用于多因素试验还可得出各处理间的相互关系的大小，故具有较高的试验精确性和准确性。但由于田间排列不规则，给田间操作和观察记载带来不便，容易发生差错；相邻小区若未设保护行，往往因树体不一而产生边际效应，增设保护行又加大工作量，故也有其缺点。

以下介绍4种设计方法。

1. 随机区组法设计

其特点是根据局部控制的原则，将试验地按肥力程度划分为等于重复次数的区组，每一个处理在每一个区组内设置一个小区；各个处理在每一个区组内的排列完全是随机的。不同的区组内，各处理的随机排列又是独立进行的。处理数较多时，可以排列成两排或多排。由于土壤差异的客观存在，一般处理数多在10个以下，以不超过15个为宜。如果处理数过多，区组面积增大，将降低局部控制的效能而影响精确性。设计重复次数一般为2~6次，土壤差异大或处理数较少时，可适当增加重复次数。在坡地进行经济树木随机区组试验设计时，应将区组内各小区排列在等高梯土上，以保证同一区组内各小区间的土壤差异尽量地缩小。至于各区组（即重复）则可分设于坡地的上、中、下部。当一块试验地容纳不下全部区组时，可分出一个或几个整的区组布置在另一地段，但绝不可将同一区组内的小区拆散。

小区的随机可借助抽签法进行。如有 9 个处理，可先将处理分别编成 1，2，3，……，9 九个数码作代号，然后依次作成号签，充分混合，采取重复或不重复的方法分次抽取，假定抽得的次序为 4、8、1、3、2、9、7、6、5。将对应处理即按此抽取数码排列于田间，如图 3－4 甲区组 I 所示各处理的排列。依此类推可确定Ⅱ、Ⅲ、Ⅳ处理的排列次序。

甲

Ⅰ	G	4	8	1	3	2	9	7	6 CK	5	G
Ⅱ	G	2	4	6 CK	8	7	3	1	5	9	G
Ⅲ	G	7	1	3	9	5	6 CK	2	8	4	G
Ⅳ	G	3	6 CK	9	5	8	1	4	2	7	G

Ⅰ　　　Ⅱ　　　Ⅲ

乙

G	3	8	1	10	7	15	14	9																	G
G	6	13	4	16 CK	11	2	12	5																	G

甲——9 处理，重复 4 次

乙——复因子处理组合设计

图 3－4　随机区组法设计

随机区组设计用于多因素试验，每一小区安排一个处理组合。如普通油茶 4 个农家品种（甲、乙、丙、丁）和 4 种密度（a、b、c、d）试验，则共有 16 个处理组合，若重复 3 次，可排列成图 3－4 乙。图中 . 1，2，3，……，16 分别代表一个处理组合。如 1 代表甲 a，2 代表甲 b，等等。

随机区组设计的优点：对处理数和重复次数限制较少，单因素和多因素试验都可应用；对试验地的大小、形状要求不严，平地或山坡均可采用，必要时，不同区组可以分散设置在不同的地段上；可作显著性检验，统计分析较简便，即使有缺区也能继续分析。缺点是试验处理超过 20 个小时，区组过大，局部控制效能降低，使试验误差增大。

2. 拉丁方设计

其特点是重复数必须和处理数相等，重复地排成直行区组与横行区组，即处理数＝直行数＝横行数。每一处理在每一直行区组内和每一横行区组内都只占一个小区，这样便可以从两个方向控制土壤差异，因而比随机区组设计有更高的试验准确性和精确性，如图3－5所示。

```
C  D  A  E  B
E  C  D  B  A
B  A  E  C  D
A  B  C  D  E
D  E  B  A  C
```

图3－5 5×5拉丁方

拉丁方设计要求田间布置有整块的试验地，各区组不能分开，缺乏随机区组设计的灵活性。通常最好应用于5~8个处理的试验。处理过多，重复也多，工作量大；处理过少，重复也少，估计试验的自由度太少，减低了估计误差的灵敏度。在3或4个处理时，为使误差自由度不少于10，可采用复拉丁方设计，即试验设置3个（3×3）或4个（4×4）拉丁方。

拉丁方的随机排列方法，通常是在已经选择的标准方的基础上进行，然后在横行与直行之间按随机原则进行调换（3×3至5×5拉丁方横行间调整时第一横行可以不动）。各处理也应按随机原则排列。以下为（3×3）至（9×9）的选择标准方（图3－6）。

【例1】设有5个油桐品种，代号为1、2、3、4、5，拟用拉丁方排列进行比较试验。首先取上面所列（5×5）选择标准方，假设用抽签法得1、4、5、3、2，即为直行随机；再次随机假如得5、1、2、4、3，即为横行随机，调整时令1、2、3、4、5与A、B、C、D、E相互对应。最后再次随机若得2、5、4、1、3，即为品种随机排列的数码。于是，将上面选择的（5×5）标准方，经过3次随机步骤，就可得到所需要的拉丁方排列，如图3－7所示。

拉丁方设计的优点是可以消除两个方向的环境差异，尤其是消除土壤差异，且非常稳定，即使整个横行或直行或处理造成数据缺失时，较易弥补，所以具有高度的试验准确性和精确性。其缺点是缺乏伸缩性，要求每个直行和每个横行都必须排列在一条线上，不能适应地形的变化；另外对处理数、重复数有一定限制，过多过少都难以适用。故通常只用于地势平坦的单因素试验，处理不多，因素较少的多因素试验有时也采用。

3. 裂区法设计

在随机区组或拉丁方的试验小区内，再划分成若干副区，引入另一试验因素的设

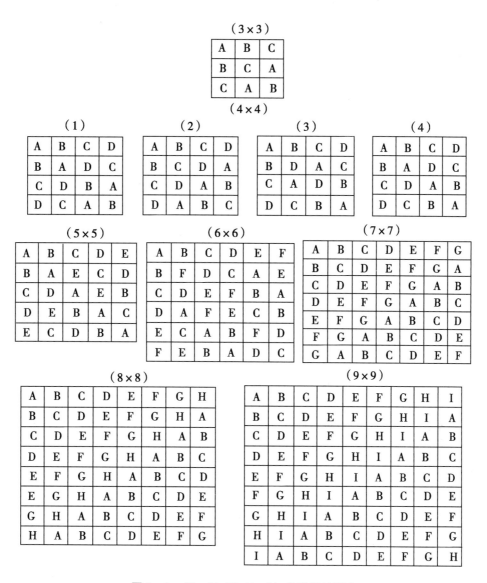

图 3-6　（3×3）至（9×9）的选择拉丁方

计方法，称为裂区设计。亦即把一个因素处理的小区当做另一因素处理的区组的试验设计。裂区设计是用于多因素试验的一种设计形式。在同一试验地段内，用两个以上的因素进行试验，既可测出各供试因素的各个处理的主效应，又可测出这些因素间的交互作用，从而找出各因素的各个处理的最好搭配。对多年生树木来说，往往要在一个固定的试验地上作多年多次观测。因此，虽然开始采用的是随机区组设计，但当进行长期观测时，考虑到年份、年份×品种、年份×区组效应的时候，随机区组设计从时间概念来理解，实际上就成为裂区试验了。

裂区设计与多因素试验的随机区组设计在小区排列上有明显的差别。在随机区组

1.选择拉丁方

A	B	C	D	E
B	A	E	C	D
C	D	A	E	B
D	E	B	A	C
E	C	D	B	A

2.按随机数字1、4、5、3、2调整直行

A	D	E	C	B
B	C	D	E	A
C	E	B	A	D
D	A	C	B	E
E	B	A	D	C

3.按随机数字5、1、2、4、3调整横行

E	B	A	D	C
A	D	E	C	B
B	C	D	E	A
D	A	C	B	E
C	E	B	A	D

4.按随机数字2=A、5=B、4=C、1=D、3=E排列品种

3	5	2	1	4
2	1	3	4	5
5	4	1	3	2
1	2	4	5	3
4	3	5	2	1

图 3 - 7 （5×5）拉丁方的随机过程

中，两个或多个因素的各个处理组合小区都是均等地随机排列在一个区组内的。而裂区设计，先按第一个因素分设各个处理（主处理），划分小区，称为主区（整区）；然后在主区内按第二个因素的各处理（副处理）再分裂成更小的小区，称为副区（裂区）。由于将主区分裂成为副区，故称为裂区法设计。如还有第三个因素，可将副区再分裂，称为再裂区设计。对第一个因素（主处理）讲，各主区构成一个区组，对第二个因素（副处理）讲，一个主区就相当一个区组。

裂区设计小区的排列方式，一般主、副区均采用随机区组式，也可主区采用拉丁方、副区采用随机区组式。3~5次重复，每一重复，各主、副区的随机排列都应独立进行。

现以普通油茶3种施肥处理和4种修剪方式及二者连应对结实影响为例，设计3种施肥处理甲、乙、丙置于主区，4种修剪方式A、B、C、D置于副区，重复3次。先将置于主区的主处理在各重复内分别进行随机定位，而后再将主区内的副处理分别随机定位，田间排列方式用图3-8表示。

图 3 - 8 裂区设计的排列方式（3个主区、4个副区、3次重复）

裂区设计的优点是因为副处理比主处理重复次数多,副区之间的各个处理比主区之间的各个处理更为接近,因而副处理更为精确。在实践中应注意以下几点。

一是多因素试验中,根据对试验因素不同精确性的要求,把要求高的因素置于副区,要求低的置于主区。

二是根据对试验地面积要求大小的不同,把面积要求大的置于主区,要求小的置于副区。如土壤管理中的施肥、灌溉、耕作制度等试验,为便于操作宜置于主区,而整形修剪、保花保果等试验可置于副区。

三是若已知某些因素的效应比另一些因素的效应更大时,可以把可能表现差异大的因素置于主区。

四是试验正在进行,需要在小区中再增加试验因素。

与其他设计一样,裂区设计也有缺点。一是分析比较复杂,主区部分与副区部分要分开进行,估计两个试验误差,倘有缺区,分析更困难;二是主区误差较大,估计误差的自由度少,各主处理间的比较之精确性较差。

4. 平衡不完全区组设计

在随机区组、拉丁方设计中,每一处理在每一区组中都设置了一个小区,这种区组,称为完全区组。如果一个区组只包含部分处理,就称为不完全区组。根据试验设计局部控制的原则,同一区组内的各个小区必须具有同质性。但当参试处理数较多时,区组内的同质性实际上难以控制。有时因地形限制常会出现一个区组容纳不下全部处理的情况,这时就可以采用平衡不完全区组的试验设计,简称为 BIB 设计(Balanced Incomplete Block designs)。这也是一种区组设计,整个试验地被分成若干区组,每一区组也分成若干小区,且各区组内小区数都相等,但小于试验的处理数。BIB 设计要求一种试验处理在同一区组内最多只能出现一次,而且在整个试验中有相同的被试次数;任意一对处理都有在同一区组内相遇的机会,且在整个试验中相遇的次数都相同,这便是 BIB 设计的特点。例如,现有 A、B、C、D 4 个油桐品种要做比较试验,每区组又限于只能设置两个小区,则作成 BIB 设计其小区排列方式如图 3-9。

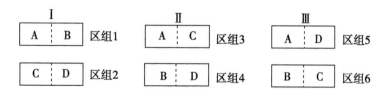

图 3-9　4 个油桐品种试验 BIB 设计排列方式

由图 3-9 可知,该例设计共有 6 个区组,每个品种重复 3 次,任两个品种相遇于同一区都是一次,可以反映出 BIB 设计的两个特点:即一种试验处理(品种)在每个区组中最多出现一次，总共在 r 个区组中出现，也就是每个处理（品种）的重复数都是 r，本例 $r=3$；任何两个处理（品种）出现在同一区组的次数（以 A 表示）相等，本例中 $A=1$。因此，对 BIB 设计可作如下理解：让任意两种处理在试验中都有相同的相遇次数（不一定只是一次），在这个意义下设计是平衡的，但每个处理并不能在所有的区组内均同时出现，在这个意义下设计又是不完全的，故称为平衡不完全区组设计。

为方便设计，常用一些字母表示设计所用的一些名称代号，称为 BIB 设计的参数，计有：处理数 v，每区组内小区数 k，每处理重复数 r，区组数 b，任两个处理出现在同一区组的次数 λ。如上例各参数：$v=4$、$k=2$、$r=8$、$b=6$、$\lambda=1$。不言而喻，不同的参数值就有相应不同的 BIB 设计形式。

【例2】有一板栗品种比较试验，供试品种 $v=5$，用代号 1、2、3、4、5 表示，每区组只能容纳 3 个品种，欲作成 BIB 设计，如何安排试验？

经查，设计 4 的 $v=5$、$k=3$、$r=6$、$b=10$、$\lambda=3$，即必须设 10 个不完全区组，每区组安排 3 个小区，每个品种重复 6 次，任两品种相遇于同一区组 3 次，排列的品种按附表可得下列设计（表 3-4）。

表 3-4　试验设计

区组	品种	区组	品种
1	123	6	124
2	234	7	235
3	345	8	341
4	451	9	452
5	512	10	513

田间试验设计时，排列方式还必须将各区组随机。每区组内的 3 个品种也必须随机（两次随机处理），即得田间布置排列图（图 3-10）。

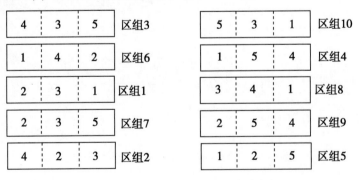

4	3	5	区组3	5	3	1	区组10
1	4	2	区组6	1	5	4	区组4
2	3	1	区组1	3	4	1	区组8
2	3	5	区组7	2	5	4	区组9
4	2	3	区组2	1	2	5	区组5

图 3-10　5 个板栗品种比较试验 BIB 设计田间布置

应该指出，并不是参数为任意数值都可构成 BIB 设计。要构成 BIB 设计，各参数都应为正整数，且它们之间必须满足以下3个必要条件：

$ru = bk$；

$\lambda = r(k-1) / (u-1)$；

$b \geq u$，$r > \lambda > k$。

不难理解，因供试处理共有 v 个，每一处理重复 r 次，故总小区数为 rv 个；另一方面，共有 b 个区组，每个区组含有 k 个小区，故总小区数为 bk 个，因而有 $ur = bk$。一个平衡不完全区组设计的基本条件是任何一对指定处理要出现同样的次数 λ。注意到每处理在每区组内最多只出现一次，在全部区组内重复 r 次，放任一处理可以出现在 r 个区组内，现在每一区组内有 k 个小区，因而在该处理所在的 r 个区组内将有 $r(k-1)$ 个小区的位置为其余 $(u-1)$ 个处理占有，可见每两处理在同一区组同时出现的次数为：$\lambda = u(k-1) / (u-1)$

第三个条件已由 K. A. Fisher 于1940年所证明。

由于BIB设计具有可使区组不完全的优点，在每区组实际可能安排的处理数少于供试处理的情况下仍可作出各处理间的正确比较。这种设计方法，用于亚热带地形复杂的丘陵地区的多品种比较试验，是值得推广的。缺点是对区组数必须严格按规定数目设置，缺一不可，否则各处理的比较将失去均衡性，因而总的小区数相当多、试验规模大，付出的代价（人力、物力、财力等）也是较大的。

随机排列的试验设计除以上介绍的几种外，还有一种叫完全随机化设计，这是一种最基本的试验设计，适用于处理受环境影响比较小，而处理数也比较少的试验。具体做法是将各处理包括重复在内，全部按随机方法设置于试验小区（每个试验处理的重复次数可以不等），这种设计简单易行，试验结果也可以进行差异显著性检验。

经济树木的田间试验设计，还可以考虑在试验地地形、地势和土壤差异较大，以及树木品种混杂、良莠不齐、株间差异也较明显等具体情况下采用以下几种设计方法。

一是单株区组。在同一植株不同主枝或单枝上设置处理和对照，以供比较。单株作为一个重复，故称单株区组。同一植株每个主枝具有相对独立性，起源相同，试验条件易于控制。各处理可采用对比法、互比法等顺序排列，也可采用随机排列。为便于比较，最好是排在相同的枝序级次上，位置高低相仿，枝干粗细相当，每一处理重复至少4次以上。

单株区组通常用于授粉试验、花芽分化观察、疏花疏果或保花保果试验，生长素或微量元素处理试验，修剪反应观察及品种高接比较鉴定等。一般处理项目不宜过多。

二是单株小区。以单株为处理单位，可将供试树按干周或根径大小不同分成若干组，同一重复内要求各处理和对照株间差异小，均为同一类型或同一组的树，不论采取何种排列，都要求所处条件均匀一致，以利比较，一般要求同一处理至少4次重复，最好 8 ~ 10 次重复，有的学者提出须重复 25 次以上。

单株小区可用于品种高接鉴定试验、修剪试验、疏花疏果或保花保果试验，生长素或微量元素处理试验。若要进行施肥、灌水、耕作等土壤管理试验和整形试验，则因边际效应较大，需设置小区保护行。

三是组合小区。选取不同树势或树龄的单株组成组合小区，各小区内不同树势或不同年龄的植株按比例搭配，然后施以不同处理，可采用任一排列方式，一般重复 3 ~ 4 次。该法适用于品种比较试验、砧木试验、整形修剪等试验。

（三）田间试验的实施

在明确了试验目的要求、拟订了试验方案并进行了试验设计以后，接着便是田间试验的实施。正确及时地把试验的各处理按设计要求布置到试验地，并准确执行各项田间管理和观察记载，保证供试植株的正常生长，获得可靠的试验结果，是田间试验实施所要做的工作。

在整个试验实施过程中，都应注意控制误差，要求操作技术尽量一致。

1. 试验地的区划和标记

根据经济树木田间试验对试验地的要求，首先应准确测量试验地的面积，利用测量结果在图面按照田间种植设计图进行区划。

试验区、区组、小区和保护行、排灌系统等划定以后，应进行固定编号，以便今后观察记载和统计产量。编号可采取按小区总数系统编排。如 5 种处理、4 次重复的；统一编成 1 ~ 20 号小区，或按处理性质和重复次数分别编号。一般用罗马数标记重复次数，用阿拉伯数字标记小区序号。如 5 种处理、4 次重复可编成 I，12，13，……，I_{50} 经济树木的田间试验宜采用后一种方法进行编号，这样每年可按原定号码进行观察记载试验资料。

编号之后，应当在试验小区插立标桩，或在供试植株上挂牌标记。为避免标志损坏，所有标志应及时绘入田间种植布置图，以便日后查对。

2. 试验地的管理

经济树木试验区的田间管理是一项经常性的工作，一定要认真对待，严格按设计要求坚持进行，如稍不注意，将严重影响试验结果，甚至前功尽弃。

为了做好试验地的管理工作，最好组织一些固定的专职人员，保证熟练地采用技术措施并做好实施记录。

3. 试验的观测记载

田间试验的目的就是要通过科学研究的实践，探求经济树木生长发育规律和摸索高产稳产的措施，并运用这些规律去指导生产、发展生产。因此，必须积累和掌握丰富的感性材料，进行深入反复的试验研究，才能得出全面的、有规律的认识。而田间试验系统的正确的观测记载正是为了取得第一手材料，为得出规律提供科学依据，所以做好试验的观测记载非常重要。

试验目的不同、所观测的项目、要求和时间也不完全一样，但一些基本项目对于任何田间试验都常采用，这些项目有以下几条。

（1）气候条件的观测记载

在试验地定点观测微域气候，也可利用附近气象台（站）的观测记录。

（2）田间管理情况记载

栽培条件的改变，对经济树木的生长发育都有影响。因此，要详细记载整个试验过程的耕作管理情况，如整地、施肥、灌溉、中耕除草、病虫害防治、修剪等，将每项操作的日期、数量、方法等记录好组成为全年的管理工作历，供分析结果时参考。

（3）树木生育动态观测记载

这是田间观测最主要内容，也是试验研究的具体对象和分析结果的重要依据。因此必须有专人负责，及时且又不断地坚持，才能取得全面可靠的资料。观测项目有：①树体生长发育情况。如干粗、树高和冠幅、叶幕或绿叶层体积、新梢生长量、落果期及数量；②物候期观察。如萌芽、展叶、开花、成熟及落叶等时期，特别注意记录临界期；③不同处理的经济树木开花结实年龄；④抗逆性的观察记载；⑤产品质量和室内分析。

试验记录要备有野外记录和档案记录两种。档案记录要详细记载试验的实施计划，试验地的情况，试验设置的时间、方法及各项措施，每年的气象状况等。每次观测记在野外记录本上的数据，回来后都要及时整理，并把整理好的原始数和初步分析意见转记在档案记录内。年度终了，根据试验情况进行小结，总结经验，并提出下年度工作计划。

所有记录要求字迹清楚，表格装订成册，以备日后核查。

四、油桐优良无性系的选育[①]

油桐优良无性系选育，是国家"六五"和"七五"科技攻关项目《油桐良种选育》的研究内容之一。我们承接了2个比对照品种增产30%以上的优良无性系的选育任务。从1981年起，在湖南省各油桐主产县进行了连续3年大范围的油桐优树选择。1985年起，在湖南衡阳县岣嵝峰林场将造了无性系测定林。采用50个决选优树无性系，以当地小米桐作为对照。

---

① 资料来源：何方，罗建谱（1991）。参加研究人员包括何方，谭晓凤，王承南，何柏，罗建谱，宋金国，徐仲民。研究报告由何方执笔。本项目已以《油桐优良无性系中南林19号、23号、36、37号的选育》为题，1991年通过了由湖南省林业厅组织的技术鉴定。

经过 6 年测定评估，共评选出 4 个比对照增产 1 倍以上的优良无性系。现将结果整理如下。

(一) 试验研究方法

1. 试验地概况

20 世纪 80 年代初，湖南省粮食部门规划在丘陵地区发展部分油桐。为选择适合于低丘红壤地区栽培的优良无性系，我们将试验地设置在湖南衡阳县岣嵝峰山麓。试验区海拔 200 ~ 280 m，属低山丘陵地貌。地理位置为东经 112°26′，北纬 27°16′。为中亚热带季风湿润气候区。年均温为 18℃，年降水为 1 600 ~ 1 800 mm。但夏秋较干旱。试验区土壤为由砂岩发育而成的红壤，pH 值为 4.65 ~ 5.10，有机质含量为 1.18% ~ 1.68%，铵态氮含量为 0.02% 左右，速效磷为 22 ~ 126 mg/kg，速效钾为 35 ~ 40 mg/kg。土壤较瘠薄，保水性能较差。原有植被主要为马尾松、油茶和蕨类。

2. 材料来源

供试无性系除 13 号为广西林科所提供外，其他均由中南林学院经济林研究所于 1981—1984 年在湖南省各油桐主产区选择的优树。各无性系编号、品种及原产地如表 3 - 5 所示。

表 3 - 5 参试无性系一览表

系号	品种	原产地	系号	品种	原产地	系号	品种	原产地
1	小米桐	新晃	19	葡萄桐	永顺	35	小米桐	保靖
2	小米桐	新晃	20	小米桐	龙山	36	小米桐	保靖
3	小米桐	新晃	21	小米桐	龙山	37	葡萄桐	永顺
4	小米桐	新晃	22	葡萄桐	永顺	38	小米桐	保靖
5	小米桐	新晃	23	小米桐	龙山	39	小米桐	保靖
6	小米桐	新晃	24	小米桐	龙山	40	葡萄桐	永顺
7	小米桐	麻阳	25	葡萄桐	永顺	Ck$_2$	小米桐	衡阳
8	葡萄桐	泸溪	Ck$_1$	小米桐	衡阳	41	小米桐	保靖
9	五爪龙	石门	26	小米桐	龙山	42	小米桐	保靖
10	五爪龙	石门	27	小米桐	龙山	43	葡萄桐	永顺
11	小米桐	石门	28	葡萄桐	永顺	44	小米桐	保靖
12	五爪龙	石门	29	小米桐	龙山	45	小米桐	保靖
13	大米桐	广西	30	小米桐	龙山	46	葡萄桐	永顺
14	小米桐	龙山	31	葡萄桐	永顺	47	小米桐	保靖
15	小米桐	龙山	32	小米桐	保靖	48	小米桐	保靖
16	葡萄桐	永顺	33	小米桐	保靖	49	小米桐	保靖
17	小米桐	龙山	34	葡萄桐	永顺	50	葡萄桐	永顺
18	小米桐	龙山						

3. 田间试验设计

由于供试无性系较多，故采用间比法设计。试验以当地小米桐作对照。单株小区，顺序排列，重复 10 次。

4. 造林及管理

采用水平梯带造林。于 1984 年春直播定砧（以出地小米桐作砧木），1985 年春嫁接。一般抚育管理。每年冬季垦挖一次。

5. 调查观测

每年秋季进行一次生长量和产量调查。1987 年起每年春季进行花序结构和开花习性调查。生长量调查的冠幅面积按椭圆面积公式计算；叶片面积按 $S_{叶} = 0.75 (L \times C) - 2.5$ 计算。其中 a，b 分别表示树冠的长半径和短半径；L，C 分别表示叶片的中肋长和最大宽。

（二）结果与分析

1. 产量比较

产量是衡量参试无性系优劣的主要依据。本试验采用所有参试无性系连续 4 年每平方米冠幅产量的平均值作为评比指标。经对参试各无性系的产量进行测算，结果表明，各无性系之间的差异非常明显。1990 年 7 月，经国家"七五"攻关课题组检查验收，评选出 19 号、23 号、36 号和 37 号产量为最高，年均每平方米冠幅产量分别达 0.97 kg、0.97 kg、0.92 kg 和 1.01 kg，比对照（CK = 0.44 kg）分别增产 120%、120%、109% 和 130%。增产幅度均超过对照 1 倍以上；与所有参试无性系的产量平均值（0.57 kg）比较，增产 60% 以上。在 4 个无性系中，以 19 号和 23 号相对稳产，36 号和 37 号则大小年比较明显。

按全国经济林 7 500 m^2/10^4 m^2 冠幅的计测标准，每 100 kg 桐果出油 5.5 kg 折算，则上述 4 个优良无性系每亩分别可产果 482.5 kg、483.3 kg、460 kg 和 505 kg，产油 26.5 kg、26.6 kg、25.3 kg 和 27.8 kg。高于现国内大面积平均产量的 4～5 倍。因而被全国油桐科研协作组评选列入"七五"期间全国共 39 个优良无性系和家系之中。

2. 树体和枝叶性状

（1）冠幅出于试验地的立地条件较差，各参试无性系的冠幅一般都不算大

据 1990 年 7 月测定，一般单株冠幅都在 3.0～4.0 m^2 之间。但在各无性系之间，仍存在较大的差异。其中最大的平均冠幅达 5.52 m^2（12 号），最小的仅 1.43 m^2（46 号）。产量较高的 19 号、23 号、36 号和 37 号 4 个优良无性系，平均冠幅分别为 5.33 m^2、2.83 m^2、4.44 m^2 和 2.79 m^2。其中 19 号和 36 号的平均冠幅大大超过对照（3.41 m^2）和参试无性系的平均值（3.49 m^2），23 号和 37 号略低于对照和参试无性系的平

均值。

（2）树高 6 年生油桐无性系的树高一般都在 2m 左右，平均为 2.07 m

在各无性系之间差异不大。其中 4 个优良无性系的平均树高分别为 2.51 m、1.98 m、2.2 m 和 2.07 m。除 23 号略低于参试无性系的平均值外，其他均高于平均值。说明各无性系的生长良好。

（3）分枝数新梢是当年着生叶子进行营养生长的基础，又是翌年结果的母枝

分枝的多少，在一定程度上反映其营养生长状况和结实能力。据观测，不同无性系之间的分枝数量差异较大，其变异系数达 48.4%。

4 个优良无性系 6 年生的平均每株分枝数分别为 168.7、78.1、141.5 和 140.6。除 23 号略低于参试无性系平均值（96.3）外，其他 3 个无性系均大大超过参试无性系的平均值。

（4）叶面积大小，反映桐树营养生长状况

这虽与当年产量关系不很密切，但对下一年结实影响较大。观测结果表明，叶面积在所有生长指标中差异最大。它不仅表现在各无性系之间，而且在同一无性系的不同植株中也存在很大的差异。这不仅与树体大小、枝条多少有关，而且与结实量等有关。4 个优良无性系叶面积的平均值分别为 20.01 m²、7.19 m²、25.19 m² 和 16.09 m²。除 23 号外，其余 3 个无性系都远远超过各参试无性系的平均值（9.37 m²）。其中 19 号和 36 号大于平均值 1 倍以上。

3. 花（果）序性状

花（果）序性状是进行油桐品种选育的重要依据。根据 1987—1990 年观测统计，除 27 号和 50 号为多花花序（平均每序花数分别为 42.2 朵和 47.7 朵）外，其他参试无性系均为中花花序或少花花序。对 4 个优良无系的花序性状及所有参试无性系的花序性状进行统计，结果如表 3 - 6 所示。

表 3 - 6　4 个优良无性系及参试无性系总的花序性状

系号	主轴长（cm）	基侧轴长（cm）	每花序雌花数（朵）	每花序雄花数（朵）	每花序总花（朵）	雌雄花比
19	10.2	8.6	6.4	26.7	33.1	1 : 4.2
23	8.2	7.8	3.6	26.1	29.7	1 : 7.3
36	9.8	9.0	5.0	30.7	35.7	1 : 6.1
37	7.3	5.5	6.5	11.0	17.5	1 : 1.7
总均值	6.9	6.2	3.2	15.0	18.3	1 : 6.7

从表 3 - 6 可以看出，在 4 个优良无性系中，19 号、23 号和 36 号为中花至多花花

序，平均为中花花序：37 号为少花至中花花序，平均为少花花序 4 个优良无性系具有一个共同的优良特性，就是雌花比例大。平均每一花序的雌花数分别为 6.4，3.6，5.0 和 6.5 朵。因而表现出来序性状为果实丛生性强，一般都以 3~5 个丛生，甚至 10 个以上丛生。

据观测，在同一无性系的不同植株之中，其花序性状比较稳定，开花时间比较一致。但营养状况影响花序的大小。如大年过后，因营养消耗过大，抽枝较细，相应花序较小，雌花较少。

4. 果实经济性状及油脂理化性质

对 4 个优良无性系果实的经济性状及油脂的理化性质进行测定，结果如表 3 - 7 所示。

表 3 - 7　4 个优良无性系果实经济性状及油脂理化性质

系号	单果重（g）	果皮厚（cm）	鲜出籽率（%）	种仁含油率（%）	酸价（%）	碘价	皂化值	折光指数
19	65.17	0.50	20.21	54.23	2.49	167.41	193.6	1.518 1
23	55.67	0.35	24.02	54.13	3.70	169.42	191.3	1.518 3
36	60.67	0.51	23.82	57.94	1.54	163.53	190.5	1.516 4
37	51.55	0.50	26.87	61.98	1.67	166.32	194.5	1.518 0

注：采果时间为 1990 年 10 月 4 日。

从表 3 - 7 可以看出，4 个优良无性系的果实大小均为中等。唯 19 号及 36 号稍偏大。鲜出籽率以 36 号为最高。采果时间虽提前了半个月，似各优良无性系的果实含油率仍在 54% 以上。其他油脂理化性质，均达到了国家出口桐油的标准。

（三）结　论

通过大欣选优后进行油桐无性系测定，在无性系数目较多的情况下，适合采用间比法设计，以便于排列和进行调查观测。并有利于进行直接比较。

试验结果表明，油桐无性系 19 号、23 号、36 号和 37 号具有较好的生产性能，增产效果明显，雌花比例大，果实丛生性强。表现出明显的优良性状。

从综合经济性状和生长势看，在 4 个优良无性系中，又以 19 号和 36 号无性系为最优，37 号次之，23 号树体较矮小，生长势不如 19 号、36 号和 37 号。

该项试验设置于低丘红壤区，一般性经营，适于在低丘红壤区推广应用。

五、全国规模的油桐优树选择

在进行以清查全国地方品种为中心的统一行动中，不失时机地兼顾了优树选择这一重点，希望能从全国大范围内，将种内优良个体尽可能多地选拔出来，以期取得一举两得之功。

油桐是异花授粉植物，基因组成的杂合程度比较高，在实生繁殖条件下不仅种群内部存在极大的个体差异，而且在同一品种，乃至单亲本子代之中也存在较大的个体差异。因此，为了培养良种必须在优良品种选择的同时伴随优良单株选择，才能获得更大的遗传增益。

我国大规模的油桐选择分两个阶段。第一阶段是协作组于1977年在广西崇左召开"全国油桐优树选择碰头会"之后，选优工作在各省区广泛展开，选出优树近1 000株，通过子代测定及无性系测定后，选出了一批高产优质的家系、无性系等。第二阶段是1981年初结合全国地方品种清查的选优，其规模和深度均超过第一阶段。两次选优的结果，全国共决选优树1 846株，这是我国油桐种质资源中的精华，是珍贵的物质财富。国内近年所育的一批年亩产油50 kg左右的皱桐无性系良种，如桂皱1号、2号、6号、27号，浙皱7号、8号、9号，油桐18号、闽皱8901号及高产型光桐家系南百1号、光桐3号、6号、7号、黔桐1号、2号、浙桐7号等，都是上述优树经过测定后选育成功的。预计3~5年，各省区优树测定之后，将评出更多的高产优质良种。两次大规模选优所带来的效果，确是我国40年来油桐良种选育工作中最快、最富有成效的部分。

全国有决选的油桐优树1 846株，这些优树的选定是按表型选择获得的，而表型好的其遗传品质未必总是好的。因此，还须通过优树测定，以期从中选育出遗传品质真正优良的家系或无性系用于生产。本试验采取以协作成员单位为测试单元，用当地优树为主，分散进行优树子代测定和优树无性系测定。少数单位还利用最佳优树进行了杂交育种试验。

试验结果，全国共选育出优良家系、无性系及杂交种39个（表3-8）。

表3-8　全国油桐优良品种的选育及丰产水平

编号	品种名称	研制单位	选育方法	丰产水平	试验地点
1	玉禅47号	四川省林科所	用16个品种的优良个体间杂交，经过各杂种后代的比较试验结果，筛选出（南百₁桐×广对₁）的F₁	5年平均株产油量1.25 kg，最高2.0 kg，其产量水平为母本3.8倍，为父本的2.3倍	四川省泸县
2	玉蝉100号	四川省林科所	用16个品种的优良个体间杂交，经过各杂种后代的比较试验结果，筛选出（万米₁₃×广对₅）的F₁	5年平均株产油1.15 kg，最高2.6 kg，其产量水平为母本的1.2倍，为父本的3.3倍	四川省泸县

（续表）

编号	品种名称	研制单位	选育方法	丰产水平	试验地点
3	桂皱27号	广西壮族自治区林科所	对57个优良单株，经过无性系测定选育	6~10年生亩产桐油43.2 kg，最高99.45 kg，比实生千年桐增产11.35倍	广西壮族自治区崇左县
4	桂皱1号	广西壮族自治区林科所	对57个优良单株，经过无性系测定选育	6~10年生亩产桐油31.2 kg，最高48.3 kg，比实生千年桐增产9倍	广西壮族自治区崇左县
5	桂皱2号	广西壮族自治区林科所	对57个优良单株，经过无性系测定选育	6~10年生亩产桐油25.5 kg，最高48.3kg，比实生千年桐增产6.8倍	广西壮族自治区崇左县
6	桂皱6号	广西壮族自治区林科所	对57个优良单株，经过无性系测定选育	6~10年生亩产桐油27.0 kg，最高47.1 kg，比实生千年桐增产7倍	广西壮族自治区崇左县
7	光桐3号	中国林科院亚热带林业研究所	利用优树子代测定，采取家系间再选择，经两个世代试验测定选育	6年生亩产桐油30.28 kg，4~9年生累计产值比对照增产118.37%	浙江省富阳县
8	光桐6号	中国林科院亚热带林业研究所	利用优树子代测定，采取家系间再选择，经两个世代试验测定选育	6年生亩产桐油26.61 kg，4~9年生累计产值比对照增产118.01%	浙江省富阳县
9	光桐7号	中国林科院亚热带林业研究所	利用优树子代测定，采取家系间再选择，经两个世代试验测定选育	草年生亩产桐油30.96 kg，4~9年生累计产值比对照增产112.43%	浙江省富阳县
10	浙皱7号	中国林科院亚热带林业研究所、永嘉县林业局	选用千年桐北缘分布区的14个优树，经无性系测定结果选育	6年生亩产桐油51.12 kg，中试结果增产4倍以上	浙江省永嘉县
11	浙皱8号	中国林科院亚热带林业研究所、永嘉县林业局	选用千年桐北缘分布区的14个优树，经无性系测定结果选育	6年生亩产桐油43.21 kg，中试结果增产4倍以上	浙江省永嘉县
12	浙皱9号	中国林科院亚热带林业研究所、永嘉县林业局	选用千年桐北缘分布区的14个优树，经无性系测定结果选育	6年生亩产桐油50.66 kg，中试结果增产4倍以上	浙江省永嘉县
13	（浙林5×浙林8）	浙江林学院	从24个杂交组合代比较试验中评选	结果量为母本的4.8倍，父本的21.1倍	浙江省临安县
14	浙桐选7号	浙江林学院	用44个优良单株子代，通过两个世代和1次无性系选择评选	5年生亩产桐油2S.4 kg	浙江省临安县等
15	浙桐选2号	浙江林学院	用44个优良单株子代，通过两个世代和1次无性系选择评选	5年生亩产桐油23.2 kg	浙江省临安县等

（续表）

编号	品种名称	研制单位	选育方法	丰产水平	试验地点
16	浙桐选8号	浙江林学院	用44个优良单株子代，通过两个世代和1次无性系选择评选	5年生亩产桐油23.2 kg	浙江省临安县等
17	浙桐选10号	浙江林学院	用44个优良单株子代，通过两个世代和1次无性系选择评选	5年生亩产桐油17.49 kg	浙江省临安县等
18	浙桐选9号	浙江林学院	用44个优良单株子代，通过两个世代和1次无性系选择评选	5年生亩产桐油22.1 kg	浙江省临安县等
19	浙桐选15号	浙江林学院	用44个优良单株子代，通过两个世代和1次无性系选择评选	5年生亩产桐油22.3 kg	浙江省临安县等
20	浙桐选5号	浙江林学院	用44个优良单株子代，通过两个世代和1次无性系选择评选	5年生亩产桐油21.2 kg	浙江省临安县等
21	南百1号	广西壮族自治区河池地区林科所	从4个优树的无性系测定结果中选出	8年生亩产桐油36.4 kg，6年平均亩产桐油19.6 kg，比参试无性系平均值高73.3%	广西壮族自治区河池地区
22	黔桐1号	贵州省林科所、黔巩县林业局	对8个优树子代，进行两个世代的系统选择评选	7年生亩产桐油43.20 kg，比对照产量高1.19倍	贵州省黔巩县
23	黔桐2号	贵州省林科所、黔巩县林业局	对8个优树子代，进行两个世代的系统选择评选	7年生亩产桐油31.0 kg，比参试家系产量的平均值高74%	贵州省黔巩县
24	闽皱1号	中国林科院亚热带林业研究所、福建林科所等	从16个垂枝型千年桐优树无性系测定及中试结果中选育	7年生亩产桐油52.56 kg。在大面积中试中，比对照增产5倍以上	福建省漳浦县
25	皇甫79017	安徽省林科所等	在优树实生系代测定中选出并经区域试验决选	4~5年生产对比29个参试家系均值提高72.2%	安徽省滁县等
26	郎溪79001	安徽省林科所等	在优树实生系代测定中选出并经区域试验决选	4~5年生产对比29个参试家系均值提高42.2%	安徽省郎溪县等
27	青选30号	湖南省湘西自治州林业局、保靖县林科所、桑植县林科所、吉首市林科所	用29个家系，经两个世代选择，从3个测定点试验结果	3~6年生平均亩产桐油11.13 kg，比参试家系平均值53.52%，比对照增产35.81%	湖南省保靖县等

（续表）

编号	品种名称	研制单位	选育方法	丰产水平	试验地点
28	青选 12 号	湖南省湘西自治州林业局、保靖县林科所、桑植县林科所、吉首市林科所	用 29 个家系，经两个世代选择，从 3 个测定点试验结果	3~6 年生平均亩产桐油 10.69 kg，比参试家系平均值高 47.45%，比对照增产 78.46%	湖南省保靖县等
29	慈选 2 号	湖南省湘西自治州林业局、保靖县林科所、桑植县林科所、吉首市林科所	用 29 个家系，经两个世代选择，从 3 个测定点试验结果	3~6 年生平均亩产桐油 10.30 kg，比参试家系平均值高 42.07%，比对照增产 71.95%	湖南省保靖县等
30	青选 46 号	湖南省湘西自治州林业局、保靖县林科所、桑植县林科所、吉首市林科所	用 29 个家系，经两个世代选择，从 3 个测定点试验结果	3~6 年生平均亩产桐油 10.15 kg，比参试家系平均值高 40.00%，比对照增产 69.44%	湖南省保靖县等
31	青选 29 号	湖南省湘西自治州林业局、保靖县林科所、桑植县林科所、吉首亩林科所	用 29 个家系，经两个世代选择，从 3 个测定点试验结果	3~6 年生平均亩产桐油 9.30 kg，比参试家系平均值高 28.28%，比对照增产 50.25%	湖南省保靖县等
32	青选 159 号	湖南省湘西自治州林业局、保靖县林科所、桑植县林科所、吉首市林科所	用 29 个家系，经两个世代选择，从 3 个测定点试验结果	3~6 年生平均亩产桐油 8.50 kg，比参试家系平均值高 18.48%，比对照增产 43.41%	湖南省保靖县等
33	泸上 3 号	湖南省湘西自治州林业局、保靖县林科所、桑植县林科所、吉首市林科所	用 29 个家系，经两个世代选择，从 3 个测定点试验结果	3~6 年生平均亩产桐油 5.43 kg，比参试家系平均值高 33.74%，比对照增产 41.04%	湖南省桑植县等

（续表）

编号	品种名称	研制单位	选育方法	丰产水平	试验地点
34	青选22号	湖南省湘西自治州林业局、保靖县林科所、桑植县林科所、吉首市林科所	用29个家系，经两个世代选择，从3个测定点试验结果	3~6年生平均亩产桐油5.22 kg，比参试家系平均值高28.57%，比对照增产35.58%	湖南省桑植县等
35	青选15号	湖南省湘西自治州林业局、保靖县林科所、桑植县林科所、吉首市林科所	用29个家系，经两个世代选择，从3个测定点试验结果	3~6年生平均亩产桐油4.66 kg，比参试家系平均值高52.28%，比对照增产62.94%	湖南省吉首市等
36	中南林19号	中南林学院经济林研究所	从50个无性系中评选出	3~6年生平均亩产桐油6.23 kg，比参试无性系平均值高47.1%，比对照增产3.4%	湖南省衡阳县
37	中南林23号	中南林学院经济林研究所	从50个无性系中评选出	3~6年生平均亩产桐油10.84 kg，比参试无性系平均值高53%，比对照增产82.7%	湖南省衡阳县
38	中南林37号	中南林学院经济林研究所	从50个无性系中评选出	3~6年生平均亩产桐油10.84 kg，比参试无性系平均值高59.8%，比对照增产83.4%	湖南省衡阳县
39	中南林37号	中南林学院经济林研究所	从50个无性系中评选出	3~6年生平均亩产桐油6.414 kg，比参试无性系平均值高47.1%，比对照增产64.1%	
40	杂种1号	中国林业科学研究院亚热带林业研究所	用自交系作亲本，经组合测定，以比光桐6号、光桐7号增产30%以上为指标选出	5~7年生平均产油量535.8 kg/hm²	浙江富阳
41	杂种2号	中国林业科学研究院亚热带林业研究所	用自交系作亲本，经组合测定，以比光桐6号、光桐7号增产30%以上为指标选出	5~7年生平均产油量535.8 kg/hm²	浙江富阳
42	杂种3号	中国林业科学研究院亚热带林业研究所	用自交系作亲本，经组合测定，以比光桐6号、光桐7号增产30%以上为指标选出	5~7年生平均产油量482.9 kg/hm²	浙江富阳

（续表）

编号	品种名称	研制单位	选育方法	丰产水平	试验地点
43	杂种4号	中国林业科学研究院亚热带林业研究所	用自交系作亲本，经组合测定，以比光桐6号、光桐7号增产30%以上为指标选出	5～7年生平均产油量475.4 kg/hm²	浙江富阳
44	67号无性系	浙江省金华县林业局、浙江林学院	从80个优树无性系测定中选出	7年生理论鲜果产量可达12.75 t/hm²	浙江金华县林场
45	73号无性系	浙江省金华县林业局、浙江林学院	从80个优树无性系测定中选出	7年生理论鲜果产量可达12.85 t/hm²	浙江金华县林场
46	77号无性系	浙江省金华县林业局、浙江林学院	从80个优树无性系测定中选出	7年生理论鲜果产量可达11.58 t/hm²	浙江金华县林场
47	74号无性系	浙江省金华县林业局、浙江林学院	从80个优树无性系测定中选出	7年生理论鲜果产量可达13.42 t/hm²	浙江金华县林场
48	豫桐1号	河南省林业科学研究所、南阳地区林业科学研究所、许昌地区林业科学研究所、鲁山县林业局	从13个优树子代2轮中选出	6～9年生平均产油量350.7～404.1 kg/hm²	湖南内乡及叶县
49	豫桐2号	河南省林业科学研究所、南阳地区林业科学研究所、许昌地区林业科学研究所、鲁山县林业局	从13个优树子代2轮中选出	6～9年生平均产油量334.6～334.8 kg/hm²	湖南内乡及叶县
50	豫桐3号	河南省林业科学研究所、南阳地区林业科学研究所、许昌地区林业科学研究所、鲁山县林业局	从13个优树子代2轮中选出	6～9年生平均产油量312.2～328.4 kg/hm²	湖南内乡及叶县

编号	品种名称	研制单位	选育方法	丰产水平	试验地点
51	肖皇周1号	安徽省林业科学研究所、安徽省林木种苗站	从29个优树子代测定中选出，并经扩大试验确定为优良杉桐混交良种	6年生的产油322.6 kg/hm²	
52	万米7号	重庆市万县地区油桐科研协作组	从14个优树子代测定中选出	6年生的产油量290.25 kg/hm²	重庆、万县、开县、云阳
53	万米11号	重庆市万县地区油桐科研协作组	从14个优树子代测定中选出	6年生的产油量399.53 kg/hm²	重庆、万县、开县、云阳

表3－8所列48个油桐优良家系、无性系及杂交种，是采用正规选育程序育成的良种，是在当地主栽品种经优良单株选择的基础上，通过半同胞子代测定、无性系测定或配合力测定结果评选出来的。因此，这批良种的品质比相应的地方主栽品种更好，增益更高。

应该说明，表3－8个油桐良种的产量指标，是在不相同条件下试验的结果，故不能作为互相之间优良比较的依据。因为各省、自治区在选育过程中，所取代试材料、试验方法、评选标准、立地条件、管理水平、种植密度以地理位置等均各不相同，所以在未实施统一的良种区域化试验之前，从不同产区以不同目标及评判标准选出的良种，尚缺乏相互之间的可比性。但尽管如此，这批良种毕竟是在各产区地方主栽品种的基础上，经过不同程度遗传改良后的产物，在应用中也表现出比当地主栽品种有显著的增益，所以是能够代表相应地区的新一代良种。

第四节　良种繁育

一、概　述

选育出来的优良无性系数量很少，要形成生产力，为建采穗圃（园）和油桐大面积生产栽培，提供大量优良无性系嫁接苗，就需要建立良种繁育基地，因此，良种繁育是优良无性系形成生产力必由之中间环节。

良种繁育基地包含2项内容，一是优良无性系嫁接苗的培育，建立苗圃，第一年是培育砧木（本砧），建圃地，第二年培育嫁接苗。另一是建立采穗圃（园），提供优良无性系接穗（芽片）。

二、苗圃建立

（一）圃地选择

选择交通方便，远离污染，环境洁净，地形平坦，光照充足，易于排灌的水田为圃地。如果有县苗圃可在那里育苗，不必另建苗圃。

（二）圃地耕作

圃地选好后将其植被清除干净，头年必须深翻，经过冬天的风化，灭虫灭草。

土壤耕作是通过机械力翻动土壤，调节土壤肥力条件，为苗木培育创造一个良好的土壤环境条件，再次系统消灭杂草，防病灭虫。

1. 土壤耕作技术原理

通过机械作用翻动耕作层，使土壤疏松，增加孔隙，从而调节土壤肥力因素之间相互关系协调，创建良好的肥力条件。水和空气各自均需占据一定的土壤总空隙，水多气少、气多水少。水过多缺气缺氧，气过多缺水，均对苗木生长不利。如短暂水少，有利土壤中的气体交换。水多土壤热容量大，土壤升温慢；气多土壤热容量小，土壤升温快。土壤温度的高低影响种子发芽。

2. 土壤耕作技术要求

（1）宜耕期

不是指耕地的季节，而是指圃地土壤宜耕性最好的具体时间。宜耕期是根据土壤含水量最适宜耕作的时间，直接关系着耕作的难易和质量。具体时间要根据土壤湿度而定。既不要干耕，也不要水湿耕，当土壤含水量为饱和含水量的 50%～60% 时，土壤的凝聚性和黏着性最小，这时耕地的质量最好，阻力较小，效率高。在实际观测时，用手抓一把土捏成团，距地面 1 m 高处自然落地而土团摔碎时即适于耕地，或者新耕地没有大的土块，土块一踢就碎，即为耕地最好时机。《齐民要术》一书中说：凡耕高下田，不问春秋，必须燥湿得所为佳。

（2）犁 耕

使用机械或畜力犁耕，将耕作层（圃地能犁耕到的疏松表层，一般 25～40 cm 深）上、下翻转，调整耕作层养分的垂直分布，加深耕作层。如果耕作层深度只有 20 cm，不宜做苗圃。

犁耕在南以冬季最佳。犁地后让其保持大块土壤，然后灌水，能加速土壤风化，消灭杂草种子和虫卵、蛹及病菌。

（3）耙　地

圃地犁耕后经过一个冬季的风化，在春播前，将水放干，待土壤达到宜耕期时，进行耙地。耙地的目的是将土块耙碎（土块不能大于 5 cm）耙平，清除残茬、草根、石块。耙土要进行多次，直至土碎。

耙地是在播种前疏松土壤，增加土壤空隙度的重要技术措施。土壤空隙度是用土壤容重来表示的。一般土壤容重的临界值是 $1.7 \sim 1.8$ g/cm^3，黏土是 $1.6 \sim 1.7$ g/cm^3。当土壤容重达 1.9 g/cm^3 时，表示土壤板结坚硬，苗木根系已经无法穿透。最适土壤容重是 $1.0 \sim 1.2$ g/cm^3。

第 1 次或第 2 次耙土后，每亩施生石灰 50 kg、甲胺磷 0.5 kg、有机肥 50 kg，均匀撒于土表，再耙一次，使有机肥均匀拌于土壤中。

平整土地是用机械或畜力，将高低不平的圃地表面拖平整，并压实。犁耕、耙地和平整土地是土地耕作的基本技术措施。

作床。苗床育苗应用最广，苗床一般分为高床和低床。油桐苗一律用高床。床面高出步道 $20 \sim 40$ cm，床面宽 $80 \sim 100$ cm，床边保持斜坡（图 3 - 11）。可用机具开沟做床，再用人工修饰，使床面平整。苗床长度根据地形而定，一般最好不要超过 10 cm。高床的优点是排水良好；增加土层厚度，土温较高；步道既能用于浇灌又可排水。培育嫁接苗地，不能连年使用，要使用新圃地轮作，据有关试验重茬不利苗木生产。

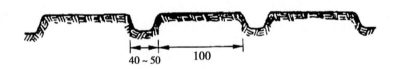

图 3 - 11　高床示意（单位：cm）

（三）播　种

为使出苗整齐，播种油桐种子要用清水浸种 48 小时然后播种。油桐不用容器，直接播在苗床上。油桐为大粒种子，采用点播 20 cm × 20 cm。播种后，床面需盖一层薄薄的干草。播种季节，一般在 2 月上旬。

（四）管　理

出苗后，揭草，将草铺放在苗木行间。不用搭阴棚。不要再施肥，松土 $2 \sim 3$ 次，8 月分灌一次水。苗木可以长至 1 m 左右。这是培育的砧木，供第二年春嫁接。

三、嫁 接

1. 嫁接季节

第二年春天，3 月中旬，树液开始流动，即可进行嫁接。在野外圃地嫁接，将砧木离床面 30 cm 高处，将上部砧苗剪除。

2. 管 理

嫁接后要保温，防止阳光直射，每一个苗床要搭简易遮阳篷（图 3 – 12）。

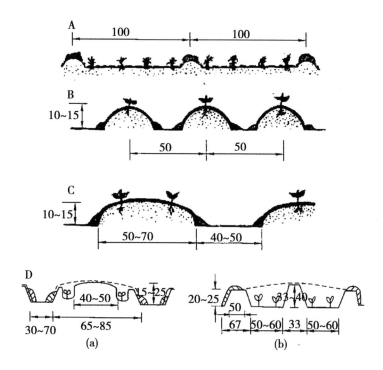

A. 平畦覆盖 B. 高垄覆盖 C. 高畦覆盖 D. 沟畦覆盖

（a）宽沟畦　　　　（b）窄沟畦

图 3 – 12　地膜覆盖示意（单位：cm）

嫁接苗移植圃地后，转入正常苗圃大田管理。

（1）拆除薄膜

嫁接 1 个月后，就要注意观察苗木的成活状况。当嫁接苗普遍萌芽，少数苗木已经抽出完整的新梢并停止生长时，已经到了可以揭除苗床薄膜的时候。这时，最好选择阴雨天气揭膜。如果该揭膜时正值晴天，就要坚持在傍晚揭膜。揭膜次日清晨和傍晚，一定要全面喷水一次，之后让其自然生长 2 ~ 3 d，再动手剪除萌蘖。争取在揭膜后的 7 d 内完成第 1 次除萌。

（2）除草除萌

在嫁接苗生长过程中，会不断产生萌蘖。在第 1 次全面除萌之后，一般每个月都要注意普遍除萌 1 次。

（3）适时追肥

接穗抽生至 5 cm 左右，要少量追施 1 次化肥，每亩用尿素 5 kg，5 月追施 1 次有机肥。

（4）松土除草

要随时注意除虫防病。

（5）苗木出圃

嫁接当年可以长至 1 m 左右，第二年春可以出圃。苗木如果是用来建采穗园，要按原来优良无性系号，分别包括并挂标签。

第五节 油桐优良无性系繁殖自然退化

一、退化的原因

油桐经长期多世代采用无性繁殖会产生自然退化，这是普遍规律。所谓自然退化，是指油桐在优良无性系采穗园中采集某个世代的接穗嫁接繁殖的苗木，栽植培育的林分虽正处于壮龄期，但林木个体生长发育普遍地表现出自然衰退。

自然衰退是指由嫁接栽培的油桐，营养生长和生殖发育衰退。营养生长衰退表现为发枝力衰退，发枝少，枝条变短，树形结构散乱，冠形不整。生殖发育衰退表现为花芽少，花少，影响结果数量少，落果多。林木自然衰退一般不涉及基因混杂和基因遗传因素，衰退仅是表现为直观表形。一般认为长期无性繁殖多世代后，随着采穗母树年龄的增长、衰老，也会影响穗条的生长下降，树体提前衰老，这种现象称之为成熟效应。由于采穗条部位的不同，也会影响穗条的生长，称为位置效应。实际上在生产实践中成熟效应和位置效应总是相伴发生的，表现为综合效应。

我们认为无性系退化主要是细胞学原因。无性繁殖是全同胞的，其生长是依靠细胞自身分裂，是细胞有丝分裂。细胞有丝分裂如何进行，让我们复习下植物学，看它是如何告诉我们的。

有丝分裂是一种最普通的分裂方式。植物器官的生长一般都是以有丝分裂方式进行的，主要发生在植物根尖、茎尖及生长的幼嫩部位的细胞中。植物生长主要靠有丝分裂增加细胞的数量。有丝分裂包括两个过程：第1个过程是核分裂，第2个过程是胞质分裂。分裂结果形成2个新的子细胞。在分裂间期，细胞核的结构具有明显的核膜、核仁及染色质粒或染色质丝。

有丝分裂是一个连续过程，为了研究和描述方便，一般把它分为前期、中期、后期和末期共4个时期（图3-13）。

（1）前 期

当细胞进入有丝分裂前期，细胞核内染色质丝由于螺旋化而逐渐缩短变粗，形成染色体。每一染色体含有早在S期即已复制的完全相同的2条染色单体，但不分开。接着核膜、核仁消失，开始从两极出现纺锤丝，标志着前期结束（图3-13B、C、D）。

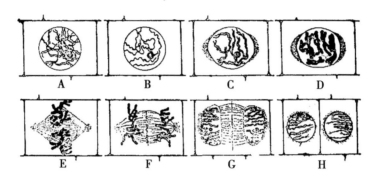

A. 间期的细胞 B、C、D. 前期 E. 中期 F. 后期 G、H. 末期

图3-13 植物细胞的有丝分裂

（2）中 期

染色体有规律地排到细胞中部的赤道板，同时由两极伸出的纺锤丝与染色体上的着丝点相连，形成纺锤体（图3-13E）。在电子显微镜下可观察到纺锤丝是由微管所组成的。中期染色体的形状缩短到比较固定的状态，排列也比较规律，因此在中期计算染色体的数目比较容易。

（3）后 期

每个染色体的着丝点分裂为二，使每条染色单体都具有自己的着丝点，每个染色单体已不再是染色体的一半而是一个完整的染色体。新的染色体随着纺锤丝的收缩向两极移动。此时两极就各有一套数目与母细胞完全相同的子染色体组。

末期到达两极后的子染色体随之又开始恢复成丝状、颗粒状，并且越变越细，越变越扩散，这时新的核膜、核仁重新出现，形成完整的子细胞核。与上述核变化的同时，进行了胞质分裂。位于赤道板的纺锤丝逐渐收缩增粗，形成成膜体。最后成膜体在赤道面上融合成一薄层称为细胞板。细胞板分开细胞质形成2个子细胞之间的胞间层和初生壁，最后形成2个新的子细胞（图3-13G、H）。

细胞有丝分裂结果，由一个母细胞产生 2 个与母细胞在遗传性上完全相同的子细胞。子细胞的染色体数仍保持母细胞的染色体数，有丝分裂各时期持续的时间是不同的，它们随植物种不同和所处环境条件不同而变化。前期通常时间最长，可持续 1～2 h，甚至更长，中期较短，一般在 5～15 min，后期最短，仅 2～10 min，末期则可在 10～30 min 内完成。以上数字仅是各时期的相对时间长度而不是绝对的。

二、防止退化和复壮

油桐优良无性系的繁殖是用芽嫁接，正好利用了砧木幼年性的生理状态，促进接穗幼化，防止了成熟效应，防止了退化。

采穗园是利用油桐中幼年，强剪做砧木，砧木树有完整的树体结构，又处于生长旺盛阶段，采剪的穗条是来自原接穗萌生的幼嫩部分，防止了位置效应，有利防止退化。

芽砧是用种子有性繁殖，在细胞学上是细胞减数分裂，具有强大的生命力。嫁接部位很短的主干和根系生长是由细胞减数分裂来完成的。嫁接苗的基础很好，强壮的砧木可以促其幼树生长。

在采穗园的管理上采用强修剪，反复修剪，剪去老穗条，促使当年新穗萌生，使穗条总是处于生长旺盛的幼年阶段。对采穗园加强水肥管理，使穗条生长健壮，无病虫害。

采穗园采穗 10 年以内的幼林在砧木上，采用重剪回缩，重新嫁接幼嫩穗条，或重建采穗园复壮。

第四章　油桐生物学特性[①]

第一节　植物生长发育

一、植物两大特性

一是生物学特性，是自身特有的遗传性，俗话说，种豆得豆，种瓜得瓜。遗传性是可以代代繁殖重演的，外表可见的是个体年周期变化，物候与生理生化变化，以及生命周期变化，从生到死。

另一是生态特性，植物有规律按循序完成个体年周期和生命周期的变化，是在特定的自然生态环境条件下完成的。

二、植物生长发育

（一）概　念

油桐和其他种子植物一样，生长与发育是两个既相关联又不同的概念。植物的生长是体积的增长，是量的变化，主要是由植物细胞繁殖、增大来完成的。细胞繁殖是以分裂方式进行的，细胞增大使个体增长和增粗。植物生长仅限指根、茎、枝、叶等，营养器官的生长，属营养生长，主要任务是增长体积，构建树体。植物营养生长有 2 个特点：一是植物生长在该个体整个生命活动过程中是不停顿的；二是植物生长仅限于根、茎、枝顶端分生组织，使纵向生长，长高表现出顶端优势。茎、枝周边的形成层，横向生长增粗。

---

① 第四章由何方编写。

发育是指经过一定时期营养生长的积累，细胞组织开始分化、专门化，完成生殖生长的准备后，进入性成熟，出现繁殖器官，开始开花、结果。植物进入生殖生长，营养生长也同时进行，不断地构建树体，使树形更加丰满，提供更多的开花、结果位置，并保证结果所需的养分。在正常状况下生长和发育，或说营养生长和生殖生长是均衡一致的，表现在营养枝和结果枝之间的位置和数量关系，结果数量与叶面积之间的比例关系是正态的。但当栽培环境中某个因素或几个因素之间表现出失衡、不协调，或者树体遭受病虫危害，则出现生长发育的不协调，如营养生长过旺，形成徒长，或为了种的延续只顾生殖生长，形成结实量少的小老树。在经济林栽培中，就是要调节好生长与发育，或说两种生长间的关系。在栽培经营管理措施上，是加强管理，增加养分，并同时采用修剪技术和方法，调节结果枝与营养枝的比例关系，适时适量地疏除多余的花、果，调节果实数量，保证每一果实应有的叶面积。

（二）规　律

植物的生长与发育表现在树体的器官水平上是有规律的，生长至一定阶段后，才能进入发育阶段，这一循序是不可超越的，也是不可逆的。中国在古代已知植物生长发育的阶段性和循序性。《论语》中说："苗而不秀者有矣夫，秀而不实者有矣夫。"将植物生长发育的循序划分为苗—秀—实。苗是指结实前，秀是指进入生殖生长，实指结实。营养生长阶段的时间长短，不同的树种是不一样的，如实生繁殖油桐3~4年，对年桐则1~2年。树种营养生长期时间的长短，因树种而异，是其固有的生物学特性。植物生长期中营养物质供应数量会影响植物的生长速度，但对植物发育影响较小。

在经济林栽培中，为缩短营养生长期，提早结实，常用的技术是使用无性繁殖的方法，如嫁接、扦插和组织培养。在生产实践中使用的接穗、扦枝及组织培养所用的器官，采自优良品种中丰产结果母树，利用了生长发育阶段的不可逆性的特性。

三、油桐年周期

油桐在一年中随着季节的更替，表现出生长发育的规律变化，称为经济树木的年周期。

（一）物　候

油桐在一年中，随着季节的变化，发生有规律的变化，如萌芽、展叶、抽枝、开花、结实、落叶休眠等现象统称为物候。物候出现的时期称为物候期。表现出来的外貌，称为物候相。我国物候观测已有 3 000多年的历史。后魏贾思勰的《齐民要术》一书中记述了通过物候观察去了解树木生物学和生态学特性，直接用于农林业生产。该书在"种谷"的适宜季节中写道："二月上旬及麻菩杨生，种者为上时，三月上旬及清明节桃始花为中时，四月中旬乃枣叶生、桑花落为下时。"林奈于 1750—1752 年在瑞典第一次组织全国 18 个物候观察网，历时 3 年。1780 年第一次组织了国际物候观测网，1860 年在伦敦第一次通过物候观察规程。我国从 1962 年起，由中国科学院组织全国物候观察网，统一全国物候观测记录表（表 4 - 1），并连续出版年报，后中断。

表 4 - 1　木本植物物候观测记录表

发育期 出现日期 （日/月） 树木名称	萌动期		展叶期		开花期				果熟期		叶秋季 变色期		落叶期	
	芽开始膨大期	芽开放期	开始展叶期	展叶盛期	花片或花蕾出现期	开花始期	开花盛期	开花末期	第二次开花期	果实成熟期	果实脱落开始期	果实脱落末期	叶开始变色期	叶全部变色期	开始落叶期	落叶末期

树木物候特性的形成，是长期适应环境的结果。不同树种，甚至不同品种都有自己的物候特性。同一树种在不同地点或同一地点不同年代它们的物候也不同。白居易诗句："人间四月芳菲尽，山寺桃花始盛开。"说明不同高度物候期的差异。

在我国亚热带和温带地区的落叶经济树木，在一年的生命活动中，明显地表现出生长期和落叶休眠两个阶段。在热带地区以及常绿经济树木，虽然看来终年生长和不落叶，但随着水分条件的变化，同一株树木仍然交替出现生长和休眠。

经济树木还有昼夜周期。白昼、黑夜的交替，树木有规律地呈现出光反应和暗反应。

（二）根系生长期

根是植物进化过程中适应陆地生活发展起来的器官，它的功能是支持和固定树体，以及吸收、合成和贮藏养分。根系是吸收器官又是代谢器官，还能分泌有机物和无机物，它对植物的生长发育起着重要的作用。全部根系占植株总质量的 25% ~ 30%。

根系生长活动的时间早于地上部分，一般根是终年生长而无休眠期，但不同的时期有生长强弱和生长量大小之分。只有当土壤水分不足，根系被迫停止生长。

根系生长除与树种、品种、年龄和栽培管理措施有关外，与土壤条件有密切关系。土壤水分在田间最大持水量的 60% ~ 80% 时，最适根的生长。土壤水分不足影响根的生长；水分过多，空气不足，若时间过长，会导致根系腐烂而死亡。土壤质地疏松深厚，有利根系生长、吸收。若土壤板结则影响根系的生长，不利吸收。据研究资料，经济树木的根系扩大延伸范围，在土壤中是树冠的 2 倍；在砂土中是 3 倍；在黏土中是 1 ~ 1.5 倍。据何方 1964 年在湖南永顺对 5 年生油桐林地的调查，在全面整地间种的油桐林地，0.1 cm 以下的细根有 410 ~ 510 条；全面整地停止间作的有 390 ~ 410 条；块状整地进行抚育的有 190 ~ 250 条；块状整地未抚育的有 60 ~ 80 条。而荒芜 20 年的油桐林地，除在根的先端有少数细根外，在树干附近的侧根上几乎没有什么细根。因此，在栽培上创造良好的土壤环境，促进根系的生长有利地上部分生长发育，增强光合性能，乃是重要的丰产措施之一。

（三）萌芽期

油桐是在先年枝顶部着生混合芽，其中包含叶芽、花芽及原枝混生在一起。先年枝及三年以上分枝、主枝、主干上均无芽生，只有潜伏芽。因而从先年生枝条开始至主枝主干均无叶，是光杆。这是油桐树形结构特点。只有当顶芽遭受破坏，分枝、主树、甚至主干潜伏才会萌生。据此特点，油桐不宜修剪造型，主要依靠在苗期，幼年期（上山栽培后 1 ~ 2 年）控制营养，形成自然树形。

3 月初树液流动，标志着油桐年生长发育的开始。随着树液流动，枝条顶端的混合芽逐渐膨大，紧覆的芽鳞慢慢张开至向外卷曲，呈现嫩绿。油桐树液流动的温度条件是旬平均气温 -16 ~ 18℃。

我国油桐全分布区内的生态气候条件差异极大，各产区之间油桐的年生长期长短亦有较的差别。据各地观察，油桐年生长期大体上表现为：中心产区 240 ~ 250 d；北缘产区 220 ~ 230 d；南缘产区 260 ~ 270 d。皱桐千年桐在福建及广西南部 280 ~ 300 d；浙江南部及福建东部 280 ~ 290 d；北缘分布区 240 ~ 250 d。据不同产区的各自观察，部分油桐主栽品种的物候期见表 4 - 2。

表 4 - 2　部分油桐主栽品种的物候期　　　　　　（单位：月—日）

品种	地区	萌动期	始花期	盛花期	落果期	落叶期
四川大米桐	四川万县	3.5—3.10	4.5—4.10	4.10—4.20	10.15—10.30	11.15—11.25
四川小米桐	四川万县	3.5—3.10	4.1—4.5	4.5—4.15	10.15—10.30	11.10—11.20
黔桐 1 号	贵州铜仁	3.5—3.10	4.10—415	4.10—4.25	10.20—10.30	11.5—11.10

（续表）

品种	地区	萌动期	始花期	盛花期	落果期	落叶期
贵州米桐	贵州铜仁	3.5—3.10	4.10—4.15	4.15—4.25	10.20—10.25	11.5—11.10
湖北景阳桐	湖北郧西	3.28—4.10	4.15—4.20	4.22—4.28	10.15—10.25	10.30—11.15
湖南葡萄桐	湖南石门	3.15—3.30	4.10—4.15	4.15—4.25	10.15—10.20	11.10—11.20
湖南五爪桐	湖南石门	3.15—3.30	4.12—4.17	4.20—4.25	10.15—10.25	11.10—11.20
广西对年桐	广西恭城	3.5—3.10	3.20—3.25	3.25—4.7	10.5—10.20	11.15—11.25
桂皱 27 号	广西南宁	3.1—3.10	4.20	4.25—4.30	10.20—11.05	11.20—12.5
南百 1 号	广西南丹	3.5—3.10	3.30—4.5	4.5—4.10	10.15—10.30	11.15—11.25
陕西米桐	陕西安康	3.30—4.10	4.20	4.25—4.30	10.15—10.25	10.20—11.5
豫桐 1 号	河南内乡	3.18—4.6	4.18—4.20	4.22—4.30	10.15—10.30	11.10—11.20
河南叶里藏	河南内乡	3.20—3.7	4.15—4.25	4.25—5.5	10.15—10.25	11.15—11.25
浙江光桐 3 号	浙江富阳	3.15—3.25	4.10—4.15	4.18—4.28	10.15—10.25	11.15—11.25
浙江五爪桐 2 号	浙江富阳	3.15—3.25	4.10—4.15	4.20—4.30	10.15—10.25	11.15—11.25
浙皱 7 号	浙江永嘉	3.10—3.20	5.5—5.10	5.10—5.20	10.25—11.5	11.25-11.30
云南高脚桐	云南奕良	3.1—5.5	3.25—3.30	3.30—4.10	10.15—10.30	11.25—11.30
福建一盏灯	福建浦城	3.10—3.20	4.5—4.10	4.15—4.25	10.15—10.25	11.15—11.25
闽皱 1 号	福建漳浦	3.1—3.10	4.25—4.30	5.1—5.10	10.30—11.10	12.1-12.15
江西百岁桐	江西玉山	3.10—3.20	4.10—4.15	4.15—4.25	10.15—10.25	11.20—11.25
广东米桐	广东韶关	3.1—3.5	3.20—3.25	3.25—3.30	10.15—10.30	12.15—12.25
安徽五大吊	安徽肥西	3.28	4.18—4.20	4.23	10.11—10.20	10.21—11.15
安徽独果桐	安徽肥西	3.28	4.20—4.25	4.28	10.1—10.10	10.25—11.15
江苏米桐	江苏高淳	3.20—3.30	4.20—4.25	4.25—5.5	10.15—10.20	11.5—11.20

注：表中所列咨料为不同年份观察的数值。

　　油桐物候期有其一定的顺序。从年生长发育进程看，任一物候期都是在前期特定的基础上发生，并为过渡到下一时期创造条件。如开花期，它既是花芽分化的继承，又是果实生长发育的前提条件，以此类推，形成一个关系极其密切的生物学过程。但是，不同物种及其生态型，也存在一定程度上的程序差异。如油桐花叶顺序，多数植株表现为先花后叶或花叶同步，但浙江座桐、安徽独果桐、河南叶里藏等单生果类品种及皱桐，则需待枝叶抽生到一定程度之后才开始开花结果，使前后次序出现错位或重叠。江西及福建有些皱桐类型，一年中除春季开花结果之外，夏秋季又能再度出现1~2次开花结果。说明这些皱桐类型在开花结果这一器官物候表现上，具有重复的特性，即同一株树上既可以有春果的发育成熟，又可以有夏秋花及其幼果的生长。光桐中的广西四季桐，亦有二次开花结果的特性。

　　油桐的年生长发育周期，明显地存在着生长期和休眠期 2 个阶段。生长期的时间长，既有营养生长又有生殖生长；其物候表现不仅反映量的增长，而且产生质的转变，由一个质态转变到另一个质态，构成年生长发育的周期性物候规律。休眠期是相对于生长期的一个概念。油桐进入休眠状态时，地上部已落叶，枝条及冬芽充分成熟，地下部不再发生新根；生命活动中的呼吸作用、蒸腾作用、吸收与合成、转化等生理活动，仅维护微弱进行的程度。促成桐树冬季休眠的主要生态因子是低温。栽培学习惯上以落叶作为向休眠过渡的标志，而确切的落叶日期，是早霜期出现之后的 3～5 d 内，桐叶完全脱落。油桐通过休眠期所需日数，在北缘分布区较在南缘分布区增加 30～40 d。如将南北两地的品种共同引种于浙江富阳，北缘品种则较南缘品种提前 3～5 d。处于幼年阶段的油桐，生活力强，营养生长旺盛。

何方研究了多个经济林树种萌发期与其所处纬度的关系。

普遍认为日平均气温 ≥5℃，植物开始生长。植物开始生长在形态上的标志是芽开始萌动膨大。黑龙江伊春市（北纬 48°17′）日平均气温 ≥5℃ 始于 4 月 20 日，所以大多数植物的萌动期在此之后，其中萌动较早是红松（4 月 29 日）。北京（北纬 39°48′）日平均气温 ≥5℃ 多始于 3 月 19 日，比伊春提早 36 d，纬度减少 8°15′，平均每减少纬度 1° 提早 4 d。北京的植物开始生长期普遍在 3 月 14 日之后，其中较耐寒树种也有例外，如山桃芽萌动期在 3 月 8 日，提早 6 d。长沙（北纬 28°12′）日平均气温 ≥5℃ 始于 2 月 11 日，比北京提早 33 d，纬度减少 10°36″，平均每减少纬度 1° 约提早 3 d。长沙植物萌动期在此之后，多在 2 月下旬至 3 月上旬。广州（北纬 23°08′）地处南亚热带，1 月平均气温 >13℃，植物全年可以生长。由于 1 月雨量稀少，仅 7～8 mm，因而植物仍有暂短的旱季休眠，所以大多数植物仍在 2 月初开始萌动生长。杭州（30°38′）日平均气温 ≥5℃ 始于 2 月 12 日，虽比长沙偏北，纬度增加 2°07′，但仅晚 1 d，原因是杭州、长沙均处于中亚热东部，雨量充沛，其他综合条件大体相似，纬度虽有小的变化，但不那么凸显。汉口（北纬 30°38′）日平均气温 ≥5℃ 始于 2 月 20 日。汉口与杭州虽基本处于同纬度，汉口位于长江北岸地处北亚热带，因而日平均气温多 ≥5℃ 迟 8 d 来临。汉口植物的萌动期多在 2 月下旬至 3 月上旬。

研究树种萌芽、展叶期在实践上有很大意义。引种时应根据当地气候条件和树种物候期采取措施，避免盲目性。对于耐寒树种如能适当提早萌芽时间，可以延长年生长期。对于不耐寒树种，设法推迟萌芽和提早休眠或采取防寒措施以免遭受早春、冬冻害。对于树木移栽也应参考展叶物候特征，在这方面我国劳动人民早有宝贵经验。《齐民要术》中就有根据树木展叶物候期决定栽树时间的记载。"凡正月（指农历）为上时，二月为中时，三月为下时。"此外，研究萌芽和展叶的物候期对于采集接穗、确定嫁接时间都有密切关系。

（四）展叶和抽枝

油桐是混合芽包含叶芽，由叶芽萌发幼叶展出，称为原叶，大体时间是 3 月上旬，展叶。同时开始抽枝，枝叶同时。

油桐一年只抽生一次春枝，在当年生春枝发叶，称新叶、开花。在枝梢生长过程中，除加长生长外，还有加粗生长。随着新梢的生长，逐步扩大树冠，增加叶面积，加强有机养分的制造，增大结果面积，对于树势和产量具有重要意义。

（五）花　期

油桐的开花，是由营养生长过渡至生殖生长的标志。当年结实量的多少，首先决定开花这一物候期是否能正常顺利通过。油桐的开花期，在栽培上具有重要意义。另外，在杂交育种工作上也非常重要。

开花是一个重要的物候期。油桐花期通常分为如下时期。

（1）始花期

4 月初在难测株中有 10% ~ 20% 花序已开放始现桐花。

（2）盛花期

4 月中下旬在观测株中的最后 20% 花朵开放期。

油桐是先叶后花，只有极少纯雄花株是先花后叶。

油桐异花同株，在同一花序，雌雄基本是同时开花。雌花在花序顶部，这是自然选择的结果，为了避免自花同序授粉。

（六）果　期

经过传粉、受精，精细胞和卵细胞相互融形成合子，是下一代新生命开始。油桐种子是胚珠发育形成。果实是由子房发育而成，是真果。5 月上旬花的子房膨大出现幼果，至而发育成果实，在生产上称为"坐果"。开花数并不等于坐果数，坐果数也不等于成熟的果实数，因为中间还有一部分花、幼果要脱落，这种现象叫做"落花落果"。引起落花的原因是多方面的，如花器官在构造上有缺陷，雌蕊发育不健全，胚珠的退化等；土壤水分的缺乏，容易引起离层的形成，因而大量落花；温度过高过低，光照不足等都易引起落花；没有传粉或受精，或不能正常进行，也会引起落花。任何经济林木所开的花全部坐果是不可能的，坐果率的高低除外界条件与经济树木本身的性状也都有关。油桐大花多花类型的坐果率较高约 50% ~ 60%，而单花类型的坐果率达90% ~ 95%。

油桐坐果以后，在生长发育过程中，油桐基本不落果。如有落果主要是病虫、营养、气候等原因。

果实在发育过程中，大体可分为生长期和成熟期。生长期是果实的增大，至一定的时候，果实外形停止增大，内含物开始转化积累，如糖、脂肪的积累。果实成熟期

10 月中下旬所需时间约 150 ~ 160 d。

油桐果实成熟成不自行脱落，果也不开裂是闭果。

我们栽培油桐最终产品是桐油。因此，结果多不等于产量高，还要看果实出籽率，更要看种仁出油率。所以我们希望通过油桐果实发展发育研究，寻求一年中油桐种仁含油量和品质形成的最佳期。为油桐林经营管理时期和方法提供科学依据。

附论文：油桐果实生长发育规律研究[①]

油桐果实生长发育规律的研究，我们是从 1962 年开始的，连续 3 年。含油量的测定是从 1963 年开始的，连续两年，重复进行的数据都很相近。但仍以 1964 年的数据为主。含糖及粗蛋白质的测定，是 1964 年进行的，只 1 年的数据。

1 材料和方法

材料取自长沙前湖南林学院校内经济林种植区油桐（米桐）园。桐园地势平缓，经营集约，共有 50 余株桐树，纯林，8 年生。共选择油桐树 5 株作为采果取样树。这 5 株桐树生长良好，没有病虫害，相距很近，立地条件是完全相同的。采果树选好后即进行编号。4 月 15 日油桐普遍开花的时候，在每一株树的不同部位，选择同一天开花的雌花 40 朵，共选育雌花 200 朵，每一朵花都编号挂上小竹牌，从 4 月 30 日油桐幼果平均果径 1.41 cm 开始，每隔 15 d（每月的 15 日和 30 日）在每株树上采摘 2 个果实共 10 个果实，供分析用。直至 10 月 30 日止共进行分析 13 次。果实采摘后随即分别测定果径、果高、果皮厚度、种子大小等。用平均试样再分别测定水分、还原糖、粗蛋白质等的含量。水分是用烘干法称重。还原糖是用滴定法（索克斯列特），粗蛋白质是用克氏法测定。脂肪是用乙醚作浸提剂，用索氏法称瓶测定的（A. N. 耶尔马科夫：《植物生物化学研究法》，1956，科学出版社）。每一样品重复 2 次。

2 结果与分析

2.1 外部形态的变化

根据每隔 15 d 测定 1 次果实大小的结果，由图 4 - 1 可以看出，从 4 月下旬出现幼果后，果径、果净高和果实干重都增长较快，至 7 月 30 日果径和果净高基本停止增大，即果型已基本定型。但果实干物质却仍继续在增加，内含物更充实，水分下降，干物质重量增加。果实干物质重至 10 月底也基本停止增加，这时果实已经成熟。

从图 4 - 2 看出，果皮所占全果的百分率是由高到低，而种子所占的百分率却相反，由低到高。这两种积极性的距离慢慢趋于接近，至 9 月 30 日以后就基本一致了，

---

① 资料来源于何方，胡保安（1988）。

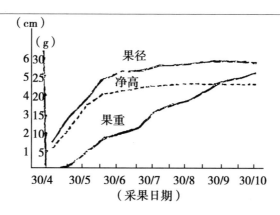

图 4 - 1　果径、净高、果重增长曲线

均接近 50% 左右。从而可知，开始主要是果皮的生长，以后才转为种子的增长。果皮百分率虽然下降了，但干物质的绝对量仍是在增加的。造成下降的原因，主要是种子干物质的上升，特别是 7 月底以后。

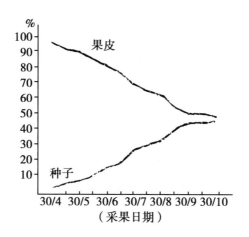

图 4 - 2　果皮种子各占果实总重百分率曲线

另外，在表 4 - 3 中也可以看出，种仁充实是较晚的，7 月 30 日当果实干重已经是 16.36 g 时，而种仁仅 0.09 g，但从 8 月 15 日以后增长是很快的，至 10 月 30 日增至 8.23 g 而达成熟，时间仅是两个半月。

表 4 - 3　果实生长过程中外部形态的变化

次序	日期（月·日）	果实大小			果皮			种子			
		果径（cm）	净高（cm）	单果干重（g）	厚度（cm）	干重量（g）	占果重（%）	干重量（g）	占果重（%）	仁干重（g）	仁占种子重（%）
1	4.30	1.41	1.35	0.45	0.37	0.44	97.7	0.01	2.3	—	—
2	5.15	2.79	2.35	1.68	0.49	1.59	94.0	0.09	6.0	—	—
3	5.30	3.83	5.58	5.56	0.57	5.04	92.5	0.52	7.5	—	—

（续表）

次序	日期（月·日）	果实大小			果皮			种子			
		果径（cm）	净高（cm）	单果干重（g）	厚度（cm）	干重量（g）	占果重（%）	干重量（g）	占果重（%）	仁干重（g）	仁占种子重（%）
4	6.15	4.83	4.14	9.14	0.61	8.07	88.1	1.07	11.9	—	—
5	6.30	5.37	4.30	10.13	0.62	8.41	82.9	1.72	17.1	—	—
6	7.15	5.41	4.54	12.45	0.62	9.68	79.4	2.73	20.6	—	—
7	7.30	5.61	4.65	13.36	0.61	11.64	71.1	4.72	28.9	0.09	2.0
8	8.15	5.63	4.65	18.41	0.63	12.48	67.7	5.93	32.3	0.66	11.2
9	8.30	5.73	4.70	19.44	0.61	12.47	64.1	6.97	35.9	2.21	31.7
10	9.15	5.84	4.71	22.85	0.61	12.76	55.9	0.09	44.1	4.19	41.5
11	9.30	5.83	4.70	24.38	0.61	12.86	52.7	11.52	47.3	7.05	61.2
12	10.15	5.85	4.71	25.28	0.61	13.27	52.4	12.01	47.6	7.48	62.3
13	10.30	5.83	4.70	26.44	0.61	13.34	50.4	13.10	49.6	8.23	62.8

说明：果径、净高、果皮厚度都是指鲜果；种子重量是指全果实的种子。

2.2 内部生理变化

油桐果实内部生理变化和外部形态的变化，特别是种仁的充实是一致的。由图4-3我们看出：种子的含水量开始的时候比果皮高15%左右，以后逐步降低，从7月30日开始种子含水量比果皮低，果皮的含水量从开始至10月底基本保持在73%左右。其中虽然有些跳动，这和当时的气候条件有关，当空气湿度较大的时候果皮含水量略有上升。种子的含水量逐步的减少，这正说明内含物愈来愈充实，趋向成熟，这和整个生理变化是一致的。

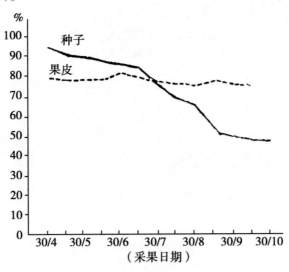

图4-3 果皮种子含水量变化

由图4-4看出，脂肪、蛋白质和糖的含量，从5月30日开始至8月15日都是逐步上升的。但从8月15日以后，就有了变化，糖的含量由原来的4.13%，至8月30日下降为1.89%，至10月30日只有0.13%。蛋白质含量一直都是上升的，唯增值幅度不大。脂肪从8月15日含量的9.80%，至8月30日急速上升为37.25%，出现了脂肪形成的第一个高峰。第二高峰出现在9月中旬，上升至40.00%。脂肪的直线上升和糖含量的下降出现在同一时期，之所以出现这种现象，是由于碳水化合物大量转化为脂肪的关系。

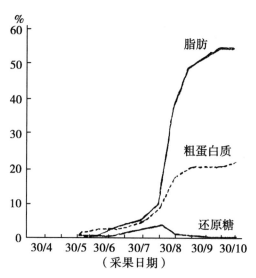

图4-4　种子还原糖粗蛋白质脂肪含量变化

据前述，种仁的增长是从8月份开始的，可见脂肪的形成和增加是和种仁的增大同时进行的，在7月份以前种仁量低，脂肪含量微小，碳水化合物主要供给果皮、种皮构成的需要，当完成果皮、种皮的生长以后，种胚的发育才逐渐加快，种仁逐步的充实，干重不断增加，种子渐趋成熟。此时种子总的特点是含水量逐步减少，种仁慢慢变硬，脂肪含量不断增加。这样看来，油桐果实的生长发育可以分为两个阶段：第一阶段，从4月开始至7月主要是果实增长；第二阶段从7月至10月，种仁生长，脂肪转化积累，进入逐渐成熟阶段（表4-4）。

表4-4　果实生长过程中生理变化

次序	日期（月·日）	水分含量（%）			还原糖含量（%）	粗蛋白质含量（%）	脂肪含量（%）
		果皮	种子	平均			
1	4.30	76.4	92.1	84.25	—	—	—
2	5.15	75.1	87.9	81.5	—	—	—
3	5.30	74.8	86.9	80.85	0.83	1.80	0.36
4	6.15	75.8	84.3	80.05	1.19	2.60	0.71
5	6.30	78.7	82.4	80.55	1.14	3.00	3.00

（续表）

次序	日期（月·日）	水分含量（%）			还原糖含量（%）	粗蛋白质含量（%）	脂肪含量（%）
		果皮	种子	平均			
6	7.15	77.8	81.1	79.45	2.18	4.14	4.37
7	7.30	74.2	73.1	73.65	2.99	5.55	5.74
8	8.15	73.8	65.6	69.7	4.13	10.40	9.80
9	8.30	73.0	62.2	67.6	1.89	18.40	37.25
10	9.15	74.3	49.2	61.75	1.40	20.60	49.00
11	9.30	73.1	47.4	60.25	0.61	20.91	52.00
12	10.15	72.4	44.9	58.65	0.15	21.3	54.00
13	10.30	69.8	44.5	57.15	0.13	21.8	54.10

从图 4-5 可以看出，种仁脂肪含量随着其含水量的降低而逐步上升，下降和上升的速度都比较快，至 9 月 15 日两条曲线相交。此后，含水量仍有所下降，脂肪含量也有所上升，但两者变化幅度都较小。含水量下降较快时，也正是脂肪含量增长快的阶段。从而可知，种仁脂肪含量与其含水量的增减存在着一定的关系。

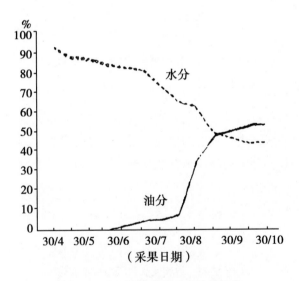

图 4-5 种仁脂肪含量、含水量变化

3 小结与讨论

油桐果实的生长发育可以明显的分为 2 个阶段。第一阶段是果实增长阶段。由 6 月至 7 月是果皮、种皮的生长时期。这个阶段的特点是：果实迅速增大，果皮组织进一步纤维化；种皮逐渐形成，由软变硬，在颜色上由乳白色变成紫红色过渡到褐黑色；种仁水分含量多，不充实，干物质少。第二阶段是种胚成熟脂肪增长阶段。由

8月至10月底是种仁增长充实，油量大幅度上升和种胚加快成熟时期。这个阶段的特点是：果实定型，不再增长，种仁进一步充实、变硬；大量的碳水化合物转变为脂肪。

在脂肪增长的过程中，分别在8月底和9月中旬，各出现一次高峰，至10月底停止增长，从中看来"六月干果，七月干油"的农谚是合乎科学道理的。根据我们在湖南各地的调查，在7月（农历六月）份干旱时，油桐果实确实变小，水分不足影响了生长。8月（农历七月）份干旱确实是降低出油率。因此，桐林的经营中7—9月份要特别注意水肥的管理。

水分和油分两者存在着互为增减的关系。在种仁的充实成熟过程中，水分逐步减少，油量逐步上升，至10月中以后两者都基本稳定在一定的水平上，这是种子成熟的重要标志。种子成熟后，外部物质已经停止向种子运输，但油分在10月中以后仍有增长，因为脂肪是由甘油和脂肪酸形成的，在种子的成熟过程中，开始形成的脂肪酸是饱和的，其后逐渐形成不饱和脂肪酸。开始的时候，脂肪呈固体状，随着种子的成熟才变为油状，并且游离脂肪酸减少。由上可知油桐果实的最适采收期是11月初以后，采收过早不仅影响油量并且也影响油质。

油桐果在成熟过程中，在8月以前，脂肪的增加较慢，淀粉含量可达8%左右，糖的含量达4%左右。由于脂肪在种子中是利用众植物体的其他部分运输来的碳水化合物形成的。因此，8月份以后脂肪急剧形成时，必然是糖的含量下降，最后只有0.1%左右，脂肪成为油桐种子重要贮藏物质。

油桐果实生长发育的两个阶段，在中亚热带地区是具有普遍意义的规律。在其他地区也是这两个阶段，仅是出现的时间稍有差异而已。

（七）落叶期和休眠期

落叶是植物的一种普遍的自然现象，落叶是进入休眠的标志。不仅落叶树会落叶，常绿树也要落叶，但当年的叶子不脱落，在换叶过程中，人们不易觉察。树木休眠是在进化过程中形成的一种适应不良环境的特性，调节生长发育的进程。休眠是一个相对静止的概念，休眠期间仍然进行着代谢活动，不过很微弱。正常的落叶有冬季和旱季两季情况，并且落叶时间是比较稳定的。落叶也是叶衰老的表现。进入秋季以后，日照逐渐变短，这是环境的信号。短日照促进脱落酸的形成，叶子含有较多脱落酸，导致树上叶子衰老，最后叶柄形成离层，叶子脱落。脱落酸不仅促进叶子脱落，并且促进芽进入休眠。水分短缺也促进脱落酸的形成，造成落叶。因此，在南亚热带和热带是旱季落叶。

不良的环境条件，如旱、涝、病虫危害以及养分不足，也可以引起落叶，不正常的落叶会妨碍树木生长。

落叶的时间、进入休眠期的长短，因树种和环境条件的不同而异。环境条件的突然变化也会引起强迫休眠。在南方气温高，树木生长期长，休眠期短；在北方树木生长季节短，休眠期长。研究树木的休眠特性，在嫁接繁殖上是很重要的。在栽培上，利用休眠期移栽易于成活。

油桐落叶期在主要栽培分布区，如湖南，四川、贵州一般在 11 月中旬，在陕西提早至 10 月中旬，在广西、广东延至 12 月上中旬。

(八) 花芽分化

花芽分化是重要的生命活动过程，是完成开花的先决条件，但在外形上是不易觉察的。花芽分化受树种、品种、树龄、经营水平和外界条件的影响。

大多数落叶经济树木，油桐亦如此，多在先一年完成花芽分化，第二年春季开花。

花芽分化的过程分为生理分化期、形态分化期和性细胞形成期。生理分化期是芽的生长点内进行的生理变化。形态分化期是花的各个器官的发育过程。性细胞形成期则在第二年春季发芽以后、开花之前才完成。因此，如果这个时期的条件较差，很容易引起生殖器官的发育不全或退化。

(九) 各个器官生长发育的相关性

油桐和其他经济树木在年周期中，有顺序地进行着各个物候期的变化，各个器官之间是相互依存又相互制约的，形成一个有机的整体，它也是一个生态系统与外界环境不停地进行物流与能流的交换与积聚。树木有机整体中的各个器官生长发育的相关性，是通过体内营养物质的交换和激素来调节的。

早春，树木开始萌发，所需的养分是先一年贮存的，只有出现新叶以后，才能合成新的养分供给生长。先一年养分的贮存量，直接影响着翌年生长情况。

树木的年周期中，除存在与环境的矛盾统一关系外，还存在着自身的地上部分生长和地下部分生长的矛盾；营养生长和生殖生长的矛盾。这两方面的矛盾，表现在生理上是营养物质分配和激素调节的矛盾，也是促进与控制的矛盾。因此，树木的年周期中是处于不平衡—平衡—不平衡的矛盾运动中。

根系不仅供给地上部分的水分和矿质元素，并且也能合成多种氨基酸、激动素等重要物质。但根系所需要的养分，全依赖地上部分供给，根吸收水分要依赖于叶片的不断蒸腾，拉动根系吸水，而叶的蒸腾又受根吸水量所制约。这种上下依赖的关系，在生长量上常反映一定的比例关系，称为根冠比 (T/R)。

营养器官与生殖器官的生长发育的相关，主要表现在枝叶生长和果实发育及花芽分化之间。这种关系本来是统一的，生殖器官的生长发育是建立在良好营养器官生长的基础上，否则就不会有丰硕的果实。矛盾主要表现在相互抑制方面，当营养生长过旺，消耗较多养分，便会影响到生殖器官的生长。反过来也同样会影响到营养器官的生长。这种关系是可以通过栽培措施来调节的。

植物体各部分的生长虽有相关性，但也有它们的独立性。植物体的形态两端各具固有的生理特性，即下端长根，上端长芽的极性现象。极性产生的原因主要是生长素在茎中是极性传导，集中在形态学的下端，所以诱导愈伤组织和根的生长，而生长素含量少的形态学上端长出芽来。植物分离部分，可以恢复全部植株，叫做再生作用。再生作用是因为植物细胞具有全能性。栽培上正是利用了植物的极性和再生作用，进行扦插繁殖。

主茎的顶芽生长抑制侧芽生长的现象叫做顶端优势，这主要是生长素的作用。当去掉顶端优势时，侧芽就能生长。在栽培上正是利用这一特性进行整形修剪，促进分枝。老年树的无性更新也是这个原理。

我们研究树木物候学特性，目的是为揭示其生长、发育的规律，拨动植物的生物钟，为丰产栽培服务。

四、油桐生命周期

（一）概　念

油桐个体生长发育的生命周期，是指该个体从生至死生命的全过程。生命周期时间的长短，称为自然寿命。

油桐个体的生命过程，需要经过幼年期、成熟期和衰老期3个时期。从种子萌发，长成幼苗为幼年期。幼年期主要是营养生长，构建树体框架。经过一定时期的生长分化，进入生殖生长的成熟期，开花结实。成熟期在经济树木的生命周期中延续时间是最长的，约占其自然寿命的75%～80%的时间段。继而生长衰退，进入衰老期，直至自然死亡，有生有死，是所有生物不可抗拒的共同法则。

油桐和其他经济树木个体的生长发育的生命周期中，各种生命现象是有阶段的，并按预定的循序是在该树种所携带的遗传信息中早已编定的密码程序，仅在条件适宜的生境中，按密码程序重演表达。经济树的遗传性状，是先天遗传基因决定的，后天外界环境因素是不能影响改变它的。但幼年期、衰老期的结束及来临的早晚，成熟期延续的时间，收获量的多少和品质优劣，等数量性状是受后天环境制约的。

（二）油桐生命周期的划分

油桐和其他经济树木个体的生命开始，在栽培学上是从种子萌发长出幼苗开始，它的年龄是从幼苗开始计算的。

从幼苗开始，根据树体生长发育的生命过程中所出现的各类器官，如枝、叶、花、结实的时期及其生长变化节律，可以清楚地划分出：幼年期—成年期—衰老期。根据经济树木自然生长发育节律划分出 3 个时期（阶段），在经济林栽培的生产实践上显得过于简单，经济林木最有经济价值的时期是成年期，为了有利于栽培管理中采用的技术措施更具针对性，可以进一步划分为：结实始期（收获始期）—结实盛期（收获盛期）—结实衰退期（收获衰退期）。成年期连同幼年期和衰老期，共划分为 5 个时期（阶段）。

1. 幼年期

幼年期是幼苗定植后，至第一次开始开花、结实。对年桐幼年期 1 年。油桐幼年期 3～4 年。

幼年期的特点是离心的营养生长旺盛，地上树体和地下根系迅速生长扩大，占据地上和地下空间，骨干枝组成树体、树冠，为开花结实做好形态上和内部物质上的准备。

幼年期的栽培措施，首先要保证幼苗上山栽培要成活，然后才能成长。要注意不能让茎、枝营养器官疯长，应促进其健壮、匀称生长，培养优良的自然树形，为开花结实提供枝叶排列优化的足够空间，并且制造和积累大量的营养物质。因此，在栽培技术上要注意土、水、肥的科学调节，不致造成徒长。

2. 结实始期（始收期）

从开始结果（收获）至大量结实之前为结实始期。它出现的时期和持续时间的长短，与树种和栽培措施有关。油桐一般是 4～5 年。

在营养器官生长的基础上，在适宜的外界条件下，植物最后分化出生殖器官（花）。开花结实是植物个体发育上一个巨大的转变，标志着生殖生长的开始。植物开花结实，首先形成花芽。在细胞分化过程中，由顶芽上未分化细胞转变为花原基形成花芽。一般都认为，未分化细胞转变为花原基的原因，是由叶内生成"成花素"传到顶芽而引起的。叶内成花素的形成，是受光照条件控制的，在缺乏阳光的环境下是很难产生成花素的。同时与植物体内养分的供应有关，既要有充足的养分，还要构成一定的碳氮比（C/N）。凡是碳氮比较大则开花，反之则延迟开花或不开花。在栽培上，就必须保证一定光照和养分的供应条件。

这一时期的前期，树体生长仍然很旺盛，树冠继续迅速扩大，分枝大量增加。枝条角度逐渐开张，骨干枝离心生长减缓。

结果始期虽已进入生殖生长期，但结实量很少。树体框架虽基本构建成，但矮小，需继续增长茎枝，扩张树形，营养生长仍占优势。

为加速树体培育，在栽培管理上对嫁接苗第一、二次开的花要全部摘除，保证营养生长，枝叶繁茂，构建良好树形。

3. 结实盛期（盛收期）

盛收的时期是油桐大量结实盛收的时期，也是栽培上最有经济价值的时期，这一时期一般出现在 5～20 年间。在此期间，树体构建完成，无论是根系还是树冠都扩大到最大限度，骨干枝离心生长停止，结果枝大量增加，产量达到高峰。

盛实期的养分多集中供给果实生长，消耗大，因此很易造成营养物质在供应、转运、分配以及消耗与积累之间的平衡关系和代谢关系的失调，致使在各年间的产量有波动，惯称为"大小年"。所谓"消灭大小年"的提法是不确切的，每年产量的波动是永远存在的，问题是幅度的大小。油桐在栽培上，每年产量上下波动幅度在 10%～20% 属正常。

这一时期在栽培上的主要任务是如何保证丰产稳产及延长本期年限。管理技术特点是加强光照、土壤、肥水的管理和树体保护，保持树体健壮和良好的营养水平；通过适宜的修剪以调节养分的积累与消费，以及生长与结果的关系。

4. 结实衰退期（收获减退期）

油桐经过一段盛产期之后，进入结实衰退期，这是生物学的自然规律。油桐是在 20～25 年，在本期间茎、枝先端停止生长，并开始向心枯死。顶芽或靠近顶芽的侧芽不再抽生发育成为生长旺盛的新梢。骨干枝先端衰弱，小侧枝开始干枯，在枝光秃部位相继发生徒长小枝。根系分布范围亦开始缩小。由于树体生长势弱，多病虫危害。产量经 2～4 年逐年下降后，开始大幅度下降。果实形状和色泽不正，失去商品性。

结实衰退期实际上是衰老的前期，已经没有生产经营上的经济意义，要进行更新。油桐有萌芽能力，如果原品种较好，可以采用截枝或截干无性萌芽更新，这样只经 2～3 年就能恢复树体并能结实 4～7 年。无性萌芽更新通常只能使用 1 次。

林地更新应以重新栽培为好，为了维护地力，不能连栽同一树种，应更换适宜的树种、品种。

5. 衰老期

这一时期树体表现衰老，至枝向心枯死，侧枝的枯死量增多。新梢生长量少而细弱。根系分布范围更小。结少量果实，基本上构不成产量。这一时期一般出现在 25 年后。在油桐栽培经营上，不能等待此时才更新，这将浪费 5 年时间。

油桐开始衰老直至死亡是其最后的生命过程，也是一个原因复杂的生理生化过程，总的原因是新陈代谢发生紊乱。引起代谢紊乱的原因是多方面的，自由基增加破坏了体内生命活动的平衡，导致代谢酶的活性与性质变化。核酸、蛋白质、叶绿素含量下降，光合作用和呼吸作用速率减慢。生长素和赤霉素含量减少，脱落酸增多促进衰老。

植物细胞组织的分生潜力是无限的，在理论上始终是按一定的指数形式增长。植物体积越大，生产效能越高，所形成的干物质也越多。以体积的对数作为时间的函数作图时，应该是直线。但实际随着植物的衰老、细胞的分裂和分化能力下降。植物的指数生长期至一定阶段即停止，增长速度开始下降，所以植物整个生长期曲线是呈 S 形的。经济树木的生长也是合于这一规律的。

五、老林更新

油桐一般生长至 25 年左右即开始逐渐衰退，结果数量减少。为了促进生长，增加结果量，湖南湘西油桐产区群众对老龄桐林进行无性更新。无性更新方法简便，收效快，是群众在生产中所创造和积累起来的宝贵经验。更新方法可分为截枝、截干及矮桩 3 种。

1. 截枝更新

更新方法是将老树主干的 2~3 次分枝以上的枝条全部伐除。但每一轮枝要留下 60~100 cm 长的枝条（图 4-6）。第二次更新时则只保留第一次更新的第一次发出的枝条（图 4-7）。

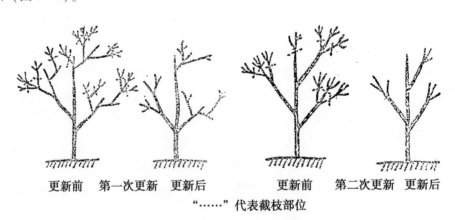

更新前　第一次更新　更新后　　　　　更新前　第二次更新　更新后

"……"代表截枝部位

图 4-6　截枝更新示意图

2. 截干更新

更新方法是将老树离地面 0.7~1.3 m 高以上的树干和枝全部伐除，只留下一个光秃秃的树桩子。在 1—2 月进行，更新后的第三年才开始结果。据我们在湖南慈利的调查，第一年长出 90 cm 长、5.4 cm 粗的枝条，第二年继续生长出长 81 cm、粗 2.5 cm

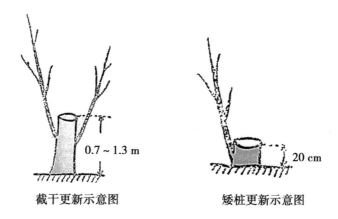

截干更新示意图　　　　　　矮桩更新示意图

图 4 - 7　截干、矮桩更新示意图

的枝条，并有 4 个分枝。第三年长出长 81 cm、粗 111 cm 的枝条，共有 4 个果实。

截枝更新是在树液停止流动（1～2 日）时进行的。更新后的第二年即开始结果，3～5 年是结果的旺期，以后又逐渐衰退，至 6～8 年即要进行第二次更新。第二次更新结果时间更短。

在更新时要注意技术操作，砍伐点离伐枝的节部不应太长，以 5～7 cm 为宜，切面要平整，方向朝下以免积水。为使收获不致间断，在第二次抚育后的 2～3 年就应在林下采用直播或植树造林，以更替老林。

第一年可能同时发几个枝条，只能保留其生长健壮、位置适当的 1～2 个枝条，其余枝条全部伐除。

3. 矮桩更新

更新方法是从离地面 20 cm 处砍断。据在湖南龙山洗车公社的调查，1962 年 2 月更新伐根 20 cm 高，当年长 110 cm 的枝条，全年又长出长的枝条。另调查一株独桐，现树高 2.3m，有五轮枝，共结果 73 个。上年结果 60 个。

上述三种方法，以第一种为最好，不仅结果快并且结果多，后两种结果寿命短。

第二节　油桐生长发育研究

在经济树木的器官发育中，器官相互之间不仅存在着营养的相关，而且存在着各种生理机能上以及形态性质上的密切关系，这种现象叫做相关性。这种相关性因树种、品种以及栽培措施的不同而有很大的差异。应用发育研究法和生长分析法来测定经济树木生物产量、经济产量的异同，可以确定科学的栽培管理措施。

一、发育研究法

发育研究法就是将经济收获量分解为产量构成因素，如以种子计产量：产量 = 种子数 × 种子单粒重。如以树液、树皮计产量的：产量 = 单次收获量 × 收获次数。即将产量还原为果实数、种子数、单次流液量、单次采皮量等若干种简单的植物学数量性状，并通过对生育过程状况的调查来研究生育特性与产量性能之间的相关性。

我们将构成产量因素分解成简单的植物学数量性状，这就可以清楚地看出各个性状的好坏与相关性，及其单个因素影响产量的程度。如油桐单株结果多，果大，仅从这两点看无疑是高产的，但是结果树体结构不合理，单位面积株数少，大小年显著，果大而果皮厚，籽粒多而小，壳厚，籽粒出仁率低，种仁出油率低，实际产量还是不高的，这是负相关的结果。这是通过逐个因子分析的结果。同时在育种上，可以选用各种不同品种（类型）逐个分析构成产量因素，判别其性状的好坏，在品种（类型）上选择最适组合，定向培育新的品种。

二、生长分析法

生长分析法与发育研究法不同。它与植物生理功能相结合，不仅要测定干物质质量，并要测定叶面积及其同化效率。它以生理生态的因果关系作为研究对象。发育研究法仅限于同种树木的比较，而生长分析法不同树种也可以进行比较。

生长分析法的实际作法，是每隔一定时间，进行取样，测定叶面积与干物质质量（包括树木的各个部分，叶、根、茎、花、果实）。

（一）相对生长率

在树木整个生长过程中，某一时期的生长量称为相对生长率（RGR）。相对生长率的测定可用下式：

$$RGR = \frac{1}{W} - \frac{dW}{dt} = \frac{1nW_2 - 1nW_1}{t_2 - t_1}$$

式中：W_1——t_1 时的干物质重；

W_2——t_2 时的干物质重。

植物如果是真正指数式生长，则 RGR 是一个常数，可以根据 RGR 的变化情况，进行各种比较分析。

（二）净同化率

相对生长率是以植物个体的总体为对象。植物干物质的生产与叶片有直接关系，净同化率（NAR）的概念。净同化率即是单位叶面积以及单位时间的干物质增长量。可以用下式表示：

$$NAR = \frac{1}{L} \cdot \frac{dW}{dt}$$

式中：L——叶面积；

dW/dt——某个单位时间的植物增长量。

（三）叶面积比率

叶面积比率（LAR）是以个体总干物除总叶面积的商。可用下式表示：

$$LAR = \frac{1}{W} = \frac{L_1 + L_2}{W_1 + W_2}$$

根据上述各式可知，当叶面积和干重都是指数式生长时

$$RGR = \frac{dW/dt}{W}$$

$$LAR = \frac{L}{W}$$

$$NAR = \frac{dW/dt}{L}$$

因为

$$\frac{dW/dt}{W} = \frac{L}{W} \cdot \frac{dW/dt}{L}$$

所以

$$RGR = LAR \times NAR$$

从以上各式中可以看出生长分析法，是把生长现象分解为 RGR、NAR、LAR 等概念进一步加以分析的方法。

第三节　油桐林生物量和养分循环[①]

森林生物量和养分循环的研究是当代生态学中一个重要领域。生物量是以有机物的能量或重量为指标，研究生物各部分在系统中的固定、积累、分配与转化的特点；

① 资料来源：油桐林生物量和养分循环的研究（何方 等，1990）。在外业工作中得到湘西自治州林科所青天坪试验林场（中南林学院经济林研究所油桐试验基地）的帮助，内业分析有经济林研究所实验室粟彬、何立友同志参加，在此一并致谢。

养分循环是研究营养元素在生态系统中的吸收、积累、分配与回还的规律。

20 世纪 60 年代以来，森林生物量的研究工作获得了迅速的发展，外国学者 Oving-ton、Satoo 等在这方面进行了许多富有成效的工作。我国自从 1978 年以来开始对杉木、油松和落叶松等人工林的生物量和养分循环进行研究，不断地取得进展。

油桐是我国主要的经济树种之一。近几十年来，在油桐的生态、栽培、育种和关于油桐林生态系统的研究，以及病虫害防治的研究方面已经做了大量的工作。研究油桐林的生物量和养分生物循环尚属起步，其目的是为建立高产、稳产和稳定的油桐林生态系统提供科学依据。

一、试验研究方法

（一）试验地点与材料

1989 年春开始研究，年底结果。

试验地点是在我国油桐的中心产区湘西自治州林科所永顺县青天坪试验林场，该场是中南林学院经济林研究所油桐试验基地。此域气候温和，雨量充沛，年平均温度为 14~16.9℃，年降水量为 1 290~1 600 mm，8 月份雨量多。林地为石灰岩发育的红色石灰土。试验品种为湖南葡萄桐。

（二）样树的选择

在具有中等立地条件和一般经营水平但不同年龄阶段——分别是 1、2、3、5、7、9、11、13、15 和 20 年生的林分中，按经济林样地法在每个林分中设置样地，然后在样地进行每株生长调查，以指标的平均值为基数选择 2 株样树。

（三）生物量的测定

1. 花的生物量测定

4 月中、下旬，桐林处于盛花期时，于样树上选择标准枝实测花的鲜重。然后取样，在 80℃的烘箱中烘干至恒重，根据干湿比求得花的干物质重。

2. 根、干、枝、叶、果的生物量测定

10 月中，油桐果实成熟时，将样树伐倒，实测根、干、枝、叶、果的鲜重。其中根分为大根和小根，枝分为当年枝、2 年枝和老枝，果实分为种仁和果皮。再从各组分中取样，在 80℃的烘箱中烘干至恒重，按干湿比求得各组分的干物质重。

根据样树的生物量和林分的密度估算出全林的生物量。

（四）养分的分析

桐株以各组分的干物质为分析对象，将其粉碎或磨细后取样，进行灰化。分别测氮，磷、钾、钙、镁。

土壤按 0～30 cm、30～60 cm 分层混合取样，将土壤烘干、研碎后过 0.5 mm 的筛，分别测氮、磷、钾、钙、镁。

N 用氨气敏电极法测定，P 用磷钼蓝色法测定，K 用离子火焰光度计测定，Ca 和 Mg 用 EDTA 络合滴定法测定。

二、结果与分析

（一）油桐各组分生物量相对生长关系的建立

植物是个有机的整体，因而整体与部分、部分与部分的生长具有相关性。林业上这种相对生长关系很早就被利用来测定林木的材积。Kittredge 于 1944 年把它运用到定量的生态学中，用它来测定系统的生物量。在油桐的生物量测定中，我们利用这种相对生长关系来估测油桐林的生物量。

1. 多元线性逐步回归模型

在树龄为 15 年以内的林分中，选用 18 个标准株，分别测得其生物量。以结构因子——径粗（D）、树高（H）和冠幅（S）为自变量，油桐各组分的生物量为因变量，进行逐步回归分析，得各组分的回归方程列于表 4－5。

表 4－5　油桐各组分生物量的逐步回归方程

组　分	样本数	回归方程	复相关系数
根	18	$W_R = -1.93361 + 0.53557S$	0.9607
干	18	$W_S = -3.3131 + 0.96671S$	0.9545
枝	16	$W_B = -10.86476 + 2.15667S$	0.9536
叶	18	$W_L = -0.16056 + 0.2022S$	0.9897
花	12	$W_{FL} = -0.16867 + 0.031134S$	0.9915
果	12	$W_{FR} = 0.28146 + 0.15269S$	0.9054
总生物量	18	$W_T = -13.3919 + 3.93274S$	0.9646

注：S 为冠幅，单位为 m^2。

从表 4－5 可以看出，通过逐步回归后，在各组分的生物量的回归方程中自变量只留下冠幅因子（S），表明冠幅在油桐各组分生物量与结构因子的线性关系中为主导因子。复相关系数均在0.9以上，经相关系数检验表检验，各回归方程的回归关系均达显著水平。

2. 幂函数估测模型

在森林生态系统中生物量的测定，人们常用径粗（D）或径粗的平方和树高的乘积（D^2H）为自变量的幂函数模型，即 $W = aD^b$ 和 $W = a(D^2H)^b$，对树木各组分的生物量进行估测。据日本学者户刈义次介绍，周径粗和树高两个因子即 D^2H 拟合的数学模型，能消除因树龄、林型和立地条件不同的影响。同样，对于油桐的生物量，我们也采用此两种模型进行拟合。

其对数表达式为：

$$1gW = \lg a + b\lg D$$

$$\lg W = \lg a + b\lg(D^2H)$$

求出经验公式列于表4-6。

表4-6 油桐各组分生物量幂函数模型

组分	样本	模型表达式	a	b	相关系数 r
根	18	$\lg wR = \log a + b\lg D$	$5.217\,07 \times 10^{-3}$	2.638 06	0.988 20
		$\lg wR = \log a + b\log(D^2H)$	$1.268\,46 \times 10^{-2}$	0.897 69	0.981 84
干	18	$\log ws = \lg a + b\log D$	$2.677\,45 \times 10^{-3}$	3.159 41	0.969 21
		$\lg Ws = \log a + b\log(D^2H)$	$1.661\,50 \times 10^{-2}$	0.965 14	0.995 74
枝	16	$\lg w_B = \log a + b\log D$	$2.668\,73 \times 10^{-3}$	3.411 54	0.987 93
		$\log w^B = \lg a + b\log(D^2H)$	$3.981\,56 \times 10^{-3}$	1.280 46	0.992 35
叶	18	$\lg w_1 = \lg a + b\lg D$	0.0104 44	2.182 25	0.995 54
		$\lg W_L = \lg a + b\log(D^2H)$	0.021 086	0.748 89	0.996 99
花	12	$\lg w_{FL} = \log a + b\log D$	$8.152\,40 \times 10^{-5}$	3.317 83	0.882 63
		$\log w_{F1} = \lg a + b\log(D^2H)$	$7.452\,07 \times 10^{-5}$	1.243 85	0.897 56
果	12	$\lg w_{FR} = 10g a + b\lg D$	0.843 75	0.513 54	0.808 15
		$\lg w_{FR} = \log a - Fb\log(D^2IH)$	0.050 695	0.904 98	0.904 48
总生物量	18	$\lg w_T = \lg a + b\lg D$	0.020 171	2.920 48	0.995 79
		$\log w_T = \lg a + b\log(D^2H)$	0.052 628	0.998 50	0.99 350

由表4-6可知，不论哪种模型，油桐各组分生物量的回归方程的相关系数均在0.8以上，

其中根、枝、干、总生物量的回归方程相关系数在 0.96 以上。经相关系数检验表检验，回归关系达极显著水平，可见采用此两种模型估测油桐生物量效果均好。

3. 模型的选择

将表 4-5 和表 4-6 比较可知，虽然三种模型的回归关系均达到了显著水平，但其相关系数仍是有差别的。为了使各组分生物量的估测精度更高，我们选用 $W = a(D^2H)^b$ 估测根、干、枝、叶和总的生物量；选用 $W = a + b^s$ 作为花生物量的估测模型；选用 $W = a(D^2H)^b$ 或 $W = a + b^s$ 估测果的生物量。

（二）油桐林的生物量

油桐从种子萌发到幼龄期、始果期、盛果期、衰老期直至死亡，完成一个生活大周期。不同的生育时期，油桐的生物量不同。根据单株油桐的生物量和林分密度推算出油桐林分的生物量，单位为 t/hm²。

1. 油桐林总生物量

从表 4-7 可以看到，油桐林的总生物量幼龄期（1~2 年）为 0.02~0.746 t/hm²，始果期（3~5 年）为 2.131~7.489 t/hm²，盛果期（7~15 年）为 20.149~72.986 t/hm²，衰老期（20 年）为 79.614 t/hm²。总的来看，油桐林生物量是随年龄的增加而逐渐积累，但就其积累速率来看，各个生育期有着明显的差异。幼龄期 2 年间共增长 0.746 t/hm²，每年增长 0.373 t/hm²，始果期 3 年间共增长 5.358 t/hm²，每年增长 1.786 t/hm²，盛果期 10 年间共增长 58.71 t/hm²，每年增长 5.871 t/hm²；衰老期 5 年共增长 6.628 t/hm²，每年增长 1.326 t/hm²。由此可见油桐林总生物量积累速率大小顺序是盛果期 > 始果期 > 衰老期 > 幼龄期。

表 4-7 不同生育时期桐林生物量及光合产物相对分配率 （单位：t/hm², %）

生育期	树龄	根	干	枝	叶	花	果	种仁	果皮	总生物量
幼龄期	1	0.006	0.006		0.008					0.020
		30	30		40					100.0
	2	0.122	0.233	0.213	0.173					0.746
		16.4	31.2	29.2	23.2					100.0
始果期	3	0.314	0.639	0.826	0.352					2.131
		14.7	30.0	33.8	16.5					100.0
	5	0.552	2.069	3.350	0.816	0.022	0.680	0.17	0.51	7.489
		7.4	27.6	44.7	10.9	0.3	9.1			100.0

（续表）

生育期	树龄	根	干	枝	叶	花	果	种仁	果皮	总生物量
盛果期	7	2.740	4.872	9.297	1.541	0.213	1.486	0.394	1.092	20.149
		13.6	24.2	46.1	7.6	1.1	7.4			100.0
	9	5.033	8.555	18.816	2.483	0.273	2.456	0.756	1.700	37.616
		13.4	22.7	50.0	6.6	0.7	6.5			100.0
	11	6.966	10.597	20.461	2.771	0.333	2.513	0.815	1.716	43.659
		16.0	24.3	46.9	6.3	0.8	5.8			100.0
	13	7.809	13.380	27.174	3.033	0.386	2.83	0.775	2.055	54.612
		14.2	24.5	49.8	5.6	0.7	5.2			100.0
	15	9.056	18.675	38.631	3.744	0.456	2.43	0.548	1.882	72.986
		12.4	25.6	52.9	5.1	0.6	3.3			100.0
衰老期	20	10.790	22.864	44.031	1.560	0.106	0.263	0.026	0.237	79.614
		13.6	28.7	55.3	2.0	0.1	0.3			100.0

2. 根、干、枝的生物量

不同生育期桐林根、干、枝的生物量及其光合产物的相对分配率列于表 4 - 7。可见油桐林光合产物绝大部分积累在根、干、枝中，其中枝的分配率最高，其次是干和根。例如 9 年的桐林，光合产物的相对分配率枝为 50%，杆为 22.7%，根为 13.4%。

根、干、枝的生物量积累速率在不同的生育期是不同的。由表 4 - 8 可以看出，根、干、枝、生物量的积累速率均是盛果期 > 衰老期 > 始果期 > 幼龄期，与总生物量积累速率的变化规律是一致的。可见，桐林处于盛果期时，不仅生殖生长旺盛，营养生长同样旺盛。

表 4 - 8　不同生育期根杆枝生物量的积累速率　　　　（单位：t/（hm·yr））

生育期	根	干	枝
幼龄期	0.061	0.117	0.128
始果期	0.130	0.612	1.077
盛果期	0.850	1.651	3.528
衰老期	0.378	0.839	1.080

3. 叶、花、果的生物量

油桐为阔叶树种，叶、花、果每年都全部更新，叶和花归还给林地，果实则被作为经济产品输出系统。因此，叶、花、果的生物量实质为油桐林当年的生产量，而不是逐年积累量。

（1）叶的生物量

叶是植物诸器官中生理功能最强的，植物95%的物质来源于叶的光合作用。因此，研究油桐林叶的生物量具有重要意义。

由表4-7可以看出，在幼龄期、始果期和盛果期，叶的生物量随着树龄的增大而增加，进入衰老期后减小。对于15年以下的桐林，将叶生物量与树龄作图，可发现线性规律。以线性函数 $W_L = a + bt$ 模拟，求得叶生物量的动态模型为 $W_L = -0.368\,82 + 0.276\,37\,t$。相关系数为0.99，经相关系数检验表检验，回归关系达极显著水平。

（2）花的生物量

桐林花生物量在总生物量中占的比例最小，各个生育时期光合产物的相对分配率都小于1%（表4-1）。虽然如此，但是花为植物的繁殖器官，营养丰富，因此研究花的生物量对研究养分循环具有重要意义。

为了进一步揭示桐林花生物量的动态变化规律，对于15年以内的桐林，我们采用灰色模型GM（1，1）建模。

模型微分方程：$\dfrac{dwFL^{(1)}}{dt} + awFL^{(1)} = b$

时间响应方程：$\hat{W}_{FL}^{(1)}(t) = \left(w_{FL}^{(1)}(1) - \dfrac{b}{a}\right)e^{-a(t-1)} + \dfrac{b}{a}$

解方程，　　$a = -0.170\,98$　　　　$b = 0.212\,83$

令　　　　$wFL^{(1)}(0) = wFL^{(0)}(1) = 0.022$

于是，　　　　　$\hat{W}_{FL}^{(1)}(t) = 1.268\,96e^{0.170\,68(t-1)} - 1.246\,96$

t 为1、2、3、4、5、6，分别代表树龄为5、7、9、11、13、15年的桐林。

关联度检验：$r = 0.63705 > 0.6$

后验差检验：$e = \dfrac{S_1^2}{S_2^2} = 0.070\,121 < 0.35$，$P = 1$。

两种检验都说明模型具有足够精度。花生物量的动态模型说明在盛果期内，桐林花生物量随年龄以指数函数增长。利用模型估测树龄6、8、10、12、14年的桐林花生物量，其估计值分别是0.115、0.257、0.305、0.362、0.429 t/hm²。

（3）果的生物量

桐林果的生物量（经济生物量）乃是生产上最为关心的。由表4-7可以看出，桐林果的生物量始果期为0.68 t/hm²，盛果期为1.486～2.43 t/hm²，衰老期为0.026 t/hm²。为进一步揭示果生物量与树龄的关系，将果生物量与年龄作图，可以发现约呈二次抛物线规律，于是我们用模型：$w_{FR} = a + bt + Ct^2$ 进行模拟。求得桐林果生物量的动态模型为：

$$w_{FR} = -2.113\ 98 + f\ 0.824\ 71\ (t-1)\ -0.035\ 40\ (t-1)^2$$

模型的回归指数为 $\theta'_2 = 0.986\ 2$，经检验模型有足够的精度。

模型对时间求导为：$\dfrac{dw_{FR}}{dt} = 0.824\ 706 - 0.070\ 8l\ (t-1)$

令 $\dfrac{dw_{FR}}{dt} = 0$，求得：t = 12.7。说明树龄为 13 年时，桐林果的生物量达最大值，其估计值为 2.685 t/hm²。

利用模型对树龄为 6、8、10，12、14、16、17、18、19 年的桐林果生物量进行估测，其值列于表 4 – 9。

表 4 – 9　不同年龄的桐林果生物量估测值　　　（单位：t/hm²）

树龄（年）	6	8	10	12	14	16	17	18	19
预测值	1.124	1.924	2.441	2.674	2.624	2.291	2.018	1.674	1.30

（4）种仁生物量

将果生物量分为种仁生物量和果皮生物量（包括种皮），以种仁生物量衡量桐林的经济产量更为准确。从始果期至盛果期，种仁生物量为 0.170 ~ 0.548 t/hm²，衰老期为 0.026 t/hm²（表 4 – 7）。同样可以发现种仁生物量随树龄的变化服从二次抛物线规律，其动态模型为：

$$ws = -1.372\ 57 + 0.385\ 39\ t - 0.017\ 06\ t^2$$

其回归指数为：$\theta'_2 = 0.983\ 2$

将 ws 对时间 t 求导：

$$\dfrac{dws}{dt} = 0.385\ 39 - 0.034\ 12\ t$$

令 $\dfrac{dw}{dt} = 0$，得 $t = 11.3$。表明树龄为 11 年时桐林种仁生物量达最高值，其估计值 0.800。

利用模型对树龄为 6、8、10、12，14、16、17，18 年的林分进行估测，其种仁生物量的估测列于表 4 – 10。可见树龄达 17 年时，桐林种仁生物量就趋于零了。

表 4 – 10　不同树龄桐林种仁生物量的预测　　　（单位：t/hm²）

树龄（年）	6	8	10	12	14	16	17	18
预测值	0.325	0.519	0.775	0.795	0.679	0.249	0.037	6

将果生物量和种仁生物量的变化规律比较可知，桐林中种仁生物量达到最大值的

树龄（11年）比果生物量到达最大值的树龄（13年）提前2年。这就表明当桐林年龄增长到11年后，果实中的出籽率或出仁率就显著下降。因此能够延迟种仁生物量达到最大值的年龄，就能提高林分的经济产量。

（三）油桐林分的生产力

油桐林分的生产力是指单位时间和单位面积内光合作用所产生有机物或固定能量的速率。通常用林分的净生产量和叶的光合净生产率表示。

1. 油桐林分的净生产量和经济系数

油桐林净生产量是指通过桐林叶的光合作用每年生产的有机物质除去呼吸消耗余下来的部分，可用每年每公顷吨表示。经济系数＝经济净生产量/生物净生产量。

表 4 – 11　不同生育期桐林净生产量　　（单位：t/（hm² · yr））

生育期	林净生产量	油桐各组分净生产量							
		根	干	枝	叶	花	果	种仁	果皮
幼龄	0.373	0.061	0.117	0.109	0.086				
始果	2.687	0.143	0.615	1.044	0.584	0.011	0.290	0.085	0.215
盛果	11.422	0.850	1.661	3.523	2.744	0.292	2.347	0.653	1.689
衰老	7.094	0.347	0.838	2.291	2.242	0.246	1.130	0.235	0.895

由表 4 – 11 可知道，桐林净生产量幼龄期为 0.373 t/（hm² · yr），始果期为 2.687 t/（hm² · yr），盛果期为 11.422 t/（hm² · yr），衰老期为 7.094 t/（hm² · yr）。从各组分的净生产量可以看出，幼龄期杆的净生产量最大；结果期、盛果期和衰老期均是枝的净生产量最大；叶的净生产量在盛果期和衰老期居于第二位；果的净产量在盛果期居于第三位。光合产物在各组分的分配比例：幼龄期，根：干：枝：叶＝1：1.9：1.8：1.4；始果期，根：干：枝：叶：花：果＝1：4.3：7.3：4.1：0.1：2.0；盛果期，根：干：枝：叶：花：果＝1：2.0：4.2：3.2：0.3：2.8；衰老期，根：干：枝：叶：花：果＝1：2.4：6.6：6.5：0.7：3.3。

以果的净生产量作为经济产量，始果期经济系数为 0.11，盛果期经济系数为 0.21，衰老期经济系数为 0.16。以种仁的净生产量作为经济产量，始果期、盛果期和衰老期的经济系数分别为 0.03、0.06、0.03。

2. 叶面积、经济产量和叶的光合经济生产率

光合产物的多少取决于叶的光合面积、叶的光合能力和光合作用的时间。由表 4 – 12 可以看出，盛果期经济产量随叶面积不同而异，经相关分析，相关系数为 0.7521，经检验达显著水平。同时，可以看出，油桐叶的净光合经济生产率随树龄的增大有减

少的趋势，经相关分析，相关系数为 −0.793 6，经检验呈负显著相关。

表 4 – 12　叶面积经济产量和叶的光合经济生产率

树龄	叶面积（m^2/hm^2）	经济产量（t/hm^2）	光合经济生产率（kg/m^2）
5	5 169	0.68	0.13
7	14 856	1.4S6	0.10
9	20 194	2.456	0.12
11	26 525	2.531	010
13	28 881	2.830	0.10
15	27 806	2.430	0.09

（四）土壤中大量元素含量的特点

土壤是植物矿质养分的来源，植物中营养元素的水平与土壤中营养元素的水平有着密切的关系。将林地土壤不同层次营养元素的含量列于表 4 – 13。可以看出，0 ~ 30 cm 土壤中大量营养元素的含量略比 30 ~ 60 cm 土壤中的高（镁例外）；每个土壤层次中，氮、磷、钾、钙镁的含量均是 $Ca > K > Mg > N > P$。

表 4 – 13　土壤不同深度大量营养元素的含量　　　　　　　（单位：%）

土壤深度	土壤容重	氮	磷	钾	钙	镁
0 ~ 30 cm	1.375	0.171	0.032	1.20	1.424	0.364
30 ~ 60 cm	1.420	0.100	0.029	1.06	1.312	0.373

（五）油桐树中的大量营养元素

1. 根、干中大量营养元素含量的特点

由表 4 – 14 可以看出，根、干中各大量营养元素的含量均较低，除钙外，根中大量元素的含量均比干中大量营养元素的含量高。

树龄为 1 年的油桐，根中大量营养元素的含量大小顺序为 $K > Ca > N > Mg > P$；树龄为 2 年以后的油桐，根中大量营养元素含量均是 $Ca > K > N > Mg > P$；树龄为 3 年以后的油桐，干中大量营养元素含量为 $Ca > K > N > Mg > P$。

2. 枝中大量营养元素含量特点

枝中大量营养元素的含量稍高于根中大量营养元素的含量，各大量营养元素含量的大小顺序均为 $Ca > K > N > Mg > P$（表 4 – 14）。

表 4 – 15 可以知道，枝龄不同，大量营养元素含量不同，随着枝龄的增加，氮、磷、钾、钙、镁的含量的减少。

表 4-14　不同年龄油桐各组分大量营养元素的含量　　　　（单位：%）

树龄	组分	N	P	K	Ca	Mg
1	根	0.699	0.119	1.60	1.164	0.289
	干	0.571	0.112	1.183	1.730	0.117
	枝					
	叶	4.480	0.100	0.712	3.752	0.667
	花					
	种仁					
	果皮					
2	根	0.499	0.072	0.612	1.334	0.189
	干	0.572	0.048	0.364	2.195	0.112
	枝	0.671	0.087	0.916	2.584	0.362
	叶	3.754	0.0（56	0.886	3.642	0.613
	花					
	种仁					
	果皮					
3	根	0.432	0.086	0.734	1.257	0.281
	干	0.420	0.054	0.427	1.743	0.113
	枝	0.631	0.076	0.850	2.223	0.310
	叶	4.441	0.089	0.712	3.531	0.565
	花					
	种仁					
	果皮					
5	根	0.410	0.082	0.786	1.031	0.280
	干	0.322	0.038	0.433	1.835	0.108
	枝	0.528	0.067	0.743	1.884	0.272
	叶	3.902	0.069	0.816	3.806	0.675
	花	4.616	0.407	3.206	1.321	0.426
	种仁	4.479	0.438	1.253	0.924	0.655
	果皮	0.497	0.056	2.887	1.325	0.047
7	根	0.478	0.070	0.645	1.432	0.246
	干	0.244	0.040	0.438	1.458	0.095
	枝	0.441	0.059	0.659	1.708	0.206
	叶	3.902	0.084	0.930	3.215	0.567
	花	1.466	0.381	2.939	1.154	0.482
	种仁	1.634	0.522	2.691	1.38G	0.534
	果皮	0.621	0.062	2.185	1.294	0.051

（续表）

树龄	组分	N	P	K	Ca	Mg
9	根	0.523	0.097	0.741	1.558	0.283
	干	0.243	0.032	0.542	1.854	0.105
	枝	0.387	0.052	0.610	1.705	0.159
	叶	3.838	0.043	1.414	3.435	0.698
	花	4.776	0.332	2.949	1.289	0.564
	种仁	4.894	0.345	0.814	1.153	0.565
	果皮	0.535	0.055	3.214	1.472	0.063
11	根	0.423	0.098	0.562	1.310	0.271
	干	0.202	0.034	0.555	1.632	0.092
	枝	0.352	0.049	0.582	1.702	0.148
	叶	3.641	0.075	1 082	2.789	0.720
	花	4.385	0.334	3.134	1.453	0.515
	种仁	6.161	0.527	1.156	0.828	0.604
	果皮	0.429	0.089	3 349	1.153	0.054
13	根	0.265	0.067	0.532	1.406	0.245
	干	0.248	0.031	0.336	1.735	0.248
	枝	0.345	0.046	0.553	1.698	0.345
	叶	3.724	0.085	0.795	3.517	3.724
	花	4.127	0.332	3.013	1.608	4.127
	种仁	5.633	0.398	1.243	1.342	5.633
	果皮	0.684	0.052	2.859	1.026	0.684
15	根	0.240	0.072	0.454	1.565	0.231
	干	0.181	0.028	0.489	1.924	0.088
	枝	0.334	0.044	0.512	1.684	0.122
	叶	3.908	0.081	0.941	3.382	0.618
	花	3.553	0.327	3.212	1.557	0.464
	种仁	7.690	0.433	1.515	1.048	0.432
	果皮	0.627	0.057	3.475	1.021	0.048
20	根	0.225	0.065	0.586	1.352	0.232
	干	0.170	0.027	0.416	1.760	0.085
	枝	0.315	0.041	0.497	1.681	0.108
	叶	3.135	0.052	1.102	3.016	0.581
	花	3.452	0.321	3.017	1.532	0.408
	种仁	6.524	0.408	1.432	1.214	0.484
	果皮	0.532	0.063	3.121	1.143	0.039

表 4 – 15 不同枝龄的枝中大量营养元素含量

枝龄	N	P	K	Ca	Mg
当年	0.671	0.087	0.916	2.584	0.362
1 年	0.591	0.065	0.783	1.862	0.258
2 年	0.425	0.058	0.675	1.834	0.198
3 年	0.355	0.05	0.656	1.756	0.198
4 年	0.333	0.045	0.578	1.732	0.132

3. 叶中大量营养元素的含量特点

树叶是植物生理生化功能最旺盛的器官，叶的营养元素的变化通常作为植株营养诊断的依据。

由表 4 – 14 可以看出，叶中氮、钙、镁的含量显著高于根、干、枝中；进入结果期后，叶中磷、镁的含量显著高于根、干、枝。

叶中各大量营养元素的含量大小顺序是 N > Ca > K > Mg > P。

叶中氮、磷、镁的含量在盛果期均无显著变化，但进入衰老期后却明显降低。

油桐叶中钙的含量为诸器官中最高。

4. 花中大量营养元素含量特点

花中大量元素与叶中的大量元素相比可知，花中氮素的含量与叶中氮素的含量相当，花中磷、钾的含量显著高于叶中磷、钾的含量，而花中钙、镁的含量却低于叶中钙、镁的含量。

另外可知，花中氮、磷、钾、钙、镁的含量大小均是 N > K > Ca > Mg > P。

5. 种仁和果皮中大量元素的含量特点

种仁中氮、磷、钾的含量特别高，尤其是氮、磷的含量是诸器官中最高的。果皮中钾的含量为诸器官中最高，但其他元素的含量均较低（表 4 – 14）。

综合上述可知各大量营养元素的主要积累部位：氮主要积累于种仁、花和叶中，磷主要积累于种仁和花中，钾主要积累于果皮和花中，钙和镁主要积累于叶中。

（六）油桐林中大量元素的生物循环

油桐林每年通过根从土壤中吸收养分，供给油桐各器官的生长发育。吸收的养分一部分分配给根、干、枝，另一部分分配给叶、花、果。桐林每年从土壤中吸取的养分，称之为吸收量；分配给根、干、枝中的养分每年都被保留下来，称为存留量；分配给叶和花中的养分每年都归还给林地，称之为归还量；分配给果实中的养分每年都随果实的采摘而被输出桐林生态系统，称之为输出量。循环速率等于归还量与输出量之和除以吸收量，即循环速率＝（归还量＋输出量）/吸收量，其中归还速率＝归还量/吸收量，输出速率＝输出量/吸收量。

1. 幼龄期大量营养元素的生物循环

幼龄期桐林处于营养生长阶段，因而没有输出部分。由表4－16可知，幼龄期桐林养分总吸收量为19 kg/（hm²·yr），存留量为11.14 kg/（hm²·yr），归还量为7.86 kg/（hm²·yr）。

由循环速率表4－17可知，养分的循环速率为41.5%；进一步分析可知各营养元素的循环速率又不同，其大小顺序是N＞Mg＞Ca＞P＞K。

2. 始果期大量营养元素的生物循环

始果期桐林养分的吸收量为132.25 kg/（hm²·yr）；存留量为60.32 kg/（hm²·yr）；归还量为54.97 kg/（hm²·yr），其中以叶归还53.87 kg/（hm²·yr），以花归还1.1 kg/（hm²·yr）；输出量16.96 kg/（hm²·yr），其中以果皮输出10.35 kg/（hm²·yr）（表4－16）。

表4－16　不同生育期油桐林大量营养元素的生物循环　　　单位：kg/（hm²·yr）

生育期	营养元素	存留量				归还量			输出量			吸收量
		根	干	枝	合计	叶	花	合计	种仁	果皮	合计	
幼龄期	N	0.37	0.67	0.74	1.78	3.37						5.15
	P	0.06	0.09	0.09	0.24	0.07						0.31
	K	0.67	0.90	1.00	2.57	0.69						3.26
	Ca	0.76	2.30	2.82	5.88	3.18						9.06
	Mg	0.15	0.13	0.39	0.67	0.55						1.22
	合计	2.01	4.09	5.04	11.14	7.86		7.86				19.0
始果期	N	0.60	2.28	6.05	8.93	23.78	0.51	24.29	3.81	1.07	3.88	37.10
	P	0.12	0.28	0.75	1.15	0.46	0.04	0.50	0.37	0.12	0.49	2.14
	K	1.09	2.66	8.30	12.05	4.59	0.35	4.94	1.07	6.21	7.28	24.27
	Ca	1.64	11.00	21.43	34.07	21.42	0.51	21.57	0.79	2.85	3.64	59.28
	Mg	0.40	0.68	3.04	4.12	3.62	0.05	3.67	0.57	0.10	0.67	8.46
	合计	3.85	16.90	39.57	60.32	53.87	1.10	54.97	6.61	10.35	16.96	132.35

（续表）

生育期	营养元素	存留量				归还量			输出量			吸收量
		根	干	枝	合计	叶	花	合计	种仁	果皮	合计	
盛果期	N	4.20	3.71	13.03	20.76	94.38	13.39	107.77	36.39	8.14	44.53	173.06
	P	0.38	0.55	1.80	3.18	1.62	0.97	2.59	2.87	1.22	4.09	9.86
	K	5.54	9.11	21.03	35.68	34.25	8.89	43.14	7.67	55.42	63.09	141.91
	Ca	12.19	28.95	60.10	101.24	85.39	4.00	89.39	6.51	22.17	28.68	219.31
	Mg	2.35	1.64	5.40	9.39	19.45	1.58	20.03	3.84	1.00	4.84	34.26
	合计	24.93	43.96	101.36	170.25	235.09	28.83	263.92	57.28	87.95	145.23	579.40
衰老期	N	0.79	1.47	7.51	9.77	49.16	3.66	52.82	1.96	1.26	2.95	65.54
	P	0.24	0.23	0.99	1.46	0.81	0.34	1.15	0.11	0.15	0.26	2.87
	K	1.80	3.80	11.57	17.17	17.19	3.20	20.39	0.37	7.40	7.77	45.33
	Ca	5.06	15.44	38.56	59.06	47.05	1.62	48.67	0.32	2.71	2.73	110.46
	Mg	0.80	0.73	2.41	3.94	9.06	0.43	9.49	0.13	0.09	0.22	13.65
	合计	8.68	21.67	61.04	91.04	123.27	9.25	132.52	2.62	11.61	14.23	238.15

从循环速率表 4 – 17 可以看出，始果期营养元素的归还速率为 45.6% ，其中通过叶的归还速率为 40.6% 。通过花的归还速率为 5.0% ；输出速率为 25.1% ，其中通过果皮输出速率为 9.9% 。通过果皮的输出速率为 15.2% 。

表 4 – 17　不同生育期油桐林大量元素循环速率　　　（单位：% ）

生育期	营养元素	归还速率			输出速率			循环速率
		叶	花	合计	种仁	果皮	合计	
幼龄期	N			65.4				65.4
	P			22.6				22.6
	K			21.2				21.2
	Ca			35.1				35.1
	Mg			45.1				45.1
	合计			41.5				41.5
始果期	N	64.1	1.4	65.5	10.3	2.9	13.2	78.7
	P	21.5	1 9	23.4	17.3	5.6	22 9	46.3
	K	18.9	1.4	20.3	4.4	25.6	30 0	50.3
	Ca	36.1	0.3	36.4	1.3	4.8	6.1	42.5
	Mg	42.8	0.6	43.4	6.7	1.2	7.9	51.3
	合计	40.7	0.8	41.5	5.0	7.8	12.8	54.3

（续表）

生育期	营养元素	归还速率			输出速率			循环速率
		叶	花	合计	种仁	果皮	合计	
盛果期	N	54.5	7.7	62.2	21.0	4.7	25.7	87.9
	P	16.4	9.8	26.2	29.1	12.4	41,5	67.7
	K	24.1	6.3	30.0	5.4	39.1	44.5	74.9
	Ca	39.0	1.8	40.8	3.0	10.1	13.1	53.9
	Mg	56.8	4.6	51.4	11.2	3.0	14.2	65.6
	合计	40.6	5.0	45.6	9.9	15.2	25.1	70.7
衰老期	N	75.0	5.6	80.6	2.6	1.9	4.5	85.1
	P	28.2	11.8	40.0	3.8	5.2	9.0	49.0
	K	37.9	7.1	45.0	0.8	16.3	17.1	62.6
	Ca	42 6	1.5	44.1	0.3	2.5	2.8	46.9
	Mg	66.7	3.2	69.9	1.0	0.7	1.7	68.4
	合计	51.8	3.9	55.7	1.1	4.9	6.0	61.7

进一步分析各营养元素，其中归还和输出速率是不同的。归还率的大小顺序是 $N > Mg > Ca > P > K$，输出速率的大小顺序是 $K > P > N > Mg > Ca$。

3. 盛果期大量营养元素的生物循环

盛果期桐林中大量营养元素的总吸收量为 579.40 kg/（hm^2·yr），其中存留量为 170.25 kg/（hm^2·yr），归还量为 263.92 kg/（hm^2·yr），输出量为 145.23 kg/（hm^2·yr）。存留量中以钙为最大，其值为 101.24 kg/（hm^2·yr）；回归还量中以氮最大，其值为 107.77 kg/（hm^2·yr）；输出量中以钾最大，其值为 63.09 kg/（hm^2·yr），其中通过果皮输出为 55.42 kg/（hm^2·yr）（表 4 – 16）。

由循环速率表 4 – 17 可以看出，养分的归还速率为 45.6%，其中通过叶的归还速率为 40.6%，通过花的归还速率为 5.0%；输出速率为 25.1%，其中通过种仁的输出速率为 9.9%，通过果皮的输出速率为 15.2%。

进一步分析可知，各营养元素的归还速率和输出速率是不同的。各元素归还速率的大小顺序是 $N > Mg > Ca > K > P$，各元素输出速率的大小顺序是 $K > P > N > Mg > Ca$。

4. 衰老期大量营养元素的生物循环

衰老期养分的总吸收量为 238.15 kg/（hm^2·yr），存留量为 91.4 kg/（hm^2·yr），归还量为 132.52 kg/（hm^2·yr），输出量为 14.23 kg/（hm^2·yr）。存留量中以钙元素最高，其值为 59.06 kg/（hm^2·yr）；归还量中以氮元素最高，其值为 52.82 kg/（hm^2·yr）；输出量中以钾元素最高，其值为 7.77 kg/（hm^2·yr），其中以果皮输出的为 7.40 kg/（hm^2·yr）。

从循环速率表 4 – 17 可以看出，衰老期营养元素的归还速率为 55.7%，其中通过

叶的归还速 率为51.8%；输出速率为6.0%，其中通过果皮的输出速率为4.9%。进一步分析元素的归还速率和输出速率可知，各元素的归还速率的大小是 N > Mg > K > Ca > P；输出速率的大小是 K > P > N > Ga > Mg。

比较、综合不同生育期桐林营养元素的生物循环，可以得出，营养元素的吸收量为盛果期 > 衰老期 > 始果期 > 幼龄期；存留量和归还量均为盛果期 > 衰老期 > 始果期 > 幼龄期 > 衰老期。不同生育期，各营养元素的吸收量中均是 Ca > N > K > Mg > P；存留量中钙最高，归还量中氮最高，输出量中钾最高；输出速率为钾最大，磷次之，氮第三。

（七）油桐林系统的施肥量

维持桐林系统养分平衡是桐林获得高产、稳产的关键。每年随着大量油桐产品的外运，桐林系统的养分不断地损失。虽然土地是永久性的生产资料，但是如果不养地，也会变得贫瘠。为此，从养分生物循环的角度，依据生物循环中养分的输出量，我们提出了维持桐林系统养分平衡而需对系统施肥的临界量，见表4-18。

由于磷在林地土壤中含量最低（表4-13）。而其输出速率又很高（表4-17），因此可以认为磷肥是保持桐林高产、稳产最关键性的肥料，其次为氮肥、钾肥、镁肥和钙肥。

表4-18 不同生育期桐林系统施肥临界量 （单位：kg/（hm² · yr））

生育期	氮肥	磷肥	钾肥	钙肥	镁肥	合计
始果期	3.88	0.49	7.28	3.64	0.67	16.93
盛果期	44.53	4.09	63.09	28.68	4.84	145.23
衰老期	2.95	0.26	7.77	0.73	0.22	14.23

三、结论与讨论

油桐各组分生物量的估测模型：根、干、枝、叶和总生物量的估测模型采用 $W = a (D^2 H)^b$（表4-6）；花生物量的估测模型采用 $W = a + bS$（表4-5）；果生物量的估测模型采用 $W = a + bS$ 或 $W = a (D^2 H)^b$（表4-5、表4-6）。

油桐林总生物量幼龄期（1~2 年）为 0.02~0.746 t/hm²，始果期（3~5 年）为 2.131~7.489 t/hm²，盛果期（7~15 年）为 20.149~72.986 t/hm²，衰老期（20 年）为 79.61 t/hm²。

以果的净生产量作为经济产量，始果期、盛果期和衰老期的经济系数分别为 0.11、0.21、0.16；以种仁的净生产量作为经济产量，始果期、盛果期和衰老期的经济系数分别是 0.03、0.06、0.03。

第五章　油桐栽培分布及栽培区划[①]

第一节　油桐栽培分布

中国林业区划草案把全国区划为 8 个大区，38 个林区，是属于国家级的一级区划，省、县分属二级和三级区划。这个区划包括多林种多树种全面的林业区划。油桐栽培区划是单一树种的区划，是以原有油桐栽培分布面积集中程度、油桐的生物学、生态学及林学特性为依据的。

油桐栽培区划的原则是遵照自然规律和经济规律。遵照自然规律即是如何合理的开发利用生态资源，保持生态平衡（动态），发挥最优的社会效益和经济效益。遵照经济规律即是顺乎油桐生产历史形成过程，油桐经济收益在当地的经济生活中的地位，以及四化建设发展的要求。

新中国成立以后油桐生产虽几经挫折，但总的形势是发展的，至1980 年向国家提供桐油2 000万 t。在油桐生产中因布局不当而失败的事例很多，这不仅新产区有，在老产区也有。为使今后制订油桐生产发展规划和基地安排建立在科学的基础上，真正做到尊重生态规律，因地制宜，必须作出中国油桐栽培区划。

中国油桐栽培区划是 1962 年林业部下达的十年规划重点研究课题，这项研究是断续地进行的。本文初稿于 1981 年 9 月在贵州正安县召开的第四届全国油桐科研协作会议上大会宣读后收入会议资料选编。1983 年中国林业出版社出版的《经济林栽培学》第十二章，油桐栽培中也编入这一区划方案。以后各省作的油桐区划也套用这一方案。经几年来实践检验证明这一区划方案是正确的。油桐丰产林（GB 7905—87，后改林业行标）以及后来的油桐栽培技术规程（cy/T 1327—2006）均收入这区划。因此，现在提出的中国油桐栽培区划，是在 1981 年初稿的基础上，作了某些必要的补充修正。

油桐栽培分布仅是指地带性气候因素和土壤因素适于油桐生长，能顺利完成其生

---

① 第五章由何方编写。资料来源于何方，谭晓凤，王承南（1987）。

命周期。由于油桐是经过长期人工栽培的油料树种，有一定的立地条件和栽培措施的要求。因此，并不是任何一个生境都能栽培油桐的。所以油桐的栽培分布是不连续的，是呈间断分布的，在分布区的边缘更是呈插花式的，为使油桐栽培获得高产稳产，仍然存在着局部与林地选择问题。

一、水平分布

目前我国油桐栽培分布区域，是由中心原产地，因人工栽培引种向四周扩延的结果。根据油桐栽培分布的数量和集中的程度及其自然条件的差异，在分布范围内可以划分出边缘栽培区、主要栽培区和中心栽培区。

我国油桐分布范围界线是：北纬22°15′~34°30′；东经99°40′~121°30′。西至青藏高原横断山脉山系大雪山以东，东邻华东沿海低山与丘陵的东缘，北接秦岭淮阳中山与低山以南，南至华南沿海丘陵和滇西南山原以北的广大地区。包括西北地区的甘肃、陕西，西南地区的云南、贵州、四川，中南地区的河南、湖北、湖南、广东、广西，华东地区的安徽、江苏、浙江、福建共15个省（区），近700个县。南北直跨近12个纬度，长达1 300 km，东西横过21个经度，宽达2 000 km，约有210万km²，占全国总面积的26.6%。

油桐分布区域的具体界线如下。

西界南端从云南澜沧江以西，位于北回归线附近的双江起，向北沿邦马山、老别山东面山麓到昌宁；逆漾濞江西边上至漾濞；再经点苍山西侧，漾濞江东岸上至剑川，转向东经程海以北到永胜；田光茅山南经华坪，进入四川省的盐边；横过雅砻江，再经由江的东岸上到德昌；跨过安宁河至东岸，逆东岸向北到西昌；复继沿宁河东岸直到大渡河边的石棉、汉沅；绕经大相岩以西，二郎山以东达荥经、全天，由经邛崃山东西，经宝兴到理县；经由岷山以东茶坪山以西的低山地区到平武，续由摩天岭以东进入甘肃省的文县而北止于武都。即是双江—昌宁—剑川—永胜—华坪—盐边—德昌—西昌—汉沅—全天—理县—平武—文县—武都这一线以东。

北界西端起于甘肃的武都、康县，向东进入陕西的略阳；沿秦岭山脉南坡海拔500~700 m以下低山经留坝、柞水、转入秦岭山脉东段的商县、雒名；续进入河南伏牛山北麓的卢氏，经由熊耳山南麓到嵩县、伊川、禹县；再经由许昌沿京广铁路线南下转东到上蔡；继复又向南经由汝南，沿大别山北麓、淮河、黄河洪积冲积平原的西缘经息县，过淮河到潢川再沿淮黄平原南缘低山左陵向东到固始；进入安徽的霍丘，绕瓦埠湖，沿湖的南岸到定远；继向东到江苏洪泽湖南面的盱眙；经界首跨过苏北黄淮冲积平原东止于东台。即是武都—康县—略阳—留坝—柞水—商县—雒名—卢氏—

嵩县—伊川—许昌—上蔡—汝南—息县—潢川—霍丘—定远—盱眙—东台一线以南。

东界北端起自江苏的东台，向南经越苏北黄淮冲积平原中部的海安、江阴到常熟；向东经绕太湖以西到苏州，进入浙江省的嘉兴，至杭州；向东沿邕杭铁路到宁波，即转向南，直沿东南沿海低山经由天台山西侧到宁海、临海；由大罗山东面到黄岩；向南直沿闽浙流纹岩低山与中山地区的近东缘经由瑞安、平阳，进入福建的福鼎、福安、宁德；继向南延伸过闽江到闽侯、永泰；由云居山东面到莆田、经仙游、南安、长泰，过九龙江经由蒲南止于南靖。即是东台—江阴—常熟—苏州—嘉兴—杭州—宁波—临海—黄岩—瑞安—福鼎—福安—闽侯—莆田—南安—南靖一线以西。

南界的东端起自福建的南靖，向西进入广东省境内的粤东中山低山丘陵地区的大埔；经由梅江东岸到五华，沿连山西面到惠阳；经由珠江三角洲的东莞、新会到开平；向西沿粤桂低山与丘陵地区南缘经恩平、阳春，由大桥顶北面到雷北，进入广西合浦；再越沿海丘陵经钦州，沿十万大山东南侧山麓进入宁明；然后向北再转西越桂西南岩溶低山与丘陵地区，经靖西，到睦边；再向西延进入云南境内的麻栗坡、马关；继经滇南岩溶低山达哀牢山南端的金平，再向西伸进抵滇西南山源直达思茅；转向西北逆沿巴景河上到景谷，再向西北越经临沧上于双江。即是南靖—大埔—五华—惠阳—东莞—开平—阳春—雷北—合浦—钦州—宁明—靖西—睦边—麻栗坡—马关—金平—思茅—临沧—双江。

（一）边缘栽培区

在上述油桐分布范围之内，包括亚热带的北、中、南三个气候带，自然条件差异很大，并不是每一个条件都适宜油桐生长的，愈是边缘地区生境愈有局限。在北亚热带≥10℃积温 4 250～4 500 至 5 000～5 300℃，天数 220～240 d。年极端最低气温 −20℃至 −10℃。−10℃以下油桐已经要遭受冻害，不能顺利越冬。在南亚热带终年高温，油桐不能完成冬季休眠，有碍结实。往西海拔高气温低和水分不足，往东部丘陵则由于土壤条件的不适，而限制了油桐的分布。因此，在北部和南部，西边和东边都有其局限的边缘栽培区。

（二）主要栽培区及其自然特点

油桐主要栽培区的界线是：北纬 23°45′～33°10′，东经 101°50′～119°58′。包括贵州、湖南、湖北、江西的全部；江苏、安徽、河南、陕西之南部；广东、广西、福建的北部；浙江的西部；四川东部和云南之东北部，约共 400 个县。南北跨 850 km，东西横跨 1 300 km，约有 110 万 km²，约占全国土总面积的 11.4%。

油桐主要栽培区的具体界线如下。

西界南端从滇西南山源的西南缘哀牢山北麓的沅江，向北经新平到易门，然后转向西北到广通；逆龙川河东岸而上经元谋，横过金沙江进入四川的会理、米易，经安宁河东岸鲁南山西侧到昭觉；再沿大凉山西侧向北转入峨嵋山北面的峨嵋；横过清衣江，沿岷江西岸北上到大邑、灌县；沿茶坪山东侧到江柚，沿成宝铁路向北，进入陕西的陨平关，北止于秦岭南面中山低山地区沔县。即是元江—易门—广通—元谋—米易—昭觉—峨嵋—大邑、灌县—江柚—沔县。

北界西端起自陕西的沔县，向东在米仓山北面，沿汉水北岸经由城固、洋县到石泉；向北到子午河东面的宁陕，转向东北到镇安；再经由天柱山和新开岭北面过山阳，经丹凤、商南，进入河南伏牛山南面的西陕、南阳；东南经泌阳，沿桐柏山北侧跨过京广铁路至罗山；再经大别山北面的光山、商城进入安徽的金寨、六安，沿长江中下游湖积冲积平原的北缘到肥东、滁县；再继续向东延伸进入江苏的六合、仪征；向东南过长江到镇江经丹阳，东止于常州。即是沔县—洋县—石泉—宁陕—镇安—山阳—商阳—西陕—泌阳—罗山—光山—商城—金寨—六安—肥东—滁县—六合—仪征—丹阳—常州。

东界北端起江苏常州，沿绕太湖的西侧进入断江的长兴；由莫干山的东面经武康到杭州；沿浙赣铁路南至义乌、永康；转东再向南顾沿好溪西岸到青田；折转西经括苍山的西北面到景宁、龙泉；经沿黄茅尖的西面向南到庆元，继续南伸进入福建的政和、屏南、古田；向南延过闽江转西到白岩山西边的龙溪，沿戴云岭西面到永安、龙岩；向西折至上杭，南伸止于广东蕉岭。即是丹阳—高淳—溧阳—长兴—杭州—义乌—永康—青田—景宁—龙泉—庆元—政和—古田—永安—龙岩—上杭—蕉岭。

南界东起蕉岭，沿南岭山脉南麓向西延伸，经平远、和平，由九连山南侧到翁源；转向西北到甜江、乳源，经由天进山南面到阳山、连山；向西进入广西的贺县、昭平、蒙山；沿瑶山东南麓直至南端转向西北，到达柳州；经由桂中岩溶丘陵到忻城、马山、田东；沿右江东岸到田阳、百色沿镇桂中山丘陵地区的中部进入云南文山壮族自治州的西畴、文山；向西到蒙自；经由个旧沿元江河东岸西止于元江。即是蕉岭—和平—翁源—乳源—阳山—连山—贺县—蒙山—柳州—忻城—田东—百色—西畴—蒙自—元江一线。

油桐是中亚热带的代表树种，主要栽培区是中亚热带，另外在北亚热带南部一些局部地区也属油桐主要栽培区。在北亚热带的陕西油桐主要栽培分布秦岭南坡和大巴山北低山丘陵和汉中盆地，如宁强、城固、石泉、镇安、紫阳、安康、平利、镇坪等地，是陕西自然条件最优越的自然地区，≥10℃积温在 4 500℃以上，年降水量超过850 mm。河南油桐主要栽培在豫南桐柏大别山北麓低山丘陵地区和南阳盆地边缘丘陵地区，如西峡、内乡、析川、唐河、桐柏、罗山、光山等地。在这里 210℃积温仍在

4 600℃以上，年降水量 900 mm 以上，是河南温暖湿润地区。在安徽油桐主要栽培在皖西大别山低山地区其中如金寨、霍山。皖南南部和中部低山丘陵如祁门、休宁、黟县、歙县、绩溪、旌德、泾县、宁国等地。在这里≥10℃积温 5 000℃左右，年降水1 400 mm以上。

（三）中心栽培区及其自然特点

油桐中心栽培区的界线是：北纬 26°45′～31°35′；东经 111°30′～107°10′。包括川东南，鄂西南，湘西北和黔东北 4 省交界毗邻的地方，这是我国油桐著名产区。全国有油桐基地县 101 个，有 50 余个在这里。南北长约 440 km，东西宽约 400 km，约有面积 176 000 km²。

油桐中心栽培区的具体界线如下。

西界南端从贵州的息峰起，向北顺川黔铁路经遵义、桐梓，进入四川的重庆；又继向北横长江至长寿；再经大竹、达县，北止于平昌。

北界西端从平昌起，向东经开县至奉节；沿长江南岸经由湖北的巴东，东止于宜都。

东界北起宜都，向南进入湖南石门、慈利，经由武陵山脉东侧至沅陵；顺沅江而下至辰溪、黔阳，经洪江南止于会同。

南界东起会同，向西延进入贵州的锦屏、三穗、镇远；继西延至黄平止于息峰。

油桐中心栽培区处于我国中亚热带的中段，自然条件优越。

二、油桐的垂直分布

海拔高度影响着气候、土壤和植被。油桐垂直分布的高度因纬度的不同而有差异。

我国油桐栽培区域主要是在山区，但实际上油桐并不分布在很高的山上。如湖南湘西北潭水、沅水是油桐主要产区，境内崇山、峡谷、盆地、丘陵相间分布，油桐主要分布在 500～700 m 以下的低山丘陵地带，700～900 m 的山地则少有分布，1 000 m以上则没有油桐的分布。在贵州由贵阳至罗甸间，油桐分布最茂密的是海拔 400～500 m 的地方，贵筑县画眉寨海拔 1 200 m，冬有冰雪油桐不能越冬。在龙里县低坡海拔1 300 m，5 年生油桐仅高 50 cm。在镇远的汤水两岸，三都的都江两岸海拔较低，油桐生长很好。四川油桐一般分布在 1 000 m 以下的低山丘陵地区，以 200～800 m 分布最多。川南可分布到 1 400 m，川北不超过 900 m。四川中部合川至三台间油桐主要分布在 500 m 以下起伏不平的丘陵低山地带。川东南黔江西阳间油桐主要分布地区是海拔600 m 以下河口场、濯河坝和两河口等处。在云南的文山州油桐分布 160～2 000 m 之间。在昭通地区油桐分布450~1 000 m之间。在北部河南的西峡油桐分布较集中的是350~500 m的丘陵，在700~800 m的山地很少分布。至伏牛山北坡，油桐主要分布溪流两岸不当寒风吹袭的台阶地上。如嵩县油桐主要分布在汉水水系的白河沿岸低坡处。在陕西长安南五台油桐生长在650~700 m以下。

由上述油桐不同地区分布的不同高度，可以得出如下四点结论。

低纬度地区比高纬度地区分布高。一般分布高度300~800 m，上限1 000 m。在北部分布高度300~500 m，上限700 m。在南部分布高度500~800 m，上限1 200 m。

西部比东部分布高。西部400~1 300 m，上限1 700 m。在西南地区的滇西南河谷可分布高达2 300 m。东部50~400 m，上限600 m。

山山相连，峰峦起伏，丘陵、盆地相间地区比孤山地区分布高，也是油桐生长最适宜的地貌。

分布高的没有分布适中的产量高、品质好。据湖北林科所的调查，在竹溪新州海拔200 m处，每斤桐籽178粒，至海拔900 m处，每斤桐籽216粒，显然种子变小。

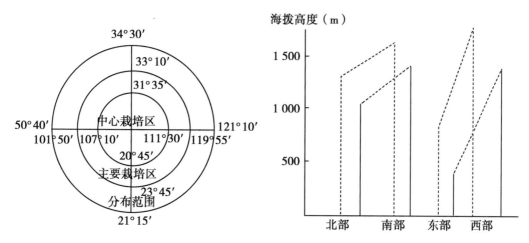

图5-1　中国油桐水平分布（示意图）　　　　图5-2　中国油桐分布海拔高度（示意图）

表5-1　适宜发展油桐生产的海拔高（供参考用）

地区	少有分布海拔高	分布最高海拔	最多分布海拔高	地貌
湘西北	900	700~900	300~700	低山丘陵
湘南	1 200	900~1 000	500~800	中山、低山丘陵
四川	1 200	800~1 000	200~800	中山、低山丘陵
川南	1 600	1 400~1 600	400~700	低山丘陵
川北	1 000	700~800	300~600	低山丘陵

（续表）

地区	少有分布海拔高	分布最高海拔	最多分布海拔高	地貌
四川盆地西缘	1 500	800～1 000	200～800	中山、低山丘陵
四川盆地南缘	1 000	600～800	300～500	低山丘陵
贵州	1 950	800～1 000	300～700	中山、低山丘陵
龙里	1 200	800～1 000	300～800	中山、低山丘陵
云南富宁东部	2 300	1 800～2 300	1 000～1 800	高原
李仙江			900～1 200	谷地
文山	2 100	1 700～2 000	800～1400	山地
昭通	1 800	1 000～1 700	450～1 000	山地
金沙江	2 000	1 200～1 500	700～1 200	山地
广西中亚热带	1 050	100～1 300	300～700	低山丘陵
广西南亚热带	1 300	1 500～1 800	600～1 000	山原谷地
桂西石灰岩高原	1 300	800～900	500～800	低山谷地
那坡		1 300～1 500	1 000～1 200	水原高原
十万大山			700～900	山地
黄山	1 000	800～900	300～700	低山
大别山	600	500～600	300～500	低山
宁国			200～400	丘陵
江苏			50～220	冈地低丘
河南西峡	800	600～800	250～600	低山丘陵
桐柏山	1 000	800～900	300～500	低山丘陵
鄂西	1 200	800～1 000	200～700	低山丘陵
井冈山	1 800	1 200～1 500	300～800	中山、低山丘陵
福建武平	1 000	700～900	200～700	低山丘陵
陕西长安	800	700～800	200～700	低山谷地
台湾	2 000	1 500～1 800	400～1 000	中山低山

三、油桐分布北界

伏牛山北坡油桐调查报告①

油桐在我国之栽培分布，以往一般以为其北界止于伏牛山南坡，北坡则没有油桐

① 原载《中国油桐科技论文选》一书。在调查过程中，承蒙河南省林业厅魏泽普工程师介绍情况，并得到宝丰等县林业局，禹县鸠山林场的大力支持，许昌专区林业局熊成林同志，宝丰县林业局曾克新同志曾参加部分的野外调查，在此一并致谢。

栽培分布。贾伟良先生遗著《中国油桐生物学之研究》也没有记述，汪秉全、王一桂、邹旭圃、徐明、王儒林、陈嵘、陈植等诸氏皆认为油桐栽培之分布止于伏牛山南坡。华东华中高等林业院校协作编写的《特用经济林》虽提及油桐分布可至北纬35°，但未提出根据及具体的地方。1963 年七八月份暑假，我先后到河南伏牛山北坡的宝丰、鲁山、禹县、嵩山等地作了一次为时 30 多天的油桐分布、生长和生产情况的调查，证明油桐分布之北界可以推移至伏牛山北坡。并且生长良好，具有栽培上的经济意义。据河南省林业厅魏泽普工程师报告，在黄河以北辉县、济源小气候良好的地方，也有零星的油桐栽培。这样看来，只要小气候适宜，油桐可以移至北纬 35℃。

（一）油桐分布和伏牛山北坡自然条件

伏牛山位于河南西部，是豫西山地的主要山脉，奇峰耸立，山峦重叠，号称"八百里伏牛山"。山是西北东南向平均海拔在 1 000 m 左右，主峰摩天岭高达 2 400 m。山延至鲁山县东南逐渐降低为 400 m 左右的低山丘陵，为淮河和唐白河流域的分水岭。伏牛山在构造上属秦岭地轴的东部，为东秦岭地质区。燕山造山运动有大量的新花岗岩侵入，构成了伏牛山一带的岩基。而出露的岩层主要有太古界片岩及片麻岩，部分地区有石灰岩，在古老岩层的边缘有古代沉积物。由于长期受到洛、伊、汝、颖以及汉水各支流的侵蚀和切割，显得异常破碎。各河流两岸都有返期冲积平原产生，山岭中间夹有很平缓的低地，低部都有第三纪砾石红土和第四纪黄土的堆积，在这些平缓山坡和山间盆地，由坡度平缓，土层较厚，是粮棉和特用经济林木的产区。油桐主要分布在这些地区。

油桐主要分布在溪流（汉水水系）两岸缓坡不当风吹袭的台阶地上，并且是零星分布，没有集中成片的，如鲁山县主要分布在横贯其境的大沙河各个支流。1963 年全县收购油桐籽 6.7 万多千克，其中下汤区产 4 万多千克，主要分布在清水河的两岸赵村区产 1.5 万多千克，分布在四棵树河，西河的两岸；瓦屋区产 1 万多千克，分布在汤泽河沿岸的大产寺大队。嵩县油桐主要分布在白河的沿岸。白河公社 1962 年产桐籽 7 500 多千克，主要分布在柳伏河（白河的支流）沿岸的庙街、下寺、黄柏街等大队。1958 年在县城直播一部分油桐，1959 年春天出苗，冬天全部冻死。宝丰县油桐主要分布在观音堂区，全区估计有 1 万株桐树，分布在观音堂、兰沟、罗顶三个公社的小溪两岸。禹县油桐分布在涌泉河上游各支流鸠山一带。另如舞阳、郏县、卢氏、伊阳、临汝、栾川各县都有少量油桐，也是零星分布在小溪流的沿岸。在新安县的石寺公社也发现有 900 多株油桐树并结果。

在前述那些地区油桐分布有一些共同的规律，可以分 4 种不同的类型。

第一种类型，是在河流两岸的缓坡地结合种粮食，零星栽培一些油桐，再往上就是栓皮栎或麻栎的柞蚕坡（图5-3）。

第二种类型，和第一种类型一样，不过油桐的上部不是柞蚕坡而是杂灌木，最上部是油松（图5-4）。

图5-3　类型一　　　　　　　　　　　　　图5-4　类型二

第三种类型，是河流的一岸有平的旱地，在旱地之上的缓坡种油桐，往上是柞蚕坡，而河流的另一岸是大片平地种农作物（图5-5）。

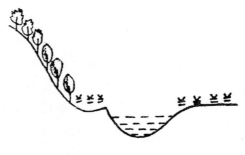

图5-5　类型三

第四种类型，是在河滩地上种油桐，往上是平的旱地，旱地之上的缓坡又种油桐，河流的另一岸坡陡，往往是灌木林（图5-6）。

图5-6　类型四

各种植物的海拔分布和组成的林型是不同的。海拔600~800 m分布灌木油松林。在土层较厚的地方混有栓皮栎、麻栎。在600 m以下多为栓皮栎，麻栎纯林（矮化的柞蚕坡）。在 1 300 m 以上的肥沃湿润地带常有槲栎林，在 1 500 m 以上是华山松林，在 2 000 m 以上是苔藓冷杉林。油桐分布在 300 m 以下的缓坡台阶地上，没有成片分布，只有单株或 5~20 株的小片桐林，没有间作的桐林，除有杂草外，亦混有胡枝子、荆条、化香等灌木。

棕色森林土是花岗岩、片麻岩、安山岩发育起来的，在 1 000 m 以上山地没有油桐的分布。

褐土一般质地多属轻壤、中壤，排水性很好，由石灰岩、石英、砂岩、云母、片麻岩发育起来，且分布广，主要分布在低山山麓和丘陵地带，是油桐分布的主要土壤，自然植被一般多遭受到破坏，容易引起水土流失，土壤反应中性到微碱性，pH 值 7.5~8.0，由于褐土的发育阶段和特性的不同，又可分为典型褐土、淋溶褐土、碳酸盐褐土和草甸褐土等亚类。

淋溶褐土发育在比较湿润的条件下，土壤的淋溶作用比较强，土壤中的游离石灰全部淋失，黏粒和三氧化物也微有下移现象，土壤呈中性反应，土层深厚，矿物质含量丰富，宜于油桐生长。典型褐土则肥力较差。碳酸盐褐土含钙质多。油桐在四川、贵州多喜生长在中性紫色土和中性棕色土上，在湖南分布在黑色石灰土上的生长最好。这些土壤中的 pH 反应和淋溶褐土很近似。

在临汝、卢氏、栾川河流沿岸油桐分布地区还有两合土，土壤特点是土表的棕色或灰红色，呈粒状，较疏松，有机质含量 1.07%，pH 值 7.85，石灰反应微。

（二）油桐生长调查

1. 油桐生长情况

本区油桐生长一般不如四川、湖南等地的好，产量低，含油量也要低 7%~10%，3 年桐要推迟 1 年，至 4 年才开始结果。在四川、湖南等油桐产区年生长期一般是 280 d，3 年合计是 840 d，而在本区年生长期最多是 190~210 d，结果按 210 d 计算，4 年也正好是 840 d，4 年的生长日数才能抵上华中地区的 3 年生长日数，因此结果推延至 4 年，盛果期要延至 8 年以后，寿命可至 30 年，但结果量在 25 年以后渐减。

在嵩县油桐主要分布在白河公社，该公社四面有高山，中间一小盆地，白河贯流其中。白河是汉水水系，冬天不冻结；而在山那边车村公社的汝河（黄河水系），冬天河水冰冻，没有油桐的分布。因此，嵩县在净度上比宝丰等其他三县都好，但由于小气候条件好，油桐生长仍比其他三县的更好。

在同一个小气候条件下，不同的立地条件，油桐生长和结果量差异很大（表 5-2）。

表 5 – 2 油桐生长情况比较

地区	年龄（年）	树高（m）	冠幅（m）	结果数（个）
宝丰	5	2.50	1.90	30
鲁山	5	2.80	2.20	51
禹县	5	1.90	1.40	19
嵩县	5	2.70	2.10	49
大庸（湖南）	5	3.70	3.20	30

注：这是几个地区调查的平均数，只能作一般的比较。

从表 5 – 3 可看出坡的下部比上部好，离河岸近的比远的好，间作的比未间作的好。

表 5 – 3 白河公社①油桐生长调查

年龄（年）	树高（m）	冠幅（m）	结果数（个）	立地条件
4	2.50	3.10	6	在白河东岸，高出河岸 20 m 的小台阶地，是坡脚的凹槽中，石英砂岩褐色土，土层深厚，间种玉米
6	4.10	4.20	102	在白河东岸，高出河岸 20 m 的小台阶地，是坡脚的凹槽中，石英砂岩褐色土，土层深厚，间种玉米
11	7.20	8.10	403	在白河东岸，高出河岸 20 m 的小台阶地，是坡脚的凹槽中，石英砂岩褐色土，土层细厚，向种玉米
7	4.10	4.10	170	白河东岸高，出河岸 60 m，是山上部的坡地，褐土，含石砾多，间作玉米
7	5.10	4.80	270	白河东岸，高出河岸 40 m，山的下部，褐土，含石砾，但土层较厚，间作玉米
4	1.21	0.74	2	白河东岸，距河束褐土，东奉土层有大块的片麻岩，土层薄，没有间作的荒草坡
6	2.80	3.10	60	河东岸高出河岸 30 m 的小台地坡脚，褐土，含石砾，没有间作

禹县国营鸠山林场 1958 年冬，在拐子河边（涌泉河支流）小葫芦套直播 1 000 亩油桐（现存 300 亩）。葫芦套是一个丘陵，并且四周比较开阔，土壤瘠薄干燥，有大块露头石灰岩，油桐生长不良，1962 年只有个别植株开花，今年才有 60% 的开花结果。

从表 5 – 4 看出梯土化整地间作的生长好，结果量也多，水平台阶整地的比鱼鳞整坑的好。

① 公社作为历史名称保留。

表5-4　鸠山林场油桐生长调查

年龄 （年）	树高 （m）	冠幅 （m）	结果数 （个）	整地间种情况
5	0.64	0.46	0	鱼鳞坑整地，没有间作，山的上部
5	1.11	0.55	0	鱼鳞坑整地，没有间作，山的上部
5	1.14	0.82	3	鱼鳞坑整地，没有间作，在山的下部
5	0.97	0.70	3	鱼鳞坑整地，没有间作，在山的下部
5	1.61	1.10	4	水平台阶整地，没有间作
5	2.20	2.29	37	梯土整地，间种农作物

据在宝丰的调查，生长在不同的土壤条件下，油桐的生长和结果情况也是不同的，生长在淋溶褐土上的比典型褐土上的好（表5-5）。

表5-5　宝丰某公社油桐生长调查

年龄（年）	树高（m）	冠幅（m）	结果数（个）	土壤种类
8	5.20	4.95	330	淋溶褐土，间作
6	4.80	4.30	180	淋溶褐土，间作
8	4.10	3.90	170	典型褐土，间作
6	3.10	2.90	90	典型褐土，间作

2. 气　候

本区属暖温带季风气候，是亚热带与温带的过渡地带。总的气候特点是：冬季寒冷少雨雪，春季干燥多风沙，夏季炎热多雨，秋季晴和高爽。

气候区划属华北南省，是华北地区热力资源最充足的地区。按生长季积温的分布，≥15℃积温达到4 900～5 100℃，≥10℃的积温达到4 500～4 750℃。保证率80%的积温不少于2 900℃，保证率10%的积温至少有3 400℃。

本区纬度一般在北纬34°30′左右，还算是偏南的，温暖日数比较多，的持续时间有230～240 d，≥10℃的持续时间有190～210 d。初霜一般是从10月中下旬开始，晚霜至3月底或4月上旬，无霜期有170～190 d，从上述看来，本地区的热量和生长期是能够满足油桐生长的需要的。

我国几个油桐主产区，年平均气温虽都在16℃以上而本区不足16℃，只有13℃，但在4月份以后上升很快，接近华中地区。如油桐在华中地区一般是4月初开花，这时的平均温度一般都在16℃以上，而在本地4月份的平均温度也在15℃以上（有15℃已经满足了油桐开花的要求了），本区油桐一般开花延至4月底，恰好避开了4月上中旬的晚霜，5月即上升到20℃左右，6—8月份气温又增至24.5℃以上，这时已经和华中地区相差不多，对果实的生长、花芽的分化都足够了，至9月份气温仍在20℃以上。11月份本地温度低于10℃，这时果实已经成熟收摘，准备进入休眠。

本区极端低温一般是 –10℃ 左右，亦出现过 –15℃ 的，而以往认为油桐最多只能经受极端低温是 –8℃。但实际看来是可以经受 –15℃ 的，河南全省有油桐面积约14万亩，仅南阳专区的西峡就有近13万亩，南阳的年平均气温也只有16℃，极端低温达 –11℃。从温度角度来看，本区油桐能经受 –15℃ 的低温，生长季节的温度也完全足够。因此，油桐能够在本区完成一个生命周期，具有栽培的经济意义。另外在分布上来看，由于多在背风的山沟边上，未受到寒风吹袭，对安全越冬也是很有积极的作用的。

本区的年降水量 500 ~ 752 mm。相对湿度 52% ~ 69%。华中地区一般降雨超过 1 000 mm，相对湿度在 80% 左右，这样比起来是少了。本区降水量虽少，但多集中在夏季，这正是油桐生长的旺季，同时由于油桐生长在溪流沟边，土壤水分充足，弥补了降水量的不足。

3. 植被与土壤

本区的森林植物类型仍为华北式的松栎林，以栎类油松占优势，属暖温带落叶阔叶林— 棕色森林土、褐土带。主要植物种为油松（*Piruis tabulace*），华山松（*P. Cermandi*）、栓皮栎（*Guercus uariabilis*）、麻栎（*G. aealutisims*）、槲栎（*Q. aliena*）、槲树（*G. dentata*）、袍栎（*G. glandulifea*）、多种杨松（*PoPulus spp*）、多种柳树（*Saliv spp*）、黄连木（*Pistacia chinensis*）、棒（*Corylus heteroP*）、酸枣（*ZizyPhus sPiuosa*）、泡桐（*Poulownia fortunei*）等。灌木有胡枝子（*TePedeta bicolor*）、荆条（*Viter chinensis*）、化香（*Platycaryao strobilacea*）。已经没有常绿树种。代表亚热带的杉、油茶、柑橘已经绝迹。油桐本来也是亚热带的植物，由于是阔叶的并耐寒才有分布，另有多种经济树木如板栗、核桃、乌桕、枣、杏、李、梨、柿、漆等。草本植物以莎草科、禾本科、菊科、豆科、毛茛科等类较多。

在鲁山四棵树公社进行一次油桐间作的调查，证明间作的比未间作的好（表 5 –6）。

表5 –6　鲁山四棵树公社油桐生长调查

年龄（年）	树高（m）	冠幅（m）	结果数（个）	间作情况	备注
5	3.10	2.90	70	间作红薯	9 株平均
5	2.80	2.60	50	间作玉米	11 株平均
5	1.20	0.90		未间作	5 株平均

总的来说间作的比未间作的好。间作的当中，间作红薯比间作玉米好。种红薯挖

土比玉米深，有利蓄水保墒，土壤熟化层加深，这些都是有利油桐生长的。

（三）油桐生产调查

本地区群众经营油桐一般来说是比较粗放的，开垦种粮食为主，结合种油桐或在要丢荒的时候才种油桐。在经营方式上一般是：在选好的开荒地 2—3 月砍地面杂灌，3—4 月烧地，4—5 月种玉米、小米、小豆、红薯等粮食作物，第二年 10 月份结合种麦子很稀散地点播桐子，第三年春天出苗，继续间作，4 年或 5 年丢荒后，油桐长大，以后对油桐少进行专门的管理，至 20 年左右油桐枯死。如果是平缓的坡地则长期间作。有的地区是种 3 年或 4 年粮食后要丢荒时才点播桐子，以后也不加管理，这样产量就更低了。

本地区群众经营油桐历史长短不一，栽培地区较狭小。在宝丰观音公社据 62 岁的社员崔定说：在 20 世纪 20 年代，就有油桐树，并且用桐油来换东西。禹县是 1958 年结合治山在鸠山直播 1 000 多亩油桐的，以往没有经营过油桐。嵩县油桐生产主要是 1952 年从南召引进大量种子后，才发展起来的。郏县经营油桐的历史也很短。卢氏、栾川在民国时就有油桐，历史较长，不过这些地方油桐面积都很小，一个县只有百来亩或几百亩，分布范围很小，仅是一个或几个公社。鲁山经营油桐与其他地区相比是最久的，分布范围较广，在几个区都有，全县有油桐林约 3 000 亩，产量也是最多的，国家粮食部门每年都要收购近 5 000 kg 油桐籽，1963 年（1962 年产量）全县收购油桐籽是 67 000 kg，今年收购价格每千克是 0.31 元，1957 年是 0.178 元，相比提高了 70%，刺激了生产，估计明年收购可达 10 万 kg。其他地区国家在 1961 年才开始收购。

在党的领导下，山区人民战胜了连续几年的自然灾害，恢复和发展了生产。近来国家以合理的价格收购油桐籽，每卖出 50 kg 油桐籽，奖售棉布 3 尺，化肥 4.5 kg，煤油 7.5 kg，食油 2.25 kg。群众有发展生产的要求，鲁山县四棵树公社推车坡生产队，1962 年卖给国家 1 200 kg 油桐籽，得奖售食油 50 kg，全生产队 124 人，每人平均有食油 400 g，社员很满意（缺油地区）。又如该县马老压公社大产寺大队，西部有海拔 1 500 m 的遮风垛，有西大岭、老鹰嘴等山岭，是个山山相连、沟沟相通的大山区。全大队 6 个生产队 99 户 422 人，仅有耕地 145 亩，只占全大队总面积的 2.7%。现有油桐 8 591 株，每人平均有桐树 203 株，1962 年出售油桐籽 1 万多千克，3 年后，每年可产桐籽 3 万多千克，桐树收入将占全大队总收入的 45%。社员说："种植桐树就是好，利国又利己，山区只要抓住这种宝，吃、穿、用、花就不用发愁啦。"该公社的栗树沟生产队，以前是个荒坡，19C 年农民王文治、王平、刘金元、王文臣 4 人，带家进山来开荒种粮食，并在山坡谷底、堰边种几十棵油桐，以后慢慢发展成现在有 7 户 20 个人的生产队，每年的油桐收入占有很大比重。根据社员的经验，桐树衰老后，木材是很好的建筑用料。他们说："桐木檩不伤墙（土墙），桐木橡只弯不断"。

山区群众，根据他们自己的切身体会，认识到发展油桐有很多好处：油桐适应性强，不与农争地，河滩沟洼、高山陡坡、石山土坡都能生长，花工少，投资少，点种栽培极为容易，林粮间作更能增产，牛不吃，生长快，收益早，产品销路好，支援了国家建设。因此，根据地区特点，因地制宜，安排好劳力，合理地进行收益分配，油桐生产事业可以迅速地发展起来的。

（四）结　语

油桐之栽培分布北界，在小气候良好的情况下，可以推移至伏牛山北坡至北纬34°，并有希望在黄河南北两岸附近北纬35°地区生长。

油桐虽然属亚热带植物，但其耐寒性强，在落叶休眠期间，不直接受寒风吹袭，可经受 −10℃以至 −15℃的低温。

本区经营油桐粗放，今后应加强成林的垦复管理。油桐之耐寒耐旱均强，但不耐荒芜，三四年不垦复管理产量大减。

本地区发展油桐生产，可以因地制宜地分为两种情况：在小气候良好的地区，有计划有重点地进行大面积的栽培，加强经营管理，作为商品性生产，这些地区国家应从物力、财力和技术上给以适当的支援。另一种情况，可以普遍组织生产队集体和社员零星栽培，解决生产队自用农具、雨具的用油和社员的小农具、家具的用油，进行自给性生产。

四、油桐分布区自然经济特点

油桐分布范围虽包括亚热带中的北、中、南3个气候带，以及暖湿带南部而主要分布区是中亚热带。油桐生长发育适生条件在气候上要求温暖湿润。年均温13℃以上，≥10℃年积温在4 500℃以上，年降水量750 mm以上，霜期220 d以上，极端低温不低于 −12℃。

油桐分布区在亚热带湿润季风气候、丰沛的雨水的作用下，淋洗掉了土壤中可溶性盐分，形成了地带性褐土、黄壤、红壤等，又由于母质不同，土壤类型十分复杂。

在油桐分布区常见的土类有紫色土、石灰土、红壤、黄棕壤、黄壤、褐土等。

油桐分布区的植被，是常绿阔叶林。

油桐栽培分布区向北扩延的限制因素是冬季低温冻害。向南扩延的限制因素是冬季高温，是冬季不能完成0~5℃低温25~30 d的休眠。向西扩延是水分因素，油桐栽培分布区要求降水量一般要求在600 mm以上。地处甘肃省南端陇南南部北亚热带湿润区，成县、康县、微县年降水量在600~800 mm，在历史上有油桐生产栽培，其相邻的武都、文县、年降水量不足 500 mm，由于所处特定的地理位置在历史上也是油桐产区。

我们研究了低温对油桐生产的影响，并完成研究报告《低温对油桐种子萌发和幼苗生长的影响》的撰写（何方，吴建军，1991）。全文刊载如下。

低温逆境是影响植物生命活动的主要外界环境因子之一，在低温条件下，植物的细胞结构和生理生化功能产生了一系列变化。Lyons 首先提出植物冷害的"膜伤害"假说，许多研究证明低温可以明显地造成植物细胞膜系统的破坏。但是，有关膜系统破坏的机制，还没有形成统一的意见。自 Mccord 和 Frdovich 提出生物膜自由基伤害学说以来，现已被广泛地应用于研究生物细胞的毒害机理。

油桐是亚热带地区的主要经济林木之一，在北亚热带地区的低温伤害常引起桐林减产和幼苗枯死。目前，低温对油桐伤害的研究极少，本试验拟用油桐种子和幼苗为材料，通过人工低温处理结合生化分析，以探讨低温对油桐种子萌发和幼苗生长的影响及影响机制。

1 材料和方法

1.1 试验材料

将贮藏过冬的泸溪葡萄桐、四川小米桐、浙江五爪桐、河南股爪青种子进行水选，去掉劣质种子和腐烂种子，用1%高锰酸钾消毒，清水冲洗干净。在室温下用自来水浸泡96小时，然后播种于洁净的河沙中，放入30℃恒温培养箱中培养，待苗木出齐后，移栽到花盆中，置于阳台上任其自然生长。

1.2 试验方法

低温处理：定期采集材料置于冰箱中进行低温处理，温度控制在 ±1℃内。

质膜透性的测定：参照胡荣海等的方法，用火焰光度计测外渗液中 K^+ 浓度，以 K^+ 的外渗率表示质膜的相对透性。

呼吸强度的测定：采用气流法用 0.1NNaOH 收集油桐幼苗呼吸放出的 CO_2，用 WZF-88 型微机植物呼吸测定仪测定 CO_2 浓度，以释放 $CO_2 mg \cdot h^{-1} \cdot 100gFW^{-1}$ 表示呼吸强度。

叶绿素含量测定：采用分光光度法，以 $mg \cdot gFW^{-1}$ 表示叶绿素含量。

光合强度的测定：采用改良半叶法，以吸收 $CO_2 \cdot mg \cdot dm^{-2} \cdot h^{-1}$ 表示光合强度。

抗坏血酸含量测定：采用景国安等的方法，以 $mg \cdot 100gDW^{-1}$ 表示抗坏血酸含量。

种子活力的测定：参照王爱国和罗广华等方法，种子活力 = 第4天〔（胚根长 + 胚轴长）cm〕×第10天发芽率。

根系活力和细胞残存率的测定：采用 TTC 还原法，以还原 $\mu gTTC \cdot h^{-1} \cdot gFW^{-1}$

表示。

酶液制备：参照王爱国等方法，每克鲜重材料加入 5 mL 0.05 mol/L pH 值 7.8 的磷酸缓冲液进行研磨，匀浆在 13 000 rmp 冷冻离心 10 分钟，取上清液贮于冰箱备用。

超氧物歧化酶（SOD）活性测定：参照王爱国等的方法稍加改进。3 mL 反应混合液中含有：6.5 μmol/L 核黄素，13 mmol/L 甲硫氨酸，63 μmol/L NBT，0.05 mol/L pH 值 7.8 磷酸缓冲液。加入适量酶液后在 4 000 lx 荧光下光照 30 分钟，并在 560 nm 下测定光密度，以缓冲液代替酶液作空白，酶活性单位采用抑制 NBT 光化还原 50% 为一个酶活性单位，以 $U \cdot gFW^{-1}$ 表示酶活性。

过氧化氢酶（CAT）活性测定：按佘祥威的方法，以每分钟分解 $0.1 mgH_2O_3$ 为一个酶活性单位，以 $U \cdot gFW^{-1}$ 表示酶活性。

过氧化物酶（POX）活性测定：按佘祥威的方法，以每分钟内 $O.D_{470}$。值增加 0.1 为一个酶活性单位，以 $U \cdot gFW^{-1}$ 表示酶活性。

抗坏血酸氧化酶（AOD）活性测定：按佘祥威的方法，以每分钟分解 0.1mg 抗坏血酸为一个酶活性单位，以 $U \cdot gFW^{-1}$ 表示酶活性。

脂质过氧化产物丙二醛（MDA）含麗测定：按 Heath 和王爱国等的方法，以 $umol/L. gDW^{-1}$ 表示。

同功酶测定：按罗广华等方法制作凝胶。SOD 的活性染色按罗广华等的方法，POX 和 CAT 的活性染色按黄庆榴的方法。

2 结果和分析

2.1 低温对油桐种子萌发和幼苗生长的影响及其生理生化指标的变化

2.1.1 细胞膜透性的变化

2.1.1.1 不同萌发阶段的种子细胞膜透性的变化

处于不同萌发阶段的油桐种子在室温下（25℃），随着明发的进行，K^+ 外渗率有增大的趋势。经 12 小时低温处理的油桐种子细胞膜透性发生变化。随着温度下降，K^+ 外渗率逐渐增大（表 5 - 7）。

表 5 - 7 低温对油桐种子细胞膜透性（K^+ 外渗率）的影响 （单位：%）

处理	吸胀前	吸胀后	萌动后
-2℃	22.7	25.8	40.9
5℃	7.5	10.8	11.8
对照	4.9	8.0	9.4

由表 5 - 7 看出，零上低温对油桐种子细胞膜透性的影响较弱，K^+ 外渗率均不及

对照的2倍；而零下低温则有较显著的影响，K⁺外渗率均在对照的3倍以上，并且萌发时间不同，其细胞膜透性亦有差异。

2.1.1.2 低温对不同器官细胞膜透性的影响

在室温下（30℃），根、茎、叶等器官细胞膜透性差别不和经过低温处理后则发生明显变化，随处理温度和时间不同而有差异（表5-8）。根膜透性的差异说明，根、茎、叶对低温更敏感。

表5-8 低温对油桐不同器官细胞膜透性（K^+外渗率）的影响 （单位：%）

处理材料	-2℃			-5℃				对照
	12 h	24 h	36 h	12 h	24 h	36 h	60 h	
根	39.4	57.1	79.0	19.4	30.5	32.4	38.3	9.8
茎	26.8	47.0	68.0	15.3	23.7	30.2	33.5	8.6
叶	26.6	45.0	70.5	14.2	20.9	31.8	33.1	8.9

2.1.2 低温对油桐种子和幼苗呼吸作用的影响

2.1.2.1 油桐种子萌发过程电呼吸强度的变化

取不同萌发时间的泸溪葡萄桐种子和幼苗测呼吸强度。结果见图5-7。

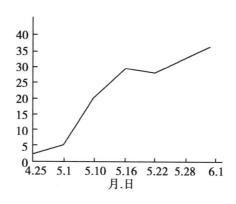

图5-7 油桐种子萌发过程中呼吸强度的变化（t=25℃）

注：4.25为浸泡前，5.1为浸泡后，5.10~6.1为萌发后

由图5-7可知，随着种子萌发过程的进行，呼吸强度逐渐增加，但当胚乳脱落后（5.22）略有降低，随后又不断增加。

2.1.2.2 低温对油桐幼苗呼吸强度的影响

王洪春指出，零上低温胁迫时，植物的呼吸作用是先升高而后降低；而零下低温胁迫时，植物呼吸作用则逐渐降低。我们的试验结果亦说明这一点（表5-9）。

表5-9 低温对油桐幼苗呼吸强度的影响

室温下	5℃				-2℃			
恢复时间	12 h	24 h	36 h	60 h	12 h	24 h	36 h	60 h
0 h	1.14	11.00	20.18	11.56	9.48	7.69	4.33	4.12
1 h	36.10	81.74	91.92	57.77	27.07	25.98	19.15	5.77
3 h	31.74	34.04	50.21	30.11	25.31	10.89	9.96	1.34
6 h	26.74	27.89	19.81	14.32	21.37	10.55	3.36	0.67
12 h	25.77	23.67	17.31	9.67	18.42	9.88	1.75	
24 h	18.46	18.03	16.54	6.99	10.17	7.98	0.88	
48 h	27.29	25.76	20.14	2.57	3.49	1.64		

注：对照呼吸强度平均值为27.62

2.1.3 叶绿素含量和光合作用的变化

在绿体中进行光合作用是对低温为敏感的过程，在能测出低温引起线粒体呼吸作用或膜透性变化之前可以观察到光合作用的变化。光合作用这一最重要的生命过程是很易随外界环境条件而变化。我们的试验的结果说明，经低温处理的油桐幼苗叶片中的叶绿素含量和光合作用都发生明显变化，而叶绿素a/b比值则变化不大（表5-10）。随着温度的下降和低温时间的延长叶绿素含量和光合作用都逐渐下降。

表5-10 低温对油桐幼苗叶片叶绿素含量和光合作用的影响

项目	5℃				-2℃			对照
	12 h	24 h	36 h	60 h	12 h	24 h	36 h	
叶绿素a	1.09	1.03	1.01	0.94	1.04	0.82	0.64	1.23
叶绿素b	0.59	0.51	0.51	0.49	0.56	0.42	0.33	0.59
a/b	1.84	2.02	1.95	1.96	1.87	2.00	1.92	2.08
总叶绿素	1.69	1.54	1.52	1.43	1.60	1.24	0.97	1.82
光合强度	39.46	27.38	19.68	7.93	13.11	3.42	0.87	51.37

2.1.4 抗坏血酸含量和抗坏血酸氧化酶活性的变化

随着温度的下降和时间的延长，抗坏血酸（维生素C）含量急剧下降，但不同的处理材料对低温的反应不同，对低温较敏感的器官，抗坏血酸含量下降的幅度较大（表5-11）。抗坏血酸含量与电解质渗漏率之间呈负相关。

表 5 – 11　低温对油桐种子和幼苗维生素 C 含量的影响

处理材料	5℃				−2℃			对照
	12 h	24 h	36 h	60 h	12 h	24 h	36 h	
吸胀前种子	8.29				5.64			11.99
吸胀后种子	9.14				8.06			14.11
胚乳	12.63				8.40			19.73
胚根	70.38				23.27			92.61
幼苗根	19.98	15.64	12.23	5.75	13.07	4.83	2.37	24.53
幼苗茎	9.89	7.54	6.32	4.01	6.31	5.07	2.88	11.45
幼苗叶	119.79	95.76	84.26	54.30	81.34	64.12	39.98	130.71

　　低温对抗坏血酸氧化酶（AOD）活性的影响，随处理材料和处理温度的不同而有差异（表 5 – 12）。

表 5 – 12　低温对油桐种子和幼苗中 AOD 活性的影响

处理材料	5℃				−2℃			对照
	12 h	24 h	36 h	60 h	12 h	24 h	36 h	
吸胀前种子	2.48				3	30		1.76
吸胀后种子	7.81				11	99		6.16
胚乳	2.09				2	53		1.76
胚根	9.35				9	63		8.69
幼苗根	322.1	185.4	147.4	134.2	194.7	149.2	72.2	293.0
幼苗茎	25.1	24.0	22.9	16.3	19.4	16.1	15.4	22.2
幼苗叶	36.5	10.1	7.7	5.9	16.7	7.0	4.0	22.4

　　表 5 – 12 表明：种子和胚乳、胚根的抗坏血酸氧化酶活性在 12 小时内都是随着处理温度的下降而增加，而幼苗在零上低温时，根、茎、叶中抗坏血酸氧化酶活性是随处理时间的增加先上升而后又下降，在零下低温时则随处理时间的延长而逐渐下降。

　　表 5 – 11 和表 5 – 12 还说明：随着种子萌发的进行，抗坏血酸含量和抗坏血酸氧化酶活性都有逐渐增加的趋势，二者的合成都在加强。

2.1.5　超氧物歧化酶活性的变化

　　在油桐种子萌发过程中，超氧物歧化酶（SOD）活性逐渐增加，经低温处理后的油桐种子和幼苗，超氧物歧化酶活性发生明显变化，并且在不同器官中其变化不同，对低温较敏感的器官，其变化（下降）幅度也较大（表 5 – 13）。

表 5 – 13　低温对油桐种子和幼苗中 SOD 活性的影响

处理材料	5℃				-2℃			对照
	12 h	24 h	36 h	60 h	12 h	24 h	36 h	
吸胀前种子	129. 1				75. 0			174. 5
吸胀后种子	193. 4				176. 4			212. 5
胚乳	164. 5				149. 3			192. 0
胚根	254. 5				250. 0			299. 5
幼苗根	214. 3	176. 8	100. 9	89. 8	223. 2	147. 3	37. 4	300. 0
幼苗茎	345. 3	222. 6	153. 4	121. 2	275. 2	207. 2	103. 8	387. 3
幼苗叶	1 350. 9	923. 9	842. 7	750. 0	1 165. 8	878. 0	495. 7	1 508. 8

2.1.6　过氧化氢酶活性的变化

低温对过氧化氢酶（CAT）活性的影响以及其与植物抗冷性之间的关系比较复杂。处于不同萌发时期的种子和幼苗不同器官对低温的反应各不相同（表 5 – 14）。

表 5 – 14　低温对 CAT 活性的影响

处理材料	5℃				-2℃			对照
	12 h	24 h	36 h	60 h	12 h	24 h	36 h	
吸胀前种子	67. 8				70. 1			61. 9
吸胀后种子	61. 8				64. 1			60. 5
胚乳	130. 2				127. 9			128. 7
胚根	133. 8				197. 3			109. 2
幼苗根	217. 3	182. 0	120. 4	61. 5	205. 0	131. 2	51. 3	221. 4
幼苗茎	124. 4	76. 9	78. 9	58. 9	169. 1	88. 2	29. 7	109. 7
幼苗叶	13. 3	9. 4	9. 5	6. 2	20. 1	10. 6	9. 3	10. 1

2.1.7　过氧化物酶活性的变化

过氧化物酶（POX）活性在各器官中的分布极不均匀，经低温处理后，发生明显变化（表 5 – 15）。

表 5 - 15 低温对 POX 活性的影响

处理材料	5℃				-2℃			对照
	12 h	24 h	36 h	60 h	12 h	24 h	36 h	
吸胀前种子	89.1				86.7			58.3
吸胀后种子	65.0				40.0			110.0
胚乳	82.5				65.0			92.5
胚根	267.5				275.0			245.0
幼苗根	480.0	687.5	612.5	532.5	590.0	340.0	270.0	680.0
幼苗茎	39.0	90.0	67.5	58.5	88.0	75.0	59.4	67.5

2.1.8 脂质过氧化产物丙二醛含量的变化

经低温处理的油桐幼苗，脂质过氧化产物丙二醛（MDA）含量发生变化（表 5 - 16）经 12 小时低温处理的油桐种子，丙二醛含量变化不大，与对照没有明显的差异。

表 5 - 16 低温对油桐幼苗 MDA 含量的影响

处理材料	5℃				-2℃			对照
	12 h	24 h	36 h	60 h	12 h	24 h	36 h	
根	6.86	8.19	7.43	6.94	5.54	5.38	5.12	5.78
茎	6.82	8.53	8.63	7.16	6.80	5.64	5.33	5.74
叶	29.89	36.95	38.15	41.43	36.77	27.95	26.91	28.91

2.1.9 CAT、POX、SOD 同功酶的变化

油桐种子中有 3 条过氧化物酶同功酶谱带，其相对泳动率分别为 0.38、0.89、0.95，其中相对泳动率为 0.89 的谱带活性较低，其他两条谱带活性很高。经 12 小时低温处理后增加了一条相对泳动率为 0.52 的同功酶谱带，其活性较低。

油桐种子中存在 3 条超氧物歧化酶同功酶谱带，其相对泳动率分别为 0.49、0.57、0.63，其活性没有区别。低温对其同功酶谱带没有影响。

油桐种子中有 1 条过氧化氢酶同功酶谱带，其相对泳动率为 0.25，其活性很强，谱带较宽。低温对其同功酶谱带没有影响。

2.1.10 低温对种子活力和幼苗生长的影响

经 12 小时零上低温处理的油桐种子发芽率下降了 20.5%，种子活力下降 60.1%，幼苗生长量（1 个月内）下降了 29.1%；经 12 小时零下低温处理的油桐种子发芽率下降，种子活力下降 94.6%，幼苗则不能生长，2 d 后枯死。

低温处理还使幼苗根系活力降低，温度越低，下降幅度越大（表 5 - 17）。

表 5 - 17 低温下油桐幼苗根系 TTC 还原率的变化

处理时间	5℃	-2℃
12 h	169.2	90.3
24 h	124.7	59.1
36 h	103.9	28.4
60 h	76.3	

注：对照为 189.3。

2.2 不同品种油桐幼苗对低温伤害的反应

在常温下油桐各品种间在质膜透性、抗坏血酸含量、脂质过氧化产物 MDA 含量、超氧物歧化酶活性、根系活力等方面均无显著差异，而过氧化氢酶活性在各品种间存在差异，河南股爪青明显高于其他 3 个品种。

经低温（5℃）处理 2 d 后，各品种 K^+ 外渗率、抗坏血酸含量、根系活力、过氧化氢酶、超氧物歧化酶存在差异，但丙二醛含量无差异（表 5 - 18）。

表 5 - 18 低温对各品种油桐幼苗生理生化指标的影响

品种	K^+ 外渗率	Vc 含量	MDA 含量	CAT 活性	SOD 活性	TTC 还原率
浙江五爪桐	27.7A	74.0A	33.57A	10.9A	1098.7A	153.2A
泸溪葡萄桐	36.1B	55.3B	39.45A	8.8A	803.4A	109.9B
四川小米桐	28.0A	72.4A	30.22A	10.4A	95.4.9A	158.2A
河南股爪青	20.1C	98.2C	25.12A	21.6B	1945.6B	243.9C

注：1. 处理温度为 5℃，处理时间为 48 h；2. 各列字母相同者表示无显著差异（$P < 0.05$），不同者表示显著差异。

上述指标的差异反映了各品种在抗冷性方面的差异。抗冷性强的品种在低温条件下，上述指标的变化幅度较小。抗冷性弱的品种，变化幅度则大。

2.3 外源脱落酸和抗坏血酸对油桐幼苗抗冷性的影响

2.3.1 细胞质膜透性的变化

K^+ 外渗率的增加是细胞膜受伤害的标志。脱落酸（ABA）和抗坏血酸都可阻止 K^+ 外渗率的增加，抗坏血酸的效果优于脱落酸（图 5 - 8）。

2.3.2 叶绿素含量的变化

叶绿素，含量的降低是叶片衰老的标志。脱落酸和抗坏血酸都具有明显的保绿作用，并且抗坏血酸效果明显优于脱落酸（图 5 - 9）。

2.3.3 抗坏血酸含量的变化

低温引起抗坏血酸含量发生明显变化。脱落酸和抗坏血酸处理都能阻止抗坏血含量的下降。且抗坏血酸效果显著优于脱落酸（图 5 - 10）。

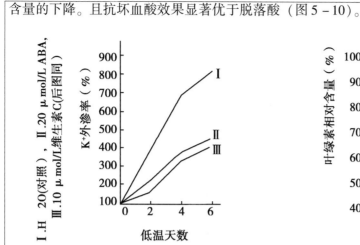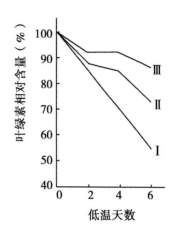

图 5 - 8 ABA 和维生素 C 对受冷油桐
幼苗 K⁺ 外渗率的影响

图 5 - 9 ABA 和维生素 C 对受冷
油桐幼苗叶绿素含量的影响

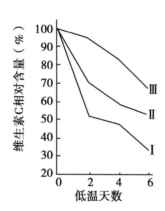

图 5 - 10 ABA 和维生素 C 对受冷油桐幼苗维生素 C 含量的影响

2.3.4 丙二醛含量的变化

低温对膜脂过氧化作用的影响具有双重性。脱落酸和抗坏血酸在低温初期都能阻止丙二醛含量的增加，在低温后期又阻止丙二醛含量的下降（图 5 - 11）。

2.3.5 过氧化氢酶活性的变化

随着低温时间的延长，过氧化氢酶活性迅速下降。脱落酸和抗坏血酸都能阻止过氧化氢酶活性的下降，但与对照无显著差异（图 5 - 12）。

2.3.6 超氧物歧化酶活性的变化

低温使超氧物歧化酶活性迅速下降。低温初期，脱落酸降低了超氧物歧化酸活性，后期则显著提高其活性；抗坏血酸能明显阻止其活性下降（图 5 - 13）。

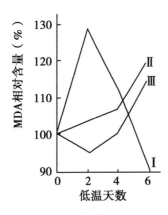

图 5 – 11　ABA 和维生素 C 对受
冷油桐幼苗 MDA 含量的影响

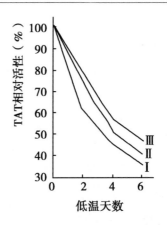

图 5 – 12　ABA 和维生素 C 对受
冷油桐幼苗 CAT 活性的影响

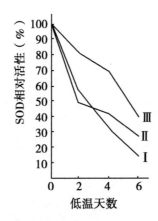

图 5 – 13　ABA 和维生素 C 对受冷油桐幼苗 SOD 活性的影响

2.3.7　细胞 TTC 还原率的变化

油桐幼苗叶细胞的 TTC 还原率随着低温处理时间的延长而下降。脱落酸和抗坏血酸能明显地抑制 TTC 还原率的下降（图 5 – 14）。

3　结论与讨论

植物细胞原生质膜是冷害和抗冷的关键结构，膜的变化在植物冷害和抗冷害机制上具有关键性作用。试验说明，油桐种子或幼苗在低温处理过程中，其细胞膜透性随着温度的下降和处理时间的延长而递增，并与其伤害程度相一致。

许多研究表明，植物处于低温等逆境条件下以及衰老过程中，细胞膜透性增加的同时伴随着脂质过氧化作用的加强。我们的试验亦表明，低温引起油桐种子和幼苗细胞膜脂质过氧化作用加强。

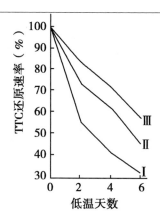

图 5-14　ABA 和维生素 C 对受冷油桐幼苗叶细胞生存能力的影响

Steponkus 和 Lanphear 曾报导，经受低温处理的材料作 TTC 还原试验，如果 TTC 还原能力下降至对照的 50% 以下时，这种材料（无论是茎或是叶）证明是不能存活的。我们的试验也有相似的结果。泸溪葡萄桐幼苗经零上低温 60 小时或零下低温 12 小时以上通常不能成活，而浙江五爪桐和四川小米桐幼苗经零上低温 4 d 以上，河南股爪青幼苗经零上低温 6 d 以上才开始死亡。

当根细胞或叶细胞 TTC 还原率降低 50% 以上时，引起大部分细胞死亡，所以测不出脂质过氧化作用的加强。低温下不同品种或不同器官脂质过氧化作用氧化不同，抗冷性弱的品种或器官，在低温初期，脂质过氧化作用明显加强，但随着低温时间的延长又显著降低；而抗冷性强的品种或器官，只有到低温后期才开始降低甚至不降低。试验中测得的 K^+ 外渗率、几种酶（SOD、CAT、POX、AOD）活性和抗坏血酸含量的变化都说明，和茎、叶相比，根对低温更敏感。

冷害和冻害都使油桐种子和幼苗的超氧物歧化酶活性降低。冻害使过氧化氢酶活性降低，而冷害使过氧化氢酶活性先出现短时间上升而后才逐渐下降。油桐不同品种幼苗和幼苗不同器官，抗冷性是不一样的，在低温下，超氧物歧化酶和过氧化氢酶活性以及抗坏血酸含量，能维持较高水平者，其抗冷性明显较强。由此说明活性氧参与了油桐种子和幼苗的低温伤害，保护性酶和活性氧清除剂在油桐的抗冷性中具有重要意义。

低温引起油桐种子和幼苗中抗坏血酸含量减少。外源抗坏血酸处理能阻止油桐幼苗 K^+ 外渗率丙二醛含量的增加，抑制叶细胞 TTC 还原率的下降，提高幼苗的抗冷性。用 10 mm 维生素 C 预处理油桐幼苗 2 d，在低温下不仅提高了抗坏血酸含量，而且也提高了超氧物歧化酶和过氧化氢酶的活性；从而提高了清除活性氧的能力。植物的抗冷性与体内清除活性氧的能力和活性氧的产生降低有关。

外施脱落酸可以提高油桐的抗冷性，表现出抑制 K^+ 外渗率和丙二醛含量的增加，提高叶细胞生存能力。脱落酸处理抑制了油桐幼苗在低温下抗坏血含量和超氧物歧化酶、过氧化氢酶活性的下降，因此可以认为脱落酸处理提高植物的抗冷性与植物体内清除活性氧的能力增加有关。

低温胁迫引起植物组织的伤害程度，取决于外界低温的严酷的程度，作用时间以及受冷组织的抵抗能力。植物体内活性氧的产生和清除之间的平衡，在植物抗冷性中起重要作用，在低温胁迫下，植物体内的这种平衡遭到破坏，使活性氧的生成量增加、清除量降低，活性氧在体内积累且超过伤害阈值，一方面引起叶绿素、蛋白质和核酸等生物功能分子遭受破坏；另一方面引起膜脂过氧化加剧和膜脂脱酯化的加强，使膜完整性破坏，差别透性丧失，电解质及某些小分子有机物大量渗漏，细胞物质交换平衡破坏，从而引起一系列生理生化代谢的紊乱，严重时引起植物死亡。

本研究报告主要参考文献

陈炳章 . 1987. 低温对油桐伤害研究初期 ［J］. 林业科技通讯 （4）：6 - 8.

陈贻竹，等 . 1988. 低温对叶片中超氧物歧化酶、过氧化氢酶和过氧化氢水平的影响 ［J］. 植物生理学报，14 （4）：323 - 328.

何洁，等 . 1986. 低温与植物光合作用 ［J］. 植物生理学通讯 （2）：1 - 6.

简令成 . 1983. 生物胶与植物寒害和抗害性的关系 ［J］. 植物学通报 （1）：17 - 23.

上海植物生理学会 . 1985. 植物生理学实验手册 ［M］. 上海：上海科技出版社. 344 - 347.

王宝山 . 1988. 生物自由基与植物膜伤害 ［J］. 植物生理学通讯 （2）：12 - 16.

中国油桐科研协作组 . 1988. 中国油桐科技论文选 ［M］. 北京：中国林业出版社. 470 - 472.

（此外还引用或参考了大量文献资料，恕不一一列出。）

五、社会经济特点

油桐产区大多是贫困山区，桐油收入在当地社会经济中占有重要位置。油桐产区群众有经营油桐的习惯，并有着丰富的生产经验，积累了从林地选择、良种选育、经营方式的配置、抚育管理及除虫灭病，到采收贮运的系统生产技术经验，这是重要的技术财富，是油桐发展的良好社会基础，也是重要的人力和人才资源。因此，在油桐产区因地制宜，顺应天时地利人和的有利条件发展油桐生产，纳入当地的农业综合开发工程项目，建立油桐商品基地，形成林—工—商的系列化生产开发系统是十分必要的。

第二节　中国油桐林地土壤[①]

土壤是油桐生长所需要的重要生态因素之一，加强油桐林地的土壤管理，提高土壤肥力，是油桐丰产栽培的重要技术措施。因此，必须加强对油桐林地土壤条件的研究为科学地进行土壤管理提供理论依据。然而到目前为止，对油桐林地土壤研究的不多，从全国范围内研究油桐林地土壤类型的更是未见报道。为此本文着重对全国油桐林地的土壤类型进行研究。

一、研究方法

（一）外业调查

我们先后4年在油桐产区的四川、湖南、湖北、贵州、河南、广东、广西、浙江、江西、安徽等10个省（区）的35个县进行油桐林地土壤调查，共调查了383块样地。

1. 样地的选择

样地选择遵循的原则是：①桐林经营水平大体一致；②林相比较整齐，树龄5年以上；③品种以大米桐和小米桐为主。样地选好后，在样地内以机械抽样的方式选出5株油桐树作为标准株，进行油桐生长情况调查，并在样地内挖一土壤剖面进行土壤调查。

2. 林分调查

（1）林分基本情况调查

包括品种、树龄、林相、密度、生长势等。

（2）树体调查

包括树高、枝下高、分枝处直径、分层数、冠高和冠幅等。冠幅按 $S = a \times b$ 计算，式中 a、b 分别代表冠幅南北、东西。

（3）产果量调查

直接数出每株结果数，推算出每平方米冠幅产果量（下文简称油桐产果量）。

每块样地各种指标均取5个样株的平均值。

3. 土壤调查

包括3个方面的调查：①立地因子调查，包括地形、海拔、坡度、坡位、坡向、

[①]　本节资料来源于中国油桐地土壤类型的研究（何方，望家安，1992）。

坡形、母岩等；②土壤管理情况调查，包括林地管理措施及管理水平；③土壤剖面形态调查，按土壤剖面调查要求进行。每一土层取土样 500 g。

（二）内业分析

用常规方法测定土样的有机质、全氮、全磷、全钾、速效氮、速效钾、速效磷、水溶性钙和水溶性镁等指标的含量。统计运算用 basic 程序在 IBM-PC 机上进行。

二、研究结果

（一）国内现行土壤分类系统

以发生学观点为主，分为土类、亚类、土属、土种和亚种 5 级。无论是《中国土壤》中的分类，还是近期《中国土壤系统分类表》均只分到亚类一级，对以下各级仅有原则性的分类标准，而无全国统一、稳定的分类。林业土壤分类系统，且在分类依据上和土壤形态描述上，均以土壤的自然特点和形态特征为主，而对南方油桐林耕作林地土壤的生产性质未作考虑。

（二）本文采用的土壤分类方法

1. 油桐林地土壤分类的原则

以现行土壤分类为基础，又具有相对独立性，共分为 4 级，即土类、亚类、土属和土型。

高级分类——土类和亚类，以发生学分类为基础，即从土壤形成的地带性条件为主要依据，同现行分类一致。

基层分类土属和土型的划分，以对油桐生长影响较大的土壤属性为分类依据。对土壤属性的描述着重与油桐生长相关较为密切的属性。

2. 油桐林地土壤分类的依据

（1）土类划分的依据

土类是分类系统中的基本单元，其划分的依据如下。

具有相同生物气候条件和土壤水文条件。

具有特有的成土过程，或处于主要成土过程的同一发展阶段，或两个主要成土过程的交叉。

具有类同的内在属性与外部剖面形态。

利用改良和提高土壤肥力的途径大致相同。

土类与土类在性质上有质的差异。

（2）亚类划分的依据

亚类是土类的进一步划分，是土类间的过渡类型，是同一土类的不同发育阶段。它的土壤发生特征和利用改良方向比土类更为一致。其划分依据是：①同一土类的不同发育阶段，在次要成土过程和剖面形态上的差异；②不同土类之间相互过渡，在主要成土过程中附加次要成土过程。

（3）土属划分的依据

土属是亚类在区域因素影响下产生的变异，影响油桐林地土壤形成的区域性因素是母岩，不同母岩形成的土壤，属性不同，油桐生长情况也有所差异。根据母岩不同将亚类划分为不同的土属。

（4）土型划分的依据

土型是在生产力和生产特性方面基本相同的土壤类型的组合。同一土型具有相同的层次排列、发育性状、肥力水平和生产特性，改良和耕作管理措施也基本相同。土型之间属于量的差别。土型划分的依据是以生产性具有明显差别的 1~3 个土壤属性因子确定的。首先应确定这 1~3 因子的等级，然后将它们的不同等级组合在一起，形成不同的土型。在油桐生产上，常用 A 层厚度（即腐殖质层厚度、表土层厚度）和土层厚度来评价土壤肥力水平和生产力，因此以土壤厚度和 A 层厚度这两个土壤属性因子作为划分土型的依据。首先将这两个因子各分成 3 个等级（见表 5-19），然后将不同级别的土层厚度和 A 层厚度组合在一起，形成 9 种土型，即厚土厚腐型、厚土中腐型、厚土薄腐型、中土厚腐型、中土中腐型、中土薄腐型、薄土厚腐型、薄土中腐型、薄土薄腐型（见表 5-20）。对于土壤剖两层次不清的，则只根据土层厚度不同分成厚土型、中土型和薄土型。这样共分出 12 个土型。

表 5-19 土层厚度和 A 层厚度分级 （单位：cm）

等级	厚	中	薄
土层厚度	>80	31~80	≤30
A 层厚度	>25	11~25	≤10

表 5-20 土型组合

	厚 A 层	中 A 层	薄 A 层
厚土层	厚土厚腐型	厚土中腐型	厚土薄腐型
中土层	中土厚腐型	中土中腐型	中土薄腐型
薄土层	薄土厚腐型	薄土中腐型	薄土薄腐型

为了使土型划分具有数理依据，对 3 个级别的土层厚度和 A 层厚度所对应的油桐产果量进行了 t 值差异假设检验（下简称 t 值检验）。t 值检验所需统计量见表 5 – 21，检验结果分别见表 5 – 22 和表 5 – 23。

从表 5 – 22 中可以看出，不同级别的土层厚度对应的油桐产果量确实有显著差异，这说明用土层厚度作为划分土型的标准之一是合理的。

从表 5 – 23 中可以看出厚 A 层（即厚腐殖质层）与其余两级的油桐产果量有显著差别，这说明用 A 层厚度作为划分土型的标准也是有依据的。中 A 层与薄 A 层的油桐产果量无显著差异，可能是薄 A 层样地太少，没能反映出该级别的油桐产果量的实际情况，所以保留这两个级别，不合并为一个级别。

表 5 – 21　　t 值检验统计量　　　　　　　　　　（单位：kg/m^2）

项目	土层厚度			A 层厚度		
	厚土层	中土层	薄土层	厚 A 层	中 A 层	薄 A 层
油桐产量（x）	0.426 3	0.290 8	0.167 6	0.549 7	0.302 2	0.312 4
标准差（s）	0.182 4	0.181 6	0.105 0	0.253 2	0.111 7	0.181 0
样本数（n）	92	173	54	58	129	18

表 5 – 22　　不同土层厚度的油桐产量 t 值检验结果

	薄土层		中土层	
厚土层	$f = 144$	$t = 9.471$	$f = 263$	$t = 5.752$
	$t_{0.001} = 3.373$	$\mid t \mid > t_2$	$t_{0.001} = 3.373$	$\mid t \mid > t_2$
中土层	$f = 225$	$t = 4.704$		
	$t0.01 = 3.37$	$\mid t \mid > t_2$		

表 5 – 23　　不同 A 层厚度的油桐产果量 t 值检验结果

	薄 A 层		中 A 层	
厚 A 层	$f = 74$	$t = 3.645$	$t = 185$	$t = 9.225$
	$t_{0.001} = 3.46$	$\mid t \mid > t_2$	$t_{0.001} = 3.373$	$\mid t > t_2$
中 A 层	$f = 145$	$t = -0.2267$		
	$t_{0.1} = 1.658$	$\mid t \mid < t_2$		

3. 油桐土壤的命名

用分段法命名。命名时以土类和土型分段命名，土类和亚类用全国通用分类名。土属由亚类衍生，用连续命名法命名。土型以划分土型的土壤属性的不同级别组合命名。

4. 油桐土壤分类系统（表5-24）

表5-24　油桐林地土壤分类系统

土类	亚类	土属	土型
石灰土	黑色石灰土	黑色石灰土	
	红色石灰土	红色石灰土	红色石灰土——厚土厚腐型 红色石灰土——中土厚腐型 红色石灰土——中土中腐型
		淋溶黄色石灰土	淋溶黄色石灰土——厚土中腐型 淋溶黄色石灰土——厚土厚腐型 淋溶黄色石灰土——中土中腐型 淋溶黄色石灰土——中土厚腐型
紫色土	酸性紫色土	紫色页岩酸性紫色土	紫色页岩酸性紫色土——厚土厚腐型 紫色页岩酸性紫色土——厚土中腐型 紫色页岩酸性紫色土——中土厚腐型 紫色页岩酸性紫色土——中土中腐型 紫色页岩酸性紫色土——中土薄腐型
		紫色砂岩酸性紫色土	紫色砂岩酸性紫色土——厚土厚腐型 紫色砂岩酸性紫色土——中土厚腐型 紫色砂岩酸性紫色土——中土中腐型 紫色砂岩酸性紫色土——中土型 紫色砂岩酸性紫色土——薄土型
	中性紫色土	紫色砂岩中性紫色土	紫色砂岩中性紫色土——中土中腐型
	石灰性紫色土	紫色页岩石灰性紫色土	紫色页岩石灰性紫色土——中土中腐型
黄壤	黄壤	砂页岩黄壤	砂页岩黄壤——厚土厚腐型 砂页岩黄壤——厚土中腐型 砂页岩黄壤——中土厚腐型
		砂页岩黄壤	砂页岩黄壤——中土中腐型 砂页岩黄壤——薄土薄腐型
		页岩黄壤	页岩黄壤——厚土厚腐型 页岩黄壤——厚土中腐型 页岩黄壤——厚土薄腐型 页岩黄壤——中土厚腐型 页岩黄壤——中土中腐型 页岩黄壤——中土薄腐型 页岩黄壤——薄土薄腐型 页岩黄壤——薄土中腐型 页岩黄壤——中土型 页岩黄壤——薄土型
黄壤	黄壤	板岩黄壤	板岩黄壤——厚土厚腐型 板岩黄壤——厚土中腐型 板岩黄壤——厚土薄腐型 板岩黄壤——中土中腐型
		砂岩黄壤	砂岩黄壤——厚土厚腐型 砂岩黄壤——中土中腐型
		板页岩黄壤	

（续表）

土类	亚类	土属	土型
红壤	黄红壤	砂岩黄红壤	砂岩黄红壤——厚土厚腐型 砂岩黄红壤——厚土中腐型
		砂页岩黄红壤	砂页岩黄红壤——厚土厚腐型 砂页岩黄红壤——厚土中腐型 砂页岩黄红壤——中土厚腐型 砂页岩黄红壤——中土中腐型
	黄红壤	千枚岩黄红壤	千枚岩黄红壤——中土中腐型 千枚岩黄红壤——薄土中腐型 千枚岩黄红壤——薄土薄腐型
		板岩红壤	板岩红壤——中土中腐型 板岩红壤——中土薄腐型
	红壤	砂岩红壤	砂岩红壤——厚土中腐型 砂岩红壤——厚土薄腐型 砂岩红壤——中土厚腐型 砂石红壤——中土中腐型
		页岩红壤	
		第四纪红土红壤	
黄棕壤	黄棕壤	页岩黄棕壤	
	黄褐土	板岩黄褐土	板岩黄褐土——薄土型 板岩黄褐土——中土型
黄棕壤	黄褐土	砂岩黄褐土	砂岩黄褐土——薄土型 砂岩黄褐土——中土型
		花岗岩黄褐土	花岗岩黄褐土——中土型 花岗岩黄褐土——薄土型
褐土	淋溶褐土	砂岩淋溶褐土	砂岩淋溶褐土——薄土型 砂岩淋溶褐土——中土型
		花岗岩淋溶褐土	花岗岩淋溶褐土——薄土型 花岗岩淋溶褐土——中土型
褐土	典型褐土	砂岩典型褐土	砂岩典型褐土——中土型 砂石典型褐土——薄土型
		花岗岩典型褐土	花岗岩典型褐土——中土型 花岗岩典型褐土——薄土型
	石灰性褐土	砂岩石灰性褐土	砂岩石灰性褐土——中土型 砂岩石灰性褐土——薄土型

5. 聚类分析在油桐土壤土属分类中的应用

聚类分析是多元分析方法之一。它对参与聚类的样本进行一系列处理，建立聚类系图，从而直观清晰地反映出土壤样本之间的亲疏序列，合理准确地区分土壤类型。

本文用红壤中红壤亚类的 16 块样地和黄红壤亚类的 19 块样地的土壤调查和分析资

料进行聚类。用于聚类分析的指标有 13 项，其中 11 项是反映土壤 A 层的理化性质的指标，它们是：A 层厚度、pH 值、质地、结构、紧密度、有机质、速效氮、速效磷、速效钾、水溶性钙和水溶性镁；另外两项是土层厚度和油桐结果量，后者作为土壤肥力的综合指标。数量指标用测定的原始数据参加运算，非数量指标，如质地、紧密度等用代码参加运算。非数量指标的代码确定见表 5 − 25。聚类分析过程如下。

表 5 − 25　土壤属性代码

属性	质地	结构	紧密度
代号	砂壤 1 轻壤 2 中壤 3 重壤 4 黏壤 5	粒状 1 小块 2 大 块 3	疏松 1 轻松 2 较松 3 紧密 4

（1）数据标准化

$$X'_{ij} = \frac{X_{ij} - \overline{X_j}}{S_j}$$

式：$i = 1$、$2 \cdots n$ 样本数，$\overline{X_j}$——指标 j 的平均值，

$j = 1$、$2 \cdots m$ 变量数，S_j——指示 j 的方差。

（2）求样本间的欧化距离

$$d_{il} = \frac{\sqrt{\sum_{j=1}^{m} (x_{ij} - x_{cj})}}{m}$$

i, $1 = 1$, $2 \cdots \cdots$, N　$i \neq 1$

（3）用类平均法求类之间的距离

$$D_{rk}^2 = \frac{1}{n_r n_k} \sum_{\substack{i \in Gr \\ i \in Gk}} d_{il}^2 = \frac{n_p}{n_r} + \frac{n_q}{n_r} D_q^2 k$$

式中：n_r、n_p、n_q 分别为类 G_r、G_p、G_q 包括的样本数，且 $n_r = n_p + n_q$。

（4）根据运算结果画出聚类图

黄红壤亚类聚类如图 5 − 15，红壤亚类聚类图如图 5 − 16。

（5）聚类结果比较与分析

黄红壤亚类 16 个样本聚类后，以 $d = 4.50$ 为界，将样本分为 3 类，并将两种分类结果列成表 5 − 26。

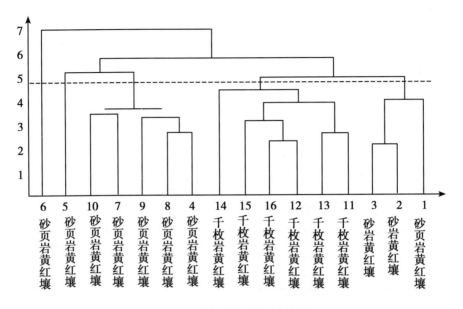

图 5 – 15　黄红壤亚类样本聚类

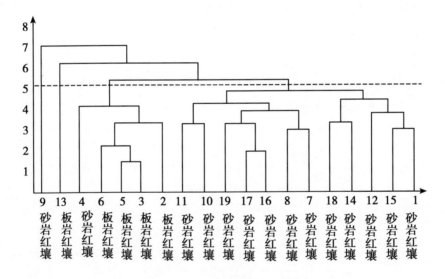

图 5 – 16　红壤亚类样本聚类

表 5 – 26　黄红壤亚类两种分类比较

发生学分类法		聚类分析分类法	
土属名称	样地号	聚类类名	样地号
砂岩典红壤	1, 2, 3	C_1	1, 2, 3
千枚岩黄红壤	11, 12, 13, 14, 15, 16	C_2	11, 12, 13, 14, 15, 16
砂页岩黄红壤	4, 5, 6, 7, 8, 9, 10	C_3	4, 7, 8, 9, 10
		难于归类的样地	5, 6

红壤亚类 19 个样本聚类后，以 $d = 5.00$ 为界，将样本分为两类，并将两种分类结果列成表 5 - 27。

表 5 - 27　红壤亚类两种分类比较

发生学分类法		聚类分析类法	
土属名称	样地号	聚类类名	样地号
板岩红壤	2, 3, 4, 5, 6	C_1	2, 3, 4, 5, 6
砂岩红壤	1, 7, 8, 10, 11, 12		1, 7, 8, 10, 11, 12
	14, 15, 16, 17, 18	C_2	13, 147, 15, 16, 17
	19, 9, 13		18, 19
		难于归类的样地	9, 13

从表 5 - 26 可以看出，用聚类法对黄红壤亚类进行土属划分，除砂页岩黄红壤两块样地难于归类外，其余分类与发生学分类完全一致，即砂岩黄红壤对应于 G_1，千枚岩黄红壤对应于 G_2，剩余的砂页岩黄红壤样地全部归入 G_3，没有出现不同的发生学土属的样地归于同一聚类中去的交叉现象。从表 5 - 27 可以看出，用聚类法对红壤亚类进行土属划分，结果同黄红壤的相似。除砂岩红壤的 9、13 两块样地难于归类外，其余样地的归类同发生学分类一致，即板岩红壤的样地归入 G_1，剩余的砂岩红壤样地 G_2，也没发生交叉现象。这说明母岩作为划分土属的依据能反映土壤属性的差异，是比较合理的。对难于归类的样地在必要时可以用凝聚点法加于修正，本文对此不作进一步研究。

三、结论与讨论

本文对油桐林地的土壤类型进行了研究，划分出 6 个土类，13 个亚类，27 个土属，1 个土型。

用聚类分析方法对红壤亚类和黄红壤亚类进行土属划分，结果表明以母岩作为划分土属的依据是合理的，能反映各土属之间的属性差别。

油桐林地土壤分类属于工作分类，土属和土型的划分要简单、明确，不要分得太多、太粗，划分的依据要直观，本文在土属划分中，每个土属最多可能划分出 12 个土型，比较多。是否可将 A 层厚度只分为两个等级，这样土型可减少到 9 个，值得研究。

本文土型的划分侧重于土壤的直观指标，即土层厚度和 A 层厚度，对土壤的养分含量指标考虑不够。划分出的土型之间，土壤肥力不一定有显著差异。这主要是考虑到，目前油桐生产单位的实验设备差，难于进行土壤养分常规分析，只有以直观的指标作为划分土型的依据，在生产上才行得通，有指导意义。随着生产的发展和生产水平的提高，我们完全可以筛选出 1~2 个重要的养分指标，作为划分土型的依据之一。

第三节　油桐栽培区划

一、区划的意义与目的

栽培油桐要获丰产，必须使优良无性系的优良性能表现出来，虽受遗传基因制约，但与生态环境关系密切，特别是数量性状的表现，这种关系可用一个函数式表示：

$$P = f\ (G + E)$$

式中：P——表型，G——基因，E——环境。

基因型不是决定某一性状的必然因素，而是决定一系列发育可能性，究竟其中哪一个可能性得到实现，要看环境而定。因此可以说，生物体的基因型是发育的内因，而环境条件是发育的外因，表型则是两者相互作用的结果。环境对质量性状的影响很微小，对数量性状的影响则较显著。数量性状往往是构成产量影响的因素，所以要创造一个好的栽培环境，让其数量性状得到充分发挥。

环境的适应是生态适应，是适地适树。

生态环境是有地域差异的，准确地认识差异，选择差异，利用差异，才能科学地利用自然环境资源。即因地制宜是科学发展的保证。

进行油桐栽培区划，要贯彻落实因地制宜，适地适树，顺应自然规律，科学布局。

二、认识自然环境资源

要科学地利用自然资源，必须科学地认识自然环境资源。自然环境中可以用来创造财富的各类因子都是资源。根据资源的性质，可分为物质、能量、时间和空间及信息共 4 类。

（一）物质资源

物质资源，一是指实物，如植物、动物、微生物、岩石、矿物、土地、水等；二是指无形的"场"，如磁场、电场、太阳辐射以及重力和压力作用等；三是指有形的场，如地貌、海拔高、坡向、坡形、坡度、坡位等。

在实物资源中的植物、动物、微生物和土地（土壤）是可更新资源，用得科学合理，可取之不尽，用之不竭。水虽不能更新，但可循环利用，如果利用适当，能"细水长流"。磁场和电场都能影响细胞、组织和器官等发生定向的生长。如细菌、单细胞生物、植物的根、芽、花粉等，一般说来，在不均匀的磁场下，生长方向总是趋于磁场强度较低的一方。重力是地球上一切生物脱离不了的环境物理因素，每时每刻都在影响着地球上的所有生物。压力是植物吸收的动力。地貌、海拔高度等影响着植物对能量资源的吸收利用。自然物质资源要通过人类的劳动，才能创造有用价值，带给人们利益。

土壤，不仅作为油桐根系活动的场所，又是水分、养分、空气和热量的贮存库，是能量流和物质循环途径中的一个重要环节。因此，可以作为"土壤生态系统"来研究。

在油桐林的生产实践中，研究土壤生态系统包括两个方面的内容：一是土壤中的小动物、微生物、植物根系的生长环境（水分、养分和空气）协调关系；二是土壤肥力的演变，如何提高土壤生产力。土壤生产力最终是以产量来衡量的。因此，土壤生产力（产量）与土壤其他性状构成如下的函数关系：

$$W = y = f(s) \ cl, \ v, \ h, \ t$$

式中：W——土壤生产力，y——产量，s——土壤性状，cl——气候，v——油桐林，h——人为技术措施，t——时间。

在上式中，除 s 是个变量外，其他因子相对稳定，变化幅度小。

（二）能量资源

能量来自于场。太阳辐射是地球上光和热的主要来源。绿色植物之所以能制造食物，是由于它能接受环境中的光量子，经过光合作用一系列信息加工，合成有机物，全球每年大约合成 4 500 亿 t 有机物。能量决定着地球上的植物区系、植被类型。

油桐林的光能利用很低，一般只有 0.2% ~ 0.7%。增加光能利用是调整林分空间结构，加强土壤中水、肥、气管理的重要技术措施。

（三）时间和空间资源

油桐林在自然界有时间演化过程和空间位置关系，这种过程和关系相互依存，是变化发展的。在栽培上要求时间的演化过程既可以缩短，又可以延长。有限空间位置可以扩大，也可变小。加强经营管理，则可以增加收获量，并可延缓林分衰老，增长采收时间 5 年左右。在相同的空间，扩大或变小在栽培上是通过调节群体结构来体现的，即科学地解决群体与外界环境关系、群体内部关系。单位空间是有限的，物质和能量资源也是有一定负荷量的。当群体数量增加超过极限时，生长量便下降，成为系统不稳定因素。

（四）信息资源

信息所以能作为资源，是因为它可以作为知识进行扩充、压缩、替代、传输、扩散和分享，能创造价值。在栽培中所要研究利用的信息包括自然和生物信息。研究这些信息的可利用性，并做出定性的定量分析。在研究方法上，将环境资源分解成单个因子，如土壤、光照、温度、水分等，逐个做出与产量关系动态判断。可见环境信息与产量关系，是一个多变量函数：

$$y = f\ (x_1,\ x_2,\ x_3,\ \cdots,\ x_n)$$

式中：y——产量，应变量，x_1，x_2，$\cdots x_n$ 各类环境因子，是自变量。

其微分式为：

$$dy\ =\ \frac{\partial y}{\partial x_1}dy\ =\ \frac{\partial y}{\partial x_2}dy\ +\ \cdots\ +\ \frac{\partial y}{\partial x_n}dy$$

三、区划原则

（一）可持续发展的原则

可持续发展这一新的发展理论和战略思想，已被国际社会普遍接受和认同。

可持续发展打破了传统发展模式。发展不仅是局限于单纯的经济增长，而且是人类社会全方位的发展和进步。社会全方位的发展包括经济尺度和非经济尺度的发展。这也是人们价值观和价值取向的革命性变化。可持续发展标志着人类社会发展和进步。

油桐生产是为人类社会可持续发展服务的，发展是出发点，也是最后归宿。

（二）遵循自然规律的原则

在进行油桐栽培区划时，必须遵循下面 4 个规律。

1. 自然生态规律

陆地生态系统有明显的空间结构差异，以及周期性的时间差别。空间差异是地带性和垂直性，表现出植物区系和植被带及群落各异，呈现出千姿万态，因而也带来油桐生产各类的适地性，时间差别表现为植物生长繁茂的活跃态，与植物枯衰的休眠态，两者周而复始的交替出现，因而带来油桐林生产技术的适时性。空间和时间的这种差异是由太阳辐射量和水分量决定的，是不能违背的，这就是自然生态规律。

2. 社会经济规律

空间结构的差异也影响着社会经济结构，加上社会历史原因，表现出生产门类和生产力的不同，就构成了社会经济发展的条件限制因素，这些因素是不能超越和违背的，这就是社会经济规律。

3. 生态经济规律

社会经济发展要与环境保护协调平衡，在建设的开始也可能会破坏某些局部环境，但要强调整体生态平衡原则。

4. 协同性规律

油桐生产区划，要将油桐林、生态环境、经济条件、人的素质、劳动手段、科学技术水平等多个要素统一组成一个功能系统，形成具有协同作用的组织。

（三）整体环境与局部环境的原则

整体环境在这里指带性因素，如热带、亚热带等。在整体环境中由于非地带性因素引起局部差异，称之为局部环境。在栽培中要研究的是在整体中寻求局部和微域差异。油桐林主要是在低山、近山、丘陵和岗地。这些土地因有其固定的空间，是多因素的综合体，所以有条件上的差异。因此，必须因地制宜开发利用。土地是有限资源，是永久性生产资料，要珍惜，要用养结合，绝不许进行掠夺性的利用。

（四）环境因子中主导作用的原则

对油桐林木的生长发育，环境因子是综合作用的。但在一定范围内，水分、温度、光照、土壤酸碱度都可以单独起作用。油桐在我国是典型中亚热带栽培的木本食用油树种，在分布区外引种向北进，受冬季低温的限制；向南移因冬季高温影响休眠；引向西北水分不足；扩向东南丘陵则土壤偏酸板结。这些都是单因子在起主导作用。在栽培上的任务是寻求主导因子。

（五）环境的空间结构的原则

环境中的物质、能量资源有空间的分布和结构。油桐林木所占的空间，可以分为地上部分和地下部分。地上部分主要是干、叶，进行活跃的光合作用，物质动态是合成为主。地下部分是根系对水分、养分的吸收、运送（根也有合成，但很微量），将有机物分解，矿化。物质和能量这种空间分布和结构，形成油桐林木地上和地下紧密相关的整体性。如果相关性携带生物信息，如果相关性失调，整体性就不平衡，林木生长发育就要受影响。

四、区划依据

在具体操作划区的实施中，要运用系统思想和系统工程的方法。

首先要考虑的是根据分布区内现有油桐栽培面积集中程度和空间水热结构的特点，经调查测算，选择最适宜油桐生长和有利油桐生产经营和可持续发展模式。

要考虑的具体条件有如下两点。

1. 依据气候带

依据气候带热量和水分条件，油桐分布区主要是在中亚热带。油桐分布区南缘，如广东中亚热带南部。油桐分布区北缘，如陕西中亚热带北部至北亚热带。

2. 地貌条件

油桐主要栽培分布海拔500m以下的丘陵低山。在西南可分布在海拔 1 000 m 以下的低山黄壤地区。

五、栽培区划分区与命名

区划分为 3 级，区——亚区——地区。区级的划分是以油桐 3 个分布区为界线。所以共划分 3 个区。亚区级是以区为中心，按其在全国地理位置的不同划分。共划分出 15 个亚区。地区级的划分，在边缘栽培区是以其在亚区所处的地理位置划分，但以省为单位。在主要栽培区和中心栽培区则以省为单位，按其在该省所处的地理位置划分，共划分出 38 个地区。在一个省内分散栽培，面积小，未划栽培区划内。

区划命名是按照地理位置、地貌进行分类和命名。命名方法：省市名 + 地理位置 + 地貌。由于分布区范围内生态环境较一致，为使用方便，采用一级分类单位。

六、栽培区划结果

（一）油桐边缘栽培区

I_{A1}北部亚区

北纬 33°10′ ~ 34°30′

I_{A1}西段地区

包括甘肃的文县、武都、康县、陕西省的边缘分布地区。

I_{A2}中段地区

河南省境内的伏牛山北坡边缘分布地区。

I_{A3}东段地区

包括安徽、江苏边缘分布地区

I_B 南部亚区

北纬 22°15′~23°45′

I_{B1} 西段地区

云南省的边缘分布地区

I_{B2} 中段地区

广西边缘地区

I_{B3} 东段地区

广东的边缘分布地区

I_C 西部亚区

东经 99°40′~101°50′

I_{C1} 南段地区

云南境内边缘分布区

I_{C2} 中段地区

四川省雅安以南地区

I_{C3} 北段地区

四川雅安以北地区

I_D 东部亚区

东经 119°58′~121°30′

I_{D1} 南段地区

福建境内边缘分布地区

I_{D2} 中段地区

浙江境内边缘分布区

I_{D3} 北段地区

江苏境内边缘分布区

（二）油桐主要栽培区

II_A 北部中山丘陵亚区

北纬 31°35′~33°10′

II_{A1} 陕西秦巴低山丘陵地区

II_{A2} 鄂西武当山低山地区

II_{A3} 鄂东北大别山低山地区

II_{A4} 鄂东南幕阜山低山地区

II_{A5} 豫南桐柏山低山地

II_{A6} 皖东南黄山低山地区

II$_{A7}$苏南宜溧山地丘陵台地地区

II$_B$ 东部低山丘陵亚区

东经 111°30′～119°58′

II$_{B1}$浙西南黄茅尖中山低山地区

II$_{B2}$浙中千里岗低山丘陵地区

II$_{B3}$闽西北戴云山中低山地区

II$_{B4}$赣东北怀玉山低山丘陵地区

II$_{B5}$赣中低丘岗地地区

II$_{B6}$湘南南岭北坡中山低山地区

II$_{B7}$湘东八面山低山丘陵地区

II$_{B8}$湘西南雪峰山中山低山丘陵地区

II$_C$ 南部中山低山丘陵地区

北纬 23°45′～26°45′

II$_{C1}$粤东北九连中山低山地区

II$_{C2}$粤北南岭南坡中山低山地区

II$_{C3}$桂东北越城岭中山低山地区

II$_{C4}$桂西北青龙山中山低山地区

II$_D$ 西部中山低山亚区

东经 101°50′～10°710′

II$_{D1}$滇东九龙山中山地区

II$_{D2}$滇东五连峰中山地区

II$_{D3}$黔东南老山盖低山丘陵地区

II$_{D4}$黔南苗岭中山低山地区

II$_{D5}$黔西七星关中山低山地区

II$_{D6}$东华蓥山中山低山丘陵地区

II$_{D7}$川中峨嵋山低山丘陵区

（三）油桐中心栽培区

北纬 26°45′～31°35′

东经 107°10′～111°30′

III$_A$ 湘西北武陵山中山低山亚区

III$_B$ 湘西南罗子山低山丘陵亚区

III$_C$ 黔东北梵净山中山低山亚区

ⅢD 黔北大娄山中山低山亚区

ⅢE 川东方斗山中山低山丘陵亚区

ⅢF 川东南金佛山低山丘陵亚区

ⅢG 鄂西南巫山中山低山亚区

第四节　千年桐栽培区

一、现有栽培区域

千年桐作为工业油料树种较大面积栽培经营地域很局限，在广西较大的面积连片栽培。主栽区在北纬23°30′北回归线以南，北纬22°以北东西狭长地带，主要有藤县、苍梧扶缓、天等、崇左、宁明、桂平、玉林、梧州。在中部柳州，西部百色，北部林也有小面积栽培。

在崇左选育出桂皱27号、1号、2号、6号四个优良无性系。在苍梧选育苍梧18号无性系。

在广东粤北乐昌、英德等地以及在广州有零星栽培。在粤西大埔、蕉岭等小面积栽培。在广东肇庆有小面积栽培，并选浙江在浙东南永喜有较大面积栽培，并选育出育选肇皱1号优良无性系。3个优良无性系，浙皱7号、8号、9号优良无性系。后扩大至温州等地。

福建南部漳浦有小面积栽培。在漳州市有零星栽培。

在云南南部金平、屏边有小面积栽培，在其他县有零星栽培。在昆明周边有零星栽培。

在贵州南部有零星栽培。

二、栽培区划

我国千年桐多以零星种植分布为主，虽然全分布区包含国内广大的南亚热带北部及中部、中亚热带中部及南部地区，但其实际占桐林面积和桐油产量，仅为我国油桐总面积和总产量的2%左右。千年桐的生态习性和全分布区地域生态条件，分布区可以扩至北纬25°线基本北界线，将北纬25°线附近以北，区划为千桐北部一般栽培区；北纬25°线以南区划为千年桐南部主要栽培区。

南北的大体界线是：东起台湾省的桃园——福建泉州、华安——江西寻乌——广东南雄、韶关——湘南边缘——广西桂林、融安——黔南边缘——云南昆明、楚雄、保山、腾冲一线。

千年桐北部一般栽培区，千年桐北部一般栽培区，包括福建的闽东、闽北；浙江的浙南、浙西北；江西、贵州的大部；广西、云南的东北部和西北部。该区北端止于浙江西北部天目山麓。其范围：北纬20°01′~30°16′；东经97°50′~121°30′。自然条件：年平均气温14.5~20.2℃；1月平均气温2.9~11.2；≥10℃积温4 500~6 828℃；无霜期231~305 d；极端最低温-6℃；年降水量863.7~1 838.7 mm；年平均相对湿度76%~83%；年日照时数1 250.5~2 157.7 h。

千年桐南部主要栽区千年桐主要栽培区，自我国北纬25°线以南至海南省。其分布范围：北纬18°30′~25°00′，东经97°50′~121°。自然条件：年平均气温16.6~24.6℃；1月平均气温7.7~19.6℃；≥10℃积温5 244.5~8 986.8℃；无霜期270~364 d；该区极端最低温度：江西-5.5℃、、广东-4.4~5.0℃、云南4.4℃；年降水量819.6~2 340.9 mm；年平均相对湿度68%~85%；年日照时数1 571.5~2 502.4 h。

第六章　油桐立地分类[①]

第一节　油桐立地分类[②]

我国立地分类研究起步较晚，20 世纪 50 年代立地条件的研究主要是采用前苏联的波勃末格湟克的乌克兰立地学派和苏卡切夫的林型学派方法。20 世纪 60 年代，我国林学家开始摸索自己的立地分类方法和建立适用于中国的分类系统。进入 80 年代以后，在前期探索性研究的基础上，做了卓有成效的工作，提出了《中国森林立地分类》方案。以后相继提出了杉木、马尾松的立地分类。1970 年末，我们开始了油桐立地类型划分的研究，并先后完成了油桐立地类型分类、中国油桐栽培区划、中国油桐气候区划、中国油桐林地土壤分类等研究；在这个基础进行中国油桐立地分类的研究，在经济林树种中是首次，得到国家自然科学基金会的资助，我们对基金会深表谢意。

一、研究方法

1. 外业调查

采用样方调查法，在桐林中选 2~3 亩调查地，设一调查样方。设置方法，先横山坡拉一条 10 m 线，在一端开 90°角，顺山坡拉一条 2 m 线，在直角中拉一条 10 m 长的对角线，凡树冠投影在对角线上的即为调查植株。在对角线下方，挖一土壤剖面，进行土壤调查。

样地设置要求：①油桐纯林；②以小米桐为主；③树龄 6~8 年；④一般经营水平；⑤林地面积在 2 亩以上。

---

① 第六章由何方编写。
② 资料来源于油桐立地分类及评价的研究（何方 等，1994）。

2. 内业分析

检查整理所采集的样品和调查表，及时进行土样和桐果分析。比照《土壤农业化学常规分析方法》和《土壤理化分析》用稀释热法测土壤中的活性有机质含量，氨电极法测氨态氮，NaHCO₃法测速效磷，火焰光度法测速效钾，原子吸收法测水溶性钙镁，pH 计测 pH 值（水）。按油脂理化分析方法测定桐果的理化性质。

对照检查各样地的内外业材料，将核对无误的样地归纳汇总，逐一按要求建立数据库，用已编写好的程序在 IBM—PC 机上运算分析。

二、油桐栽培分布区

油桐栽培分布区，引用了《中国油桐栽培区划》中的材料。

1. 水平分布

我国油桐分布范围界线是：北纬 22°15′~34°30′；东经 90°40′~121°30′。西至青藏高原横断山脉山系大雪山以东，东邻华东沿海低山与丘陵的东缘，北接秦岭淮阳中山与低山以南，南至华南沿海丘陵和滇西南山原以北的广大地区。包括甘肃、陕西、云南、贵州、四川、河南、湖北、湖南、广东、广西壮族自治区、安徽、江苏、浙江、福建、江西 15 个省区中的近 700 个县。南北直跨近 12 个纬度，长达 1 300 km，东西横过 21 个经度，宽达 2 000 km，面积约有 210 万 km²，占全国国土总面积的 26.6%。

油桐主要栽培区则范围更小，界线是：北纬 23°45′~33°10′东经 101°50′~119°58′。包括贵州、湖南、湖北、江西的全部；江苏、安徽、河南、陕西之南部；广东、广西、福建的北部；浙江的西部；四川东部和云南之东北部，约 400 个县。南北跨 850 km，东西横跨 1 300 km，面积约 110 万 km²，约占全国国土总面积的 11.4%。

2. 垂直分布

油桐垂直分布的高度因纬度、地貌的不同而有显著差异。我国油桐分布范围主要在山区，但并非分布在很高的山上，主要分布在 700 m 以下的低山丘陵地带。在北部油桐则分布 350~500 m 的丘陵台地。在西部则可以分布较高，在川南最高可分布至 1 400 m，在云南的文山州可分布至 2 000 m，但主要栽培分布仍在 600~800 m。

三、油桐立地分类

（一）分类原则

油桐立地分类在国内至今尚未开展系统研究。本文参照湖南、四川、福建省油桐立地条件类型划分经验并结合实地调查实践，提出以下4项分类原则：地域分异原则、分区分类原则、多级序主导因子原则、生态经济分类原则。

1. 地域分异原则

依地域分异规律进行立地分类，有利于真实地反映立地发生学上的差异和立地的本质关系。因此，地域分异是油桐立地分类的基础，这种地域分异规律与地带性和非地带性变异规律基本一致。其中地带性（如纬度、垂直地带性）决定着高级分类单元；非地带性（如坡位、土厚等）只在局部起作用，决定较低级分类单元。因此，在不同地域上各种立地的自然因子及其组合在不同等级的立地单元所表现的侧重点不同，如高级层次的立地划分多侧重于生物气候因子，尤其侧重于气候因子影响油桐分布和生产力的水、热条件及其组合；划分中、低层次的立地单元多侧重于中、小地形、土壤性质等因子。

2. 分区分类原则

按分区分类就是区划单元与分类单位并存，也就是在油桐立地分类系统的较高级单位采用区域区划的方法，所划的"区"在地域空间是连续分布的。由此所构成的油桐立地分类系统，有利于按区划单位逐级进行宏观控制和按分类单位进行微观指导。

3. 多级序主导因子原则

层次结构是自然界中普遍存在的现象，而分类系统本身也是多层次的；分类等级越高，差异程度越大；分类等级愈低，差异程度越小，相似性越来越大。

在分类系统各等级中影响油桐生长、结实及其效益的生态经济因子的作用程度是不同的。虽然到目前为止，还不能完全知道各种因子对油桐的具体影响效果，但通过各种调查研究总可以在综合各项构成因素的分析基础上找出几个主导因子作为分类依据。这样就能既反映立地的分异规律，又简便实用。

4. 生态经济分类原则

在油桐产区，油桐所构成的系统，既是生产系统，又是经济系统。在油桐林地的发生发展过程中，其发育阶段及生产力水平将依人为经营的集约程度而变化。人类经营活动的合理与否，将直接影响油桐林地的发展变化，或发展为更成熟阶段或倒退回初始阶段，甚至于生态序列发生转移，生产力减退，适宜性恶化，水土流失严重。这是油桐生产经营时值得注意的生态问题，也是立地分类时应当考虑的因素。

油桐虽然是一年种多年受益的树种，但是只取不予，其效益是要受到限制的。特别是在现代市场经济条件下以及其他生产门类的挑战，如何适应市场的需求来发展油桐生产，值得油桐生产科研部门分析、研究，也是立地分类时应重视的一环和遵循的一个重要原则。

（二）分类依据和方法

根据我们多年对油桐分布及生态习性的研究，并且与《中国林业区划》《中国森林立地分类》取得协调和衔接，并考虑到研究成果的实用性，不仅为我国油桐生产提供宏观布局，以及局部规划科学依据，同时也提供林地选择的实用技术和方法，因此而建立了油桐立地大区—立地小区—立地类型组—立地类型四级分类系统。

1. 立地大区

以气候因子的水热条件及其结构上差异为主导因子划分为北、中、南亚热带 3 个立地大区单元。并用《中国油桐气候区划》的材料随机抽 25 个样点，以 ISODATA 模糊聚类分析，结果与《中国油桐气候区划》一致，且聚类效果为 $F = 0.999\,998\,7$，$H = 8.656\,932E—05$，样对比度 $C = 1.05$。可见，用气候因子作为划分立地大区的依据是合理的。

2. 立地小区

依据地貌所引起的立地分异作为主导因子，划分为秦巴山地小区等 13 个立地小区。

3. 立地类型组

以地形的差异所引起的立地分异作主导因子，划分秦岭北坡立地类型组等 41 个立地类型组。

4. 立地类型

立地类型是四级分类系统的基础单位，具有实用价值。

在油桐立地分类系统各级分类单元中起主导作用且易于识别的因子是不一样的。本文用数量化模型 I 来寻求划分立地类型的主导因子。

（三）数量化模型 I 分析

由于油桐立地调查因子中既有定量表示的数量化因子，如海拔、坡度、土层厚度等，又有定性的非数量化因子，如坡位、土类等，因此，讨论这种混合因子对油桐生长结实间的定量关系，根据实际经验，应用多元数量化模型 I 分析能取得较好的效果。

根据数量化理论 I，我们把影响油桐生长结实的各种生态经济因子叫项目，每个项目中划分的不同等级或类别叫类目，把油桐立地因子划分项目、类目等级表，如用湖南湘西 20 块样地材料得到的结果如表 6 – 1。

表 6－1 油桐立地定性因子分级及其得分情况（湖南湘西部分）

项目	类目	类目号	得分值
地区 x_1	古丈	1	－0.044 20
	吉首	2	0.026 12
	大庸	3	0.017 06
	桑植	4	0
地形 x_2	低丘	1	－0.050 31
	高丘	2	0.013 10
	低山	3	0.053 28
	高山	4	0
坡向 x_3	阳	1	－0.089 15
	半阳	2	－0.170 96
	半阴	3	－0.057 48
	阴	4	0
坡形 x_4	平凹	1	－0.020 52
	斜直	2	－0.034 21
	凸形	3	0
坡位 x_5	上	1	0.177 90
	中	2	－0.024 441
	下	3	0
母山石 x_6	石灰岩页岩	1 2	0.009 979
土类 x_7	石灰土黄壤红壤	1	0.085 21
		2	0
		3	0.054 42

其他定量因子的回归系数如下：

$a_0 = 0.089\ 06$

海拔（x_8）：$a_8 = 0.000\ 41$

坡度（x_9）：$a_9 = 0.006\ 60$

厚度（x_{10}）：$a_{10} = 0.002\ 93$

腐殖质层厚度（x_{11}）：$a_{11} = 0.006\ 53$

由此可得出油桐产量预估模型：

$$\hat{y}_A = 0.089\ 06 + a_1 X_1 + a_2 X_2 + \cdots + a_{11} X_{11}$$

复相关系数和偏相关系数显著性检验，用 t 检验公式：

式中：n——标准地数，m——变量数，r——复（偏）相关系数。

$$t = r \sqrt{\frac{n - m - 1}{1 - r^2}}$$

表 6－2　油桐立地因子 t 检验结果

项目 （变量）	地点	地形	土类	坡位	坡形	坡向	母岩	海拔	坡度	A 厚	土厚
偏相关系数	0.278 5	0.449 9	0.394 9	0.790 8	0.102 3	0.211 0	0.413 4	0.432 3	0.342 5	-0.343 6	0.333 0
t 值	1.129 9	1.951 1*	1.864 8*	5.004 4*	0.356 1	0.704 77	1.572 9	1.660 7	1.262 9	-1.267 6	1.223 3

取 $t_{0.1}$ (20) ＝1.729

由此可得，油桐立地类型划分的 3 个主导因子：地形、土类、坡位。根据这 3 个因子得出全国油桐立地类型主导因子得分值，经计算它们的得分值如表 6－3。

表 6－3　立地类型主导因子得分情况

立地因子名称	中山	低山	高丘	低丘	上坡位	中坡位	下坡位
得分值	0.215 37	0.025 49	-0.021 17	0	-0.170 06	-0.069 51	0
立地因子名称	褐土	紫色土	石灰土	黄棕壤	黄壤	红壤	
得分值	0.049 91	-0.069 67	0.020 04	-0.184 23	-0.190 03	0	

立地类型的油桐产量预估模型为：

$$\hat{y}_B = 0.38004 + a_1X_1 + a_2X_2 + a_3X_3$$

式中：0.380 04 为回归系数，a_1、a_2、a_3 为相应的立地因子得分值。

经综合分析，可以看出这 3 个因子具有重要的生态经济学意义，并且在一定程度上代表了其他未入选因子。如地形表现了光、温、风等气象因子，也可间接看出当地的交通等经济状况；坡位表现了土壤养分状况，还减弱了母岩等对土壤肥力的影响程度以及经营发展的适宜性。因此可见，所选出来的主导因子是合理的。当然影响各立地类型组的立地类型的主导因子是不同，必须分组收集资料分析。但本研究收集的资料遍布油桐分布的大部分产区，因而以此作为划分立地类型的依据是可行的。

油桐产果量的预测是指这个立地类型的基础产量。每亩地以 500 m² 计算，在油桐分布区北缘的褐土类型则受严格地貌因素限制。

四、立地分类系统

根据上述指导思想和原则以及分类依据，由立地大区—立地小区—立地类型组—立地类型四级分类单元所组成的油桐分类系统如下：其中立地大区 3 个，立地小区 13

个，立地类型组 41 个，立地类型 72 个。

表 6 – 4 油桐立地类型及其评价

立地类型名称	代号	油桐果产量预估		立地类型名称	代号	油桐果产量预估	
		(kg/m^2)	(kg/亩)			(kg/m^2)	(kg/亩)
中山上坡褐土立地类型	ST$_1$	0.475 27	238	低山上坡褐土立地类型	ST$_{19}$	0.285 38	143
中山中坡褐土立地类型	ST$_2$	0.575 77	288	低山中坡褐土立地类型	ST$_{20}$	0.385 93	193
中山下坡褐土立地类型	ST$_3$	0.645 37	323	低山下坡褐土立地类型	ST$_{21}$	0.455 44	228
中山上坡紫色土立地类型	ST$_4$	0.355 68	178	低山上坡紫色土立地类型	ST$_{22}$	0.165 80	83
中山中坡紫色土立地类型	ST$_5$	0.456 23	228	低山中坡紫色土立地类型	ST$_{23}$	0.266 36	133
中山下坡紫色土立地类型	ST$_6$	0.525 77	263	低山下坡紫色土立地类型	ST$_{24}$	0.335 86	168
中山上坡石灰土立地类型	ST$_7$	0.445 37	223	低山上坡石灰土立地类型	ST$_{25}$	0.255 51	128
中山中坡石灰土立地类型	ST$_8$	0.545 97	273	低山中坡石灰土立地类型	ST$_{26}$	0.356 06	178
中山下坡石灰土立地类型	ST$_9$	0.615 47	308	低山下坡石灰土立地类型	ST$_{27}$	0.425 57	213
中山上坡黄棕壤立地类型	ST$_{10}$	0.241 12	121	低山上坡黄棕壤立地类型	ST$_{28}$	0.051 24	26
中山中坡黄棕壤立地类型	ST$_{11}$	0.341 67	1T1	低山中坡黄棕壤立地类型	ST$_{29}$	0.151 79	76
中山下坡黄棕壤立地类型	ST$_{12}$	0.411 18	206	低山下坡黄棕壤立地类型	ST$_{30}$	0.221 3	111
中山上坡黄壤立地类型	ST$_{13}$	0.406 32	203	低山上坡黄壤立地类型	ST$_{31}$	0.216 44	108
中山中坡黄壤立地类型	ST$_{14}$	0.506 87	252	低山中坡黄壤立地类型	ST$_{32}$	0.316 99	158
中山下坡黄壤立地类型	ST$_{15}$	0.576 38	288	低山下坡黄壤立地类型	ST$_{33}$	0.386 5	193
中山上坡红壤立地类型	ST$_{16}$	0.425 35	213	低山上坡红壤立地类型	ST$_{34}$	0.235 47	178
中山中坡红壤立地类型	ST$_{17}$	0.525 59	263	低山中坡红壤立地类型	ST$_{35}$	0.336 02	168
中山下坡红壤立地类型	ST$_{18}$	0.595 41	298	低山下坡红壤立地类型	ST$_{36}$	0.405 53	^203
高丘上坡褐土立地类型	ST$_{37}$	0.238 72	119	低丘上坡褐土立地类型	ST$_{55}$	0.259 9	130
高丘中坡褐土立地类型	ST$_{33}$	0.339 27	170	低丘中坡褐土立地类型	ST$_{56}$	0.360 4	180
高丘下坡褐土立地类型	ST$_{39}$	0.408 78	205	低丘下坡褐土立地类型	ST$_{57}$	0.430 0	215
高丘上坡紫色土立地类型	ST$_{40}$	0.119 14	60	低丘上坡紫色土立地类型	ST$_{58}$	0.140 31	70
高丘中坡紫色土立地类型	ST$_{41}$	0.219 69	110	低丘中坡紫色土立地类型	ST$_{59}$	0.240 86	120
高丘下坡紫色土立地类型	ST$_{42}$	0.289 2	145	低丘下坡紫色土立地类型	ST$_{60}$	0.310 4	155
高丘上坡石灰土立地类型	ST$_{43}$	0.208 85	104	低丘上坡石灰土立地类型	ST$_{61}$	0.230 0	115
高丘中坡石灰土立地类型	ST$_{44}$	0.309 4	155	低丘中坡石灰土立地类型	ST$_{62}$	0.330 6	165
高丘下坡石灰土立地类型	ST$_{45}$	0.378 91	189	低丘下坡石灰土立地类型	ST$_{63}$	0.400 1	200
高丘上坡黄棕壤立地类型	ST$_{46}$	0.014 58	7	低丘上坡黄棕壤立地类型	ST$_{64}$	0.025 75	13
高丘中坡黄棕壤立地类型	ST$_{47}$	0.105 13	53	低丘中坡黄棕壤立地类型	ST$_{65}$	0.126 3	63
高丘下坡黄棕壤立地类型	ST$_{48}$	0.184 64	92	低丘下坡黄棕壤立地类型	ST$_{66}$	0.195 81	98
高丘上坡黄壤立地类型	ST$_{49}$	0.169 78	85	低丘上坡黄壤立地类型	ST$_{67}$	0.190 95	95
高丘中坡黄壤立地类型	ST$_{50}$	0.270 33	135	低丘中坡黄壤立地类型	ST$_{68}$	0.291 5	146
高丘下坡黄壤立地类型	ST$_{51}$	0.339 84	170	低丘下坡黄壤立地类型	ST$_{69}$	0.361 01	181
高丘上坡红壤立地类型	ST$_{52}$	0.188 81	94	低丘上坡红壤立地类型	ST$_{70}$	0.209 98	105
高丘中坡红壤立地类型	ST$_{53}$	0.289 36	145	低丘中坡红壤立地类型	ST$_{71}$	0.310 53	155
高丘下坡红壤立地类型	ST$_{54}$	0.358 37	179	低丘下坡红壤立地类型	ST$_{72}$	0.380 04	190

油桐立地类系统

Ⅰ北亚热带立地大区（北部过渡性亚热带立地大区）

ⅠA 秦巴山山地立地小区

ⅠA$_b$ 陇南山地立地类型组

ⅠA$_b$ 秦岭北坡立地类型组

ⅠA$_c$ 秦岭南坡立地类型组

ⅠA$_d$ 汉中盆地立地类型组

ⅠA$_e$ 巴山北坡立地类型组

ⅠB 桐柏山、大别山山地立地小区

ⅠB$_a$ 大别山山地立地类型组

ⅠB$_b$ 桐柏山山地立地类型组

Ⅱ中亚热带立地大区（典型亚热带立地大区）

ⅡA 四川盆地周边山地立地小区

ⅡA$_a$ 盆地西缘山地立地类型组

ⅡA$_b$ 盆地北缘山地立地类型组

ⅡA$_c$ 盆地南缘山地立地类型组

ⅡB 四川盆地立地小区

ⅡB$_a$ 盆北立地类型组

ⅡB$_b$ 成都平原立地类型组

ⅡB$_e$ 盆中丘陵立地类型组

ⅡB$_d$ 盆东立地类型组

ⅡC 武陵山雪峰山山地立地小区

ⅡC$_a$ 川黔湘鄂山地立地类型组

ⅡC$_b$ 武陵山地立地类型组

ⅡC$_c$ 雪峰山山地立地类型组

ⅡD 幕阜山山地立地小区

ⅡD$_a$ 北部山地立地类型组

ⅡD$_b$ 南部山地立地类型组

ⅡE 天目山山地立地小区

ⅡE$_a$ 天目山北部丘陵立地类型组

ⅡE$_b$ 天目山南部低山丘陵立地类型组

ⅡF 云贵高原立地小区

ⅡF$_a$ 西南山地立地类型组

ⅡF_b 黔北山地立地类型组

ⅡF_c 黔南山地立地类型组

ⅡF_d 滇金沙江峡谷立地类型组

ⅡF_e 滇中高原盆谷立地类型组

ⅡC 武夷山山地立地小区

ⅡC_a 武夷山北部立地类型组

ⅡC_b 武夷山西坡立地类型组

ⅡC_c 武夷山东坡立地类型组

ⅡC_d 武夷山立地类型组

ⅡH 南岭山地立地小区

ⅡH_a 南岭山地北坡立地类型组

ⅡH_b 南岭山地南坡立地类型组

Ⅲ 南亚热带立地大区（南部过渡性亚热带立地大区）

ⅢA 滇南山地立地小区

ⅢA_a 滇南西部山地立地类型组

ⅢA_b 滇南中部山地立地类型组

ⅢA_c 滇南东部山地立地类型组

ⅢB 黔桂山地立地小区

ⅢB_a 黔桂南盘江山地立地类型组

ⅢB_d 桂西北山地立地类型组

ⅢB_b 黔南桂北山地立地类型组

ⅢB_c 桂中丘陵台地立地类型组

ⅢH_e 粤桂丘陵立地小区

ⅢC_a 西江北部立地类型组

ⅢC_b 西江南部立地类型组

五、油桐立地质量评价

本文从油桐产量、油桐发展适宜度及林地效益 3 个方面来论述油桐立地质量。

（一）油桐产量预估

根据油桐立地分类结果，可得某林地油桐产量的预估值，其模型是：

模型 $\hat{y}_A = 0.089\,06 + a_1X_1 + a_2X_2 + \cdots + a_{11}X_{11}$

式中 a_1，a_2，$\cdots$，a_{11} 是所对应的立地因子得分值（或回归系数），应分别立地类型组收集资料来求得其数值。

如：湖南大庸某林地的各立地要素为：低山、下坡位、石灰土、阳坡、凸形坡、海拔 800 m，土厚 90 cm、腐殖质层厚 15 cm、坡度 20°，则由表 6 - 1 得：

$\hat{y_A}$ = 0.089 06 + 0.017 06 + 0.053 28 + 0 + 0.099 79 - 0.089 15 + 0 + 0.000 41 × 800 +

0.006 6 × 20 + 0.002 93 × 90 - 0.006 53 × 15 = 0.676 99（kg/m²）≈ 338kg/亩

模型 B：$\hat{y_A}$ = 0.380 04 + $a_1 X_1$ + $a2 X_2$ + $a_3 X_3$

则由主导因子得分表（如表 6 - 3）得：

$\hat{y_B}$ = 0.380 04 + 0.025 49 + 0 + 0.020 04 = 0.425 57（kg/m²）≈ 1 213 kg/亩

可见由模型 A、B 所得出的油桐产量是不一样的。这是因为 A 是由湖南湘西部分得出的结果，较符合当地实际情况，B 是由全国油桐产区材料而得出的结果，因而有出入，这是合理的。使用时，应以当地调查为准。

（二）油桐发展适宜度

影响油桐生产的因素，除了油桐本身的生物学、生态学特性外，还受当地生产经营习惯、社会经济条件的影响。本文参照油桐产区的实际，从生态学、经济学角度用 Fuzzy 方法来评估某林地油桐发展适宜度。

油桐发展适宜度是指某项生态经济因素适合发展油桐的程度，这种适宜度是相对的，是一些存在着中间状态的 Fuzzy 概念，因此这些因素可用隶属函数来描述。

1. 生态因子隶属函数

生态因子考虑：海拔、坡度、坡向、坡位、坡形、土层厚度、腐殖质层厚度等。

（1）海拔（X_1）

在油桐分布区内，海拔高度的分布呈正态分布. 根据已有的 407 块样地材料，计算出正态型 $\mu(X_i) = e - (\frac{X_1 - a}{\sigma})^2$ 的参数：$a = 492.8$，$\sigma = 189.4$

故，其隶属函数为 $\mu(X_i) = e - (\frac{X_1 - 492.8}{189.4})^2$

（2）坡度（x_2）

坡度对油桐发展的影响，属于戒上型，即 $\mu_2(x_2) = \begin{cases} \dfrac{1}{1 + [a(x_2 - c)]^b} \\ 1 \end{cases}$

取 $a = 1/2$，$c = 10$，$b = 2$ 则有：

$$\mu_2(x_2) = \begin{cases} \dfrac{1}{1 + [0.5(x_2 - 10)]^2} & x_2 > 10 \\ 1 & x_2 \leq 10 \end{cases}$$

（3）坡向（x_3）

$$\mu_3\left(x_3\right) = \begin{cases} \text{阳坡} & 1.00 \\ \text{半阴半阳} & 0.50 \\ \text{阴坡} & 0 \end{cases}$$

（4）坡位（x_4）

$$\mu_4\left(x_4\right) = \begin{cases} \text{上坡位} & 0 \\ \text{中坡位} & 0.50 \\ \text{下坡位} & 1.00 \end{cases}$$

（5）坡形（x_5）

$$\mu_5\left(x_5\right) = \begin{cases} \text{凸形} & 0 \\ \text{斜直} & 0.50 \\ \text{平凹} & 1.00 \end{cases}$$

（6）土层厚度（x_6）

$$\mu_6^-\left(x_6\right) = \begin{cases} 0 & (0 \leq x_6^- \leq 20 \\ \dfrac{x_6 - 20}{70} & (20 < x_6^- < 80) \\ 1 & (x_6 \geq 80) \end{cases}$$

（7）腐殖质层厚度（x_7）

$$\mu_7\left(x_7\right) = \begin{cases} \dfrac{x_7}{20} & (x_7 < 20) \\ 1 & (x_7 \geq 20) \end{cases}$$

2. 经济因子隶属函数

油桐产地在一定程度上反映了油桐集中分布程度和经营发展状况，故可用某县油桐林面积，来建立经济因子隶属函数。

$$\mu_8(x_8) = \begin{cases} 0 & x_8 \leq 500 \text{ 亩} \\ 0.25 & 500 \text{ 亩} < x_8^- \leq 1\,000 \text{ 亩} \\ 0.50 & 1\,000 \text{ 亩} < x_8 \leq 5\,000 \text{ 亩} \\ 0.75 & 5\,000 \text{ 亩} < x_8 \leq 1 \text{ 万亩} \\ 1.00 & x_8 > 1 \text{ 万亩} \end{cases}$$

于是，可得出某林地 j 的指标向量 x_i 的一个 Fuzzy 向量，记作：

$$xj = \left[\mu_{1j}(x_1), \mu_{2j}(x_2), \cdots, \mu_{8j}(x_8)\right]$$

令 xg 是最适宜油桐发展的林地 g 的指标向量 xg（$xg \in X$）*Fuzzy*

$$xg = \left[\mu_{1g}(x_1), \mu_{2g}(x_2), \cdots, \mu_{8g}(x_8) \right]$$

则对于某林地 j 的 Fuzzy 向量 x_j 相对于最适宜于油桐发展的林地 g 的 Fuzzy 向量 xg 的比较程度可用 Fuzzy 贴近度来描述，而可以用距离来定义贴近度。用欧氏距离来定义贴近度为：

$$R(xg, xj) \overset{\Delta}{=} 1 - \frac{1}{n} \sum_{i=1}^{n} |\mu_{ig}(xi) - \mu_{ij}(xj)|^2$$

由于 $xg = (1, 1 \cdots, 1)$，$n = 8$，故贴近度公式可简化为：

$$R(xg, xj) \overset{\Delta}{=} 1 - \frac{1}{8} \sum_{i=1}^{8} |1 - \mu_{ij}(xi)|^2$$

由贴近度定义可知，其值是 $[0, 1]$ 间实值函数，其值愈大且接近 1，则表明该林地愈适宜发展油桐。

如：四川万县（x_8）某林地海拔（x_1）为 500m，坡度（x_2）为 25°，阳坡（x_3），中坡位（x_4），斜坡（x_5），土厚（x^6）100 cm，腐殖质层厚度（x_7）20 cm。

则有：

$$R(xg, xj) = 1 - \frac{1}{8}\left\{ \left[1 - e^{-\left(\frac{500-492.8}{189.4}\right)^2_v} \right]^2 + \left[1 - \frac{1}{1 + [0.5(25 - 10)]^2} \right] \right.$$

$$\left. + (1 - 1.00)^2 + (1 - 0.50)^2 + (1 - 0.50)^2 + (1 - 1)^2 + (1 - 1)^2 + (1 - 1)^2 \right\}$$

$$= 1 - \frac{1}{8}\left[(1 - 0.998\,555\,9)^2 + (1 - 0.137\,931)^2 + 0 + 0.25 + 0.25 + 0 \right]$$

$$= 1 - \frac{1}{8} \times 1.243\,165 = 0.845$$

由此可见，该林地发展油桐适宜程度较大。

（三）林地效益

油桐林地除提供直接的经济效益，还可提供一些间接效益，如社会效益、生态效益等。

1. 社会效益

由油桐林地所带来的社会效益，按 1990 年规定标准换算如下。

（1）产品税

按各地收购额的 8% 征收。

（2）经营税

按经营额的 3% 计算。

（3）批发税

以进销差价的 10% 计。

（4）价格

按 1.2 元/kg 桐籽计。

（5）出口返回利润

按外贸出口规定，由出口岸分给 12.5% 的出售金额给产区。

综合以上各项，各产地所带来的社会效益用经济指标表示就可计算出来。

2. 生态效益

如果用当地所测得的水土保持数据来确定生态效益的指标，结果如下。

（1）蓄水效益

以 100 株油桐树折合 1 亩森林，蓄水 20 m^3，70% 可视为水库效能。

（2）保肥效益

减少水土流失面积，以 100 株折算 1 亩，按当地水土侵蚀系数就可换算出保肥效益。

综合以上 2 项，就能得出与油桐林地生态效益有关的部分经济指标值。

六、结论与讨论

本文以系统理论为指导，以生态经济学原理为基础，根据中国油桐产区地域分异的自然特点，采用以定性为主，定性与定量相结合的原则，依据气候、大地形、小地形综合分析逐级控制的方法。并从立地质量多用途角度来评价油桐产量及其发展适宜度、林地效益。

本文对油桐分布区的自然经济特点的分析，划分出 3 个立地大区，13 个立地小区，41 个立地类型组，72 个立地类型，并对林地的油桐产量，油桐发展适宜度、效益进行了评价。

用数量化模型 I 筛选出划分立地类型的 3 个主导因子：地形、坡位、土类。

用 ISODATA 模型聚类对立地大区的分析，结果表明用气候因子为依据划分立地大区甚合理的。

油桐产量预估模型 B：$\hat{y}_B = 0.380\,04 + a_1 x_1 + a_2 x_2 + a_3 x_3$ 其中 a_i 值由表 6-3 查得，也可根据产区实际分别调查，求得模 $\hat{y}_A = a_0 + a_1 x_1 + a_2 x_2 + \cdots a_{11} x_{11}$ 型中的 a_i 值。

油桐发展适宜度计算模型为：

$$R(\underset{\sim}{xg}, \underset{\sim}{xj}) = 1 - \frac{1}{8} \sum_{i=1}^{8} |\,1 - \mu_{ij}(x_i)\,|^2$$ 其中 $\mu_{ij}(x_i)$ 参照 5.2。

初步确定了一些油桐立地分类的技术规范。

油桐立地分类的 4 项原则是：地域分异、分区分类、多级序主导因子、生态经济分类的原则。

第二节　中国油桐气候区划[①]

油桐是原产我国的重要工业油料树种，栽培历史已逾千年。桐油不但广泛应用于我国各行各业，而且是我国传统的出口物资。油桐在我国南方 15 个省（区）均有栽培和分布。由于其分布区内的气候条件千差万别，因而造成其生长发育和产量的极大差异。为了合理规划油桐生产布局，在不同的气候区内采取相应的经营措施，特开展了此项研究，现将结果整理如下。

一、区划的变量选择及资料来源

1. 变量（气候属性因子）的选择原则和依据

不同地区形成不同气候环境条件的基本因素，是太阳辐射、大气环流和下垫面的物理性质也就是说，气候特征是热量和水分的综合反映。因此，气温和降水量等气候属性的因子，对油桐的生长发育和产量具有同等重要的作用，但在不同地区和油桐生长的不同阶段，其主导因子又是不同的，比如油桐产区的"7 月干果，8 月干油"之说，就说明 7、8 两月的水分对油桐生产尤为显得重要，是油桐这一生育阶段的主导因子。

根据油桐的生态要求，为了在油桐分布区内划分出气候属性因子基本相似的气候区域，我们在油桐分布区内的不同地理位置，选择有代表性的 82 个县，以年均温、1 月均温、7 月均温、极端低温、含 10℃积温、>10℃天数、极端高温、年降水量及 4、7、8 月降水量、年相对湿度及 7、8 月相对湿度、年日照及 4 月日照、无霜期及霜日等 18 个对油桐生产有影响气候属性因子（表 6 – 5），作为区划的变量。这些资料的来源，除广东省所属县系从广东省 1981 年地面气象年鉴抄录外，其余各省所属各县，均由中央气象台资料室提供所有数据，均为建国后至 1981 年 32 年的平均值。

2. 油桐产量调查

在上述 82 个油桐产区县内，挑选代表性较强的 12 个县，选择立地条件、经营水平、年龄和品种等均较一致的油桐林分，设置 200 块标准地，测定油桐的产量。

---

① 本节资料参考中国油桐气候区划（何方，唐续荣，1989）。

表6-5　油桐分布区82个县（样品）18个气候属性因子统计　　（单位：℃，mm，%，h，d）

样品号	县名	气温				≥10℃积温	≥10℃天数	极端高温	降水				相对湿度			日照		无霜期	霜日
		年均温	1月	7月	极端低温				年平均	4月	7月	8月	年平均	7月	8月	年平均	4月		
1	达县	17.3	6.0	27.9	-4.7	5514.4	259.6	42.3	1192.5	101.0	185.8	171.6	79	79	75	1472.7	141.6	299.4	11.5
2	万县	18.1	6.7	28.6	-3.7	5882.9	274.1	42.1	1185.4	112.5	169.8	145.7	81	80	77	1484.4	134.9	299.5	15.8
3	涪陵	18.2	7.2	28.7	-2.2	5933.0	277.4	42.2	1073.5	102.3	133.8	111.1	79	74	71	1283.6	117.9	325.0	7.2
4	酉阳	14.9	3.7	25.4	-8.4	4625.0	231.0	38.1	1389.4	145.7	181.2	149.5	80	82	81	1129.7	96.8	260.6	22.9
5	彭水	17.6	6.7	27.9	-3.8	5619.4	263.1	44.1	1235.2	118.6	165.9	154.1	78	77	75	1035.4	85.3	309.1	9.4
6	石门	16.8	4.9	28.5	-13.0	5325.9	245.7	40.9	1359.2	145.9	175.2	175.6	75	75	75	1678.0	115.6	280.2	21.0
7	大庸	16.8	5.1	28.0	-13.7	5345.3	249.7	40.7	1382.1	157.0	183.0	145.0	77	79	78	1449.6	105.0	268.3	24.6
8	保靖	16.1	4.7	27.0	-12.1	5100.7	244.1	39.3	1399.2	168.3	179.3	148.3	81	81	81	1279.1	92.4	288.2	15.7
9	龙山	15.8	4.4	26.5	-6.9	5001.8	242.4	39.5	1186.7	128.3	205.1	172.3	81	81	80	1260.8	90.0		19.2
10	泸溪	16.9	5.2	28.1	-12.3	5354.2	224.2	40.6	1325.6	178.8	149.4	124.4	77	78	77	1432.5	100.0	277.6	17.1
11	铜仁	16.9	5.2	27.9	-9.2	5301.5	245.6	42.5	1302.7	166.8	158.7	142.3	78	78	78	1171.4	87.4	289.5	14.2
12	松桃	16.3	4.8	27.3	-12.0	5138.9	244.0	39.0	1378.3	161.6	158.4	140.2	81	78	80	1220.2	91.9	290.8	13.7
13	正安	16.2	5.1	26.6	-6.2	5025.0	242.6	38.8	1081.7	105.2	140.1	114.2	78	74	75	1077.8	92.8	288.4	12.0
14	岭巩	16.2	4.9	26.6	-10.8	5053.5	241.0	38.9	1144.4	140.1	129.5	123.2	81	80	82	1320.0	97.0	300.0	11.1
15	思南	17.2	6.0	27.9	-5.5	5467.6	254.8	40.7	1166.4	119.9	156.0	115.0	77	74	76	1204.7	100.0	289.5	12.7
16	恩施	16.3	5.0	27.1	-12.3	5191.2	249.4	41.2	1439.4	122.6	221.7	167.8	82	80	78	1295.3	108.1	287.0	21.2
17	来凤	15.9	4.4	26.6	-8.3	5004.3	242.6	38.9	1394.5	133.3	208.5	161.3	81	82	81	1233.8	94.9	222.5	21.5
18	利川	12.8	1.7	23.3	-15.4	3863.0	206.7	35.4	1300.9	112.0	179.4	149.3	82	81	81	1298.9	102.3	233.1	32.9
19	五峰	16.8	4.7	28.2	-9.8	5373.7	246.8	41.4	1164.1	105.8	215.2	178.4	76	80	78	1728.0	133.5	272.4	29.9
20	咸丰	14.0	2.8	24.8	-13.0	4348.9	223.8	37.6	1532.9	137.6	230.8	181.8	83	82	82	1212.4	95.3	263.0	23.3
21	山阳	13.1	0.4	25.4	-14.5	4142.7	208.8	39.8	109.3	62.2	139.0	109.2	68	73	75	2133.8	163.2	204.5	70.2

（续表）

样品号	县名	气温							降水				相对湿度			日照		无霜期	霜日
		年均温	1月	7月	极端低温	≥10℃积温	≥10℃天数	极端高温	年平均	4月	7月	8月	年平均	7月	8月	年平均	4月		
22	安康	15.7	3.2	27.5	−9.5	4 968.9	234.6	41.7	799.3	73.1	133.5	115.8	73	75	73	1 811.4	155.6	209.4	44.1
23	西峡	15.1	2.1	27.2	−14.2	4 834.8	229.0	42.0	881.5	76.1	205.4	153.6	69	77	77	2 018.4	168.6	237.3	52.0
24	内乡	15.1	1.9	27.7	14.4	4 922.3	229.7	42.1	805.1	69.8	184.1	133.9	73	79	78	1 993.7	157.3	225.4	56.1
25	竹山	15.6	3.1	27.7	−9.9	4 959.2	233.9	43.4	820.3	83.0	136.9	99.4	74	75	73	1 650.4	139.5	254.4	40.8
26	郧县	16.0	3.0	28.2	−13.5	5 139.3	237.4	42.7	797.5	76.5	137.3	127.7	70	74	74	1 948.1	161.2	243.8	58.2
27	房县	14.3	1.7	26.3	−17.6	4 489.5	219.3	40.4	822.0	75.9	139.0	135.2	75	79	79	1 865.6	154.3	224.0	66.9
28	溧水	15.5	2.1	28.4	−17.9	4 943.5	227.8	40.6	1 036.9	109.2	164.5	115.1	79	82	82	2 168.1	163.8	228.5	51.4
29	富阳	16.1	3.6	28.7	−14.4	5 094.0	233.3	40.2	1 406.5	137.3	126.0	157.7	81	80	81	1 995.0	150.1	230.9	45.8
30	淳安	17.0	5.0	28.9	−7.6	5 409.9	245.4	41.8	1 429.9	180.3	122.5	107.3	76	76	73	1 951.3	134.0	263.4	23.7
31	常山	17.3	5.3	28.7	−9.2	5 497.5	247.7	40.5	1 739.3	222.0	147.0	97.9	77	77	73	1 922.3	123.3	261.2	26.3
32	浦城	17.5	6.2	27.7	−8.0	5 498.8	252.7	39.9	1 780.2	231.1	140.1	121.0	79	78	78	1 893.5	126.9	253.6	32.0
33	邵武	17.7	6.8	27.5	−7.9	5 597.2	258.4	40.4	1 783.2	244.7	146.5	124.9	82	81	81	1 740.4	110.0	263.3	26.2
34	上饶	17.8	5.7	29.4	−8.6	5 676.5	251.2	41.6	1 724.1	247.5	115.7	112.8	77	74	73	1 938.1	126.6	269.2	24.3
35	宜春	17.2	5.1	28.6	−9.2	5 409	243.2	41.6	1 608.7	220.2	132.6	127.9	30	77	78	1 734.9	108.0	272.0	23.3
36	修水	16.5	4.1	28.3	−11.6	5 213.9	237.6	44.9	1 577.4	204.2	149.2	120.7	79	78	79	1 680.0	110.5	248.5	36.6
37	安化	16.2	4.3	27.9	−11.3	5 089.5	239.3	41.8	1 691.2	222.5	167.5	181.8	81	79	81	1 373.8	99.6	275.1	21.9
38	江华	17.8	7.4	26.5	−6.9	5 537.9	256.3	37.9	1 512.5	208.9	149.4	175.8	83	81	84	1 366.3	65.5	310.8	10.7
39	洞口	16.6	5.1	27.4	−8.0	5 229.7	243.9	38.8	1 422.5	210.8	132.1	149.9	81	79	79	1 569.2	102.9	292.8	13.9
40	绵阳	16.3	5.2	26.0	−7.3	5 162.2	251.3	37.6	963.2	52.2	238.5	143.0	79	83	83	1 293.1	118.4	272.7	30.6
41	峨嵋	17.2	6.9	26.1	−4.4	5 492.2	268.1	38.3	1 555.3	87.6	356.5	420.2	80	82	81	951.8	98.4	305.4	6.9
42	毕节	12.8	2.4	21.8	−10.9	3 717.0	206.2	33.8	954.2	60.4	168.9	166.7	82	78	80	1 377.7	141.3	246	19.4

（续表）

样品号	县名	气温							降水				相对湿度			日照		无霜期	霜日
		年均温	1月	7月	极端低温	≥10℃积温	≥10℃天数	极端高温	年平均	4月	7月	8月	年平均	7月	8月	年平均	4月		
43	兴仁	15.2	6.1	22.1	-7.8	4 531.2	239.7	34.6	1 220.5	68.7	219.7	201.3	80	82	84	1 553.3	172.7	280.5	11.3
44	安顺	14.0	4.1	21.9	-7.6	4 170.3	226.1	34.3	1 361.4	92.1	241.1	180.7	81	82	81	1 300.4	138.4	269.9	11.3
45	奕良	17.0	7.0	25.5	-3.7	5 777.6	278.9	40.5	772.2	133.7	171.5	172.5	72	79	79	1 424.5	154.4	297.1	6.5
46	交山	17.8	10.5	22.5	-3.0	5 146.9	264.9	34.7	996.7	58.5	193.1	200.6	77	83	84	2 029.8	224.4	324.3	5.8
47	龙胜	18.1	7.8	26.7	-4.8	5 708.5	264.8	39.5	1 546.7	182.1	207.6	156.8	81	83	84	1 243.5	71.1	311.9	7.3
48	融安	19.0	8.5	27.9	-5.5	6 069.8	272.7	38.6	1 942.5	237.9	267.0	216.3	80	82	82	1 416.3	70.6	292.5	11.0
49	南丹	16.9	7.4	24.6	-5.5	5 232.5	255.9	35.5	1 497.9	114.8	269.2	243.8	83	85	86	1 257.1	93.5	300.9	9.3
50	霍山	15.1	2.0	27.8	-17.4	4 786.0	224.5	43.3	1 391.2	134.0	206.2	194.4	80	81	83	2 084.4	163.9	219.8	63.6
51	武康	14.5	2.8	24.8	-8.1	4 548.3	230.0	37.6	474.6	37.5	93.0	81.4	61	67	66	1 911.7	171.6	249.4	46.0
52	康县	10.9	-0.7	21.6	-13.6	3 359.4	190.9	34.5	807.5	57.8	153.5	156.1	74	79	81	1 715.7	155.4	206.7	64.4
53	鲁山	14.2	0.7	27.5	-18.1	4 743.9	217.7	43.3	868.0	75.7	204.5	150.2	69	77	79	2 068.7	173.8	205.0	58.7
54	南召	14.8	0.9	27.5	-13.8	4 838.4	225.7	41.6	856.3	65.8	229.5	165.0	70	77	76	1 955.2	164.9	205.0	67.2
55	栾川	12.1	-0.8	24.2	-20.0	3 805.0	196.8	40.2	880.0	76.1	205.5	152.8	68	77	80	2 024.7	171.5	198.5	75.1
56	嵩县	14.1	0.2	26.7	-19.1	4 538.4	215.0	43.6	675.1	66.4	144.1	109.1	66	75	78	2 306.2	186.5	207.7	66.2
57	东台	14.5	1.4	27.2	-11.1	4 642.9	220.9	38.7	1 069.0	80.4	217.5	180.3	79	85	85	2 232.7	182.3	217.8	73.6
58	宁德	19.0	9.6	28.7	-2.4	6 178.9	286.7	39.4	2 013.8	192.5	158.7	308.3	81	79	80	1 702.7	114.0	315.8	10.0
59	蒲田	20.2	11.4	32.9	-2.3	6 910.9	318.8	39.4	1 289.5	129.2	148.5	198.4	78	81	81	1 942.5	134.6	348.1	3.2
60	南安	20.8	11.4	32.9	-2.3	6 910.9	318.8	39.4	1 289.5	129.2	148.5	198.4	78	81	81	1 942.5	134.6	348.1	3.2
61	隆安	21.7	12.9	28.2	-0.8	7 617.9	338.8	38.7	1 310.1	99.1	189.6	242.8	80	82	84	1 596.5	86.3	351.1	3.4
62	崇左	22.3	13.8	28.5	-1.9	7 903.9	350.6	41.2	1 201.6	99.2	200.5	243.3	77	83	85	1 634.4	98.3	350.5	3.7
63	南宁	21.6	12.8	28.3	-2.1	7 483.1	330.0	40.4	1 300.6	89.9	195.1	215.5	79	82	83	1 827.0	106.5	341.9	4.3

（续表）

样品号	县名	气温 年均温	1月	7月	极端低温	≥10℃积温	≥10℃天数	极端高温	降水 年平均	4月	7月	8月	相对湿度 年平均	7月	8月	日照 年平均	4月	无霜期	霜日
64	那坡	18.7	10.7	24.4	-4.4	6 048.5	292.7	35.5	1 421.7	69.2	275.6	280.3	80	84	85	1 411.2	137.4	333.9	5.6
65	雅安	16.2	6.1	25.3	-3.9	5 071.5	253.2	37.7	1 774.3	93.0	398.5	447.7	79	79	79	1 039.6	106.1	301.5	8.7
66	西昌	17.0	9.5	22.6	-3.8	5 229.9	277.7	36.5	1 013.1	26.1	215.5	178.1	61	75	75	2 431.1	252.6	271.9	38.7
67	平武	14.7	3.9	24.2	-7.3	4 562.8	236.3	37.0	866.5	50.2	218.6	178.2	71	76	78	1 376.7	123.5	252.8	46.9
68	长安	13.3	-0.9	26.8	-17.5	4 308.8	207.0	43.4	654.4	63.7	93.5	68.1	73	71	74	2 158.9	175.5	212.7	76.1
69	商县	12.9	0.1	24.9	-14.8	4 042.7	208.8	39.8	709.3	62.2	139.0	109.2	68	73	75	2 133.8	173.2	207.9	71.4
70	留坝	11.5	0.0	22.3	-14.3	3 520.6	195.5	35.8	858.6	64.5	169.8	254.3	72	81	81	1 826.4	160.3	212.4	52.2
71	滁县	15.2	1.8	27.9	-23.8	4 877.0	225.9	41.2	1 031.2	92.0	215.9	129.3	75	81	81	2 217.6	175.0	217.2	66.6
72	桐乡	15.8	3.3	28.2	-11.0	5 015.9	232.0	39.5	1 175.8	113.7	106.1	120.8	80	82	82	2 021.9	149.4	240.4	39.6
73	嵊县	16.4	4.2	28.6	-10.1	5 166.2	236.9	40.7	1 273.4	125.2	117.3	120.6	77	77	80	1 987.9	148.6	234.8	40.3
74	仙居	17.2	5.6	20.5	-9.9	5 450.2	247.1	40.7	1 376.8	137.6	136.5	142.0	79	80	80	1 932.6	140.2	238.8	36.3
75	漾濞	16.1	8.6	21.4	-2.8	5 759.2	292.2	34.6	1 081.4	18.3	244.7	228.7	72	85	86	2 221.0	200.2	247.3	64.8
76	云县	19.4	12.3	23.7	-1.3	7 053.9	362.0	38.3	904.7	31.5	174.5	156.6	73	81	82	2 261.6	217.8	357.2	2.4
77	永胜	13.5	6.0	19.1	-11.2	3 992.1	240.2	32.3	925.8	13.6	249.0	237.6	69	83	85	2 400.1	237.9	200.0	99.1
78	乐昌	19.7	9.2	28.3	-4.6	6 380.0	282.5	38.4	1 436.0	166.3	123.2	183.3	80	80	80	1 538.0	77.0	305.9	14.1
79	阳山	20.4	10.1	28.0	-3.2	6 574.9	286.6	39.9	1 792.2	203.4	146.8	199.9	77	78	79	1 524.0	66.4	311.5	9.5
80	紫金	20.5	11.4	27.4	-4.8	6 806.7	305.1	38.0	1 711.5	138.1	187.1	234.4	81	82	83	1 810.9	106.5	306.3	13.7
81	英德	20.8	10.7	28.9	-3.6	6 768.8	293.4	38.5	1 801.3	222.7	183.4	209.8	79	81	83	1 723.3	79.9	320.2	9.3
82	阳春	22.0	14.0	28.1	-1.8	7 761.2	343.4	36.8	2 312.9	256.6	319.1	370.4	82	85	85	1 722.3	87.6	341.2	3.9

具体调查时，如桐林的株行距整齐，可用对角线法随机确定 5 株标准样株，进行每木调查，然后推算出每平方米冠幅的油桐产果量（kg/m²）；若株行距不明显，可随机选取 20 m×20 m 的样地，在样地内进行每木调查，以上述方法测定其产果量。

二、气候区划的数学方法

（一）主分量分析（PCA）

主分量分析是近代排序方法中应用较为普遍的方法。其功能在于能够把具有相关性的多个变量所带的大部分信息，集中于少数几个彼此独立的新变量（主分量）中，以便于进行进一步的分析。本文所选取的 18 个气候属性因子（变量），均存在着不同程度的相关性，因而将影响聚类分析的精度，为排除这些相关性的干扰，故先进行主分量分析。

设原气候属性因子和样品（县）数据为：

样品及属性	1	2	3	4…18
1	$X_{1.1}$	$X_{1.2}$	$X_{1.3}$	$X_{1.4}…X_{1.18}$
2	$X_{2.1}$	$X_{2.2}$	$X_{2.3}$	$X_{2.4}…X_{2.18}$
3	$X_{3.1}$	$X_{3.2}$	$X_{3.3}$	$X_{3.4}…X_{3.18}$
.	.	.	.	. …
82	$X_{82.1}$	$X_{82.2}$	$X_{82.3}$	$X_{82.4}…X_{82.18}$

则可写成矩阵式：

$$X = （X_{ij}）$$
$$i = 1，2，3，\cdots，82$$
$$j = 1，2，3，\cdots，18$$

据此，便可按如下步骤进行分析。

1. 原始数据的标准化处理

由于各属性因子的量纲单位不一，因此，需要对各因子进行标准化处理。其处理计算公式为：

$$X_{ik}^{\Delta} = \frac{X_{jK} - \overline{X_K}}{S_K}$$

$$i = 1, 2, 3, \cdots, N \ (i = \ \ 2) \ k = 1, 2, 3, \cdots, N \ (k \ \ 18)$$

式中：$\bar{X}_K = \dfrac{1}{N} \sum\limits_{i=1}^{N} X_{iK}$ \qquad $S_K = \dfrac{1}{N-1} \sum\limits_{i=1} (X_{jK} - \bar{X}_K)^{\frac{1}{2}}$

标准化后的原始数据阵记为：

$$X^{\Delta} = (X_{ik}^{\Delta})$$

2. 相关矩阵的计算

相关矩阵的计算公式为：

$$r_{ij} = \sum_{k=1}^{N} (X_{ik}^{\Delta} \cdot X_{ik}^{\Delta}) / N$$

$$R = (r_{ij})$$

$$i, j = 1, 2, 3, \cdots, N$$

3. 特征值和特征向量的求取

用 Jacobl 方法，求出 R 阵的 M 个非零特征根及与其对应的 M 维特征向量。

因 R = (r_{jj}) 为对称阵，若设 R 阵非对角元中绝对值最大的元素为 r_{ij}，且 $i < j$，则：

$$\begin{cases} \theta_1 = \pi/4 & (\text{若 } r_{ij} = r_{ij}) \\ \text{tgz}\theta_1 = \dfrac{zr_{ij}}{r_{ij} - r_{ij}} & (\text{若 } r_{ij} \neq r_{ij}) \end{cases}$$

可记为：

$$L_1(\theta_1) = \begin{bmatrix} \ddots & & & \\ & \cos\theta_1 & \sin\theta_1 & \\ & \ddots & \ddots & \\ & -\sin\theta_1 & \cos\theta_1 & \\ & & & \ddots \end{bmatrix} \begin{matrix} i \\ \\ j \end{matrix}$$ 其余元素为 0

不难看出，$L_1(\theta_1)$ 是正定阵，计算：

$$R_1 = L'_1(\theta_1) \cdot R \cdot L_1(\theta_1)$$

并对 R_1 重复上述方法，得：

$$R_2 = L'_2(\theta_2) \cdot R_1 \cdot L_2(\theta_2)$$

直到某一步得到 $Rh \overset{\Delta}{=} L'h(\theta h) \cdot Rh_{-1} \cdot Lh(\theta)$ 为对角阵为止，此时有：

$$R_h = \begin{bmatrix} \lambda_1 & & & \\ & \lambda_2 & & 0 \\ & & \diagdown & \\ 0 & & & \lambda_m \end{bmatrix}$$

其中：$\lambda_1 > \lambda_2 > \cdots \lambda_m$ 为 R 阵的 m 个非零特征根

$$m \leqslant M(M = 18)$$

$L_h(\theta_h)$ 为 λ 对应的 m 维特征向量

为方便起见，令

$$L = L_h(\theta_h)$$

则：$L' \cdot L = I_m$

4. 主分量计算

在得出特征向量 L 以后，则主分量可按下式进行计算：

$$Z = L' \cdot X^{\Delta}$$

由此可见，λ_1 对应的向量乘 X^{Δ} 为第 1 主分量，λ_2 对应的向量乘 X^{Δ} 为第 2 主分量，余类推，λ_m 对应的向量乘 X^{Δ} 为第 m 个主分量。

各主分量所占信息量与总信息量的比值，称为贡献率，记为 C，则第 i 个主分量的贡献率为：

$$C_i = \lambda_i / \sum_{k=1}^{m} \lambda k \cdot 100\%$$

$$i = 1,2,3\cdots m$$

那么，前 P 个主分量的贡献率之和，就是 P 个主分量的积累贡献率，若用 D 表示，即有：

$$D = \sum_{i=1}^{P} C_1$$

通过计算，得各气候属性的特征根值及积累贡献率如表 6-6 所示。

表 6-6　18 个气候属性的特征根值及累积贡献率

项　目	λ_1	λ_2	λ_3	λ_4	λ_5	λ_6	λ_7	λ_8	λ_9
特征根值	8.04	3.37	2.46	1.45	0.94	0.71	0.26	0.20	0.16
累积贡献率/（%）	44.69	63.42	77.08	85.14	90.28	94.28	95.74	96.87	97.76
项　目	λ_{10}	λ_{11}	λ_{12}	λ_{13}	λ_{14}	λ_{15}	λ_{16}	λ_{17}	λ_{18}
特征根值	0.12	0.09	0.05	0.045	0.03	0.027	0.024	0.008	0.002
累积贡献率/（%）	98.43	98.93	99.22	99.47	99.65	99.81	99.95	99.99	100

从表 6 - 6 可以看出，只用第 1，2（λ_1，λ_2）两个主分量，就已代表了整个信息量的 63.42%，若用前 6 个主分量，即能代表整个信息量的 94.28%，如果再增加一二个主分量，所增加的信息量很少，对整个结果影响甚微。为此，可以将原来彼此相关的 18 个变量，减少至 6 个相互正交的新变量，即能达到阵维、独立的 g 的通过计算，82 个样品前 6 个主分量的新坐标值如表 6 - 7 所示。

5. 因子负荷量计算

前述的前 6 个主分量，实际上是原来 18 个气候属性因子的线性组合，并不能说明各主分量作用的大小主分量作用的大小，要通过因子负荷量来反映。

所谓因子负荷量，是指主分量与原变量的相关程度。若将主分量记为 Z_k，原变量记为 X_i，则其相关系数为：

$$R(Z_K \cdot X_i) = Cov(Z_K \cdot X_i) / \sqrt{V_{ar}(Z_K) \cdot V_{ar}(X_i)} = \sqrt{\lambda_k} \cdot L_{ik}/S_i$$

式中：λ_k——第 k 个特征根，L_{iK}——L 阵中的 i 行 k 例之元素，S_i——第 i 个气候属性的标准差。

$$i, k = 1, 2, \cdots, m$$

负荷矩阵为：

表 6 - 7　前 6 个主分量的新坐标值

样品号	新坐标值						样品号	新坐标值					
	1	2	3	4	5	6		1	2	3	4	5	6
1	-0.831	1.06	-0.432	0.983	0.548	0.650	42	2.05	-2.51	1.56	2.15	-1.46	-0.150
2	-1.43	1.26	-0.459	0.450	-0.047	1.01	43	-0.180	-3.36	0.311	0.851	-1.08	-0.115
3	-1.15	2.94	-1.02	2.38	-0.078	0.477	44	0.159	-3.13	1.55	1.59	-0.764	-0.428
4	-0.136	-0.804	2.17	0.743	-0.602	0.150	45	-0.386	0.272	-1.97	1.72	-0.077	1.31
5	-1.42	2.12	0.302	1.87	0.719	0.847	46	-1.10	-3.48	0.635	-0.043	0.089	-0.571
6	0.271	1.64	0.132	0.379	0.889	-0.564	47	-3.01	-0.233	1.38	0.104	-0.536	0.474
7	-0.133	0.985	0.967	-0.109	0.373	0.108	48	-3.69	-0.219	1.41	-0.724	0.781	-1.07
8	-0.811	0.131	1.91	0.157	-0.398	0.408	49	-2.70	-3.04	1.46	0.389	-0.098	0.431
9	-0.828	-0.346	1.60	0.725	0.113	0.414	50	1.87	-0.330	1.07	-2.73	1.05	0.508
10	-0.205	-0.524	-0.297	0.306	-0.161	-0.279	51	4.798	1.96	-3.08	3.379	-0.263	-1.668
11	-0.724	1.66	1.25	0.803	0.217	0.455	52	4.56	-2.85	1.11	0.838	-1.13	-0.442
12	-0.653	0.712	1.73	0.688	-0.514	0.207	53	3.90	0.259	-0.512	-1.19	1.53	0.600
13	-0.088	1.37	0.602	2.66	-0.520	0.60	54	3.47	0.017	-0.737	-0.512	1.82	0.208
14	-0.492	0.321	1.40	0.635	-1.36	0.906	55	5.19	-1.30	0.257	-0.714	0.953	-0.223
15	-0.468	1.88	0.099	1.89	-0.40	0.176	56	5.10	0.915	-1.30	-1.09	0.696	0.458
16	-0.611	0.232	1.42	0.338	0.760	0.625	57	2.20	-2.24	0.292	-2.55	0.043	0.880

样品号	新坐标值						样品号	新坐标值					
	1	2	3	4	5	6		1	2	3	4	5	6
17	-0.879	-0.619	1.71	0.458	-1.26	0.519	58	-3.76	0.576	-0.115	-0.564	0.439	-1.40
18	1.75	-1.96	2.90	0.783	-0.983	-0.117	59	-3.79	1.50	-2.22	-0.905	-0.409	0.897
19	0.147	0.308	-0.175	-0.245	0.961	0.576	60	-3.67	1.12	-3.09	0.040	0.240	-0.610
20	0.019	-1.68	2.91	0.397	0.039	0.091	61	-5.22	-0.100	-2.00	-0.100	-0.262	1.19
21	5.14	0.465	-0.896	0.365	0.162	-0.576	62	-5.28	0.182	-2.65	-0.637	0.216	1.74
22	2.83	1.58	-0.966	0.645	0.256	0.150	63	-4.50	0.236	-2.36	-0.536	-0.114	1.28
23	2.99	0.271	-1.01	-0.418	1.27	0.271	64	-3.55	-3.18	-0.810	0.525	0.211	0.527
24	2.89	0.329	-0.508	-0.817	0.723	0.970	65	-2.84	-3.30	1.02	1.75	4.24	-1.08
25	2.32	2.10	-0.562	0.975	0.366	0.631	66	1.82	-1.65	-5.04	0.907	0.114	-1.92
26	3.04	1.86	-1.44	0.046	0.759	0.273	67	1.79	-1.34	-0.384	1.94	0.579	-0.191
27	3.46	-0.109	0.243	-0.727	-0.132	0.780	68	5.62	2.12	-0.616	-0.085	-0.005	0.267
28	2.21	-0.041	0.464	-2.25	-0.412	1.11	69	5.16	0.870	-0.893	-0.058	0.406	-0.346
29	1.09	0.566	0.790	-1.85	-0.521	0.151	70	4.14	-2.68	0.815	0.377	-0.828	-0.211
30	0.446	2.68	-0.252	-0.119	-0.280	-1.02	71	3.20	-0.425	0.168	-2.56	0.793	0.945
31	-0.089	2.451	0.425	-0.565	-0.295	-1.73	72	1.18	0.247	0.439	-1.47	-1.41	0.740
32	-0.584	1.54	0.642	-1.13	-0.791	-1.61	73	1.27	1.24	-0.112	-0.975	-0.647	-0.041
33	-1.51	1.10	1.33	-1.46	-1.06	-0.905	74	0.284	0.972	0.070	-1.22	-0.466	0.033
34	-0.271	3.37	0.158	-0.531	-0.282	-2.00	75	-0.213	-4.01	-1.89	-1.70	-0.956	-1.56
35	-0.545	2.14	1.09	-0.645	-0.441	-0.823	76	-2.47	-1.25	-5.06	0.181	-1.61	0.903
36	0.302	2.17	1.39	-1.20	0.280	-0.141	77	3.65	-5.86	-2.15	-1.23	-0.50	-1.21
37	-0.120	1.27	2.78	-0.385	0.332	-0.335	78	-2.88	1.12	-0.084	0.037	-0.958	-0.48
38	-2.58	0.047	1.72	-1.75	-1.28	-0.118	79	-3.54	1.67	-0.158	0.082	-0.173	-1.06
39	-0.991	1.00	1.33	0.073	-1.03	-0.679	80	-3.83	-0.364	-0.873	-0.996	-0.363	-0.146
40	-0.290	-1.36	0.420	0.674	-0.264	1.51	81	-4.30	0.710	-0.163	-1.09	-0.357	-0.787
41	-3.35	-2.987	0.879	1.32	3.43	0.096	82	-7.47	-1.60	-0.418	-2.04	1.55	-1.66

$$
w = \begin{bmatrix}
\sqrt{\lambda_1}\,L_{1,1}/s_1 & \sqrt{\lambda_2}\,L_{1,2}/s_1 & \cdots & \sqrt{\lambda_{18}}\,L_{1,18}/s_1 \\
\sqrt{\lambda_1}\,L_{2,1}/s_2 & \sqrt{\lambda_2}\,L_{2,2}/s_2 & \cdots & \sqrt{\lambda_{18}}\,L_{2,18}/s_2 \\
\vdots & \vdots & & \vdots \\
\sqrt{\lambda_1}\,L_{18,1}/s_{18} & \sqrt{\lambda_2}\,L_{18,1}/s_{18} & \cdots & \sqrt{\lambda_{18}}\,L_{18,18}/s_{18}
\end{bmatrix}
$$

通过计算，原来 18 个气候属性因子，对前 6 个主分量的负荷如表 6-8 所示：

从表 6-8 各列负荷矩阵的平方和（h^2）可以看出，18 个因子对前 6 个主分量的贡献大小，依次为：1 月均温，≥10℃积温、年均温、年日照时数、≥10℃天数、年降水和 7 月降水、4 月降水、7 月相对湿度、8 月相对湿度、无霜期、7 月均温、极端高温和 8 月降水及霜日、极端低温和年相对湿度、4 月日照时数。这种序列，是符合油桐生产分布状态实际的。

表 6 - 8   18 个气候属性因子对 6 个主分量的负荷量

（单位：℃，mm，%，h，d）

主分量	年均温	1 月均温	7 月均温	极端低温	≥10℃积温	≥10℃天数	极端高温	年降水	4 月降水
1	-0.885	-0.896	-0.305	-0.799	-0.843	-0.832	0.140	-0.760	-0.513
2	0.272	-0.045	0.805	-0.048	0.273	0.028	0.805	0.077	0.408
3	-0.325	-0.404	0.046	-0.341	-0.398	-0.519	0.008	0.404	0.476
4	0.132	-0.006	-0.313	0.330	0.170	-0.065	-0.213	-0.244	-0.329
5	0.003	-0.108	0.226	-0.109	0.043	-0.019	0.354	0.078	-0.106
6	0.025	-0.067	0.184	-0.129	0.085	0.047	0.290	-0.391	-0.425
h^2	0.981	0.984	0.926	0.894	0.982	0.969	0.922	0.958	0.956

主分量	7 月降水	8 月降水	年相对湿度	7 月相对湿度	8 月相对湿度	年日照时数	本月日照时数	无霜期	霜日
1	-0.331	-0.595	-0.646	-0.509	-0.424	0.451	0.611	-0.913	0.858
2	-0.699	-0.554	-0.023	-0.623	-0.667	0.013	-0.318	0.065	-0.131
3	0.058	-0.057	0.631	0.224	0.173	-0.592	-0.612	-0.188	-0.089
4	0.001	-0.029	-0.090	-0.403	-0.439	-0.613	-0.178	0.254	-0.380
5	0.587	0.489	-0.193	-0.144	-0.200	-0.114	-0.072	-0.072	0.111
6	-0.012	-0.132	0.182	0.265	0.237	-0.180	-0.049	0.105	-0.063
h^2	0.958	0.922	0.894	0.951	0.943	0.975	0.888	0.932	0.922

（二）聚类分析

聚类分析是对研究对象（样品），进行客观分类的又一数学方法。也是目前国内外应用较为普遍的方法。在进行主分量分析的基础上，用前 6 个主分量对 82 个样品（县）进行系统聚类分析，并在欧氏距离等于 13 单位处划线，结果将 82 个样品划分为 3 个大类。即 A 类、B 类和 C 类。其中属 A 类的有：1（达县）、2（万县）、6（石门）、19（五峰）、45（奕良）、3（涪陵）、5（彭水）、13（正安）、15（思南）、7（大庸）、10（泸溪）、11（铜仁）、36（修水）、37（安化）、30（淳安）、31（常山）、32（浦城）、33（邵武）、34（上饶）、35（宜春）、39（洞口）、4（酉阳）、20（咸丰）、8（保靖）、12（松桃）、14（岭巩）、9（龙山）、17（来凤）、16（恩施）、18

（利川）、42（毕节）、40（绵阳）、43（兴仁）和44（安顺）等34个县。

属 B 类的有：38（江华）、47（龙胜）、62（崇左）、48（融安）、81（英德）、80（紫金）、78（乐昌）、79（阳山）、59（蒲田）、60（南安）、61（隆安）、63（南宁）、82（阳春）、41（峨嵋）、95（雅安）、49（南丹）、64（那坡）、46（文山）、75（漾濞）和76（云县）等20个县。

属 C 类的有：21（山阳）、69（商县）、56（嵩县）、68（长安）、23（西峡）、54（南召）、53（鲁山）、24（内乡）、27（房县）、25（竹山）、55（栾川）、22（安康）、26（郧县）、28（溧水）、71（滁县）、50（霍山）、57（东台）、29（富阳）、72（桐乡）、58（宁德）、73（嵊县）、74（仙居）、51（武都）、66（西昌）、67（平武）、52（康县）、70（留坝）和77（永胜）等28个县。

（三）气候区划

根据上述分析划出的 A、B、C 3 类，对照各个样点的地理归属和气候类型可以看出，除四川峨嵋和雅安两县不相一致外，其余各样点均完全一致。再参照各样点的地貌和植被等因素，可将油桐气候区划划分为 3 个气候区和 7 个气候亚区。

Ⅰ. 油桐中心产区

本区西起云南东川，沿金沙江，溯岷江，经成都、绵阳至四川广元；沿川陕、川鄂边界至巫山，顺长江而下至九江；循皖赣边界至桐庐，经永康到浙东南的丽水。再从东起丽水，经龙泉、南平、永安、赣州、郴州、双牌，沿湘桂、黔桂和黔滇边缘至富源，弥合于东川。全区均处在中亚热带内，本区是油桐的主要栽培分布区域，增产潜力极大，宜于布局油桐生产基地，根据区内的气候差别，又可分为中心西北区、中心中南区和中心东区 3 个亚区。

Ⅰ₁. 中心西北亚区

本亚区位于中心产区西北部，包括乌江以北的贵州和四川部分，湘鄂大庸线东北和武陵山西北一带。本区 1 月均温为 $5 \sim 7$℃，年极端低温高于 -10℃，7 月均温为 $26 \sim 29$℃，年降水 1 100 mm 左右，7 月降水左右，$\geqslant 10$℃的天数在 $240 \sim 280$ d，无霜期 300 d 左右，极有利于油桐的生长发育，是我国油桐生产的最适宜区域。也是目前我国油桐产量最高的区域，据实地调查，本区油桐产量及其他各区产量的对比如表 6 - 10 所示。

Ⅰ₂. 中心中南亚区

本亚区包括武陵山以西的川、鄂、湘、黔交界的山区，以及乌江以南的贵州高原，本区年均温 15℃ 左右，1 月均温 $2 \sim 6$℃，年降水量为 $1 000 \sim 1 500$ mm，7 月降水 190 mm 左右，无霜期 270 d，整个气候带有山区气候的特点，有利于油桐的生长发育，是我国著名的油桐产区之一，适宜发展油桐生产。

Ⅰ₃. 中心东亚区

本亚区包含湖南、江西两省大部、浙江西部及湖北的长江以南地区，本区 1 月均温为 4~7℃，大部分地区极端低温高于 -10℃，年日照在 1 600 小时以上，年降水为 1 000 mm 以上。具有较充足的热量和光照，并具有显著的季风气候特点，但春季潮湿多雨，4 月降水为 200 mm 左右，常因此影响油桐的开花授粉，因而其产量较上述两个亚区低。

表 6-9　不同油桐产区每平方米冠幅产果量　　　（单位：kg/m²）

区别	地名	品种	产果量
Ⅰ₁	彭水	小米桐	0.73
Ⅰ₁	石门	小米桐	0.78
Ⅰ₁	万县	小米桐	0.76
Ⅰ₂	保靖	小米桐	0.70
Ⅰ₂	龙山	小米桐	0.66
Ⅰ₂	古丈	小米桐	0.57
Ⅰ₃	铜仁	小米桐	0.56
Ⅰ₃	泸溪	葡萄桐　小米桐	0.76
Ⅱ₁	英德	小米桐	0.46
Ⅱ₂	昆明（西山）	小米桐	0.03
Ⅲ₁	西峡	股爪青（小米桐）	0.50
Ⅲ₂	安康	小米桐	0.48

Ⅱ. 油桐分布南区

本区位于中心产区和金沙江、欧江以南，属我国油桐分布的南缘地带，属南亚热带北缘及南亚热带的部分地区。其基本气候特点是终年温度较高，植物常年均可生长，因而不利于油桐很好完成休眠过程，常影响到油桐的开花结实，而且油桐容易诱发枯萎病，防治困难，常造成毁灭性的危害，根据区内气候的差异，可分为南东和南西两个亚区。

Ⅱ₁. 南东亚区

本亚区位于南区的东部，包括浙江、湖南小部、福建大部、广东沿海丘陵以北及广西龙江和郁江以东地区。本区临近大海，海洋性气候明显。年均温为 17~23℃，1 月均温为 7~14℃，7 月均温 26~29℃，年降水量 1 400~1 700 mm，无霜期 300~360 d，热量丰富，光照充足，油桐的营养生长甚为旺盛，但结实较差。

Ⅱ₂. 南西亚区

本区位于南的西南部，含云南高原及广西龙江和郁江以西地区，本区具有明显的高原气候特点，在气候上已无明显的四季之分，而只有雨季、旱季之分。本区油桐营养生长和结果状况都较差。

Ⅲ. 油桐分布北区

本区位于大雪山以东，秦岭及淮阳以南，南与中心产区和南缘地带相部，其基本气候特点是大陆性气温明显，以太白山为界，可将其划分为此东和北西两个亚区。

Ⅲ₁. 北东亚区

本亚区位于太白山以东，包括湖北省长江以北地区，豫、皖、苏之南部，浙江东北及陕西东南部，本区年均温为 12～17℃，1 月均温为 -1～6℃，极端低温可达 -10～-20℃，7 月均温为 25～27℃，日照充足，尚适宜油桐生长，但在布局油桐生产时应严格选择宜桐林地，以防止冻害危害。

Ⅲ₂. 北西亚区

本区含陕西、甘肃、云南 3 省小部及四川邛崃山和大凉山一带，本区地貌起伏大，气候的变幅也大，如地理位置归属本区的峨嵋、雅安，就是因为气候特殊，而归属于南西亚区（Ⅲ₂）。本区只能在海拔 600 m 以下地区择宜栽培油桐，其余大部分地区已不宜盲目发展油桐。

三、结语与讨论

运用 82 个县 18 个气候属性因子（变量），在进行主分量分析，得出彼此独立的 6 个新变量（主分量）的基础上，再进行系统聚类分析，应用离差平方和法，将其划分为明显的 3 个气候区，结果除两个县为地理位置与气候类型不相一致外（占 2.44%），其余均完全一致. 表明这种方法可靠性强，准确率高，所划分出来的气候区，可作为区划和生产上的依据。

18 个气候属性因子对主分量的负荷量，虽然存在着差别，但在分布范围内组成最适宜区和适宜区，乃是体现了其综合作用的结果，而在油桐个体发育的年生长周期和分区的界线上，则主导因子的作用尤为明显。如 7—8 月的干旱，严重影响着当年结果的大小和含油量的高低；极端低温控制着分布北界，冬季高温则制约着分布的南界。

从本文分析结果可以看出，每个气候区都分属于一个气候类型，但在每个气候类型中，都存在与其相适应的油桐气候生态型，形成这种气候生态型的机理，尚待进一步进行研究。

本章结语

我们采用地理位置、地貌、气候、土壤，以及油桐栽植面积集中程度，作为主导因子，采用不同的统计运算方法进行油桐栽培区划，所得到的 3 个结果大体上一致。我们还是推荐中国油桐栽培区划中的结果，供油桐生产规划布局参考。在油桐宜林地选择的技术方法，可能油桐立地类型的划分及其方法，能正确地选择出油桐栽培宜林地。

第七章 油桐栽培[①]

油桐是属经济林中工业油料树种。

油桐优质高产栽培经营是本书的最终目标，是主题，其他各章节是为它提供科学理论依据，使油桐栽培技术方法建立在现代科技支撑的基础上，推行精准工程栽培，确保生态和经济双赢。

油桐精准工程栽培的内涵是：有负责单位或个人，有投资，有宜桐林地产权或流转证明，有林地栽培规划设计，有施工人员，有检查验收，系列工程管理。

要栽培油桐，首先遇到的问题是栽在什么地方？在栽培学中称宜桐林地选择。

第一节 宜桐林地选择

一、宜桐林地选择的意义

油桐栽培区划和基地规划设计仅是解决了宏观决策，确立了发展方向。但具体到某一地段、地块土壤、坡向、坡位以及坡度仍然存在着局部的差异，因而必须进行宜桐林地的选择。

宜桐林地的选择是从整体生境中，选择局部小生境的差异，如小气候、土壤是否洁净及土壤类型（肥力、pH值、水分等），小地貌，如坡向、坡位、坡度等。在小生境中的一个环境因素可以单独作用，或几个因素综合作用，影响着油桐林木的生长发育，甚至决定它的存亡，直接关系着成功或失败。油桐是亚热带的代表树种，湖南地处中亚热带，按照这个意义上说，油桐在湖南全省任何一个地方均适宜栽培。但事实上这个树种在湖南境内仍有一定的适生栽培区，原因是在全省境内各个地方存在局部生境宜林性的差异。油桐主要栽培分布岩溶山地，在丘陵红壤地区和湘北湖区均没有

---

① 第七章由何方编写。

栽培分布,这是几个以至于环境因素综合作用。在钙石灰土上宜油桐栽培分布,这是钙质(pH 值 7)呈微碱性反应,是单因素作用。

中国第一部古代农业百科全书《齐民要术》(北魏·贾思勰著)中有说:"地势有良薄,山泽有异宜,顺天时,量地利,则用力少,而成功多。"选择小气候栽培柑橘是古代劳动人民的创造。如北宋《文昌杂录》中说:"洞庭(指太湖洞庭山);四面是水也,水气上腾,尤能避霜,所以洞庭柑橘最佳,岁收不耗,正为此尔。"

二、宜桐林地选择的理论依据

(一) 植物群落演替理论

地球上的天然森林生态系统保持着生物物种多样性构稳定性的演替顶极阶段。但它们是经由逐步演替发展形成的。

自然森林生态系统的生物种,是演替过程中自然选择的结果,种类成分多,结构复杂。由裸地至形成森林多层顶极群落,天然演替需数百年的时间,在寒温带甚至要上千年的时间,而人为破坏可在瞬间。植物群落在自然演替过程中,出现经济林顶极种群,是不可能的。但在人为作用下的外源演替,则在任何一个演替阶段都可以出现经济林种群。

从图 7-1 看出,虽然在任何一个演替阶段都可能栽培经济林,但是由于环境资源的不足,并不是都很适宜。当演替至木本群落时,在群落中会有经济林木,通常的情况下不可能成为建群种,在这个演替阶段以后栽培经济林是最适宜的,有两个原因,一是在自然演替中已经出现了经济林木;二是环境中物质资源丰富,特别是土壤肥力条件优越。

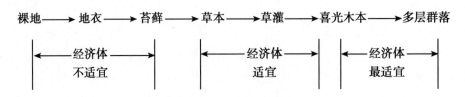

图 7-1 群落演替示意

由于经济林系统不是按照自然演替过程中正常途径出现的,而是在各个阶段中从旁插入的。因此,我们称之为次生偏途顶极演替。

（二）因地制宜，适地适树

1. 适地适树的意义

适地适树就是选择的宜桐林地，适应油桐林的生态学特性和栽培要求，与造林地的立地条件相适应，充分发挥生产潜力，达到油桐在该立地条件下，在当前技术经济条件下所可能达到的较高产量水平。这是油桐林栽培上的一项基本原则，如果违背这个原则，即使采取正确的技术措施，也不可能达到预期的效果，甚至导致造林的失败。如1963—1964年在广东北部红壤低丘干旱地区，大面积栽培油桐遭到失败，便是一个严重的教训。

适地适树中"地"的概念，不能单纯从技术角度只看土壤的种类和肥瘠。它应包括两个方面的内容，一是自然环境条件，另一是社会经济条件。自然环境条件主要考虑的是水热状况和具体的立地类型，社会经济条件应考虑该地区在历史上和当前油桐林在各项生产上所占的比重，群众的生产经验和经营方式，国家对该地区的生产布局和要求，全面权衡发展的前景。

适地适树中"树"的概念，也包括两个方面的内容，一是在油桐种中不仅考虑种，更重要的是还要考虑品种（类型）与地区自然条件和林地立地类型之间的关系，适宜生长。

真正做到适地适树，要进行科学的调查研究，深入分析"地"和"树"两方面的条件和要求。因此一定要建立在对栽培地区自然情况掌握、林地立地类型的正确划分；对所选择的栽种以及品种生物学和生态学特性的深刻了解，两者缺一不可。在北方盐碱地栽培油桐，在热带砖红壤上栽培油桐，都是不行的，所以能得出这个结论，这就是必须对"地"和"树"的了解。

适地适树即是按照自然规律和社会经济规律，合理利用气候、土地、树种等自然资源，统筹布局。山区丘陵区是经济林生产基地，但其中山区还有用材林生产，丘陵区缺少木料、肥料，也要考虑安排。

2. 适地适树的标准

虽然适地适树是相对的，但衡量是否符合适地适树要求应有一个客观的标准，这个标准要根据造林目的的要求来确定。对油桐林来说，应该达到早实、丰产、优质、稳产的要求。应当有一个数量指标。

衡量适地适树的数量指标可以有以下两种：一是某树种在各种立地条件下的不同的生长状态。如树高、胸径、抽条、发叶、生长势等，它能较好地反映立地性能与树种生长之间的关系。如通过调查计算，进行比较分析，了解树种在各种立地条件下的生长状态，尤其是把同一树种在不同立地条件下的生长状态进行比较，就可以比较客观地评价树种选择是否做到适地适树。另一种衡量适地适树的指标是单产指标。一个树种在达到成熟收获时的平均产量指标，不仅决定于立地条件，也反映经营技术水平。因此，用营养生长和生殖生长各自的量及其比例关系，作为衡量指标就比较可靠。

3. 适地适树的途径

达到适地适树的途径，可以归纳为3条基本途径。一是选树适地和选地适树，即前面所说的方法选择适合于某种立地条件的树种在其上进行造林，或者是确定了某一个树种选择适当的立地条件；二是改树适地，即在地和树之间某些方面不甚相适应的情况下，通过选种、引种驯化、育种等方法改变树种的某些特性，使它们又能相适应，如通过育种工作增强树种的耐寒性、耐旱性或抗盐性以适应在寒冷、干旱或盐渍化的造林地上生长；三是改地适树，即通过整地、施肥、土壤管理等技术措施改变造林地的生长环境，使其适合于原来不适应的树种生长。

但在目前的技术经济条件下，改树或改地的程度都是有限的，而且改树及改地措施也只有在地、树尽量相适的基础上才能收到良好的效果。为此，后两条途径必须以第一条途径为基础，所以因地制宜，选择适宜的造林树种，是经济林栽培上的一个关键问题。

(三) 宜桐林地选择的条件

1. 生态环境选择

桐油虽是工业用油，为保绿色产品，为无公害生产，因而宜桐林地的选择，仍然要洁净的生态环境。现国内一般使用《农产品安全质量无公害水果产地环境要求》（GB/T 18407.2—2001），见表7-1，7-2，7-3。

灌溉用水的pH值及氯化物、氰化物、氟化物、汞、砷、铅、镉、六价铬、石油类等 9 种污染物的含量应符合表7-1的要求。

表 7-1　农田灌溉水质量指标　　　　　　　　（单位：mg/L）

pH 值	氯化物≤	氰化物≤	氟化物≤	总汞≤	总砷≤	总铅≤	总镉≤	六价铬≤	石油类≤
5.5～8.5	250	0.5	3.0	0.001	0.1	0.1	0.005	0.1	10

空气中总悬浮颗粒物（TSP）、二氧化硫（SO_2）、氢氧化物（NOx）氟化物（F）和铅等 5 种污染物的含量应符合表7-2的要求。

表 7 - 2 空气质量指示

项目		季平均	月平均	日平均	1h 平均
总悬浮颗粒物（标准状态）（mg/m³）	≤			0.30	
二氧化硫（标准状态）（rag/m³）	≤			0.15	0.50
氮氧化物（标准状态）（mg/m³）	≤			0.12	0.24
氟化物 [μg/（dm²·d）]	≤		10		
铅（标准状态）（μg/m³）	≤	1.5			

土壤中汞、砷、铅、镉、铬等 5 种重金属元素及农药滴滴涕的含量 应符合表 7 - 3 的要求。

表 7 - 3 土壤质量指标 （单位：mg/kg）

pH 值	总汞	总砷	总铅	总镉	总铬	滴滴涕
<6.5	0.30	40	250	0.30	150	0.5
6.5 ~ 7.5	0.50	30	300	0.30	200	0.5
>7.5	1.0	25	350	0.60	250	0.5

2. 土壤条件

油桐栽培最宜土壤是石灰岩发育的黑色石灰土以及红色石灰土，前者小面积插花式分布，后者是大面积连片分布。其次砂页发育的红壤、红黄壤、山地黄壤。

油桐栽培适宜的土壤 pH 值为 6 ~ 7 ~ 7.5，即从微酸性 ~ 中性 ~ 微碱性（钙质土）。与上述土壤类是一致的。大面积连片分布的酸性土壤。

如陕西的调查，不同的母岩影响油桐林地土壤肥力条件（表 7 - 4）。

表 7 - 4 不同海拔高度油桐生长结果情况（品种：大米桐 树龄：13 年生）

调查地点	海拔高度（m）	树高（m）	冠幅（m）	株产果量（kg）	树冠投影果量（kg/m²）	单果重量（g）	鲜果出籽率（%）	出仁率（%）
商南县双唐岭乡梳洗楼	298	6.5	4.90	40.05	2.15	62.5	20.5	75
山阳县宽坪乡张家湾村	450	6.2	5.45	32.70	1.40	59.5	20.5	58
山阳县宽坪乡李河村	600	5.5	4.70	29.50	1.70	58.6	20.0	59
山阳县宽坪乡大东叉村	830	5.7	3.85	18.30	1.57	49.2	19.5	55
山阳县宽坪乡金盆村	1 005	5.4	3.1	8.50	1.13	45.9	19.5	55

分析的结果表明，在石灰岩发育而成的土壤上栽培的油桐林，其生长量和结果量都优于栽培在页岩和砂岩土壤的桐林，但 3 种母岩土壤中氮、磷、钾全含量都无显著差别。唯交换性钙含量依次为每 100 g ± 6.860 mL、3.715 mL 和 3.267 mL，交换性镁含量依次为 4.936 mL、2.342 mL 和 2.473 mL，都是石灰岩发育的土壤含量最高，能满足油桐生长发育的需要。所以，在石灰土上栽培的油桐生长好、产量高。

3. 不同海拔高度

油桐栽培适宜的海拔高度在 800 m 以下，在西部可以上升至 1 500 ~ 2 200 m。在北部在 600 m 以下。

陕西林科所的调查见表 7 - 4。

从表 7 - 4 中可以看出，同是 13 年生的大米桐，随着海拔升高，树高变低，冠幅变小，产量下降，单果重减轻，出籽率、出仁率也都降低。

4. 坡　位

所有经济林栽培要在中坡位以下。

如中国林科院亚热带林研所在浙江的调查，不同的坡位影响着油桐林地土壤理化性状（表 7 - 5）。

表 7 - 5　不同坡位桐林土壤主要理化性状

| 坡位 | 土层深度（cm） | 涵石与土粒百分比（%） | | | 质地 | 全氮（%） | 全磷 P_2O_5（%） | 有机质（%） | 有效钾（mg/100 g） |
		>5 mm 砾石	5 ~ 1 mm 砾石	<1 mm 土粒					
下坡位	0 ~ 20	2.55	14.64	79.81	中壤	0.074	0.051	1.56	13.06
	20 ~ 50	2.41	14.88	82.71	中壤	0.039	0.027	0.69	13.12
上坡位	0 ~ 20	48.63	8.27	43.10	中壤	0.070	0.046	1.69	10.66
	20 ~ 50	48.23	8.71	43.02	中壤	0.026	0.029	0.61	14.23

在浙江富阳 7 月下旬高温、少雨的季节，分别测两个样地的林地土壤含水量，下坡位 0 ~ 20 cm、20 ~ 25 cm 的土层含水量分别为 14.23%、12.5%，上坡位则分别为 7.37%、11.07%，已经不能满足油桐对水分的要求，土壤条件的不同直接影响着桐林产量，下坡位亩产桐油 19.6 kg，上坡位仅为 8.64 kg。

自然界的诸多环境因素中，对油桐林分的生长发育，在外表上显示出其独立性，并且有其一般的规律性，如下坡位比上坡位好，缓坡比陡坡好等。实际上各个因素之间存在着相互内在的联系，表现出一定的组合性，起着综合作用。当然在环境因素中的组合并不会像表 7 - 6 那样规则，而是交替出现的，它们之间是交叉的，其中必然有主导因素。因而，在实际工作中可以寻求出环境因素中的主导因素，将它进行不同的组合，则可组成各种不同的类型，称为立地条件类型，也可简称为立地类型。根据立

表 7 - 6　不同母岩的油桐林地土壤交换性钙、镁和全磷含量（每 100g 土）

（单位：mL.）

石灰岩				页岩				砂岩			
标准地号	钙	镁	磷	标准地号	钙	镁	磷	标准地号	钙	镁	磷
常 3-2B	8.030	5.010	0.060	常 19-2B	3.710	0	0.072	常 11-A	2.640	5.760	0.044
常 24-2B	5.990	3.360	0.015	昔 11-B	3.140	4.120	0.015	龙 10-B	3.950	4.880	0.022
常 30-B	6.980	5.880	0.025	龙 1-3	3.380	4.010	0.037	龙 17 – B	4.230	1.590	0.045
昔 6-C	5.310	3.060	0.029	龙 41-C	1.840	2.900	0.013	龙 31-B	1.600	0	0.013
昔 9-B	6.310	4.860	0.099	大 4-B	2.350	2.260	0.019	昔 7 – B	4.970	1.630	0.022
龙 20-B	5.890	8.900	0.027	大 25-B	1.590	0	0.021	昔 33-2	0	3.190	0.048
龙 43-B	7.990	6.060	0.011	衡南-1	4.860	1.810	0.017	昔 40-AS	4.490	2.740	0.018
隆 2-(4671)	8.380	2.360	0.016	加-1	4.290	4.370	0.051	常 10-3B	4.280	0	0.055
				华-1	4.560	1.610	0.031				
n	8	8	8	n	9	9	9	n	8	8	8
Σx	54.88	39.40	0.282	Σx	29.720	21.08	0.276	Σx	26.14	19.79	0.267
$\bar{x}$	6.86	4.936	0.0352	$\bar{x}$	3.715	2.342	0.0306	$\bar{x}$	3.267	2.473	0.0337
s	1.339	4.3597	0.0267.	s	1.259	1.119	0. 0773	s	1.192	1.633	0.016
cv	1.95	8.83	7.58	cy	3.38	4.77	2.52	cv	3.65	6.60	4.75

地类型的异同，可进一步作出立地质量生产力等级的评价。立地类型生产力的等级，是选择油桐宜林地和确定现有桐林经营措施的依据。

三、宜桐林地选择的方法

个体农户小面积栽培经营油桐，宜桐林地的选择，就是选择由于非地带性因素所引起的环境条件的局部差异，在技术上是通过立地类型划分的方法来进行。

立地条件是指某一具体林地影响油桐林分生产力的自然环境因素。在自然界组成立地条件的因素很多，其中主要是指地形、土壤和植被特点等直接因素。自然环境因素在不同情况下存在着明显的差异，如坡位不同、坡度大小、母岩和土壤各异等。各个独立的自然环境因素，根据它对油桐林分生长发育的不同影响，可以划分为不同等级（表7-7）。

表7-7 立地因子等级的划分

立地因子	立地因子等级			
	1	2	3	4
坡位	上部	中部	下部	坡底
坡向	阳坡	半阳坡	阳坡—半阳	阳坡—半阳
坡度	≥35°	26°~35°	15°~25°	<15°
坡形	凸形	平直形	凸形	凹缓
土层厚度（cm）	30~50（极薄）	50~70（薄）	70~100（中）	>100（厚）
土壤腐殖质层厚度（cm）	<10（极薄）	10~20（薄）	20~25（中）	>25（厚）
土壤湿度	干	潮	润	湿
土壤质地	沙土~黏土	重壤土（黏壤土）	轻壤土~中壤土	沙壤土
土壤结持力	紧密	稍紧密~较紧密	疏松	疏松
原来林地类型	疏林灌丛	杂木混交林荒山	用材林地荒芜经济林	农耕地荒芜经济林
宜林等级	劣	中	良	优

第二节 建立油桐栽培产业基地

一、建基地的意义

桐油是工业用油，只能卖给桐油企业厂家，所以从一开始就决定了桐油是商品生产，商品就必须面对市场。因此，桐油商品性必自身具备 2 个条件，一是优质，二是批量。要保证桐油这两条商品性实现，就要依靠科技进步。先进科学技术的推行，个体农户很难，只能依靠油桐栽培产业基地。

早在 1982 年中共中央、国务院转发国家农委《关于积极发展农村多种经营的报告》的通知中就正确地指出："务必要使同志们懂得，没有充分发展的社会主义的商品生产，我国的农业不但不能实现现代化，就是摆脱困境也是不可能的"。

林业部林造〔1986〕69 号文件《关于调整林业生产结构大力发展经济林的通知》中明确提出建立名、特、优经济林产品的商品基地。并要求经济林商品基地的建设要面向市场，面向出口创汇。应发挥当地资源、技术优势，认真做好调查规划，提出优化设计方案，切切不可盲目蛮干。经济林商品基地的建立是由封闭式的产品生产，转向开放式的商品生产，变资源优势为经济优势，推动经济林生产向专业化、商品化、现代化方向发展。

多年实践经验告诉我们，经济林生产没有组织，没有统一规划，单家独户分散生产，决然形成不了批量的商品生产。只有建立商品基地，形成规模生产才会有优质的、面向市场的商品生产。油桐和其他经济林商品基地的建设，是丘陵山区农村，特别是贫困地区发展经济最优化的载体和运合机制。

基地有利于林业社会化服务体系的服务内容非常广泛，如推广优良品种、实行工程造林、进行立体集约经营、病虫害的预测和防治等，是经济林商品生产走向高产、优质、高效、可持续的保证。山西省黎城县在经济林生产中推广良种和先进技术，年仅此项增收 163 万元。同时也积极为商品多渠道流通，提供信息服务，广辟市场，以市场促生产。

二、基地建设

首先是基地的确立，其次是基地的规划设计，如果这两个问题不解决好，就会盲目蛮干，根本不可能建设一个好的基地。

（一）基地建设的依据和条件

1. 资源的可能利用性

要建什么样的基地，首先要有资源，同时要考虑到可利用性，如果在一定时间内是以利用野生资源为主的，更要充分估计资源的可利用性，否则会成为无米之炊。

要多少资源才能建基地，也即是经济林面积和产量的多少。各个树种基数的考虑依据，应有一定的批量生产，能形成商品生产，具有投入与产出的经济效益，有利可图。

从可靠性来说是在老产区建基地为好，新的基地更应考虑资源条件。

2. 技术条件

技术条件包括劳动者、劳动手段、劳动方式等，其中劳动者是最积极的因素，基地可提供劳动力及其素质，劳动力的素质太差，就很难接受先进的技术，创造不了高效益。

技术条件是生产力的重要因素，是经济效益高低的决定因素。

3. 地理位置

地理位置不仅反映一定的自然条件，并且所处交通、经济、政治以及市场都密切的关系。同样的商品，因地理位置的不同会造成不同的价值。

4. 自然条件。

自然条件评价的内容如下。

（1）气候条件

主要研究非地带性引起的地域差异，这不仅关系着布局，直接关系着树种的具体面积安排。

（2）土地条件

土地是自然多因素的综合体，是建立基地的永久性生产资料。土地是有限的自然资源，是不可代替的，通过劳动才能创造财富。

任何土地都有其固定的空间，因而形成土地自然条件的差异，为我们利用提供各种不同的条件。因此，必须对土地条件进行评价。

可利用性评价。研究分析土地自然因素之间的制约关系，如地貌、土壤、气候等因素之间的关系，做出可利用性的评价。

适宜性评价。适宜性评价主要解决可以做什么用，而各地类可以安排各种不同的用途，组成一个网络结构合理的生态系统。

生产潜力评价。生产潜力，是潜在能力，是指在一定条件下，可能达到的水平。所谓一定的条件是指要创造一些什么条件，要克服一些什么条件，潜在的危害是否有，如何克服。

土壤条件的评价。土壤是土地中的主体因素，因为实际上最后的利用是落实在土壤上的。因此，对土壤种类、分布、肥力、可利用性等作出评价。

经济效益。对土地利用的投资效益，要作出准确的判断。

5. 自然条件结合的特点

水分、热量、地貌、土壤等各个自然因素，它们之间的结合不一样，会组成多种多样不同的自然类型，显示出微域差异供我们选择，作各种不同的用途。

6. 社会经济条件

社会经济条件主要是指基地建设可提供的条件。这不仅包括人口、劳力、土地、田地、水利等基本条件。更要看工业基础，为商品能提供的加工条件、运输条件、市场条件等，行业间的横向关系。

社会条件与自然条件的结合，形成一定的经济规律，人们是不能违背这种经济规律的。

（二）基地建设的指导思想和原则

1. 遵循"保护森林，发展林业"的基本国策

基地的建设是为了合理利用，积极经营经济林资源，从而达到永续利用的目的。永续利用具体的体现了"保护森林、发展林业"的基本国策。

2. 遵循生态经济的原则

经济林商品基地的建设仍然要着眼于维护和改善生态环境，坚持经济效益、生态效益与社会效益的统一。特别是在基地范围内某些原有经济林目前经济效益并不高，如南方的油茶，但要看到它的生态效益和社会效益，仍要积极经营好，力争提高经济效益。

3. 运用现代科学决策方法

基地的确立和林地规划设计问题的解决，实际上是科学决策的过程。现代科学决策的含义是对未来行动所要达到的目标，应采取的手段和方法所作的决定，它所表现出来的具体形态，行动方案。一个科学决策的过程大体包含：目标的确立→信息的搜集→信息的处理→决策的选择与评估→最后决策方案的选定→方案实施的反馈（反馈导向、反馈促进）→实现目标，这样一些步骤。可见决策的依据是信息，离开信息，仅凭个人才智、经验而进行决策，是远远不够的，是小生产的经验决策，不适应现代化建设事业需要，因此，必须提倡民主化和科学化。

4. 运用系统分析法

经济林产品的商品基地是我们调查规划和设计的对象，这个对象实际是包含许多因素的一个系统。系统是指由若干要素组成，具有一定结构和功能，并且是处于动态之中的统一整体。系统是客观的，是分层次的，是有其内在联系，并表现出特定的形态。经济林商品基地包括经济林栽培、经营、产品的采集贮运，产品的加工工艺，商品的流通，组成林—工—商的大系统。

系统分析它是全面地研究分析系统的要素、结构与功能之间的相互影响，以及环境条件的制约关系的变化规律，作出定性定量的分析，得到最优解。系统分析方法在基地规划设计中的应用要考虑的有以下几点。

（1）外部条件与内部条件相结合

系统的外部条件是系统的环境。系统内部条件是经济林树种、林分结构、经营类型等。综合分析各个环境因素对林分的影响，分析是否适宜，否则就不能建立起新的系统——油桐林分。

（2）当前利益与长远利益相结合

在现代社会不仅要注意当前利益，更要考虑到长远利益，要适应今后的发展和变化，基地才能长久地存在下去。

（3）经济效益与总体效益相结合

基地建设不能用消耗原料损害环境来换取高经济效益，要平衡生态环境，形成良性循环。

系统分析法的实施步骤通常应有以下的顺序：基地目标分析，目标的确立，系统模型自然类型，显示出微域差异供我们选择，作各种不同的用途。

三、基地设计方案

（一）方案的提出

在经过外业系统的详细调查，掌握大量资料之后，即完成了信息的搜集。将所获调查数据进行统计运算，资料进行系统分析研究，即是信息的处理。而方案的编写要按系统工程的科学方法，即是应用现代工程的管理方法对系统进行有效的组织管理。要按照时间维、逻辑维、知识维三维空间结构模式，时间维中的1C作阶段，主要是外内业及实施前后连贯，以建设阶段的时间为主。逻辑维的思考过程是贯串始终的。知识维的专业学科，在基地建设中不仅是林业，它是多学科共同作战，但牵头应该是林业。方案的具体内容应包括：基本情况、基地树种、监管方式、规模，实施良种化，产量、质量指标各项技术实施和要求产品加工工艺，商品流通渠道、投资、进度、预期效益、组织实施等。方案反映了林—工—商系统，系统中的各个因素以及它们之间的关系；如前述要按照系统工程方法进行全盘考虑安排，否则只要其中的某一个因素受阻，则全局不通。方案是基地建设的指导文本和依据。

（二）方案的论证

基地规划设计方案要组织有关专业科技人员和专家进行论证。所谓论证是用经过实践检验的正确认识来证明另一个认识的真实性。方案仅是一个未经实践检验的认识，所以一定要经过论证。方案的论证也是经由专业科技人员进行集体讨论研究，是民主决策、科学决策不可少的条件。

基地设计方案的论证内容和范围，主要集中在两点上。

第一、设计方案可行性的论证，所提的设计方案在某一具体的地方是否可行，不可行设计方案再好也是一纸空文，可行的范围是指全部内容，不能分割开来，方案是整体的。

第二、生态经济效益的论证，不能只看到经济效益，绝对不能牺牲环境换取高经济效益，要全面衡量设计方案，如果是合乎生态经济要求的，则是一个好的方案。

关于先进性的问题，当然技术先进是好的，可以创造高效益。但在一定的地区，一定的历史条件下可以不过高的要求，允许逐步实现。

对设计方案的论证只要满意就可以通过，最优是很难达到的，在实际工作中几乎是不会有最优方案。因此，满意设计方案就可以通过。基地设计方案中包括林—工—商的许多内容，涉及多行业，如果林业部门没有力量，可以让有关行业来承担部分业务内容。如产品加工关系到工业生产，商品流通关系到商业，不一定由林业部门全部包下来，分别由有关部门承担生产任务，但要改变以往那种工业只收油桐产品，付很低的收购费，由他们单独生产，商业又向工厂收购制成品，进入流通领域以后又由他们独家经营，这样又是林业生产部门吃亏，提供廉价的桐油原料，妨碍生产积极的发挥。基地则应由林业部门牵头组成跨行业的横向联系，成立林—工—商企业公司，统筹生产、流通，采用入股利润分成的办法，各家都有利，均不吃亏，各个生产环节都有积极性。这样能使经营规模更大更合理，技术得到充分的发挥，渠道畅通，更有利产品商品化。经济林产品的加工利用，是我国农村向商品经济转化的重要形式。

(三) 方案的实施

经济林商品基地的设计方案，经过专业论证通过后，报请上级林业主管部门批准后，即可由承担单位组织实施。

因为方案是未经实践的认识，其中可变因素多，在实施过程中，要不断地反馈，通过"反馈导向"、"反馈促进"。在实践中修改方案，但大改仍要报批，在执行中促进方案的实施，以达到预期的目的。应按照方案的技术要求施工，才能保证高产、优质，在今后的经营中也要执行方案，才能保持高产稳产。

为了有成效地建设经济林产品基地，一定要坚持完成下列程序：林业部门的调查规划——提出设计方案——专业论证通过——上级林业至主管部门批准方案，并另行签订执行方案合同——承担单位组织施工——组织检查验收——验收合格，完成任务。严格实行没有基地设计方案一律不批准，不拨款，在规定期间未施工的，取消拨款，不合设计要求不验收。只有这样才能保证基地的质量，一定要按照商品经济的观念来报建基地，批准基地。

在丘陵低山区能选择出 5 000 亩油桐栽培产业基地要在一个乡镇的范围以内，其中包涵了村寨，水田，旱地，山有山顶、山腰、山脚、小地貌和土壤的差异，在调查规划设计时，宜桐林地的选择，是用立地分类和立地类型划分的方法。但在实际施工时具体宜桐林地的正确选择，是更细微精准规划选择。根据我们多年的实践经验，如果分户栽培经营油桐林，显然很难达到依靠科技进步，批量绿色生产的要求。应推行油桐产业大户的办法，林地集中承包经营，是政策允许的。

党的十八届五中全会提出，要稳定农村，土地承包关系，完善土地所有权，承包权、营权分置办法。依法推进土地经营有序流转，构建培育新型农业经营主体的政策体系。根据"三权分置"的政策体系，保障土地经营有序流转，是深化农村改革，有力地推动油桐基地建设的政策优势。

四、基地的管理

要建立基地管理委员会，由有关人员参加。科学管理是基地商品优质、高效、持续的保证。基地应作为工程项目进行管理，应建立健全管理体系，有管理单位和专职人员制订管理办法，包括项目、技术和资金的管理。根据基地规划设计方案，真正落实资金来源，组织好规划的实施，保证基地建设按规划完成，基地必须按照设计技术要求，进行集约化经营管理，必须有必要的资金、劳力的投入，对能有优质产品的产出。必须依靠科技进步创高效益，在生产管理上采用承包制。

建设经济林商品基地，需要一定的投资，可以多渠道的筹集资金，中央、地方、集体和农民都要参加农业投入，逐步建立和健全国家、集体和农民个人相结合的投资体系。依据《森林法》规定，征收育林费，专门用于造林育林，建立林业基金制度。对集体和个人造林、育林给予经济扶持或长期贷款。

第三节　栽培密度[①]

密度是油桐栽培的一项重要技术措施。也是油桐林分的重要结构指标，为进一步提高油桐林经营质量，我们进行了油桐栽培密度和林分结构的研究，旨在揭示密度对

---

① 资料来源：何方，谭晓凤（1986）。

油桐林分生长、结构和产量的影响，以及不同立地类型、不同密度条件下林分结构与产量的关系，建立产量与密度的数学模型，寻求最佳栽培密度和林分结构模式，为油桐生产、科研提供理论依据和基本数据、基本模型及实用方法。

本文（何方，谭晓凤，王承南，1986）所提出的密度模式早于1982年初在有关省区试行过，并取得一定效益。

一、研究方法

（一）外业调查

1. 样地选择

我们先后在油桐中心产区的四川、贵州、湖南、湖北四省30多个县，选择200多块典型调查样地。为了保持对比条件大体一致，样地选择遵循了下述原则：①土壤以油桐分布最广的砂页岩和石灰岩发育的土壤为主，并按土层厚度分为3种立地类型（表7-8）；②桐林经营水平大体一致（一般栽培水平）；③林相整齐，生长发育正常，树龄为壮龄（5年生以上）；④品种为目前栽培最多的小米桐，经营方式为纯林经营；⑤密度范围：405~1 590株/hm²，并选择少量1 590株/hm²以上和405株/hm²以下的林分。

样地选定后，如桐林株行距较整齐，则测量株行距，计算密度，并按斜行机械抽取5株作为样株；株行距不规整的桐林，则用皮尺围定一个30 m×30 m的样方，根据样方内株数计算密度，并在对角线上机械抽取5株作为样株。

表7-8 立地类型划分

因素	母岩	土层厚度（cm）
深肥（Ⅰ）	石灰岩	>55
	页岩	>GQ 无母质或极少
中肥（Ⅱ）	石灰岩	30~55
	页岩	35—GQ 母质较少
浅瘠（Ⅲ）	石灰岩	<30
	页岩	<35

2. 林分调查

（1）林分基本情况

包括品种、林龄、林相、密度、排列方式、郁闭度、生长势等。

（2）树体调查

包括树高、冠幅、冠高、冠体积等。

冠幅按公式 $S = \pi a b$ 计算；

冠体积则按公式 $V = \frac{2}{3}\pi a b h$ 计算；

式中 a、b、h 分别表示树冠的长半径、短半径和冠高。

（3）枝条调查

包括先年枝数、枝长、枝粗，当年枝数、枝长、枝粗。

（4）叶面积调查

每一样株选择有代表性的桐叶 5 片，测量其中肋长最大宽按公式：

S 叶片 $= 0.7495（L \times C）- 2.5$

计算叶片面积。式中 L、C 分别代表中肋长、最大宽。再用标准法推算全株面积和单位面积上的叶面积。

（5）产量调查

直接数出每株结果数，每株再测 5 个果实的大小和重量，推算全株和单位面积结果量。

采集 50g 果实供内业分析用。

每块样地各指标取 5 样株的均值。

3. 土壤调查

每一样地挖一土壤剖面进行土壤调查，现场测定土壤容重和自然含水率，采取 1 000 g 土壤供内业分析。

（二）内业调查

用常规法测定土壤有机质，全氮、速效磷、钾含量和 pH 值；常规法测定种仁含油率、碘值、酸值、皂化值和折光指数，供分析时参考。

全部计算均采用自编 BASIC 程序，在 2 个以上算例完全通过后，用 PC—1500 计算机计算。

二、结果与分析

（一）产量、生长量与密度的关系

1. 林内单株产果量与密度的关系

图 7 - 2 表明，在较小密度范围内（深肥 < 405 株/hm^2，中肥 < 570 株/hm^2，浅

瘠 <705 株/hm²)，单株产量可称为无竞争条件下的单株产量。且立地条件不同，生产能力也不同，深肥约为中肥之 2 倍，中肥约为浅瘠之 2 倍。

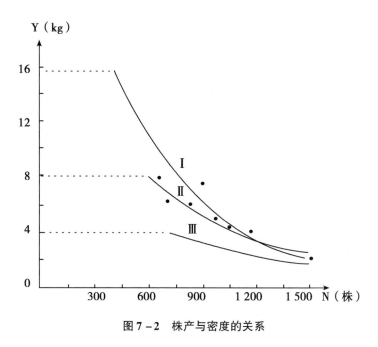

图 7-2　株产与密度的关系

超过上述密度范围，株产则随密度的增加而逐渐降低，降低的速率则因立地条件不同而异，立地条件越好，降低的速率就越大，即立地条件越好，密度对株产影响就越大，且初始竞争密度亦来得越快，如深肥类型在 450 株/hm² 就出现竞争，中肥类型则在 570 株/hm² 左右才开始出现竞争。用指数曲线 $y = a^{e-bN}$（即 $y = a\exp(-bH)$）、幂曲线 $y =$ 及直线 $y = a^{N-b}$ 模拟回归，结果以指数曲线为最好（直线回归亦达到极显著水平，近似时亦可选用），所以选用指数曲线为株产——密度曲线（无竞争条件下，株产为一常数）。各立地类型的株产——密度回归方程为：

$$\begin{cases} \hat{y}\mathrm{I} = 35.001\exp(-0.001\,98N) & R = 0.969\,9\ (N > 405) \\ \hat{y}\mathrm{I} = 15.97 & (N \leqslant 405) \end{cases}$$

$$\begin{cases} \hat{y}\mathrm{II} = 19.422\exp(-0.001\,540N) & R = 0.817\,5\ (N > 570) \\ \hat{y}\mathrm{II} = 8.02 & (N \leqslant 570) \end{cases}$$

$$\begin{cases} \hat{y}\mathrm{III} = 8.437\exp(-0.001\,03N) & R = 0.840\,5\ (N > 705) \\ \hat{y}\mathrm{III} = 3.87 & (N \leqslant 705) \end{cases}$$

2. 单株生长量与密度的关系

密度对单株生长量的影响对单株产量的影响相似，当超过一定密度时，单株生长量随密度的增加而逐渐降低。选用冠幅、冠体积、叶面积和枝数等指标仍用指数曲线、直线等分别进行模拟回归，结果仍以指数曲线为好。结果见表 7-9。

表 7-9　主要生长指标与密度的指数曲线回归

指标	立地类型	回归方程	剩余标准差
冠幅	I	$\hat{y}=31.127\,9\exp\,(-0.001\,094N)$	2.240 0
	II	$\hat{y}=21.302\,0\exp\,(-0.000\,789N)$	2.017 9
	III	$\hat{y}=13.766\,6\exp\,(-0.000\,332\,7N)$	1.846 1
冠体积	I	$\hat{y}=72.434\,6\exp\,(-0.001\,640N)$	8.078 8
	II	$\hat{y}=39.088\,2\exp\,(-0.001\,346N)$	4.521 1
	III	$\hat{y}=23.486\,7\exp\,(-0.000\,779N)$	4.932 2
叶面积	I	$\hat{y}=94.615\,7\exp\,(-0.001\,643N)$	11.000 7
	II	$\hat{y}=49.999\,1\exp\,(-0.001\,171N)$	7.189 3
	III	$\hat{y}=21.712\,4\exp\,(-0.000\,713\,0N)$	2.510 0
先年枝数	I	$\hat{y}=314.321\,6\exp\,(-0.001\,306N)$	66.524 6
	II	$\hat{y}=217.127\,9\exp\,(-0.001\,140N)$	23.589 7
	III	$\hat{y}=996.921\,8\exp\,(-0.003\,212N)$	40.807 8
当年枝数	I	$\hat{y}=519.903\,4\exp\,(-0.001\,432N)$	91.649 1
	II	$\hat{y}=397.305\,5\exp\,(-0.001\,329N)$	29.911 9
	III	$\hat{y}=243.004\,0\exp\,(-0.000\,943\,9N)$	37.439 4

3. 单位面积产量与密度的关系

单位面积产量为株产与密度之乘积，即 $Y=Ny$，因此单位面积产量与密度的回归方程为：

$$\begin{cases} \hat{Y}_I=35.001N\exp\,(-0.001\,984N) & (N>405) \\ \hat{Y}_I=15.67N & (N\leqslant405) \end{cases}$$

$$\begin{cases} \hat{Y}_{II}=19.422N\exp\,(-0.001\,540N) & (N>570) \\ \hat{Y}_{II}=8.02N & (N\leqslant570) \end{cases}$$

$$\begin{cases} \hat{Y}_{III}=8.437N\exp\,(-0.001\,103N) & (N>705) \\ \hat{Y}_{III}=3.87N & (N\leqslant705) \end{cases}$$

图 7-3 是各立地类型的林分产量与密度的最佳回归曲线（Y-N 曲线）。结果表明，在一定密度范围内，单位面积产量随密度增加而增加用（无竞争条件下呈直线增加），至一定密度（N_8）时，产量达最大值，以后随密度增加而逐渐降低，至 1 500株/hm^2 后呈渐近线形式。

图 7-3 还表明，林分产量受密度的作用强度因立地条件不同而异，立地条件越好，作用强度越大（曲线变化陡）。

对产量——密度方程求导，并令导函数为零时求得的密度值即为产量最高的最佳密度值。即令：

$$\frac{dY}{dN}ae^{-bN}\,(1-bN)\,=0$$

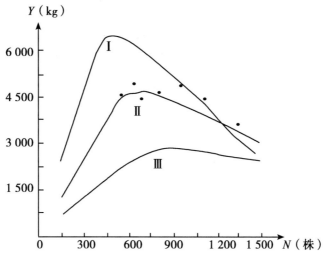

图 7-3 单位面积产量与密度的关系

得 $N_0 = \dfrac{1}{b}$，N_0 即为最佳密度值。各立地类型的最佳密度值见表 7-10。

表 7-10 不同立地条件下的最佳栽培密度

立地类型	最佳密度值	最佳密度范围	株行距
Ⅰ	505	500~555	4×5~4×4.5
Ⅱ	649	625~715	4×4×（3.8×4.2）~3.5×4
Ⅲ	906	750~950	3.5×3.8~3×3.5

注：最佳栽培密度值是根据产量密度方程求得，最佳栽培密度范围和株行距是根据最佳密度值和外业调查并考虑到生产使用方便而提出的，供生产上参考。

最佳栽培密度因立地条件不同而异，立地条件越好，最佳密度值越小。根据图 7-3、表 7-10 与外业调查来看，各立地类型的最佳栽培密度正是植株正长发育良好，树冠基本相接时的密度。

以上述方法类推，根据表 7-9 同样可以建立林分生长量与密度的方程。

（二）林分产量结构因子分析

1. 林分内株产结构因子分析

（1）相关分析

选用密度、树高、冠幅、冠体积、先年枝、当年枝、叶面积等指标作株产结构因子，从各因子与株产的相关矩阵。

株产与密度存在显著的负相关（分别是 -0.8807、-0.7437、-0.7618），与其他各生长指标均存在不同程度的正相关（除树高外，几乎都达到显著的正相关）、各生长指标（除树高外）与密度均存在不同程度的负相关、各生长指标之间均存在不同程度的正相关。说明密度对单株的生长与结实都有抑制作用，而各生长指标对结实均有促进作用。其中树体大小（冠体积、冠幅等）对密度最为敏感，这是因为密度大，树体生长空间受到限制。树体大小进而影响枝叶的生长，最终影响产量。

（2）逐步回归分析

以株产为因变量，其余8个结构因子为自变量进行逐步回归，结果是树体大小和密度被选入方程，而且各类型的结果是一致的。密度的偏回归系数为负值，树体为正值。因为密度对植株和生长和结实具有强烈的抑制作用，而树体则是植株的基本结构，树体大小（特别是冠体积）决定植株其他生长指标的大小，从而影响结实量，所以密度和树体大小是影响单株产量的主导结构因子。

表 7 - 11　株产结构因子筛选回归

立地类型	回归方程	相关系数
I	$y_1 = 4.044\ 5 - 0.004\ 97x_1 + 0.614\ 15x_3$	0.937 3
II	$y_{II} = 6.070\ 1 - 0.003\ 564x_1 + 0.205\ 25x_5$	0.818 7
III	$y_{III} = 4.052\ 3 - 0.002\ 444x_1 + 0.140\ 28x_3$	0.830 8

注：x_1 为密度，x_3 为冠幅，x_5 为冠体积。

（3）通径分析

表 7 - 12 是舍弃树高因子（对产量影响不显著）后不同立地类型的植株生长指标对株产的通径分析表。结果表明：以树体大小对产量的直接效应最大（中肥类型和浅瘠类型以冠体积最大，深肥类型以冠幅最大）。说明树体大小对株产起着非常重要的作用。

2. 林分群体产量结构因子相关分析

如前所述，单位面积产量与密度的变化规律呈一凸形曲线，所以仅需考虑产量与其他生长指标的关系。各立地类型林分单位面积产量与结构因子的相关矩阵表明，产量与各生长指标存在一定程度的正相关，以冠体积和冠高最大，而且冠体积、冠高与其他生长指标多存在显著和极显著的正相关，说明单位面积上的冠体积在林分中占有举足轻重的地位。

单位面积冠幅与产量的相关很小（分别是 0.057 2、0.060 3、0.164 1），且立地条件越好，相关越小，这是因为在立地条件较好时，每公顷 450 ~ 600 株时，单位面积上的冠幅就达到饱和，密度再增加，冠幅也不增加。但在较小密度、冠幅基本饱和时，树体生长好，冠高和冠体积大，枝叶多，立体结果、产量高；而在大密度情况下，竞争强烈，树冠生长受到严重限制，冠高小，冠体积小，平面结果，株产、单产均低，而且易导致病虫危害，引起林分早衰。

表 7－12 株产结构因子通径分析

	冠幅	冠高	冠体积	先年枝数	当年枝数	叶面积
相关系数	0.9160	0.5966	0.8366	0.6343	0.6585	0.8239
	$r_{1y}=0.7522$	$r_{2y}=0.6738$	$r_{3y}=0.7792$	$r_{4y}=0.7441$	$r_{5y}=0.7198$	$r_{6y}=0.4963$
效应值	0.9595	0.3850	0.5240	0.4376	0.5740	0.5478
直接效应	0.9595	0.0016	-0.2210	-0.0691	-0.0572	0.3050
	$P_1=-0.2430$	$P_2=-0.2115$	$P_3=0.8968$	$P_4=0.3464$	$P_5=-0.0031$	$P_6=0.0391$
	0.0410	-0.3791	0.8126	-0.7430	0.7066	0.3885
间接效应	0.0012	0.6866	0.8921	0.6555	0.6897	0.7800
	$P_{12}=-0.1616$	$P_{21}=-0.1857$	$P_{31}=-0.2307$	$P_{41}=-0.1982$	$P_{51}=-0.2053$	$P_{61}=-0.1614$
	-0.1688	0.0183	0.0329	0.0360	0.0359	0.0098
	-0.2059	-0.1956	0.0015	0.0007	0.0008	0.0009
	$P_{13}=0.8509$	$P_{23}=0.8051$	$P_{32}=-0.1899$	$P_{42}=-0.1530$	$P_{52}=-0.1515$	$P_{62}=-0.0944$
	0.6512	0.6935	-0.3235	-0.1912	-0.2221	-0.0128
	-0.0473	-0.0308	-0.0409	-0.1343	-0.1389	-0.1753
	$P_{14}=0.2826$	$P_{24}=0.2507$	$P_{24}=0.2824$	$P_{34}=0.7309$	$P_{53}=0.7524$	$P_{63}=0.5318$
	-0.6526	-0.3748	-0.5714	0.6244	0.6364	0.0419
	-0.0412	-0.0265	-0.0359	-0.0551	-0.0665	-0.0535
	$P_{15}=0.0026$	$P_{25}=0.0022$	$P_{35}=-0.0026$	$P_{45}=0.0028$	$P_{54}=0.3016$	$P_{64}=0.1832$
	0.6177	0.4140	0.5533	0.6640	-0.6982	-0.0900
	0.2517	0.1612	0.2419	0.2365	0.2306	-0.0432
	$P^{16}=0.0260$	$P_{26}=0.0174$	$P_{36}=0.0232$	$P_{46}=0.0207$	$P_{56}=0.0257$	$P_{65}=-0.0020$
	0.0929	0.0131	0.0200	0.0486	0.1155	0.2101
	-0.0415	0.5950	1.0576	0.7034	0.7157	0.5189
	0.8953	0.8853	1.1757	0.3976	0.7229	0.4572
	0.5403	0.7641	-0.2886	1.1806	-0.1326	0.1593
变量	冠幅	冠高	冠体积	先年枝数	当年枝数	叶面积

注：上、中、下三数行字分别是深肥、中肥、浅瘠3种立地条件下的效应值或相关系数。

三、结论与讨论

（一）密度对桐树生长结实的影响

研究结果表明：当桐林密度超过一定范围，密度对桐树的生长具有抑制作用，最终影响单株产量。单株产量及树体、枝叶生长量与密度的变化规律遵循指数曲线，即单株产量和生长随密度的增加而降低。

密度对桐树生长具抑制作用，但并不是越稀越好，特别是在立地条件较差的情况下，太稀往往没有适宜密度时生长好，产量高。这可能是由于林分基本郁闭时，有利于防止土壤水分蒸发，改良林内小气候等缘故。

（二）密度对林分经济产量的影响

由产量——密度方程可知，密度对单位面积体积产量的影响表现在两方面：一是由于株数增加而使总产增加；另一方面是随着密度的增加，单株产量降低而使总产降低，前者开始作用大，后者后面作用大，两者综合作用的结果使产量——密度的变化规律呈一凸形曲线，在最佳密度时有产量最大值。

（三）不同竞争状态下的林分结构与产量的关系

本次调查研究表明，在密度较小时，特别是立地条件较好的地方，桐树生长发育好，树体大，树冠呈圆台形、半球形。这样，在林分基本郁闭状态下，树冠构成起伏很大的峰—谷—峰的波浪状，单位面积上的冠体积大，枝繁叶茂，生长旺盛，立体结果，株产和单位面积产量高，而且盛果期长、寿命长。

而在密度较大的竞争条件下，桐树个体的生长空间受阻，由于树冠上部与下部的竞争，下部枝条因光照不足而生长不良，甚至枯死，树冠形成扁平状或盘状，整个林冠呈一平面，冠体积小，产量低，而且一般生长势很弱，加之林内通风透光能力差，易感染黑斑病，林分也极易早衰，寿命短。

（四）关于最佳栽培密度和理想林分结构模式

在特定的品种、立地条件和经营水平下，林分结构主要决定于林分密度。最佳栽培密度和理想的林分结构也因品种和立地条件而异，我们认为应符合下述基本原则，密度适宜，个体生长发育良好；能最大限度地利用光能和地力，经济产量最高，寿命长，盛果期长；林内通风透光良好，无严重病虫害。根据这次调查研究结果，特提出当前各地栽培最多的小米桐品种在不同立地条件下的三种最佳栽培密度和理想的林分结构模式。

1. 深肥类型的最佳栽培密度和理想林分结构模式

应建立小密度、高大树冠、单位面积冠体积最大，产量最高，寿命长，盛果期长的高产、稳产林分。具体指标：每公顷 505~555 株，极肥时可降至 330 株；壮龄时，郁闭度 0.9 左右，行与行之间留有 0.3 m 的左右间隙，冠高 2.5~3.0 m，每公顷冠体积 15 000~21 000 m³，叶面积系数 2~2.5 为佳，每公顷产果量达 6 t 以上。这种密度和结构特别适合石灰岩发育的深肥土壤上。

2. 中肥类型的最佳栽培密度和理想林分结构模式

建立中等密度，较大树冠，产量高的丰产、稳产林分。具体指标：每公顷 625～715 株；壮龄时，郁闭度 0.9 左右，行距间隙 0.2 m 左右，株距为树冠基本相接，冠高 1.7～2.2 m，每公顷冠体积 10 500～15 000 m^3，叶面积系数 1.5～2.0，产果量达 4.5 t 以上。

3. 浅瘠类型的最佳栽培密度和理想林分结构模式

此类因土壤肥力差，树体小，株产较低，应建立大密度，产量较高的丰产林分。具体指标：每公顷 750～950 株；壮龄时，郁闭度 0.95 左右，林内树冠基本相接，叶面积系数 1.2～1.5，每公顷冠体积 9 000～10 500 m^3，每公顷产果量达 3 t 以上。

（五）关于最佳栽培密度的确定原则

根据上述讨论，我们认为总的原则是：以品种、立地条件、经营水平为依据，以建立最佳（理想）林分结构，获得最佳经济效益和生态效益为目标来确定栽培密度。

具体而言，树体高大的品种宜稀，矮小的品种宜密；经营水平高宜稀，经营水平低宜密；立地条件好宜稀，立地条件差宜密，平地宜稀，坡地可稍密；南坡、西坡宜稀，东坡、北坡可稍密；土层深厚宜稀，土层浅薄宜密；土壤肥沃宜稀，土壤瘠薄宜密；石灰岩区宜稀，页岩区可稍密；行距宜稀，株距稍密。

确定栽培密度时，可以不考虑疏伐而直接采用壮龄林分的最佳密度造林。因为油桐生长迅速，5 年生左右就基本定型，而 2～3 年生时应以培养树体为主，促进营养生长，为建立良好林分结构，丰产稳产打下良好基础。

油桐栽植的排列方式最好采用宽行窄株，行距大于株距，株与株之间基本相接，行与行之间应保持 0.2～0.4 m 的间隙，利于通风透光防止病虫及方便生产。

密度效应

油桐林分结构是以密度为中心的，合理的林分结构是通过调整密度来获得的。因此，密度是油桐栽培中的一项重要技术措施。也是油桐林分的重要结构指标。我们在油桐产区广泛调查研究的基础上，结合丰产林的营造，用栽培面积较大的小米桐进行了油桐密度和林分结构的试验研究。

我们早在 1983 年 1 月在湖北郧县，选择原密度为 100 株/亩，4 年生，一般经营的小米桐林分，进行密度调整试验。1984 年夏用照度计测定了不同密度的先照强度，桐叶养分的分析和产量（表 7－13）。

表 7 – 13　不同密度桐林特征比较

密度 (株/亩)	光照 强度	叶片 N		叶片 P_2O_5		叶片 k_2O		叶片 总营养 状况(%)	产量** (kg/亩)	
		%	指数*	%	指数*	%	指数*		果	油
30	8 562.5	1.629	56.1	0.131	4.5	1.147	39.4	2.91	63.85	6.39
40	6 875	1.608	56.5	0.151	5.3	1.089	38.2	2.85	66.45	6.65
50	5 550	1.583	56.3	0.166	5.9	1.060	37.8	2.81	87.95	8.80
60	5 113	1.524	56.4	0.131	4.9	1.040	38.5	2.70	100.30	10.01
100(CK)	3 750	1.370	53.9	0.082	3.2	1.090	42.9	2.54	81.10	8.01

注：*指生理平衡指数；** 为 1985 年秋季调查值。

表 7 – 13 中看出，桐林的密度以 50 ~ 60 株/亩为好。根据 1986 年在湖南永顺，陕西山阳以及贵州等地的试验结果也大体如此，但要考虑到林地肥力和经营水平，密度下限宽至 35 株/亩或 40 株/亩也可。

在一定的密度范围内，林分生长量和产量，随密度的增加而增加，而当密度达到一定限度时，则随密度的增加而减少。据对 1983 年春湖北省郧县 4 年生桐密度调整的试验研究，康士才、王年昌、欧阳绍湘、陈炳章、何方等 1985 年冬调查结果表明，不同密度对光照、养分、树体分枝角度都有影响，并且对桐仁含油率也有影响（表 7 – 14、表 7 – 15）。

表 7 – 14　不同密度桐林的光照强度　　　　　　　　（单位：Lux）

重复	450 株/hm²	600 株/hm²	750 株/hm²	90 株/hm²	CK	备注
I	8 200	7 100	5 875	5 625	2 050	CK = 1 500 株/hm²
II	8 925	6 650	5 225	4 600	5 450	CK = 1 500/hm²
均值	8 562.5	6 875	5 550	5 113	3 750	CK = 1 500 株/hm²

从表 7 – 16 中看出，没有进行密度调整的桐林光照强度最小，不及 450 株/hm² 处理的一半，也只有 900 株/hm² 处理的 73%。由于光照条件不良，影响了叶片光合作用，同化产物少，油桐生长发育受到抑制。另从表 7 – 15 中看，由于密度大植株分枝角偏小，加上光照的影响，结果部位只集中在顶部，即使树体中部结果，果实也偏小。据调查测定，顶部果实平均重量 60 g，中部只有 45 g。

表 7 – 15　不同密度桐林植株分枝角度

项目	450 株/hm²	600 株/hm²	750 株/hm²	900 株/hm²	CK
分枝角度	43°30′	44°09′	44°0′	42°36′	41°36′

表 7 – 16 不同密度桐林叶分析比较

处理	N		P_2O_5		K_2O		总的营养情况（%）
	含量（%）	生理平衡指数	含量（%）	生理平衡指数	含量（%）	生理平衡指数	
450 株/hm^2	1.629	56.1	0.131	4.5	1.147	39.4	2.91
600 株/hm^2	1.608	56.5	0.151	5.3	1.089	38.2	2.85
750 株/hm^2	1.583	56.3	0.166	5.9	1.060	37.8	2.81
900 株/hm^2	1.524	56.4	0.131	4.9	1.040	38.5	2.70
CK	1.370	53.9	0.082	3.2	1.090	42.9	2.54

在一定的密度范围内，林分生长量和产量，随密度的增加而增加，而当密度达到一定限度时，则随密度的增加而减少。据对 1983 年春湖北省郧县 4 年生桐林密度调整的试验研究，通过对不同密度桐林进行叶片养分分析（表 7 – 16），清楚地看到桐林密度上的差异直接影响树体营养。湖北郧县黄柿油桐试验林，总的营养状况水平低，均在 2.5% 以下，呈现营养不足，表现出密度越大其总的营养状况越低，在氮素营养上表现更为明显。磷营养也表现出调整密度后的高于未调整者。因此，可以认为密度大的桐林，明显缺乏氮、磷营养，钾的差异则表现不很明显。从主要营养元素的生理平衡指数来看，没有进行密度调整的桐林，氮、磷的生理平衡指数明显低于进行调整的桐林，钾的生理平衡指数却高于进行调整后的桐林，形成植株营养元素供应的比例失调，使营养生长和生殖生长都受到抑制，影响生长和结果，并且在桐仁含油率上也有明显反映，如表 7 – 17，桐仁含油率也低。

表 7 – 17 不同密度桐林桐仁含油率比较 （单位：%）

重复	450 株/hm^2	600 株/hm^2	750 株/W	900 株/hm^2	CK
Ⅰ	65.74	65.78	68.64	62.55	61.60
Ⅱ	66.50	65.38	64.42	68.93	63.44
Ⅲ	70.86	71.02	71.52	73.08	69.36
均值	67.70	67.39	68.19	68.18	64.80

第四节　林地整理

一、整地的目的任务

宜桐林地的整理是油桐栽培中的首要技术措施，将为油桐幼林创造一个适生的立地条件。整地总的要求是：有利于林地水土保持，有利于桐林生长，有利于桐林经营。具体任务是：清除宜桐林地原有杂、灌、草；进行林地开垦。整地的种类，有全面整地和局部整地。全面整地是在选择好的宜桐林地全面开垦。全面整地有一定的应用限制条件，坡度在5°以上不宜采用。局部整地是在宜桐林地按规定要求在林地上局部地方开垦，有利水土保持，一般要求采用这种整地方法。

新栽油桐林地一般都是未经耕作的荒山、荒地，上面或多或少都生长有植被，即使是原有栽培经济林的老荒地，也生长有杂灌，因此要求整地。整地包括林地的清理和土壤耕作（挖垦）。林栽培是以"土"为基础的。造林整地具有改善土壤水分、养分和通气条件，也可影响近地表层的温热状况，提高造林成活率，促进经济林木的生长发育；保持水土；有利于造林施工等。

在山区进行林地清理，通常多用火烧法。火烧能疏松土壤，除虫灭病，并有一定草木灰肥地。但要避免造成水土流失，防止山林火灾。具体方法是：在夏、秋、冬季先将林地杂灌砍倒（俗称砍山），铺开晒干，然后用火烧（俗称烧山、炼山），再进行整地（称挖垦）。这就是砍、烧、挖的整地步骤。

夏季炼山后为充分利用土地，可不经挖垦直接播种小米，称火山小米。收小米后再挖垦，翌年春季栽油洞林。秋、冬炼山后，可随即挖垦，使土壤经过一个冬天的风化，翌年春天种植。

整地的核心任务是严防林地水土流失，保水，保土，保肥。

二、林地水土保持

有人说山坡地水土流失是因为栽油桐，是误解。开垦山坡地问题不在栽什么树，是在是否有水土保持措施。

（一）概　述

林地水土流失主要指由降水引起地表径带走表层土壤，造成的表层土壤剥蚀，形成片状或沟状侵蚀；如坡度过大或土层疏松还有可能造成滑塌或崩塌；在华北、西北因大风吹带走表层土壤的风蚀。无论是水蚀或风蚀都是由于人类不合理利用土地所引起的，合量开垦利用坡地不仅可以防止水土流失，还可以提高土壤的肥力。

新栽油桐林多在坡地，整地造林和以后的常年林地管理要进行土壤挖铲耕垦，极易造成林地水土流失，一定要做好林地水土保持，否则将会带来严重的危害，因而坡度在25°以上的坡地不适宜栽培经济林。

在南方山坡地因植被破坏或现有油桐林地整地及林地土壤管理不当，均出现不同程度的水土流失。据湖南湘西土家族苗族自治州林业局石泽等人的调查，该州共有油桐林 10.85 万 hm^2（1987 年），其中发生水土流失面积 9.82 万 hm^2，占全州油桐林地的 90.45%，年表土流失量约 235 万 t，相当于全州油桐林地冲掉表土层 0.5 ~ 0.7 cm。由于水土流失，地力急剧下降，使桐林早衰，寿命短，产量不断下降。山上的水土流失，冲下大量泥沙，淤塞山下河道、耕地，破坏生态环境，影响更大。

在南方坡地引起水土流失有自然因素和人为因素。自然因素中主要有天体因素和地体因素。天体因素中主要是降雨因素，特别是降雨强度。地体因素中主要有坡度、坡长、土壤质地及地表覆盖等。人为因素主要是生产活动对土地利用是否合理。在南方坡地造成现代水土流失的直接原因是产生地表径流，切割地表层，引起冲刷。所谓"地表径流"是指降到地表的雨，其中有近 10% 的降雨渗入地下成为地下水；有 10% ~ 20% 的水蒸发，成为大气中的水蒸气；而 70% ~ 80% 的降雨是顺坡流走。顺地表流失的部分降雨，即称为地表径流，或简称径流。径流量愈多，冲刷力愈强，冲走的表土愈多，如果径流量少或没有，冲刷力小或没有，则表土流失也少或没有流失。因此，在山坡地减免径流量，就可减免水土流失。

植被可以阻止水土流失。植物的地上部分可以拦截降水，减轻雨滴撞击，削弱降水对土壤的打击破坏作用。地面上的枯枝落叶和草丛，也有保护土壤、增加地面糙率、分散径流、减缓流速及挂淤等作用。植物根系有穿插、缠绕和盘结土体的作用，可以增加土壤孔隙，丰富土壤有机质，改善土壤结构，增加土壤的渗透性能，从而加强土壤的抗蚀抗冲能力。

深入研究引起水土流失的各个自然因素以及它们之间的关系，是我们采取防止措施的科学依据。

水土流失给工农业生产带来巨大的危险，林地大量的表土层被冲走，如果表层腐殖质含量为 2% ~ 3%，流失土层 1 cm。那么每年每平方千米的土地上就要流失腐殖质 200 ~ 300 t。大量土壤冲淤农田、河流，冲毁庄稼，抬高河床，造成灾害。

（二）林地水土保持措施

油桐林造成水土流失的根本原因是地表径流，水的流动带走土壤，形成水土流失。

水土流失的程度与地表径流是成正比的，地表径流量制约条件的天体因素是降雨强度，地体因素是坡度、坡长和地面覆盖。因此，技术措施总的原则是：可以通过控制地体因素，降低坡度，缩短坡长，增加覆盖，来减免地表径流，防止水土流失。

降低坡度，增强土壤吸水性能，使径流速率降低，保持水分渗透性；缩短坡长，减少地表径流的集流面积，减小径流量，同时减小水流的重力加速度；增加土面覆盖，加强抗蚀抗冲性能，蓄水保土，从而达到林地水土保持的目的。因此，林地水土保持效果大小决定于它截断地表径流的性能、容水量的大小及土壤渗水性能。

我国劳动人民长期与水土流失作斗争，积累了丰富的经验。有农谚说："头戴帽子，腰围带子，脚穿鞋子"。即是说在山顶的树木要留好，山腰留了生土杂灌带，山脚下部的杂灌也要保留下来，以分开截拦径流。林地水土保持的具体技术措施有：梯土、等高沟埂、带状开垦、间隔留生土带、栏栅拦土、鱼鳞坑、环地截水沟、蓄水坑等。上述林地水土保持措施与前述宜林地的整理是完全一致的。具体的应采取哪种措施则要因地制宜。根据地区、地形、土质、雨量、水土流失情况和经济林栽培的要求而定。

防止水土流失在技术上最好的措施是梯级整地（北方有称围山转），达到降低坡度，缩短坡长的目的，梯面栽树，增加了覆盖。作梯时在梯面内侧要开竹节沟（沟深25～30 cm，宽20～25 cm），每隔60～70 cm留一土埂，使沟呈现竹节状，用来蓄水、排水。外梯壁一定要夯实，严防崩塌滑坡。

坡形有直线形、凸形、凹形和台阶形4个基本类型。坡形对土壤侵蚀的影响，实际上也就是坡度、坡长两个因素综合作用的结果，可以分解为不同的坡度、坡长的断面进行研究。在决定治理措施时坡形是重要的参考因素（表7-18）。

表7-18　坡度、坡长与土壤流失量的关系

坡度	距分水岭的长度（m）	土壤流失量（t/亩）	比例（%）	计算所取断面的个数
17°～19°	7	3.5	100	6
		9.96	297	
17°～28°	5～8	4.79	100	4
	10～16	9.25	193	
26°～31°	12～25	10.22	100	3
	24～56	14.51	142	
	37～75	16.16	158	

气候因素主要是降雨。降雨不一定发生径流，只有在单位时间内的降雨量超过土壤渗透量时，才会发生径流，并产生土壤侵蚀。影响土壤侵蚀程度的主要是降雨

强度和持续时间。林地土壤侵蚀的过程包括两个不同的过程，地块破碎成为细小的颗粒，以及这些细小土壤的颗粒被水带走。土块破碎的原因是雨滴的撞击。降雨强度越大，雨滴也越大，降落也愈快，撞击土块的能量也愈大，破坏作用也愈大。作为小雨代表性的雨滴直径为 1 mm，而大暴雨的雨滴直径为 4.5 mm，大雨下落的最终速度是 9 m/s，小雨的最终速度则是 3.8 m/s。大雨的动能将比小雨大 500 倍。因此，土壤侵蚀程度的大小与降雨强度成正相关。据陕西绥德水土保持站的资料（表 7-19），3 次降雨量相近而降雨强度不同，其所产生的径流量和冲刷量是因降雨强度加大而增加。

表 7-19 降雨强度对径流量和冲刷量的影响

降雨日期	降雨量（mm）	降雨历时（min）	平均降雨强度		径流量		冲刷量	
			ram/mm	比例	m³/cm²	比例	kg/亩	比例
7 月 3 日	43.4	805	0.054	1	670	1	40	1
7 月 22 日	40.0	292	0.137	2.5	10 300	15.4	1 490	37
8 月 8 日	49.3	150	0.329	6	29 210	43.7	9 320	233

土壤质地也影响着土壤侵蚀，土壤质地的不同对抗蚀性和抗冲性的能力是不同的。抗蚀性是抵抗径流冲击悬浮土壤的能力。抗冲性是抵抗径流机械破坏和推移的能力。

土壤质地松散，抗蚀性低；质地黏重，抗蚀性强。土壤利用情况不同，抗冲性有显著差别，其中以林地最强，草地次之，农地最弱。土壤侵蚀量与土壤抗冲性是显著相关的，提高抗冲能力，对于防治侵蚀具有特别重要的意义。土壤透水性影响径流量的大小，而土壤的透水性又受土壤孔隙、质地、结构、剖面构造以及湿度等因素的制约，这些因素不但因土壤类型而异，而且由于利用情况不同而有很大差别。

影响地表径流量大小的各个因素，与它的构成条件直接相关。如地表植被能拦截降水及削减雨滴对地表的撞击，地面枯枝落叶和草丛能减缓雨水流速，阻碍径流。又如地形因素中的坡度与坡长，也是决定径流量多少与冲刷力大小的重要条件。一般坡度越大，水流速越快，径流量越多，冲刷力越强，水土流失量则越大。坡度越长，集流面积宽，径流量也越多，冲刷流失也越重。据湘西土家族苗族自治州的调查，油桐林地在坡度 25° 以下者，年表土流失量 100 t/hm²，25°~35° 者年流失量 123.74 t/hm²。坡面在 100 m 以内的表土年流失量为 100.56 t/hm²，坡面在 200 m 以上的是 122.18 t/hm²。据在保靖县的定点测定（表 7-20），坡度大，坡面长，流失量也大。

表 7 – 20   湖南保靖县大妥乡油桐林地水土流失与坡度坡长的关系

调查地点	降水量（mm/d）	坡度（°）	坡长（m）	土壤流失量	
				（t/hm²）	比例（%）
塘坝二队桐壳	31.6	13°	20	10.05	100
卜家湾桐壳	31.6	26°	40	12.75	127
黄沙岭桐壳	31.6	35°	60	16.95	169

土壤质地也影响着水土流失程度。土壤质地不同，抗蚀性和抗冲性的能力也不同。抗蚀性是抵抗径流分散和悬浮土壤的能力。抗冲性是抵抗径流机械破坏推移的能力。土壤质地与母岩是相关联的，在湖南油桐产区最主要的母岩是石灰岩、紫色页岩、页岩（泥质页岩）等。据湘西土家族苗族自治州的调查，油桐林地由于母岩的不同，引起的表土流失量是有差别的（表 7 – 21）。

表 7 – 21   湖南省湘西土家族苗族自治州油桐林地不同母岩水土流失面积统计

母岩	流失面积（万 hm²）	比例（%）	轻度流失 500 ~ 3 000 [t/（km².a）]		中度流失 3 001 ~ 8 000 [t/（km².a）]		强度流失 8 001 ~ 13 500 [t（km².a）]		烈度流失 >13 500 [t（km².a）]		年流失量（t/hm²）
			面积（万 hm²）	比例（%）	面积（万 hm²）	比例（%）	面积（万 hm²）	比例（%）	面积（万 hm²）	比例（%）	
页岩	6.2943	64.16			1.2697	12.94	3.4561	35.21	1.5685	15.97	127.770
石灰岩	2.7768	28.29	0.4957	5.05	0.8281	8.43	0.1962	2.00	1.2569	12.81	102.090
紫色页岩	0.7442	7.58			0.0305	0.31	0.6437	6.56	0.0700	0.71	110.655
合计	9.8153	100			2.1283	21.68	4.2960	43.77	2.8954	29.5	113.505

页岩风化的土壤主要是泥质页岩，呈褐灰色，与紫色页岩形成的紫色土类似，均属岩性土。物理风化强烈，化学风化微弱，所谓土壤基本上是岩片碎屑，聚结力差，10 cm 以下即为难以透水的岩层，渗透速度小，仅 0.08 mm/m，极易受雨水冲刷流失。降雨量在 10 mm/h 即可发生侵蚀，径流系数一般达 0.56 ~ 0.95。紫色页岩含有较丰富的磷、钾、钙等矿物养分，但有机质含量低，一般在 2% 以下。石灰岩主要由碳酸钙、镁组成，岩石坚硬抗冲能力较强，成土过程极其缓慢。据广西的测定，广西石灰岩的溶蚀速率约为 0.08 ~ 0.3 mm/a，即 80 ~ 300 m³/（km²·a），按岩石重量 2.6 t/m³ 折算，则等于 208 ~ 780 t/（km²·a）。石灰岩受溶蚀后，碳酸钙、镁溶于水中而被径流带走，只有约占被溶蚀石灰岩重量 1/30 的不溶残积物才能形成土壤，这样折算自然风化成土速率为 10.4 ~ 26.0 t/（km²·a）。考虑到加速风化的作用，石灰岩山丘区土壤的允许流失量最大可定为 50 t/（km²·a）。如果土壤流失量超过此值时，自然风化成土

已不能弥补土壤侵蚀所造成的损失，土壤厚度将趋渐薄。如果油桐林地要求石灰岩山丘区的土壤厚度为 20 cm，自然积聚这样厚的土壤，需要溶蚀 6 m 厚的石灰岩，约需经历 2.0 万~2.7 万年。石灰岩山地的地块分散，岩石相间，面积从几平方米至几公顷不等。黑色石灰土多形成于岩壁缝间或谷地中较低洼处。棕色或红色石灰土分布连片，面积则较大。在石灰岩山地栽培油桐，只在有土壤的地方栽，不要强调株行距的规整。

降雨强度与水土流失关系密切，降雨强度大，造成的冲刷量也大。据测定在坡度 33°相同情况下，当降雨强度达到 82 mm/h，径流量和冲刷量是降雨强度 4.2 mm/h 的 32 倍和 17 倍。我国油桐主产区的年降水量一般都在 900 mm 以上，且分布不均匀，4—6 月占全年雨量的 50% 并有暴雨，极易造成水土流失。

表 7 - 22 表明：处理 A、C、E 产生的径流系数，明显低于对照（CK），而泥沙含量只要经垦复，含量就大。因此，说明低改具有明显的水土保持效应，一经垦复，径流水中泥沙含量明显增大。因此，在垦复深挖的同时，必须搞好竹节沟建设，以防止表土被径流冲走。

表 7 - 22　整地方式与径流系数

处理	径流系数	泥沙含量（g/m³）
A（垦复 + 竹节沟）	0.02	3.14
C（垦复）	0.54	4.24
E（竹节沟）	0.21	0.66
CK（对照）	0.96	0.64

在陕西山阳丰产林试验基地测算了油桐林地修建石坎梯地与未修石坎梯土的土壤含水率和肥力（表 7 - 23）。

表 7 - 23　油桐林地土壤含水率及养分测定

处理	含水量（%）	有机质（%）	氮（%）	磷（%）	钾（%）	备注
修石坎梯	15.25	1.480 9	1.101 9	0.099 5	2.014 2	间作管理
未修石坎梯	8.25	0.612 2	0.090 3	0.031 8	2.000 8	未间作

注：采样深度为 0~40 cm，表内为平均值。

从表 7 - 23 中看出，修石坎梯提高了保水保肥性能。修石坎梯比未修石坎梯的土壤含水率提高 7%，其他有机质及氮、磷、钾的含量普遍都有提高，因而促进了油桐生长。

综上所述，在影响水土流失的诸因素中，人力可以制约的因素只限于坡度、坡长和植被。降雨是不能人为制约的因素，土壤质地也只能在先有水土保持措施，才能逐步改良。因此，山坡地水土流失的防止措施有 3 个准则：一是降低坡度，二是缩短坡长，三是增加地表植被覆盖。

油桐地栽培经营需要长年进行土壤耕作，所以从整地开始就要采取措施，防止水土流失，改善生态环境。我国《水土保持法》中第 17 条规定："在 5°以上坡地上整地造林，抚育幼林，垦复油茶、油桐等经济林木，必须采取水土保持措施、防止水土流失"。有关的水土保持治理措施，在第 24 条中提出根据不同情况，采取整治排水系统、修建梯田、蓄水保土耕作等水土保持措施。

三、整地方法

我国劳动人民在油桐生产实践中，为防治林地水土流失，积累了丰富的经验。在湖南湘西油桐产区有农谚说："头戴帽子，腰围带子，脚穿鞋子"。即是说在开垦时山顶的树木保留下来，山腰留下杂灌草带，山脚下部的杂灌草也要保留下来，可拦截径流，有利水土保持。为防治水土流失，林地整理方法主要有：梯级带、等高沟埂、蓄水坑、块状、带状等。具体的采用哪种整地方法，要根据地区、地形、土质、雨量、油桐生产经营习惯而定。

根据林地的地势、土壤、耕作习惯和水土流失等条件来确定，一般分为全面整地（全垦）和局部整地（带状整地、块状整地）。

（一）全面整地

全面整地是将准备栽种的林地，全部挖垦。全面整地只限用于坡度较小，立地条件在中等肥厚湿润类型以上，以及有在林地内间种农作物习惯的地区使用。

由于林地坡度较小，有利机械操作，一些农用机具能直接使用。缺点易引起水土流失，因而要特别注意水土保持。

（二）局部整地

局部整地是根据栽植林地的自然条件，进行局部整地，以保持水土。局部整地有梯级、带状、块状 3 种方法。

1. 梯级整地

梯级整地应用得好是最好的一种水土保持方法。用半挖半填的办法，把坡面一次修改成若干水平台阶，上下相连，形成阶梯。梯级是由梯壁、梯面、边埂、内沟等构成。每一梯面为一经济林木种植带，梯面宽度因坡度和栽培油桐林木的行距要求不同而异。一般是坡度越大梯面越狭，筑梯面时，可反向内斜，以利蓄水。梯内侧开 30 cm

宽，深20 cm竹节沟蓄水。沟每50 cm长留土埂沟似竹节。梯壁一般采用石块和草皮混合堆砌而成。保持45°~60°的坡度。并让其长草以作保护，梯埂可种植胡枝子等灌木。

修筑梯级前，应先进行等高测量、在地面放线，按线开梯。由于坡面坡度不会很规整，放线时要注意等高可不等宽，根据株行距的要求，在距离太大的坡面上，可以插半节梯（表7-24），因为不可能要求每一条梯带都一样长，会出现长短不一。

宜桐林地的坡度在10°以上，一律限用梯级整理。

表7-24　梯级设计

地面坡度 Q (°)	设计梯壁高度 H (m)	设计梯壁侧坡 (°)	可得梯面宽度 B (m)	梯埂点地命宽度 b′ (m)	梯面有效宽度 B′ (m)	需要原地面宽度 L (M)	坡地有效面积损失		每米长梯土土方工作量			每亩梯土长度 (m)	每亩梯土的土方量 (m³)	每亩梯土的劳力 (工日)
							L-B′ (m)	L-B′ (%)	S (m³)	W (m³)	S/W (m³)			
10	1.0	70	5.31	0.6	4.71	5.75	1.04	18.1	0.663	0.135	0.798	125.7	100	25
	1.5	65	7.80	0.6	7.20	8.62	1.42	16.5	1.464	0.135	1.599	58.5	133	33.3
	2.0	60	10.20	0.6	9.60	11.50	1.90	16.5	2.550	0.135	2.685	65.4	145	36.3
15	1.0	70	3.37	0.6	2.66	3.85	1.19	28.1	0.421	0.135	0.556	98.0	110	27.5
	1.5	65	4.90	0.6	4.33	5.77	1.47	25.5	0.918	0.135	1.053	136.0	145	35.8
	2.0	60	6.30	0.6	5.70	7.70	2.0	26.0	1.578	0.135	1.713	106.0	183	45.5
20	1.5	65	3.42	0.6	2.82	4.40	1.58	35.9	0.641	0.135	0.776	195.0	151	37.8
	2.0	60	4.34	0.6	3.74	5.85	2.11	36.0	1.085	0.135	1.220	154.0	188	47.0
	2.5	55	5	0.6	4.52	7.30	2.78	38.0	1.590	0.135	1.725	130.0	224	56.0

水平沟整地法：沿等高线环山挖沟，把挖出的土堆在沟的下方，使成土埂，在埂上或埂的内壁栽桐树（图7-4）。

水平阶整地法：从山顶到山脚隔一定距离（按行距）沿山坡等高线，筑成水平阶（图7-4）。

随着经济林栽培经营集约度的提高，要求建立"三保山"（保水、保土、保肥），水平梯土整地可以达到"三保山"的要求。但梯土整地要因地制宜，在坡度超过30°以上不能用梯级整正。在石灰岩山地不能也不须用梯级整地。在有土的地方栽桐树。

中低山油桐丰产林应采用梯级整地方法。据湖南省林业科学研究所对湖南永顺油桐林地表土流失量的测算，在一块1 266.73 m²红色石灰土的坡地，原坡度15°，坡长5.1 m地段修梯土，梯面宽1.2 m，反坡内倾，内侧开竹节沟蓄水，栽培油桐丰产林。另在相邻的一块533.36 m²的坡地，其他情况大体相似，坡长只2.9 m，全面整地也栽油桐。在全面整地的油桐林地中有沟蚀也有面蚀，梯土整地的梯面上基本上没有表土流失，仅是有很细小的沟蚀。经测算，全面整地的桐林，每年表土流失量14.70 t/hm²，

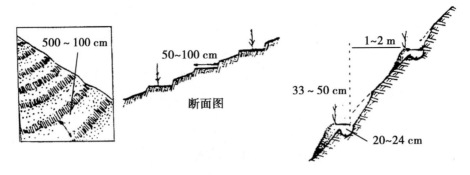

图 7 - 4　阶梯形（等高线）整地

梯土整地者每年表土流失量仅 0.60 t/hm²。

陕西省林业科学研究所在山阳丰产林试验基地，测算了油桐林地修建石坎梯土与未修石坎梯土的土壤含水率和肥力（表 7 - 25）。

表 7 - 25　油桐林地土壤含水率及养分测定

项目	修石坎梯土	未修石坎梯土
采样深度（cm）	0 ~ 40	0 ~ 40
平均土壤含水率（%）	15.25	8.25
平均含有机质（%）	1.4809	0.6122
平均含氮（%）	1.1019	0.0903
平均含磷（%）	0.0995	0.0318
平均含钾（%）	2.0142	2.0008
备注	间作管理	未间作管理

表 7 - 25 说明修石坎梯土提高了保水保肥性能，土壤含水率提高 7 个百分点，有机质及氮、磷、钾的含量普遍提高。

梯土修筑方法，首先沿山坡横向等高放线，按线开梯。由于坡面不会很规整，在坡面较长的情况下，可采用中间插梯带的办法，等高不等距，形成梯间距离不等，梯带长短不一，但在整体上仍然是规整的。梯土整地也要因地制宜，在坡度超过 30°或石山区不宜使用。坡度太陡，梯壁高，不牢固，如遇大暴雨，容易崩塌，带来更大的水土流失灾害。

2. 带状整地

在坡度 25°以上的地段，不宜采用梯土整地。因填挖多，坡面动土太宽，梯壁高，壁埂不易坚牢，容易造成崩塌，应采用等高带状整地。其方法：沿山坡按一定宽度放等高线开垦，带与带之间的坡面不开垦，留生土带，每隔 3 ~ 5 条种植带开 1 条等高环山沟截水。

等高沟埂：沿山坡等高线开沟，将挖出的土堆放在沟的下方，在埂的内壁栽树。沟深 30~40 cm，宽 40~50 cm。

栏栅拦土：在有林地开垦，可以将原有树干横放，拦截挖松的土壤。这种整地方法较块状整地改善立地条件的作用较好，有利于水土保持，也便于机械化施工（图 7 - 5）。

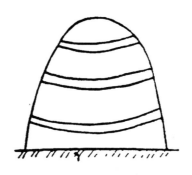

图 7 - 5　带状整地

3. 块状整地

在坡度大、地形破碎的山地或石山区造林，可采用块状整地。块状整地是按照种植点的位置在其周围翻松一部分土壤以利栽树成活。这种方法灵活、省工，但改善立地条件方面的作用相对较差，蓄水保墒的作用不如带状整地。整地的范围视造林地条件、苗木大小及劳力情况而定（图 7 - 6、图 7 - 7）。

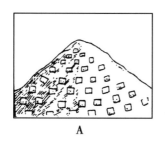
A
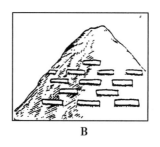
B

A. 方形块状整地　B. 长方形块状整地

图 7 - 6　块状整地

鱼鳞坑整地也是一种块状整地形式，在与山坡水流方向垂直环山挖半圆形植树坑，使坑与坑交错排列成鱼鳞状。坑一般长 1 m，宽 50 cm，深 25 cm，由坑外取土，使坑面成水平，并在外边连筑成半环状土埂以保水土（图 7 - 8）。

经济林自幼林至成林整个生产过程中，每年都要进行土壤耕作，因此从整地开始

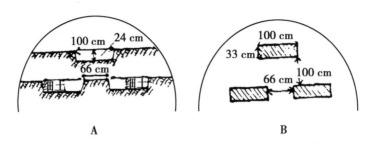

图 7 - 7 品字形块状整地

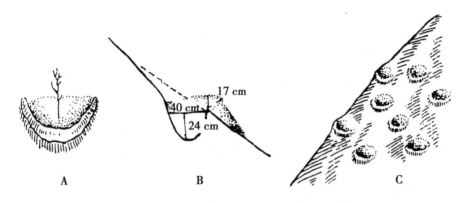

A. 鱼鳞坑正面 B. 鱼鳞坑断面 C. 鱼鳞坑（示意图）

图 7 - 8 鱼鳞坑整地

就要注意水土保持。

整地深度一般 10～25 cm。为保证苗木根系舒展，应根据苗木大小及根系情况，加深加大定植穴，一般要求（45～60）cm×（50～70）cm。

在立地条件较差之处，采用块状整地时，可以用种子（优良品种家系）直播栽培。每穴播 2～3 粒种子，出苗后保留一株生长健壮的。

第五节 油桐栽培与经营

一、概 述

经济林良种化包含 4 个方面的意义：①栽培中使用良种，应首选使用优良无性系。②该良种是经生产实践证明适宜于该地的。种苗应由林业技术推广部门提供。③"化"是普遍地使用良种。④有该良种配套栽培技术。

油桐良种是丰产栽培的物质基础。油桐良种在栽培包括良种，优良的种子（接穗），或者说良种优树。良种是有区域性的，各地要选择出本地区的当家品种为主，同时积极慎重地引进外地良种，解决近期的种源问题。

选用什么样的品种还要考虑立地条件和经营方式。

同一品种的同一林分中桐树各个个体之间是有差异的，有时这种差异很大，甚至可以大到 5 ~ 10 倍。据调查经营粗放的桐林，结果多的树仅 8% ~ 10%。结果少或不结果的树占 10%。结果 20 ~ 30 个占 50%，结果 40 个以上占 30%。林分中各个植株间结果量差异的大小，与林分混杂的程度成正比，与林分产量成反比。因此，要使新林各个植株都保持较多的结果量，从而达到全林高产的目的，除了使用良种外，还存在一个优良个体的选择问题，也即是优树选择。新造桐林一定要坚持良种化、优树化。

据在湖南湘西自治州的调查，全州有投产桐林 120 余万亩，其中一类桐林亩产桐油 7.5 kg，占总面积的 15.6%，二类桐林亩产桐油 5 ~ 7.5 kg，占总面积的 23.0%，二类桐林田产桐油 5 kg 以下，占总面积的 61.4%，全州平均亩产桐油 5.33 kg。究其原因，主要是品种混杂低劣，经营粗放。大面积、大幅度地提高单产，增加总产，是当务之急。据此，开展"七五"国家科技重点攻关项目"油桐早实丰产技术"的研究[①]；该项研究是由中南林学院经济林研究所主持，有中国林科院亚热带林业研究所，广西、贵州、四川、陕西、湖北 7 省（区）林科所参加，共 7 个单位组成攻关协作组：连同试验基地共有 24 个单位，52 位科技干部参与科研攻关。攻关项目的基本内容是：从 1986 年开始至 1990 年的 5 年内完成油桐早实丰产林面积 2 000 亩，从第三年开始亩产桐油 2 ~ 3 kg，进入盛果期，亩产桐油 20 ~ 25 kg，实际完成见表 7 - 26。在栽培上要全面使用良种，技术上要贯彻执行国家标准《油桐丰产栽培技术》。

我们经过 6 年的努力，全面完成了项目规定的丰产林面积和各项产量指标，实际完成 2 037.5 亩丰产林面积，超额 1.7%。由于造林时间相差一两年，从 1988 年有少量投产，至 1991 年的 4 年中累计产桐油 89 932.8 kg，总产值 582 208.6 元，扣除科研投资 30 万元（地方资助 5 万元），盈余 28 万余元。丰产林所产生的辐射效应，带动周围农民造油桐面积 1 万余亩，每亩增值 30 元，创 300 万元收益。

表 7 - 26　造林后分年度桐油产量统计值　　　　（单位：kg/亩）

第三年	第四年	第五年	第六年
3.07	12.10	15.10	23.84

注：为各地所有丰产试验林平均值。

---

① 资料来源于油桐早实丰产国家攻关关专题协作组（1992）。该专题由何方主持，并执笔编写研究报告，该成果获林业部 1994 年科技进步三等奖。

我国油桐生产从 1984 年以来是大滑坡的，面积减少，产量下降。1989 年后，由于国际市场桐油价格上涨，给我国油桐生产带来新的活力，试验基地从中得到较好的经济效益，桐农极为满意，1991 年收的良种全部卖完，油桐生产形势看好。

二、栽培方法

(一) 优树嫁接，植树栽培

现在无论新老桐林，都存在的问题是品种混杂，良莠不一，丰产树少，构成单产低的重要原因是以往油桐多用直播造林，种源来源未经严格的科学选种子，种子不纯，遗传性不一。即使同一品种来源，采用实生繁殖后代也会出现分化现象。这种个体间的结果差异与遗传性和环境条件都有关系。个体混杂的局面在新造林中不改变，要提高单产是困难的，甚至是不可能的。油桐生产要达到丰产化，首先要良种化、优树化。油桐母代的优良遗传特性，要保证子代的再现，最好的办法是采用嫁接无性繁殖。今后新造桐林，应使用优树嫁接苗木，植树造林现在我国桐区多用直播造林，这是重大的栽培技术改革。不进行这种改革，要大幅度提高单产是很困难的。基地化、林场化是推行优树嫁接苗植树造林组织保证。在国内经过几年的选优工作，各地都不同程度地选出一批优树，已经有条件逐步推行优桐嫁接苗木植树造林。

"七五"国家油桐早实丰产课题，按计划如期完成，其中主要技术是全面实现了栽培良种化、优树化。

中南林学院经济林研究在湘西的丰产林是选用从泸溪葡萄桐中选育出 2 个优良无性系中南林 5 号、中南林 10 号，从湖南小米桐选育出的 2 个家系中南林 102 号、中南林 109 号。上述 4 个优良无性系和家系普遍比对照增产 160% 以上。在郧县的 80 亩丰产林是直接从湖北小米桐中选出的优树上采种，混合直播造林的。

中国林科院亚热带林业研究所在浙江富阳的丰产林是选用浙江五爪桐和浙江多花丛生吊桐，以及选用了该所 20 世纪 80 年代选育出的光桐 3 号、6 号和 7 号 3 个家系。这 3 个家系产量比对照高 4~5 倍，6 年生桐林亩产桐油超过 25 kg。

广西林科所在隔水的油桐丰产林是选用从三江五爪桐优树上采集的种子，保证了种子品质的优良。在三江县老堡口林场杉桐混交的丰产林中，油桐种子是采用当地的良种三江对年桐。在永福 200 亩千年桐丰产林嫁接苗的穗条是来自采穗圃，优良无性系是桂皱 27 号、1 号、2 号和 6 号，并有少量新选育出的苍梧 18 号和玉林 15 号，这些优良无性系田产桐油均在 100 kg 以上，当地群众称为高产桐。

贵州林科所在玉屏的丰产林是采用贵州小米桐和选育的黔桐 1 号、2 号两个家系。

四川林科所在旺苍的丰产林是选用 20 世纪 80 年代新发掘出来的优良农家品种立枝桐，以及选育出的 471、化 2、化 1、106 和 472 等 5 个优良家系，增产效益显著，以当地旺苍米桐作对照，始果的第一、二年增产 168 热。陕西林科所在山阳的丰产林，除选用本地良种陕西大米桐、小米桐外，并选用引进的贵州大米桐、浙选 5 号、10 号等良种，结果测定，引进良种产量高出 20%。

湖北林科所建在郧西的 100 亩丰产林，是采用 20 世纪 70 年代新发掘出来的当地优良农家品种景阳桐。播种用种子采自郧西县林科所景阳桐种子园（实生种子园）。景阳桐的特性是树体较矮小，适宜密植，丛生性强，果大皮薄，丰产性能好，比当地的另一优良品种五爪桐产量高 1 ~ 2 倍，7 年生可亩产桐油 45 kg。另外一重要特性是抗逆性强，在郧西北干旱瘠薄的条件下，也能保持一定的产量。

我们的丰产林单产普遍高，从中充分看出良种在增产中的作用和它的潜力。在丰产林试验中虽没有专门良种评选研究，但实际上起着良种，特别是选出优良无性系，为今后认识良种、推广良种和提供良种奠定了基础。

植树栽植是将预先培育好的苗木，栽到整好的宜林地上。近些年来，各地丰产林常采用优树嫁接苗栽植。苗木质量好坏直接关系到今后桐树的成活、成长和结果量，要使用规格苗造林。在整好的造林地上，按株行距点每穴栽植 1 株。植树时必须做到苗正、根舒、分层填土踩实。根颈要低于地面 2 ~ 3 cm。栽植后在周围覆草层。栽植前苗木要适当地进行根系修剪，主根只留 15 cm 左右，然后用黄泥浆沾根。栽植过程中要注意保护苗木不受损坏，特别是根系不能暴晒和风吹。

（二）芽苗移栽

油桐芽苗移栽即是将形成弓苗或直苗的芽苗期，移栽至林地。

1. 芽苗培育

选择排水良好，沙质土壤的平地，整畦作床。床高出地面 5 ~ 10 cm，床面平整，按每平方米播种子 2.5 kg 的数量，12 月份将种子密密地平铺在床面上，盖沙 15 ~ 20 cm，再铺草一层。其后注意保湿，严防鼠害及积水。

2. 及时检查，分批出苗

3 月下旬气温上升，水分增多，油桐种子在圃地开始发芽，4 月份陆续有弓苗出土，即可分期分批将弓苗上山定植。在移弓苗时要特别细心，不能损伤幼嫩的芽苗。芽苗可不带土移出，用容器轻轻摆好，运至林地栽植。圃地每隔 5 ~ 7 d 又有一批弓苗可以上山，一般可分 3 批移完，如果还有剩下的种子即淘汰不用。这实际上是一个催芽选择的过程。

3. 林地移栽

芽苗要随挖随栽，移多少栽多少，移出的芽苗要当天栽完。栽时一手放苗，一手填土，扶正、压实，栽深6~8 cm，弓苗弓背上盖3 cm厚细土，以免移栽后失水。芽苗成活后，5月下旬至6月上旬要进行一次穴抚，即在苗木周围松土除草，并追施一次氮肥。芽苗移栽成活率高，生长势一致。据湖南泸溪县油桐研究所试验，1年生幼林平均高107.5 cm，径粗2.5 cm，有20%植株当年分枝。

（三）直播种植

直播种植即是将经过精选的油桐种子，直接播种到整好地、开好穴的植坑中，此法方便省工。由于油桐种子粒大，发芽率高，始果期早，直播方法沿用至今。

1. 选用良种

种子是栽培的物质基础。种子品质的好坏，直接关系到新桐林产品的数量和质量。种源必须是经过鉴定的优良品种。种子必须采自种子园，并经过检验合格者才可使用。绝对禁止使用混杂种子。

2. 种子的精选

经过贮藏的种子，播种前必须进行精选。可用水浮选，浮除10%~20%空粒或种仁不饱满的种子。浮选以后再进行一次粒选，选择粒大、形状正常、色泽新鲜的种子用于直播。

3. 播种方法

按照规定的株行距，每穴播放油桐种子2粒，覆土5~7 cm，再覆草一层，避免表土板结，以利种子发芽出土。播种时要注意种子不能直接放在肥料上，要用细土隔开。

4. 栽培季节

选择适当的油桐栽植季节，有利幼树的成活和成长。有农谚："栽树无时，毋能使树知"。因此，栽植油桐最适宜的时期是：油桐处于休眠期；气温、水分处于逐渐回升的前奏。在油桐主要栽培区域，气温和降雨有明显的季节性变化。一般冬季寒冷，雨水较少，但这时油桐处于落叶休眠期，对其生命活动并无影响。2月份各地气温一般4~7℃，3月份普遍上升至10℃以上，4月份在15℃以上。2月降水50 mm以上，3月降水约100 mm。随着气温的回升，水分的增多，3月油桐开始萌生。油桐栽植最适宜的季节为2月中下旬。在油桐分布区的北缘可以延至3月上中旬，在南缘可提早至2月初。南方皱桐的栽植季节1月份进行。直播种植可在12月至翌年1月进行。

三、油桐林经营模式

山区总的特点是平地少、坡地多，山区人民在长期的生产实践中，创造了靠山、吃山、养山，适宜当地自然条件的种植习惯和耕作方法，极大地促进了社会经济进步和发展。在油桐生产中，根据地貌特点，土地资源和社会经济条件的差异，形成不同的油桐经营模式。这里所谓模式是指，组成林分的树种、作物种类之间存在优化结构，多功能、高效益，具有典型意义和在一定范围内的普遍意义，并有与其配套的技术措施，可以推广应用。

1. 油桐林立体经营模式

油桐林立体经营模式是在油桐林地间种其他乔灌木或草本作物，组成多层次的复合人工林群落。它是合理地利用光能和地力，形成一个稳定的高产量、高效益的生态系统。自然界一个有序的天然的植物群落结构，在地面空间从乔木、灌木、草本至苔藓是有结构层次的，在地下空间植物各自的根系和动物及微生物的分布是有级差的，由上向下逐步递减，这是地上和地下鲜明的空间特点，即立体特征。因此，植物群落的立体结构是自然特征，也是优化的表示，只有这样的自然生态系统，它的自身组织能力和对外的适应能力才会增强。所以油桐林的立体经营是合乎自然规律、高效益的经营。

2. 油桐纯林

油桐纯林指在同一林地上只种植桐树，450～900 株/hm²。在幼林期间亦可利用株行距空间种农作物，但成林以后郁闭度至 0.8 左右，林内光照弱，不再间种其他作物。立地条件好的林内仍可间作耐阴的中药材，进行立体经营。油桐纯林便于集约经营，单位面积产量高，商品率高，是油桐的重要经营模式。现在推行的丰产栽培均采用纯林模式。

油桐纯林也可以组成多种模式：油桐—茶叶—绿肥；油桐—药材—绿肥；油桐—黄花菜。药材只能是耐阴的太子参、田七、白术等，以及小灌木类如广东紫珠（表 7 - 27，表 7 - 28）。

表 7 - 27　冬季草本绿肥氮、磷、钾含量

绿肥名称	N（%）	P（%）	K（%）	每 1 000 kg 鲜草相当于		
				硫酸铵（kg）	过磷酸钙（kg）	硫酸钾（kg）
红花草子	0.48	0.12	0.50	21.80	6.0	10.0
兰花草子	0.44	0.15	0.31	20.00	7.5	6.2
满园花	0.29	0.23	0.45	13.18	11.5	9.0
蚕豆	0.58	0.15	0.49	26.36	7.5	9.8
油菜	0.46	0.12	0.35	21.70	6.0	7.0
荞麦	0.39	0.08	0.33	17.22	4.0	6.6
黄花苜蓿	0.55	0.11	0.40	25.00	5.5	8.0
豌豆	0.51	0.15	0.52	22.42	7.5	14.0
山青	0.41	0.08	0.16	18.63	4.0	3.2

表 7 – 28　夏季草本绿肥氮、磷、钾含量

名称	鲜草产量（kg/亩）	分析部分	水分（%）	N（%）	P（%）	K（%）
日本青	1.531	茎叶根系	69.2	2.611 1.478	0.192 6 0.133 0	1.182 0
印尼屎豆猪	1.650	茎叶根系	68.0	2.460 1.494	0.199 3 0.184 7	1.166 0
印尼绿豆	1.400	茎叶根系	76.0	1.675 0 1.265	0.187 3 0.155 4	0.804 8
三叶猪屎豆	1.500	茎叶根系	66.4	2.660 1.129	0.148 1 0.146 1	
印尼豇豆	1.400	茎叶根系	77.5	2.642 1.579	0.184 1 0.094 4	
四方藤	1.000	茎叶根系	81.38	1.823 0.795	0.247 5 0.199 6	1.157

资料来源：中国林业科学研究院亚热带林业研究所。

在油桐幼林多种经营模式中均可间种绿肥。绿肥茎叶鲜嫩，春夏翻埋压青，正值气温高、水分充足，很容易腐烂成为肥料。有农谚"冬种春埋夏变粪"的效果。绿肥不仅含有氮、磷、钾，还有10%～20%的有机质，可以从根本上改善土壤结构和营养状况。

3. 桐农混种

桐农混种是农耕旱地、坡地上稀疏栽植桐树（约70～80株/hm²），农作物（以粮食作物为主）与桐树长期共同经营。以农促桐，以桐保农，互相促进。这是我国油桐主产区四川、贵州、湖南、湖北、重庆的主要经营形式。桐农混种和桐农间作属于立体经营。纯林经营在成林以后间种耐阴中药材也是立体经营。

4. 零星种植

在我国油桐主产区，由于山多地少，随着人口的增加，耕地的扩大，原来种植油桐的缓坡地均逐步改为农耕旱地，促使油桐林地面积缩小，或往高坡发展。因此，零星种植是今后发展油桐生产有效办法。零星种植即是利用村旁、宅旁、水旁、园旁的"四旁"，以及地边、田边、路边、沟边的"四边"等空旁隙地栽植单株或数株桐树。这些地段土壤肥沃，水分条件好，阳光充足，结果寿命长，单株产量高。在湖南、福建、浙江、四川、重庆均有不少单株产果量200～300 kg的"油桐王"。我国油桐主产区就有几千万农户，每户植桐10株，平均户产桐果300 kg，按10 000万农户计，则每年可产桐果30亿 kg，折算桐油达1.8亿 kg，即已超过全国桐油最高产量水平。油桐零星种植的生产潜力巨大。

5. 杉桐混交

我国杉木林区历来有杉桐短期混交，数年后去桐留杉的经营习惯和经验。其效果有如农谚："三年粮食五年桐，七年杉木绿葱葱"。这是一种以短养长，以短促长，长短结合的好形式。如果全国每年推广 6 万 hm² 杉桐混交林，平均产桐油 75 kg/hm²，年增加桐油 450 万 kg。

杉桐混交是利用杉木和油桐各自不同生物学和生态学习性的合理组合。对年桐树形矮小，根系分布浅，而杉木早期根系分布更浅，以后则更深，正好避开二者根系之间相互交织的状态，达到合理调节水分、养分供应，充分利用地力的目的。杉木生长慢，幼年期要求有一定蔽荫，不耐阳光直射。油桐生长快，直播造林 1 年生幼树高达 70 ~ 90 cm，第二年始果，3 ~ 4 年就能形成 4 ~ 6 m² 树冠，正好作上层蔽荫。在夏季高温干旱时，因油桐枝叶遮挡，降低林内气温，增加湿度，为杉木生长创造良好的环境条件。油桐枝叶茂密有利林地水土保持，且每年有大量落叶，可增加土壤有机质。据调查，杉桐混交的早期杉木高生长比杉木纯林要增大 20% ~ 25%。

杉桐混交方法以往的传统习惯是坡地炼山挖垦后，先种 2 ~ 3 年旱粮作物，再点播油桐，又过一年才插杉或栽植杉苗。这种混交作业容易引起水土流失，肥力下降，有碍新林生长。今后应推行当年整地，当年点桐插杉（或栽植杉苗），同时间种农作物，并注意防止水土流失。杉木幼龄期在混交油桐后可连续间种 2 ~ 4 年农作物，混交的收益期为 4 ~ 5 年。以后杉木郁闭成林，生长超过油桐，这时油桐生长及开花结果受到压制而逐渐自行枯死。杉桐混交密度要两者兼顾，做到立足于杉，着眼于桐。一般认为采取 2 行杉木，混交 1 行油桐较好。立地条件好的栽植密度使用 1.66 m × 1.66 m，3 600 株/hm²，其中杉木 2 400 株，对年桐 1 200 株；一般立地条件 4 500 株/hm²，其中杉木 3 000 株，对年桐 1 500 株。6 ~ 7 年砍去油桐，形成宽窄行形式的杉木纯林。在砍除油桐时，结合进行一次抚育，可促进杉木速生丰产。

在南方油茶产区传统习惯上还有茶桐混交，以后去桐留茶，形成油茶纯林。

第八章　桐林生态系统的管理[①]

生态系统就是在一定时间和空间内，生物成分和非生物成分之间，通过不断的物质循环和能量流动而相互作用，互相依存的统一整体，构成一个生态学的功能单位。

第一节　桐林生态系统

一、概　述

自然环境中的各类因素是可以用来创造物质财富的，因而是资源。根据其性质可分为物质资源，如土壤、水、各类营养元素；能量资源，如光、热。其他时间和空间、信息也均可视为资源，如图 8 − 1。

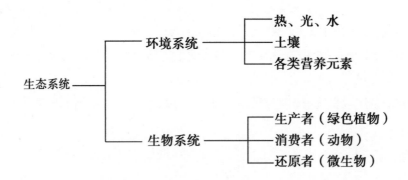

图 8 − 1　系统结构

生物系统也是资源，是如何开发利用的问题。在生物系统中的森林生态系统是陆地生态系统中的主体，其中森林生物量占陆地总生物量的 80%。油桐林是森林生态系统中的一个子系统，但在某一个局部地区或范围之内，它也可为生态系统中的主体。

———————————————

[①]　第八章由何方和张日清编写。

油桐林是人工系统，是由人直接创造的系统，是受人们生产实践活动直接控制的，是人类社会发展进步的产物。油桐林系统由于是人工系统，所以有它自己的特点。首先是组成系统种类单一，结构简单，因而自我调节修复能力低。为了使系统更加稳定，应尽可能组成多成分的复合系统，如推行桐农立体经营。其次油桐林是次生偏途顶极演替。在自然演替过程中，要形成一个多层次的结构复杂的顶极群落系统，需要经过漫长的历史时间。在正常演替的途径中是不可能出现油桐林自然群落的，而由人工干预在演替途中清除原有自然植被，从旁插入，并迅速形成顶极群落系统。因此，可称之为次生偏途演替。第三，油桐林系统是一个油料资源生产系统。人工栽植经营油桐林系统能否顺利发展为顶极群落，形成稳定的生态系统，成为油料资源生产系统，是要依靠科学管理，合理利用环境资源，正确调节各个因素来达到的。油桐林系统是一个耗散结构，要维持这个结构，必须有能量的输入，物质的循环，不停地进行着能量和物质的代谢，否则这个系统就崩溃、瓦解。油桐林是作为经济林来栽培的，管理的最终目的是桐油获得高产稳产。

二、油桐林是人工系统

1. 油桐林是人工生态系统

油桐林系统是人工系统，是由人类直接干预或创造的系统。组成经济林人工系统的要素主要有 3 个，一是人的实践活动，是主体要素；二是自然条件首先是土地，是客体要素；三是某一个油桐林树种作为中介。油桐林人工系统是有社会性的，因而这个系统生产力的高低，是受社会因素制约的。

2. 油桐林人工生态系统的特点

（1）组成系统种类单一，结构简单

自然森林系统的生物种，是演替过程中自然选择的结果，种类成分多，结构复杂。经济林是人为选择安排，并多为单种群（纯林），结构简单，在经营过程中，其他的生物种都受到人们强有力的压制，因此，系统造就幅度窄，自我调节能力低。

（2）油桐林系统是一个物质生产系统

油桐林是作为物质生产系统来经营的，油桐是这个系统的产物。

3. 油桐林人工系统是耗散结构

油桐林系统是一个耗散结构，它具备了 4 个条件。

油桐林是个开放系统。油桐林系统是由许多活有机个体组成，不停地与外界环境进行物质循环与能量流动，是系统的根本规律。

油桐林系统是有序的，因而是远离平衡态的。油桐林系统不是一个孤立的系统，在系统内有宏观变化，即是有扩散、热传导和生物化学反应，这是非平衡态的表现。

系统的演化发展中，系统内部与外部环境都存在着多个变量，并且伴随着许多随机现象的发生，是非线性关系系统所以能从环境中吸取光、热、水的力量是它们之间的量差，这种量差的约束条件是非线性函数关系的。

涨落导致有序。"涨落"是一种随机波动，不受宏观条件支配的。涨落是由组成经济林系统的大量微观元素无规律的运动及外界环境不可控的微观变动引起的随机事件。

油桐林栽培以后，要使它形成一个新的人工生态系统，因而油桐林栽植以后，及时进行抚育管理，创造优越的环境条件，以满足油桐树种对水、肥、气、热（光）的要求，按期建成人工系统，才能保证优质、早产、丰产、稳产。

为了科学的适时、适量地对经济林人工生态系统进行管理，按林分（系统）的各个生育期和栽培要求，进行林分系统的管理。

第二节　油桐林生态系统管理

一、管理要求

油桐栽培生态系统的管理是贯彻生产全过程始终的，管理是否科学，所使用的灌溉用水是否洁净，肥料是否有害，农药是否有残毒，类生长素是否妥当，总之是否合乎无公害生产要求。在使用方法上是否适时适量等一系列技术措施。如果水、肥、药不洁净、有残毒，则会带来公害，形成恶性循环。

生态系统管理要求，即是管理标准。《农产品安全质量无公害水果安全要求》，具体名录见表 8 - 1。

表 8 - 1　无公害水果安全要求

项目	指标（mg/kg）	项目	指标（mg/kg）
砷（以 As 计）	≤0.5	克百威	不得检出
汞（以 Hg 计）	≤0.01	水胺硫磷	≤0.02（柑橘果肉部分）
铅（以 Pb 计）	≤0.2	六六六	不得检出
铬（以 Cr 计）	≤0.5	滴滴涕	不得检出
镉（以 Cd 计）	≤0.03	敌敌畏	不得检出
氟（以 F 计）	≤0.5	乐果	≤1.0

（续表）

项目	指标（mg/kg）	项目	指标（mg/kg）
亚硝酸盐（以 $NaNO_2$ 计）	≤4.0	杀螟硫磷	≤0.4
硝酸盐（以 $NaNO_3$ 计）	≤400	倍硫磷	不得检出
马拉硫磷	不得检出	辛硫磷	不得检出
对硫磷	不得检出	百菌清	≤1.0
甲拌磷	不得检出	多菌灵	≤0.5
甲胺磷	不得检出	氯氰菊酯	≤2.0
久效磷	不得检出	溴氰菊酯	≤0.1
氧化乐果	不得检出	氰戊菊酯	≤0.2
甲基对硫磷	不得检出	三氟氯氰菊酯	≤0.2

注：未列项目的农药残留限量标准各地区根据本地实际情况按有关规定执行。

二、生态系统管理内容和方法

管理内容包括幼林、成林、土、水、肥、林分、树体、病虫等。

（一）幼林管理

油桐上山栽培后，幼林是一个新的生态系统开始。

油桐栽植以后，形成一个油料资源生产系统，按其生长发育的顺序，必须经过幼林阶段，然后进入成林阶段，才能开花结果。营养生长和生殖生长阶段是紧密相连的，不可超越的。因此，桐林管理按其生长发育阶段，分为幼林管理和成林管理。

幼林阶段是指栽植的第一年，至开始开花结果的这一阶段。幼林抚育管理的任务是中耕除草、间苗补植、除虫灭病和水肥。目的是为幼林成活和成长创造一个良好的环境条件，油桐是靠管理来培养优良树形。

1. 幼林抚育

幼林抚育中的中耕除草，第1、2年每年要进行2次，第1次5~6月，第2次8月。中耕除草在幼树30 cm周围只作浅松，外围松土深度可以15~20 cm，除净杂草并铺放在幼树周围。第1年的第1次中耕除草时，要注意进行扶苗培苗，间苗补植。第2年的第1次中耕除草后，要进行灌溉施肥。第3年在6月或8月抚育1次即可。每次抚育都要注意结合除虫灭病。幼林抚育管理在栽植后的头2年非常重要。因为这时幼树还没有庞大的根系和粗壮的茎干，生活力较弱，易受杂草侵害。杂草从土壤中夺走大量的水分和养料；繁茂的杂草可以遮盖住幼树，影响光照；杂草也是害虫及病菌最好的繁殖场所。春季和夏季是幼林生长的最旺时期，也是杂草蔓延最快的时候，此时必须及时进行中耕除草。根据江西省林业科学研究所试验，抚育管理与幼林生长关系密切（表8-2）。

表8-2　抚育管理与幼林生长关系

处理组	成活率（%）	平均高（cm）	平均根径（cm）	单株平均叶片数	备注
6月抚育组	100	81.21	1.65	29.36	3次以上的重复
8月抚育组	96.46	42.78	1.14	20.41	3次以上的重复
CK	79.89	28.96	0.78	14.65	3次以上的重复

注：直播造林，穴垦（80 cm×80 cm×60 cm），1 kg棉籽饼肥/穴。

幼林抚育是：土壤耕作，主要是中耕除草。土壤是水分、养分、空气和热量的贮存库，植物从土壤中获得水分和营养物质，同时土壤也是固定植物的场所。土壤库是能量流和物质循环途径中的一个重要链节。因此，可以作为"土壤生态系统"来研究运用。

土壤生态系统在油桐林生产栽培中是环境条件之一，它包括物理环境、化学环境和生物环境。物理环境是指土壤的机械性质和结构性能。结构性能好的土壤所含孔隙的数量和比例大小适中，通透性和传导性均好，有利气体交换，热量传输，根系伸展。土壤水分除作为营养因素外，还能影响土壤中一系列的物理、化学和生物性质，土壤中的各种养分要溶解于水后，才能供给桐树吸收利用。因此，土壤水分与土壤养分的有效性具有多方面的关系。土壤化学环境对桐林生长的影响也是多方面的。各种元素主要是以离子状态与桐树发生直接关系。土壤中一系列化学反应、氧化还原等，直接关系着土壤肥力及其供给能力。土壤生物与桐林生长的关系，主要是土壤微生物参与土壤中的物质转化。桐林所需要的无机养分的供给，不仅依靠土壤中现有的可溶性无机养分，还要依靠微生物的作用将土壤中的有机质分解，释放出无机养分来不断补充。微生物生命活动中产生的生长激素、维生素等物质，也直接影响桐林生长。

据江苏省林业科学研究所的研究试验，中耕除草对防止土壤板结，改善土壤理化性质，提高土壤养分和水分有重要作用（表8-3，表8-4，表8-5）。

表8-3　中耕除草后油桐林地土壤养分的变化

处理	全氮（%）	速效磷（%）	速效钾（%）	有机质（%）	pH值	备注
中耕除草	0.1860	0.0260	0.0100	1.8520		1962年采土壤深度0~30 cm，1961年直播
CK	0.1225	0.0240	0.0080	1.8024		
中耕除草	0.0872	0.0180	0.0150	1.3865	6.5	1963年采土壤深度0~30 cm，1961年直播
CK	0.0549	0.0160	0.0108	0.9306	6.5	

表8－4　中耕除草后土壤含水量的变化

处理	不同土层深度含水量（%）		备注
	0~20 cm	20~40 cm	
中耕除草	13.24	15.43	1961年7月18日干旱时速测
CK	9.59	15.50	

表8－5　中耕除草后油桐中营养元素含量的变化

处理	P_2O_5（%）	K_2O（%）	N（%）	粗蛋白质（%）	备注
6	0.262	0.241	1.992 5	12.453 1	9月10日采样
8	0.254	0.241	1.949 2	12.182 4	9月10日采样
CK	0.230	0.240	0.802 6	5.032 5	9月10日采样

2. 幼林间作

林地间种是在油桐林地合理利用其株行间的空隙地来间种收获期短的农作物、绿肥等。我国山区和丘陵区的广大群众素有林地间种的习惯，经验也很丰富，这是长远利益和目前利益结合起来，以农促林，以林保农的一项有力措施。

林地间种是使人工栽培的植物群落，能够充分地利用光能和合理地利用土地。林地间种，栽植前必须较为细致地整地，栽培后，勤于中耕除草以耕代抚，使得幼林抚育工作能顺利进行，提高栽培质量。进行长期间种的油桐林地，连年耕作，年年丰收。但不论采用什么形式间种，都要有保持水土的措施，否则将造成严重的水土流失危害。

林地间种涉及农作物的套作、间作、连作和轮作等多方面问题。一般来说，轮作比连作好，有利恢复地力，可以选用高秆粮食作物—经济作物—低矮耐阴的粮食作物、豆科作物轮作；高秆粮食作物与豆科作物套作；高秆粮食作物—豆科作物—耐阴粮食作物、经济作物套作轮作。间种年限3~4年，第5年以后属成林经营，在立地条件好的地方，可间种耐阴药材。

桐林间作的方法如下。

林间种作物种类很多，粮食作物方面有玉米、甘薯、高粱、小米、木薯等；豆类有大豆、绿豆、豇豆、蚕豆、豌豆等；经济作物有棉花、芝麻、花生、油菜、烟草、西瓜、黄花菜等；蔬菜有萝卜、生姜、瓜类、叶菜类、根菜类等；药材方面有白术、党参、玄参、太子参、沙参、防风、红花、柴胡、紫草、紫珠等；绿肥有紫云英、苕子、满园花、猪屎豆、四方藤、巴西豇豆、印尼豇豆等。在选用作物时要使间种关系协调一致，相互有利，形成短暂稳定的群落。具体地说，有3个方面需要注意：第一是桐林年龄，如在第一年生长势还不是很旺，并且需要有适当蔽荫，可以选用玉米、高粱等高秆作物，但不宜选用夏收作物。因为正当夏季炎热的时候，收获后林地裸露，骤然改变幼林的生长环境，温度突然增高，加大蒸腾，容易造成日灼和干枯。同时也不宜选用甘薯、马铃薯等块根作物，以免收获时因全面挖翻土壤，损伤根系以及造成水土流失。幼林的第二年和第三年，不宜间种玉米等高秆作物，宜选用甘薯、马铃薯、豆类、生姜等较矮小而又耐阴的作物。块根作物，收获时挖翻土壤，可起着深耕的作用。第二是要根据不同立地条件，因地制宜地选择间作物。在缓坡土层深厚的地段，可间作玉米、薯类、烟草、油菜、西瓜、蔬菜等。在立地条件一般的地段，可间作小米、小麦、荞麦、黄豆、绿豆等。在立地条件较差的地段当间作耐瘠性强的豆类作物。第三要考虑当地的社会经济条件，在粮食不充足的地方，以间种粮食作物为主，粮食多的地方以间种经济作物为主。

幼林间作的效益如下。

桐农间作是人工栽培的复合群落，能够充分利用光能，合理利用地力，增加土壤肥力，减免水土流失，以耕代抚，促进桐林生长。植物所积累的干物质 90% ~ 95% 是光合作用的产物。在一般情况下，光合作用产物的多少，是由光合作用的叶面积、光合作用的时间和强度来决定的。桐树和农作物之间的生长周期、物候期和季相演替不同，合理搭配，相互交替，即可使林地上长年都有绿色植物在进行光合作用，充分利用光能。

间种能合理利用土地。由于桐树与农作物根系分布深浅不同，在地下部形成层次，吸收不同层次的养分。间作后勤于中耕，可以疏松和熟化土壤，加深耕作层，改善土壤结构。同时，农作物的大量叶、秆和根残留林地，可改善土壤化学性能，增加土壤肥力。

幼林抚育最好的方法，是通过桐农间种，以耕代抚，这是油桐生产经营过去和现在成功的经验。据在浙江富阳的测定，间种提高了土壤肥力（表 8 - 6）。

表 8 - 6 幼龄期间种的改土效果　　　　　　　　　　（单位：%）

处理	有机质		全 N		全 P	
	上土层	下土层	上土层	下土层	上土层	下土层
间种 3 年	2.45	1.02	0.114	0.044	0.011	0.006 1
间种 2 年	1.99	1.09	0.079	0.042	0.009 9	0.008
间种 1 年	1.76	0.80	0.066	0.024	0.011	0.009
不间种	1.23	0.24	0.041	0.022	0.008 4	0.007 6

注：上土层为 0 ~ 15 cm，下土层为 15 ~ 40 cm。

根据湖南、陕西、广西、四川间种对比材料的平均统计见表 8 - 7。

表8-7　间种对油桐幼林生长的影响

处理	1年生			2年生		3年生				
	发芽率（%）	树高（m）	地际基粗（cm）	树高（m）	分枝树（%）	树高（m）	冠幅（m²）	结果株（%）	平均单株果数（个）	亩结果数（个）
间种	100	1.10	2.1	2.64	89	3.41	9.10	86	9.5	470
未间种	68.9	0.65	0.9	1.41	30	2.15	4.90	24	2.7	39

注：密度为60株/亩。

从表8-7中看出，桐林间种的比未间种的第二年分枝树高出59%，结果株数高出62%，单树结果数高出2.5倍，按亩产果数计则要高出11倍。

据中国林业科学研究院亚热带林业研究所在浙江富阳油桐试验地的测定，间种改良土壤作用（表8-8）。

表8-8　间种对土壤体积质量和孔隙试探影响

间种年限　测定项目	间种前	间种1年	间种2年	间种3年	间种4年	间种5年
体积质量（g/cm³）	1.34	1.12	1.04	0.956	1.01	0.978
孔隙度（%）	50.40	58.80	61.90	65.100	63.20	64.300

从表8-8中看出，不进行间作的土壤体积质量为1.34 g/cm³，常年间种后，可降至1左右。总孔隙度可由原来的50.4%增加至62%～65%。体积质量降低，孔隙度增大，使土壤物理性能得到改善，提高了土壤的保水、保肥能力。

从表8-9中看到间作对土壤中的有机质，全N、全P普遍都有提高。又据中南林学院经济林研究所在湖南永顺油桐丰产林试验地的测定（表8-10，表8-11），桐林立地条件好，缓坡地，黑色石灰土幼林地，间种对土壤活性有机质的增加尤为显著，平均增加2%左右。因此，促进了幼林的成活、生长及开花结实（表8-12）。

表8-9　幼龄期间种的改土效果　　　　　　　　　　（单位：cm）

测定项目　土层深度　处理	有机质（%）		全N（%）		全P（%）	
	0～15	15～40	0～15	15～40	0～15	15～40
间种3年	2.45	1.02	0.114	0.044	0.011	0.006 1
间种2年	1.99	1.09	0.079	0.042	0.009 9	0.008 1
间种1年	1.76	0.80	0.066	0.024	0.011	0.009
不间种	1.23	0.24	0.041	0.022	0.008 4	0.007 6

表 8 - 10　土壤活性有机质含量　　　　　　（单位：%）

处理　　　　样点	1	2	3	4	5	6
纯林（0～15 cm）	0.841 9	1.804 3	1.952 8	1.993 3	1.775 0	2.028 1
间种林（0～15 cm）	3.883 2	4.957 7	4.026 8	4.338 7	3.220 3	3.543 8

表 8 - 11　方差分析

变差来源	自由度	离差平方和	均方	均方比	Fa
组间	1	$La = 15.356$	$Sa^2 = 15.356$		$(f^1 = 1)$
组内	10	$Le = 2.867$	$Se^2 = 0.2867$	$F = 53.56$	$Fa_{0.1}$ $(f^2 = 10)$
总的	11	$Lt = 18.22$			$= 10$

表 8 - 12　间种对油桐幼林生长的影响

项目	处理	间种	未间种
1 年生桐林	发芽率（%）	100	68.9
	树高（m）	1.10	0.65
	径粗（cm）	2.0	0.9
2 年生桐林	树高（m）	2.64	1.41
	冠幅（m²）	89	30
3 年生桐林	树高（m）	3.41	2.15
	冠幅（m²）	9.10	4.90
	结果株（%）	86	24
	平均单株果数（个）	9.5	2.7
备注	—	900 株 hm²	900 株 hm²

据试验，桐林间种的作物一般产量见表 8 - 13。

表 8 - 13　桐林间作物的一般产量　　　　　　（单位：kg/hm²）

作物种类	产量	作物种类	产量
大豆	750～900	小麦	1 500～2 100
豌豆	600～750	马铃薯	1 050～1 350
豇豆	600～750	油菜（籽）	375～525
花生	600～750	荞麦	600～750
芝麻	255～350	旱禾	600～900
甘薯	15 000～24 000	西瓜	18 000～24 000

间种的作物有玉米、谷子、麦、旱禾、花生、豆类、油菜以及药材等作物。在选用作物时要因地、因树制宜，既要有利林木生长，又要兼顾作物收成；其次要充分注意当地的生产习惯和社会经济条件。

在间作时要注意不要过于靠近林木的周围，要保持30~40 cm的距离，否则林内通风透光不良，有碍林木和作物的生长。

3. 树形培育

幼林管理的任务是中耕除草、间种和施肥，目的是促进幼树生长和培养优良的树形。

桐林要丰产，必须要有良好的树体结构供挂果。油桐生长发育习性是在先年生枝条生的混合芽，第二年春萌芽、抽枝、发叶、开花结果，侧芽是长期潜伏的休眠芽，只有去掉顶端优势时，才会萌发，但很不规则。根据这样的生物学特性，采用修剪定型在技术上有一定的难度，同时面积大且分散，在人力上也有困难。因此，油桐幼林树形的培养，主要依靠对幼林的抚育管理，供给足够的养分和一定的空间条件来培育优良树形。油桐的树形有农谚："一年一条棍，二年一把权，三年就开花"。两年分枝，三年开花结果本来是油桐的遗传性状，如果环境条件不好，这种性状就表现不出来。因而在播种造林的第一年，要求苗木生长健壮，高度达到1.0~1.2 m，为第二年分枝创造条件。嫁接苗植树造林的有足够的养分，当年才能分枝。分枝是油桐始果形态上的指标，表明营养生长为生殖生长提供物质条件。因为营养条件差，水分不足，直播造林第二年不分枝，第三年则不结果，嫁接苗植树造林当年不分枝，第二年也不结果。不分枝，主干必然继续高生长，则会造成分枝过高，也很可能形成一层单盘状树形。如果第二年没有分枝，至第三年由于根系发育健全，猛长主干或除分枝外还长主干，成为两层双盘状树形，中间空一大段。单盘形结果面积只有树冠的1/4。双盘形结果的立体空间的体积，只占1/5。这两种树形结果面小，结果量自然少，土地和光能都未充分利用。经我们的研究，认为油桐优良树形应是：有中心主干分3层枝，呈台灯形。具体的指标是分枝高1.1~1.2 m，第一层4~5个主枝，第二层约3个主枝，层距40~60 cm，第三层3~4个主枝，层距30~50 cm，全树高度4.5 m左右，冠幅4.5~5.0 m。这样的树体骨架强壮，结构牢固，主枝分层着生，枝多，内腔不空，立体空间利用充分，结果面大，负载量高，并且通风透光良好，当然这是最理想的树形。但在桐林中大量的是两层分枝的，如果是两层分枝的，只要层间距离在50~70 cm，也可以呈台灯形，算是较好的树形。

根据湘西自治州保靖的调查，树形与结果量差异很大（表8-14）。

表 8 – 14　丰产树与低产树树体结构及产量差异调查

树形	样地号	品种	林龄（年）	主枝层数	调查株数	树高（m）	分枝高（m）	冠高（m）	冠幅乘积（m²）	产果S（kg）
台灯形	保靖 –1	葡萄桐	7	3	5	4.08	1.01	2.99	17.60	14.4
伞形	保靖 –5	葡萄桐	7	1	5	2.44	0.8	1.64	11.88	3.6

我国现存油桐林分大面积平均产量低的原因，如前述品种混杂低劣，经营粗放，由此而带起的桐林中个体植株之间结果数量差异悬殊。据在 10 余省 100 多个县的桐林中调查统计结果，在桐林中约有 10% 的"公桐"或称"野桐"是不结果的，丰产桐树约占 10% ~ 15%，较丰产的桐树约占 10% ~ 15%，少量结果的桐树 60% ~ 70%，70% ~ 80% 的产量是由 20% ~ 30% 树提供，这样单产自然低了。

根据调查分析，我们"七五"攻关的 2 000 亩丰产林中的植株中 80% ~ 90%，第二年正常分枝。其中三层树体结构的丰产树占 30% ~ 40%，二层分枝结构的较丰产的树占 40% ~ 50%，结果少的树占 10% ~ 20%，基本没有"公桐"。将原来大面桐林中丰产、较丰产的桐树仅占 20% ~ 30%，提高至 70% ~ 80%，增多了结果植株，提高了林分结构的整体水平，使丰产建立在可靠的基础之上。

从以上论述中看出，幼林抚育是桐林高产稳产的首要的关键技术措施。

据调查，树形结构与产量是明显差异，详见表 8 – 15。

表 8 – 15　丰产树与低产树产量差异调查

树形	树形	台灯形	伞形
	样地号	保靖 –1	保靖 –5
	品种	葡萄桐	葡萄桐
项目	林龄（a）	7	7
	主枝层数	3	1
	调查株数	5	5
	树高（m）	4.03	2.44
	分枝高（m）	1.01	0.8
调查结果	冠高（m）	2.99	1.64
	冠幅（m²）	17.60	11.88
	株产果量（kg）	14.4	3.6

(二) 成林管理

纯林经营的桐林，从第 5 年开始逐步进入结果盛期。由于林地郁闭度增大，停止间种农作物和对间种物的耕作、施肥等作业，所以必须加强对桐林的直接抚育管理。油桐栽培性状的反应强烈，如果成林以后 2 年不垦复施肥，则产量大减。有农谚："一年不铲草成行，二年不铲叶子黄，三年不铲山就荒，四年不铲树死亡"。油桐盛果期一般是 20～30 年，这是栽培上最有经济价值的黄金时期，其营养生长和生殖生长均至旺盛期，必须及时强化抚育管理。重点是土壤耕作和施肥。油桐成林林地的土壤耕作，主要有夏铲、冬挖 (冬垦)。

1. 夏 铲

夏季正是油桐生长及杂草生长旺盛季节，互相争夺水分、养料加剧，不利油桐生长。每年 7～8 月份进行一次夏季浅锄铲山 (深度 10～15 cm)，能及时消灭杂草，疏松土壤，减少水分蒸发，增加土壤透气性和蓄水保肥能力。铲除下的杂草开沟堆埋在树根周围。据中南林学院经济林研究所在湖南永顺油桐丰产林的对比试验中测定，丰产林第 4 年停止间种，第 5、6 年连续进行夏铲及适量施肥，与相邻的对照桐林 (第 4 年停止间种未管理) 产量相差很大 (表 8 - 16)。

表 8 - 16　油桐成林管理与土壤肥力和产量关系

项目	处理	抚育管理	未管理
速效养分 (mg/kg)	$NO_3^- - N$	18.20	14.10
	$NH_4^+ - N$	19.76	14.31
	P_2O_5	13.40	4.71
	K_2O	42.10	32.30
有机质 (%)		1.418 5	0.943 1
平均桐油产量 (kg/hm²)		406.5	76.5

从表 8 - 16 中看出，幼林管理相同，仅是成林以后 2 年未管理，产量相差 4.4 倍。另据陕西省林业科学研究所在商南县双庙岭乡调查，垦复与未垦复产量也相差很大 (表 8 - 17)。

表 8 - 17　双庙岭油桐林垦复与未垦复生长结实调查

处理	品种	树龄 (a)	平均树高 (m)	根径 (cm)	冠幅 (m)	平均新梢长 (cm)	平均单株结果数 (个)	平均果重 (g)	平均单株产量 (kg)	增产指数 (%)
垦复	米桐	6	2.80	5.02	3.18	36.65	27	45.00	1.215	279.3
荒芜	米桐	6	2.14	3.94	2.15	10.18	11	39.74	0.435	100.0

从表 8 − 17 可以看出，同是 6 年生米桐，经垦复的油桐树平均树高、根径、冠幅、新梢长度等都比不垦复的大；垦复油桐树平均单株产果量 1.215 kg，未垦复的只 0.435 kg。

油桐至 7 月份以后，开始花芽分化及快速脂肪累积，这时叶片中氮、磷、钾的含量都很低，是大量消耗养分的时候。据中国林业科学研究院亚热带林业研究所对浙江富阳 6 年生油桐纯林（未施肥）的测定，4 月 25 日基叶氮的含量是 2.08%，至 7 月 27 日下降为 1.17%，8 月 12 日下降为 0.72%；磷的含量，则从 0.67%，分别下降至 0.21% 和 0.15%。所以铲山及施肥不仅关系当年油桐果实的生长发育，也影响下一年的结果量。

在油桐林地也可结合松土使用化学灭草剂除草。常用的灭草剂有以下几种。

除草酰：触杀型并兼内吸传导，有一定选择性，能防除 1 年生杂草和以种子繁殖的多年生杂草。用含量为 10% 的 5 ~ 15 g/m²。

扑草净：高效低毒的内吸传导型，能杀除 1 年生和多年生杂草及若干禾本科杂草，药效期 30 ~ 38 d。用含量为 50% 的 0.5 ~ 1.0 g/m²。

西马津：选择性内吸传导型，根系吸收后产生叶缺绿症，抑制光合作用，药效期长，在土壤中可达 6 ~ 18 个月，可灭除 1 年生杂草。用含量为 50% 的 0.5 ~ 1.0 g/m²。

阿特拉津：性能与西马津相似，但具较大溶解度，下渗性强，对深根性杂草的作用比西马津好。用含量为 50% 的 0.5 ~ 1.0 g/m²。

茅草枯（达拉朋）：内吸传导型灭草剂，对 1 年生禾本科及莎草科杂草灭除效果显著，药效 20 ~ 60 d。用含量为 87% 的 0.5 ~ 2.0 g/m²。

敌草隆：对 1 年生和多年生杂草均具灭草作用，药效期 60 ~ 90 d。用含量为 25% 的 0.4 ~ 1.0 g/m²。

2. 冬挖（冬垦）

冬季的深挖垦复，一般深度要求 20 ~ 25 cm，在土层深的缓坡或梯土处，可以加深至 30 cm。冬挖时将土壤大块深挖翻转，让其在冬季自然风化。夏铲主要起到除草松土作用，冬挖则能起到加深土壤熟化和蓄水作用。冬挖每 2 ~ 3 年 1 次，时间 12 月至翌年 2 月份。冬挖能改善土壤的结构和提高肥力。据中南林学院经济林研究所在湖南永顺青天坪试验地的调查测定，2 块 733.4 m² 9 年生桐林的立地条件大体一致，均为红色石灰土，直播小米桐，第 5 年停止间种。试验地在第 6、7 年继续夏铲，第 8 年冬深挖 1 次；对照地第 6 年继续夏铲，以后 2 年未加管理，处于荒芜状态。两块林地土壤理化性状及产量相差很大（表 8 − 18）。

表 8 – 18　冬挖抚育对油桐林地土壤和产量的影响

处理	0 ~ 20 cm 深土壤						
	空隙度（%）	土壤体积质量（g/cm³）	有机质（%）	全 N（%）	全 P（%）	速效 K（mg/100g 土）	产油量（kg/亩）
冬挖抚育	61.42	0.985	2.210	0.0812	0.0510	16.41	28.71
未抚育	36.21	1.610	0.870	0.0210	0.0360	10.31	4.15

　　从表 8 - 9 中看出，土壤的理化性质相差很大，从 1 倍至几倍，产油量相差 6 倍。目前，我国油桐林大面积平均单位面积产量较低，其中重要的原因之一就是荒芜桐林较多。

　　冬挖的范围应根据原来的整地规格进行。在桐树四周 30 cm 以内宜浅，但适量挖断部分老根，可以促进新的吸收根的萌生。如果原是块状整地者，可以结合冬挖逐年扩大，连成梯带。对狭梯带也应结合冬挖逐年扩大梯面。

　　在永顺青天坪的试验，营造的丰产林，在第四年停止间种后，第五、第六两年都进行了夏铲施肥。在相邻近也生长在红色石灰土上的桐林，幼林期间也间种农作物，第五、第六连续两年未夏铲，也未施肥，林地杂草丛生，相比之下，土壤肥力和产量均相差很大（表 8 - 19）。

表 8 – 19　油桐成林管理与土壤肥力和产量关系

处理	速效养分（mg/kg）				有机质（%）	亩平产桐油量（kg）
	$NO_3^- - N$	$NH_4^+ - N$	P_2O_5	k_2O_5		
抚育管理	18.20	19.76	13.40	42.10	1.4185	27.1
未管理	14.10	14.31	4.71	32.30	0.9431 –	5.1

　　冬挖是油桐丰产的重要技术措施，但方法方式要得当，适时适量，要注意水土保持，才能达到预期效果。冬挖的工作量繁重，除陡坡仍主要使用人力进行外，应尽可能使用机械耕作。在湖南省湘西土家族苗族自治州，有使用耕牛犁山的办法进行冬垦。耕牛犁山具有工效高、质量好，1 个人每天可犁山 0.3 hm²，比人工挖山提高工效 2 ~ 4 倍。犁山方法是由山下向上犁，并掌握沿水平横向耕翻，以利保土、蓄水。浙江常山县林场、金华县林场及江西乐平梅岩垦殖场，使用手扶拖拉机进行桐林的冬挖及夏铲，初步实现了耕作机械化。国内在某些经济林生产上试行免耕试验研究，初步取得良好效果。在油桐生产上，也可以研究免耕法的应用，如试验割草覆盖、绿肥覆盖等多种办法。

（三）桐林施肥管理

1. 油桐的营养元素

植物干物质的元素组成大体是：碳 45%、氧 42%、氢 6.5%、氮 1.5%，灰分物质平均约 5%。但植物组织中含有必需的营养元素有 10 多种。如果缺乏某些元素时，就会出现"缺素症"，影响油桐正常的生长发育。

氮是植物生长不可少的重要元素，是所有蛋白质和核酸的主要成分，因而也是所有原生质的主要成分。提高氮的供应水平可以扩大叶子生长，有利于光合作用。但氮过多形成徒长，延长营养生长，推迟成熟。油桐苗木缺氮时生长最差，茎矮小，侧根细弱，细根少，叶由淡绿渐变成黄色，老叶呈橙黄色，叶尖端和边缘焦枯，叶肉有很多红、黄、褐色斑块，叶脉和叶柄变成紫红色，6 月中旬即有落叶现象。

磷是主要营养元素之一，是细胞核的重要成分，而且也是细胞分裂和分生组织的发育所必需的物质。磷能促进花芽分化，提早开花结果，促进油脂积累及果实、种子成熟。缺磷导致分生组织的分生活动不能正常进行，影响生长。油桐苗木缺磷前期虽仍生长良好，但 7 月初茎的高生长显著减慢，主侧根较短，叶暗绿色，下部叶子后期有黄化脱落现象。

钾也是主要营养元素之一，在铵离子合成氨基酸和蛋白质及光合作用的过程中都起着重要作用。缺钾时叶子未老先衰。钾是土壤中常因供应不足而限制油桐产量的 3 种大量元素之一，所以要不断施用钾肥。但钾肥过多有碍植物对阳离子的吸收，不利生长。油桐苗木缺钾初期对生长影响还不明显，6 月底以后生长缓慢，径粗生长不均匀，愈向上愈细弱。主根短粗，侧根细根有腐烂，新叶黄绿，老叶淡黄，尖端和边缘干枯卷曲。

钙对分生组织的生长，尤其是对根尖的正常生长和功能的正常发挥。是不可缺少的元素。油桐苗木缺钙对茎的生长类似缺钾症状，只是茎的上部颜色淡黄，叶较小而薄，呈黄绿色，老叶后期淡黄，尖端和边缘出现黄褐色斑块，下部叶中期有脱落现象。根发育较差，有的植株根部腐烂。缺钙会使根系发育不充分，并会造成让其他物质在组织中累积而受害。油桐是喜钙植物。

镁是所有一切绿色植物都需要的元素，因为它是叶绿素的成分。油桐苗木缺镁，叶出现黄化现象。硫是许多蛋白质的主要成分，缺硫往往会使叶子出现黄化现象。油桐缺硫苗木生长好像影响不大，但叶子较薄小。油桐缺铁苗木生长后期差，叶色不正常，叶厚硬呈铜青色，部分幼叶出现黄红颜色。其他的微量元素包括锰、锌、铜和硼等，虽需要量较少，但也是不可少的。

广西壮族自治区林业科学研究院曾进行过油桐盆栽矿质营养元素的试验（表 8 –

20），1年生桐苗。缺氮的油桐幼苗根、茎、叶各部分的生长都比其他各种处理的生长差，仅仅稍好于对照（全缺）。其他生长较差的依次为缺钾、缺钙、缺磷及缺铁等。缺硫和缺镁从茎高和根的长度看，常超过施全肥的苗木，但后期生长慢。

表 8 – 20　各种不同处理油桐苗木生长情况

处理	茎（cm）		根（cm）		叶（cm）		
	高	粗	主根长	侧根长	叶片数(张)	长	宽
全液	70.02	2.11	52.32	28.69	23.5	17.60	19.62
缺 N	24.97	0.99	15.88	9.95	13.5	7.99	8.83
缺 P	61.00	2.03	30.89	26.53	21.0	15.11	18.05
缺 K	49.63	1.56	19.10	18.77	20.0	14.20	15.75
缺 Ca	52.95	1.75	29.08	19.97	18.0	13.06	14.59
缺 S	78.23	2.13	84.47	42.24	21.6	16.43	18.70
缺 Mg	77.70	1.96	52.53	24.78	23.6	16.27	18.58
缺 Fe	64.96	1.96	32.53	24..45	22.6	15.83	17.63
CK（全缺）	20.85	0.90	14.20	12.37	11.5	8.11	8.49

该试验认为矿质营养元素对油桐苗木的生理活动强度也有影响。如对光合强度（表 8 – 21）对苗木呼吸强度（表 8 – 22），对油桐苗木蒸腾强度的影响（表 8 – 23）。

表 8 – 21　不同矿质营养元素对油桐苗木光合强度的影响

项目	全液	缺 N	缺 P	缺 K	缺 Ca	缺 S	缺 Mg	缺 Fe	CK(全缺)
光合强度干重 $[g/(m^2 \cdot h)]$	0.8067	0.1503	0.4817	0.3000	0.4016	0.5950	0.5167	0.5200	0.1717
CK（%）	469.0	87.5	280.5	174.7	233.9	346.3	300.9	302.9	100.0

表 8 – 22　不同矿质营养元素对油桐苗木呼吸强度的影响

项目	全液	缺 N	缺 P	缺 K	缺 Ca	缺 S	缺 Mg	缺 Fe	CK(全缺)
呼吸强度 $[CO_2 g/(千重 g \cdot h)]$	0.5216	1.0714	0.4318	0.8099	0.4115	0.4437	0.4849	0.4646	1.2116
CK（%）	43.1	88.4	34.2	66.8	34.0	36.6	40.0	38.3	100.0

表 8 – 23　不同矿质营养元素对油桐苗木蒸腾强度的影响

项目	全液	缺 N	缺 P	缺 K	缺 Ca	缺 S	缺 Mg	缺 Fe	CK(全缺)
蒸腾强度[g/(m².h)]	67.47	113.87	78.37	92.43	84.37	84.17	84.37	0.23	104.00

　　试验表明，凡缺一种元素的光合作用强度都有减弱趋势，其中缺氮的最为严重，比对照还低。这是由于缺氮减弱光合作用器官的活动能力，比之对照营养元素更为不平衡的结果。呼吸作用是新陈代谢过程中一个重要部分，植物在进行呼吸时分解有机物质，同时释放出供植物生命活动所必需的能量。呼吸作用不能正常进行，一定会影响植物生长的发育。油桐苗木缺乏某些矿质元素时呼吸强度一般都出现下降现象，但其中缺氮和缺钾及对照（全缺）的苗木则明显增大。当缺乏某种元素时，呼吸强度也可能出现增高的现象。水分供应是否充分，直接影响植物正常的生命活动。蒸腾作用消耗大量水分，常会造成植物需水不足现象。全液的油桐苗木生长好，蒸腾强度也较小，缺矿质营养元素的其他各种处理的苗木，蒸腾强度都有不同程度的增大，其中缺氮及对照（全缺）的油桐苗木生长最差，而且蒸腾强度最大。

　　油桐各种营养元素的含量，随着季节的变化而变化。据浙江林学院赵梅在金华和临安两地 3 年生油桐幼林的测定（表 8 – 24，表 8 – 25）。金华是第四纪红色黏土，临安是砂页岩风化的红壤。

表 8 – 24　金华与临安两地油桐叶片常量元素含量测定平均值数据　（单位：%）

地点	测定元素														
	N			P			K			Ca			Mg		
	5月9日	7月14日	9月10日	5月9日	7月14日	9月10日	5月9日	7月14日	9月10日	5月9日	7月14日	9月10日	5月9日	7月14日	9月10日
金华	2.78	1.99	1.49	0.20	0.13	0.10	1.323	0.913	0.818	1.347	2.073	2.148	0.462	0.418	0.337
临安	2.80	2.06	1.80	0.19	0.097	0.093	2.091	1.288	0.971	1.297	2.168	2.266	0.526	0.506	0.473

　　表 8 – 24 说明，氮、磷、钾和镁随春、夏、秋季节变化几乎成直线下降，其中首先氮、磷的变化特别明显，相对下降 50% 左右。这是由于前期新梢迅速生长，叶面积增大，中后期的生殖生长，即花芽分化及种子中脂肪积累等，需要大量的氮、磷，以致含量显著下降；其次是钾含量的下降，是因为上述生长发育过程需要足够量的钾外，还由于钾容易转移（夏季较稳定）以及通过叶淋失与根部损失而逐渐下降。镁是以幼叶含量为最多，随叶子的老化和光合作用的衰减，以致叶绿素含量的下降而减少。钙的含量随季节逐渐上升，这是因为在幼叶中含钙量通常是最低的，且多被固定为草酸

钙的形态；它是生理不活跃元素，不参与元素循环，因而随叶子老化变硬而增多。氮、钾等元素含量的变化趋势恰与钙相反。临安的油桐常量矿质营养元素含量随季节的变化趋势，钾基本上与金华的相似，但在不同季节中，金华油桐的氮、磷、镁含量比临安的下降幅度大，钾含量的下降幅度则相反。而钙含量的上升幅度，金华比临安的小。

表 8 - 25　金华与临安两地油桐叶片微量元素含量测定平均值数据

（单位：mg/kg）

重复平均值　地点	采样日期 测定元素														
	Cu（%）			Fe			Zn			Mn			B		
	5月9日	7月14日	9月10日	5月9日	7月14日	9月10日	5月9日	7月14日	9月10日	5月9日	7月14日	9月10日	5月9日	7月14日	9月10日
金华	4.5	4.48	5.5	241.9	126.5	103.3	26.2	24.9	32.2	878.3	1299.7	1151.7	11.4	11.2	11.5
临安	19.7	5.4	5.8	201.6	125.7	74.9	32.2	31.0	45.3	761.7	1243.8	983.0	14.6	11.7	15.6

表 8 - 25（金华）所示，铁含量随春夏秋季节变化几乎成直线下降；夏季锰的含量最高，到秋季则递减，但不低于春季含量；锌含量春夏变化不大，秋季上升；铜与硼的含量，在不同季节中差异不大。还可看出，锌与锰的变化情况正相反。临安的微量元素含量变化趋势与金华相仿。但临安油桐在不同季节中的锌、硼、铜等元素含量都比金华的高，春季铜含量更为明显；而铁、锰的含量则比金华的低。

2. 油桐林地施肥

油桐幼林和成林的抚育管理都包括施肥的内容。桐林生产者的初级产品——果实是被人们拿走的，只有落叶和少量枯枝才回到林地被还原，作为养分进入生态系统。拿走的初级产品中包括来自土壤中各种化学元素。据分析测定，油桐果实中含氮量1.797 8%，含磷量 0.588 5%，含钾量 2.388 0%。如果每年从桐林收获 100 kg 干果实，等于从土壤中减少氮 1.797 8 kg，磷 0.588 5 kg，钾 2.388 kg。年复一年，必须用施肥来补充土壤养分的不足。油桐林养分循环示意图 8 - 2 所示。

桐林的第一年，由于在直播或植树的穴中已经施放基肥，间种农作物也进行了必要的施肥。因此，不要专门为幼树施肥，否则易促使幼树徒长，如树高超过 1.5 m，其后树体结构就不好了。桐树的施肥从第二年开始，至整个结果期间，每年都要抚育、施肥。肥料可分为有机肥、无机肥（化肥）和菌肥 3 大类。有机肥如厩肥、堆肥、土杂肥、绿肥、各类饼肥、粪肥等。化肥主要有尿素、硫酸铵、硝酸铵、过磷酸钙、钙镁磷、氯化钾、各类复合化肥等。菌肥有固氮菌剂、根瘤菌剂、抗生菌剂等。生产上施肥一般分为基肥和追肥。基肥施用要早，追肥要巧。基肥是长期供给油桐林木养分的基本肥料，所以宜施有机肥料。如堆肥、厩肥、土杂肥、腐殖酸类等，使其逐渐分解、供给油桐长期吸收利用。在秋、冬两季结合土壤管理进行，于树木周围开沟埋施。

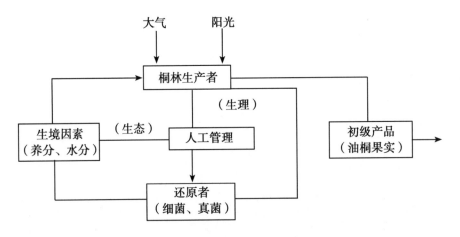

图 8 - 2 油桐林养分循环示意

追肥是根据油桐物候期需要的特点及时追施肥料，以调节生长和开花、结果的关系。追肥一般使用化肥为主。花前施肥，为补充树体养分不足，促进开花，以施氮肥为主，适量配合磷肥。落花后追肥，此时幼果开始生长，同时新梢生长旺盛，是需肥较多的时候，要及时施肥促进幼果生长，减少落果。在果实生长过程中，根据情况，还要追施氮、磷肥为主，配合钾肥，促进果实膨大，防止落果。施肥要和水以及其他耕作措施配合，才能更充分地发挥肥效作用。同时要有机肥与无机肥配合使用。

根据浙江林学院钱雨珍等油桐成林的施肥的试验研究，在油桐开花前，施以氮肥为主，氮、磷、钾肥料作追肥的配比为（$N : P_2O_5 : K_2O = 4 : 2 : 1.2$），一般可用，每株桐树施尿素 0.5 kg，钙镁磷 0.75 kg，氯化钾 0.1 kg。油桐的开花授粉状况，对当年产量有决定性影响，所以花前追肥是很重要的。7—9 月是桐果油脂形成和积累的主要时期，花芽分化也在继续进行，需要很多养分，所以在 7 月初应施以钾肥为主的氮、磷、钾配比肥料（$N : P_2O_5 : K_2O = 1 : 1 : 2.4$），一般可用，每株桐树施尿素 0.15 kg，钙镁磷 0.20 kg，氯化钾 0.30 kg，可以减少落果，促进桐果生长、种子饱满、含油量增加。浙江金华低丘红壤地土壤贫瘠，如果 6 年生桐林桐果产量 6.0 ~ 7.5 t/hm²，全年应施尿素 270 kg，钙镁磷 450 kg，氯化钾 135 kg，投入与产出比为 1 : 4.08。7 年生桐林，如果桐果产量 9.0 ~ 10.5 t/hm²，全年应施尿素 540 kg，钙镁磷 900 kg，氯化钾 270 kg，则投入与产出比为 1 : 3.50。为了准确确定施肥，可采用桐叶营养诊断法。6 年生桐林桐叶氮、磷、钾含量（全量）的临界值分别为 2.5% ~ 2.6%，0.14% ~ 0.15%，0.57% ~ 0.63%。7 年生桐林桐叶氮、磷、钾的临界值分别为 2.4% ~ 2.6%，0.14% ~ 0.15%，0.63% ~ 0.73%。

施肥增产的主要原因是间接的，是通过无机营养来改善有机营养，合理施肥能改善光合作用性能，扩大光合面积。氮肥扩大叶面积，延长光合作用的时间。

肥料足可以防止叶子的早衰；能改善光合产物的分配利用，如磷、钾有利光合产物的运输，改善分配；能减少光合产物的消耗，光合强度大于呼吸作用。当然过量也不好，会引起徒长。施肥要和水以及其他耕作措施配合好，才能充分发挥施肥作用。同时要有机肥与无机肥配合使用。

3. 肥料使用标准

油桐林地施肥的原则是要将充足的有机物肥料和一定数量的化肥配施入土壤，以保持和增加土壤肥力，改善土壤结构及生物活性，同时要避免肥料中的有害物质进入土壤，从而达到控制污染无公害生产、保护环境为目的。

（1）允许使用的肥料种类

有机肥料，如堆肥、厩肥、沤肥、沼气肥、饼肥、绿肥、作物秸秆等有机肥。

腐殖酸类肥料，如泥炭、褐煤、风化煤等。

微生物肥料，如根瘤菌、固氮菌、磷细菌、硅酸盐细菌、复合菌等。

有机复合肥。

无机（矿质）肥料，如矿物钾肥、硫酸钾、矿物磷肥（磷矿粉）、钙镁磷肥、石灰石（酸性土壤使用）、粉状磷肥（碱性土壤使用）。

叶面肥料，如微量元素肥料，植物生长辅助物质肥料。

其他有机肥料。凡是堆肥，均需经50℃以上发酵5~7 d，以杀灭病菌、虫卵和杂草种子，去除有害气体和有机酸，并充分腐熟后方可施用。

（2）限制使用化学肥料

化学肥料在我国果品生产中占有重要地位，但一些地区片面追求高产，过量地施用化学肥料，再加上方法不当，配比不合理，不仅造成严重污染，而且还会降低果实质量。例如，氮肥施用过多会使果实中的亚硝酸盐积累并转化为强致癌物质亚硝酸铵，果实中含氮量过高还会使果实腐烂。无公害生产绿色果品不是绝对不用化学肥料，而是在大量施用有机肥料的基础上，根据林木的需肥规律，科学合理地使用化肥，并要限量使用。原则上化学肥料要与有机肥料、微生物肥料配合使用，可作基肥或追肥，有机氮与无机氮之比以1：1为宜（大约掌握厩肥1 000 kg加尿素20 kg的比例），用化肥作追肥应在采果前30 d停用。

（3）慎用城市垃圾肥料

城市垃圾成分极为复杂，必须清除金属、橡胶、塑料及砖瓦、石块等杂物，并不得含重金属和有害毒物，经无害化处理达到国家标准后方可使用。

在林地施用腐熟的城镇生活垃圾和城镇垃圾堆肥工厂的产品，应符合《城镇垃圾农用控制标准》（GB 8172—1987）。具体指标规定见表8-26。

表 8 - 26　城镇垃圾农用控制标准值

项目	标准限量	项目	标准限量
杂物（%）	≤3	总砷（以 As 计）（mg/kg）	≥30
粒度（mm）	≤12	有机质（以 C 计）（%）	≥10
蛔虫卵死亡率（%）	95 ~ 100	总氮（以 N 计）（%）	≥0.5
大肠杆菌值	$10^{-1} \sim 10^{-2}$	总磷（以 P_2O_5 计）（%）	≥0.3
总镉（以 Cd 计）（mg/kg）	≤3	总钾（以 K_2O 计）（%）	≥1.0
总汞（以 Hg 计）（mg/kg）	≤5	pH 值	6.5 ~ 8.5
总铅（以 Pb 计）（mg/kg）	≤100	水分（%）	25 ~ 35
总铬（以 Cr 计）（mg/kg）	≤300		

注：①除第 2、3、4 项外，其余各项均以干基计算；②杂物指塑料、玻璃、金属、橡胶等。

表 8 - 26 中前 9 个项目全部合格者方能施用于林地。在第 10 ~ 15 项中，如有一项不合格，其他 5 项合格者，可适当放宽，但不合格项目的数值，不得低于我国垃圾的平均数值。即有机质不少于 8%，总氮不少于 0.4%，总磷不少于 0.2%，总钾不少于 0.8%，pH 值是 6 ~ 9，水分含量最高不超过 40%。

施用符合标准的垃圾，每年每公顷经济林地用量，黏性土壤不超过 60t，砂性土壤不超过 45 t，提倡在花卉、草地、园林和新菜地、黏土地上施用。大于 1 mm 粒径的渣砾含量超过 30% 及黏粒含量低于 15% 的渣砾化土壤、老菜地、水田不宜施用。

对于表 8 - 26 中前 9 项都接近本标准值的垃圾，施用量应减半。

（4）合格肥料才可使用

商品肥料和新型肥料必须是经国家有关部门批准登记和生产的品种文能使用。

4. 施肥的方法

在生产上施肥一般分为基肥和追肥。基肥施用要早，追肥要巧。基肥是能长期供给经济树木养分的基本肥料，所以宜用有机肥料。如堆肥、厩肥、土杂肥、腐殖酸类等，使其逐渐分解，供经济树木长期吸收利用。在秋、冬两季结合土壤管理进行。施肥方法在树木周围可采用放射状、环状、穴状和条状施肥（图 8 - 3 至图 8 - 6）。

上述 4 种方法，除穴施法外，其他 3 种方法均属沟施法。优点是施肥集中，部位适当，经过轻度伤根，有刺激发根作用。沟、穴的位置一般在树冠投影处，幼树则离树 1 ~ 2 m 处。挖沟时从树冠外缘向内挖，沟宽 30 ~ 40 cm，沟深 10 ~ 15 cm，长度根据树冠大小而定。第 2 年开沟，开穴位置要变换。施肥后用松土覆盖，并稍加压实。

追肥是根据油桐林木一年中各个物候期需要的特点及时施肥，以调节生长、开花、结果的矛盾。根据施肥的时间，在花前施肥，为补充树体养分不足，促进开花，一般

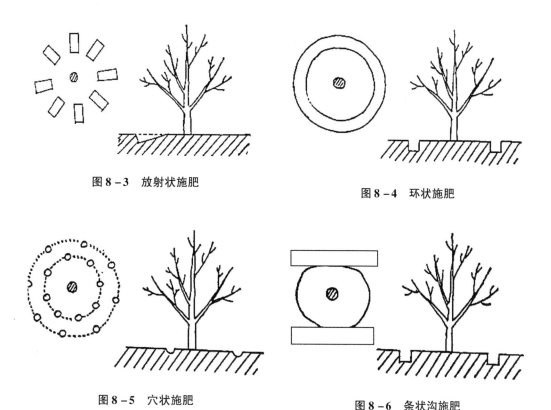

图 8-3　放射状施肥

图 8-4　环状施肥

图 8-5　穴状施肥

图 8-6　条状沟施肥

以施氮肥为主，适量配合磷肥；落花后追肥，此时幼果开始生长，同时新桃生长很旺，是需肥较多的时候，及时施肥促进幼果生长，减少落果；在果实生长过程中，根据情况，还要追施氮、磷肥为主配合钾肥，以促进果实膨大，防止落果。追肥一般多使用无机化肥，除土壤施肥外，也可以使用根外追肥进行叶面喷射。

5. 生物固氮

氮气虽然占干洁空气体积的 78.9%，每平方米地球表面的上空大约含有 8 t 氮。但植物不能直接利用，要通过生物固氮才能利用（另外通过闪电降雨固定一部分氮下降至土壤中）据估计，全球每年通过生物固氮作用所固定的氮素（N_2）约达 $10\,100 \times 10^4$ t。

土壤中某些真菌与某些高等植物的根系形成共生体，称为菌根。形成菌根的真菌称为根菌，具有菌根的植物称为菌根植物。植物供给根菌以碳水化合物，根菌帮助根系吸收水分和养分。不同的根菌所起作用也不同，有些真菌有固氮性能，能改善植物的氮素营养；有的根菌分泌酶，能增加植物营养物质的有效性；有的根菌能形成维生素、生长素等物质，有利植物种子发芽和根系生长。

在农业生态系统中，结瘤豆科植物有 200 种以上，它们是最卓越的生物固氮因子；在非农业生态系统中有 12 000 个生物种，包括自生固氮菌、蓝绿藻以及非豆科的结瘤植物，同样起着十分重要的生物固氮作用。菌根可以分为外生型菌根和内生型菌根两个类型。外生型菌根在林木中比较普遍，如松科、杨柳科、桦木科、壳斗科、榆科、槭树科、桃金娘科等中的一些种。内生型菌根如槭、枫、榆、槐、杨等。

为增强林地固氮能力，间种豆科作物的同时，接种根瘤菌剂或带菌根菌的土壤。为使菌根菌更快的繁殖，要创造对它有利的土壤条件。要保持土壤的湿润和良好通气条件，并且可适当的增大接种量。

（四）灌溉管理

经济林木的一切生命活动都不能离开水。及时和适量的供水，是高产、稳产的重要保证。

目前，我国经济林木面积生产中还极少有人进行人工灌溉的。但是，今后随着对经济林产品需求的增长，经济林经营集约度的提高，进行人工灌溉将是必需和可能的。

在亚热带的丘陵地区发展油茶生产，如果解决人工灌溉的问题，产量将会大幅度的提高。在丘陵区发展喷灌和滴灌将是可能的。

1. 灌溉用水标准

经济林地灌溉水要求清洁无毒，并符合国家《农田灌溉水质量标准》（GB 5084—1992）的要求。其主要指标是：pH 值是 5.5 ~ 8.5，总汞 ≤0.001 mg/L，总镉 ≤0.005 mg/L，总砷 ≤0.1 mg/L（旱作），总铅 ≤0.11 mg/L，铬（六价）≤0.1 mg/L，氯化物 ≤250 mg/L，氟化物 2 mg/L（高氟区）、3 mg/L（一般区），氰化物 ≤0.5 mg/L。除此以外，还有细菌总数、大肠杆菌群、化学耗氧量、生化耗氧量等项。水质的污染物指数分为 3 个等级：1 级（污染指数 ≤0.5）为未污染；2 级（0.5 ~ 1）为尚清洁（标准限量内）；3 级（多1）为污染（超出警戒水平）。只有符合 1 ~ 2 级标准的灌溉水才能生产出绿色经济林食品，并不会带来公害，形成良性循环，创造高经济效益，保持可持续发展。

2. 灌溉方法

在山区可用开沟引水灌溉；在丘陵区和城郊区可采用喷或滴灌；在干旱缺雨水地区，建天然雨水蓄水窖，投资少，效益高。

林地可以间种绿肥，把它翻埋压青，改良土壤有利林木生长。因为绿肥茎叶鲜嫩，春夏翻埋时，气温高，水分充足，很容易腐烂变肥，有"冬种春埋夏变粪"的效果。绿肥不仅含有丰富氮、磷、钾（表 8 - 27，表 8 - 28），还含有 10% ~ 20% 的有机质，可以从根本上改善土壤结构和营养状况。

表 8 – 27 冬季草本绿肥氮、磷、钾含量

绿肥名称	氮（%）	磷（%）	钾（%）	每 1 000 kg 鲜草相当于		
				硫酸铵（kg）	过磷酸钙（kg）	硫酸钾（kg）
红花草子	0.48	0.12	0.50	21.8	6.0	10.0
兰花草子	0.44	0.15	0.30	20.0	7.5	6.2
蚕豆	0.58	0.15	0.49	26.36	7.5	9.8
油菜	0.46	0.12	0.35	21.70	6.0	7.0
荞麦	0.39	0.08	0.33	17.22	4.0	6.6
黄花苜蓿	0.55	0.11	0.40	25.0	5.5	8.0
豌豆	0.51	0.15	0.52	22.42	7.5	14.0
山青	0.41	0.08	0.16	18.63	4.0	3.2

表 8 – 28 夏季草本绿肥氮、磷、钾含量

名称	鲜草产量（kg/亩）	分析部分	水分（%）	氮（%）	磷（%）	钾（%）
日本青	1 531	茎叶	69.2	2.611	0.192 6	1.182 0
		根系		1.478	0.133 0	
印尼猪屎豆	1 650	茎叶	68.0	2.460	0.199 3	1.166 0
		根系		1.494	0.184 7	
印尼绿豆	1 400	茎叶	76.0	1.675	0.187 3	0.804 8
		根系		1.265	0.155 4	
三叶猪屎豆	1 500	茎叶	66.4	2.660	0.148 1	
		根系		1.129	0.146 1	
印尼豇豆	1 400	茎叶	77.5	2.642	0.184 1	
		根系		1.579	0.094 4	
四方藤	1 000	茎叶	81.38	1.823	0.247 4	1.157
		根系		0.795	0.199 6	

（五）病虫害管理

油桐林病虫防治策略是掌握规律，做好测报，适时防治。要摸清本地区该树种常发多发病虫害发生规律，做好预测预报。根据每一病、虫的不同生活史时期，及时防治。

经济林病虫危害防治的方针：以防为主，以早防为主，以林业技术防治为主，以生物防治为主的"四为主"方针。原则上不使用农药，严禁使用有残毒的农药。

1. 农药使用标准

农药按其毒性来分有高毒、中毒、低毒之别，绿色果品无公害生产对农药要求是优先采用低毒农药，有限度的使用中毒农药，严禁使用高毒、高残留农药和"三致"

（致癌、致畸、致突变）农药。根据有关资料的研究结果，现将绿色果品生产上禁用、提倡和有限度使用的主要农药种类介绍如下。

（1）禁止使用的农药种类

有机砷类杀菌剂福美砷（高残留），有机氯类杀虫剂六六六、滴滴涕（高残留）、三氯杀螨醇（含滴滴涕），有机磷类杀虫剂甲拌磷、乙拌磷、久效磷、对硫磷、甲基对硫磷、甲胺磷、甲基异硫磷、氧化乐果（均属高毒），氨基甲酸酯类杀虫剂克百威、涕灭威、灭多威（均属高毒）。二甲基甲脒类杀虫杀螨剂，杀虫脒（慢性中毒、致癌）等。

（2）提倡使用的农药品种

微生物源杀虫、杀菌剂如 Bt、白僵菌、阿维菌素、中生菌素、多氧霉素、农抗120等；植物源杀虫剂如烟碱、苦参碱、印楝素、除虫菊、鱼藤、苘蒿素、松脂合剂等；昆虫生长调节剂如灭幼脲、除虫脲、卡死克、扑虱灵等；矿物源杀虫、杀菌剂如机油乳油、柴油乳油、腐必清以及由硫酸铜和硫黄分别配制的多种药剂等；低毒、低残留化学农药如吡虫啉、马拉硫磷、辛硫磷、敌百虫、双甲脒、尼索朗、克螨特、螨死净、菌毒清、代森锰锌类（喷克、大生 M～45）、新星、甲基托布津、多菌灵、扑海因、粉锈宁、甲霜灵、百菌清等。

（3）有限制地使用中等毒性农药

主要品种有：乐斯本、抗蚜威、敌敌畏、杀螟硫磷、灭扫利、功夫、歼灭、杀灭菊酯、氰戊菊酯、高效氯氰菊酯等。

为了减少农药的污染，除了注意选用农药品种以外，还要严格控制农药的施用量，应在有效浓度范围内，尽量用低浓度进行防治，喷药次数要根据药剂的残效期和病虫害发生程度来定。不要随意提高用药剂量、浓度和次数，应从改进施药方法和喷药质量方面来提高药剂的防治效果。另外，在采果前 20 d 应停止喷洒农药，以保证果品中无残留，或虽有少量残留但不超标。

2. 农药进入环境的影响

农药进入环境的去向包括大气、土地、水域。残效较短的农药可能在进入环境后较快失去活性或降解失效，但也不能排除其降解产物对环境的伤害可能性，这是环境毒理研究方面的重要课题。残效较长的农药则问题要复杂得多，尤其像滴滴涕这类杀虫剂，由于其油/水分配系数很高，在环境中会发生"生物富集"现象，即便在环境中的绝对量并不大，但是却能被某些生物体富集起来，经过多次反复富集就可能在食物链的最高一级生物体内达到很高的残留量。如果这一级生物体是人类的食物，最后就会转移到人体内，甚至进一步通过哺乳而转移到婴儿体内。

3. 生物防治

用人工放养害虫天敌，常用的有以下几种。

（1）天敌昆虫和蜘蛛

瓢虫：瓢虫的种类多达 4 000 多种，其中 80% 以上是肉食性的，是油桐林地中主要的捕食性天敌，以成虫和幼虫捕食各种蚜虫、叶螨、介壳虫以及低龄鳞翅目幼虫、梨木虱等。

草蛉：又名草蜻蛉，幼虫俗名蚜狮。是一类分布广，食量大，能捕食蚜虫、叶螨、叶蝉、蓟马、介壳虫以及鳞翅目害虫的低龄幼虫和多种虫卵的重要捕食性天敌。

捕食螨：又叫肉食螨，是以捕食害螨为主的有益螨类。我国已发现有利用价值的捕食螨种类有东方钝绥螨、拟长毛钝绥螨等 16 种。在捕食螨中以植绥螨最为理想。

蜘蛛：属节肢动物门，蛛形纲，蜘蛛目。我国现已定名的有 1 500 余种，其中 80% 左右生活在果园、茶园、农田及森林中，是害虫的主要天敌。其中农田蜘蛛不仅种类多，而且种群数量大，是抑制害虫种群的重要天敌类群。

螳螂：是多种害虫的天敌，具有分布广、捕食期长、食虫范围广、繁殖力强等特点，在植被多样化的林地数量较多。螳螂的种类，我国有 50 多种，常见的有中华螳螂、广腹螳螂、薄翅螳螂。

（2）寄生性昆虫

俗称天敌昆虫。数量最多的是寄生蜂和寄生蝇。其特点是以雌成虫产卵于寄主（昆虫或害虫）体内或体外，以幼虫取食寄主的体液摄取营养，直至将寄主体液吸干死亡。而它的成虫则以花粉、花蜜、露水等为食或不取食。如赤眼蜂、蚜茧蜂、甲腹茧蜂等。还有多种寄生蝇。

（3）昆虫病原微生物

在自然界能使昆虫致病的病原微生物种类很多，主要有细菌、真菌、病毒、线虫、原生动物等。此类微生物在条件合适时能引发流行病，致使害虫大量死亡。

（六）病害管理

我国油桐病害 30 多种。

1. 油桐枯萎病

油桐枯萎病是我国油桐产区特别是南部产区一种毁灭性病害。

油桐枯萎是一种典型的维管病害。病菌从根部入侵，通过维管束向全树枝叶扩展蔓延并分泌毒素，发病初嫩枝、叶枯死，叶枯死不脱落，最后全株枯死。病原菌是尖孢镰刀菌（*Fusarium oxysporum* Schlecht）。

油桐枯萎病主要发病区是粤北、桂中、北，其次是闽北，再次是湘、黔、浙、赣油桐产区是 6 月一种毁灭性病害。

防治方法：在粤、桂造油桐林，要以千年桐（皱桐）作砧木，油桐作接穗进行嫁接，栽培时，可用接苗，防治效果很好。其他地方造油桐林要选择新林地，通过造林前冬季作梯深挖整地有也病作。在桐林发病区不宜连栽。在现有桐林中发现病株要立即挖除烧毁，用石灰消毒。

现有林中发现病株要及时挖除，烧毁，随即用石灰消毒。对初病树可采用抗菌剂（401）800～1 000 倍液或 50% 乙基托布津 400～800 倍液进行包扎及淋根，有一定效果。

2. 油桐黑斑病

油桐黑斑病为害叶和果，初期出现褐色小斑，逐步发展扩大，引起早期落叶和落果。

油桐黑斑病的原菌是油桐球腔菌（Mycsphaqrellaaleuritids（Miyake Ou））。病原菌在病叶、果内越冬、翌年 3—4 月借气流传播孢子。7—8 月果、叶开始发病，9—10 月发病高峰。

防治方法：冬季结合抚育管理，将病叶、果深埋土内或集中烧毁。

在有条件的地方，于 3—4 月间用 0.8%～1% 波尔多液喷雾，每月 1～2 次，连续 2 次有防治效果。在山区缺水，可撒施草木灰和石灰混合剂，比例为 3∶2 或 2∶2。

3. 油桐枯枝病

油桐枯枝病有生理型和侵染型。

生理型枯枝：从枯梢顶端开始，向枝下扩展，失水枯死。枯死枝呈灰黑色或黄色，无病原物，是桐林失于管理造成。加强桐林抚育管理。

侵染型枯枝：是由油桐丝赤壳菌（Nectria aleuriidia Chen et Ehang）入侵。油桐新发嫩梢的芽苞首先受害，使芽鳞变褪色坏死，顶芽干缩，然后枝坏死。潮湿时病斑上的皮孔处有白色分生孢子堆。在夏冬枯枝上可见许多赤褐颗粒状的子囊壳。

防治方法：用 1% 波尔多液、50% 退菌物 500 倍液和多福粉 500 倍液防治均有效果。

4. 油桐根腐病

油桐根腐病引起桐树整株枯死。在我国油桐产区多为零星发生。

防治方法：清除病株烧毁，冬季垦挖保持土壤通透性良好。

三、油桐虫害

油桐害虫有 130 多种，隶属于昆虫纲的 9 目 40 科；蛛形纲的 1 目 1 科；天敌 50 多种，隶属于 7 目 19 科。130 多种害虫，按食性可分为几类：咀食叶片的有尺蠖、刺蛾、袋维、琪维、网蛾、卷蛾、金龟子、叶甲、象甲等；刺吸叶片的有叶虫、介壳虫、叶蝉等；为害嫩梢的有叶蝉、蜡蝉、角蝉、介壳虫等；为害营和花的有金龟子、灰蝶；蛀枝干的有天牛、白蚁、木蛾、树蜂等。在我国油桐主要产区普遍发生的害虫有 20 多种，其中分布最广，为害最严重的是油桐尺蠖和橙斑天牛。

1. 油桐尺蠖（*Buzura suppressaria* Guence）

油桐尺蠖是食叶性毁灭性害虫。幼虫食叶危害，在油桐主产区一年发生 1 ~ 2 代，甚至 3 代。

6 月为第 1 代幼虫，幼虫期 40 d，第 2 代幼虫 8—9 月，幼虫期 35 d。第 3 代幼虫 9 月中旬至 10 月下旬，幼虫期约 30 d。

防治方法：最好的方法是利用越冬及 7 月第 1 代幼虫化蛹，结合冬垦和中耕灭蛹。在虫发期可用人工捕杀，或用每毫升含 2 亿 ~ 4 亿的苏云金杆菌液喷杀 2 ~ 5 龄幼虫，效果好。或用核型多角体病毒，每毫升含 0.13 喷杀。

2. 油桐蓑蛾（*Clamia larminati* Heylearts）

油桐蓑蛾一年发生 1 代，以幼虫在蓑囊中过冬。5 月中、下旬新幼虫开始危害。

防治方法：在冬季和早春摘除蓑囊。用苏云金杆菌、杀螟杆菌。用每毫升含 1 亿、2 亿、3 亿孢子菌液。

3. 橙斑天牛（*Batoeera davidis* Deyrolle）

在湖南三年发生 1 代。第一年以幼虫、第二年以成虫在树干内过冬，第三年 4 月下旬，越冬成虫开始出洞。幼虫期长达 15 个月左右，一条幼虫蛀食树干 240 ~ 260 cm^2，为害极大。雌虫在 5 月、6 月在树干基部产卵。

防治方法：捕捉成虫，在树干基产卵或中午躲藏时捕捉。清除卵块。当幼虫已进入木质部时，可用钢丝钩杀。用硫黄 0.5 kg，石灰 0.5 kg，加水 20 kg，搅拌均匀后涂刷树干。

第三节　适时采收

一、采收季节

适时采收桐果是丰产丰收，提高桐油品质极其重要的措施。

据我们在长沙对油桐果实年周的生理生化研究测定（详见第四章）油桐果实的生长发育可以明显的分为 2 个阶段。第一阶段为果实增长阶段。6 ~ 7 月是果皮、种皮的生长时期，果实迅速增大，果皮组织进一步纤维化；种皮逐渐形成，由软变硬，在颜色上由乳白色变成紫红色过渡到褐黑色；种仁水分含量多，不充实，干物质量少。第二阶段为种子成熟、脂肪增长阶段。8—10月种仁增长充实，油量大幅度上升和种胚加快成熟时期。这个阶段的特点是：果实基本定型，种仁进一步充实、变硬；大量的碳水化合物转化为脂肪。

桐果在成熟过程中，8月以前脂肪的增加较慢，糖的含量达4%左右。8月份以后脂肪急剧形成时糖的含量也渐降，最后只有0.1%左右。因此，桐果采收最适宜的时候是霜降后10月下旬至11月初。桐果成熟的标志是：果皮由绿色变为黄绿色、紫红色或淡褐色，种子坚硬。

据我们先后在湖南永顺、保靖、浙江富阳、陕西山阳、贵州玉屏等地定期分析测定油桐籽含油量和含水量的变化结果，由9月底至10月20日的20 d内，油桐种子的脂肪含量增加3.0%~4.5%，水量含量下降4%~9%，9月底采收桐籽的桐油酸值4~5，甚至6~7，10月20日以后采收的酸值在0.8~1.0。我们的丰产林坚持在10月20日以后采收，种仁含油量均在56%以上，酸值在1以下，采收早种仁含水量高，榨出的桐油酸值高。酸值是商品桐油品质一个很重要的理化指标，一般要求不超过2，否则就要降低桐油等级。

前些年由于生产体制的变化，乡规民约尚未建立或不健全，很多地方9月底就开始采收桐果，这些年虽有好转，但仍然是早采。19%年全国产桐籽3.5亿kg，如果能坚持在10月20日以后采收，每100 kg桐籽就可多榨3 kg油，多收入30元，全国就可多收1 050万kg油，同时油的品质也提高了，就可多收益1.05亿元。这是一个很可观的数字。因此，建议各级政府在桐果采收前要张贴布告，严禁早采，一定要坚持10月20日以后统一开山采收，否则要重罚。

二、桐果处理和种子贮藏

桐果采收回来以后，堆放在阴凉的室内，如果堆在室外的场地要适当遮盖，切勿暴晒。堆放10~15 d，待果皮变软时即可进行机械或人工剥取种子。榨油用的商品种子要晒干、风净后装袋，送入库房贮藏。库房要求通风、干燥、防潮、防鼠。种子贮藏时间不宜太长，最好能在翌年2~3月榨油完毕，以免影响出油率和油质。

油桐是大粒种子，贮藏条件较晚。用来播种繁殖的种子，宜在室内湿沙低温贮藏。也可在地窖或室外湿沙、湿土贮藏。在种子贮藏期间应注意经常检查，既要保持湿润，又不可积水，需防霉烂变质。

第九章 油桐现代化产业体系建设[①]

第一节 现代化产业体系概述

一、现代产业体系概念的背景分析

面对资源环境的约束和世界金融危机的影响，积极转变经济发展方式，推动产业升级与调整，改变我国在全球产业分工中的劣势地位成为必然。

从我国现代产业体系的提出背景看，"现代产业体系"概念更多的出自于决策层对现实经济发展取向的思考，而非产业经济学理论发展的内在逻辑结果。党的十七大作出了发展现代产业体系的战略部署。曾任中共委员会总书记胡锦涛在2008年中央政治局第五次集体学习时强调指出，要立足自身优势和现有基础，瞄准国际产业链高端，努力构建现代产业体系。它突出了产业发展与"科学发展观""转变发展方式"以及"产业结构优化升级"之间的联系，是对"新型工业化"理念的补充和发展。其实质，是在中国的语境下对产业发展的导向或产业结构优化升级的导向。

随着现代产业体系概念的提出和被广泛认同，理论界与实务领域都开始对现代产业体系进行讨论和探索。部分研究人员从产业链的视角从定性、结构、目标三个维度对现代产业体系进行了界定。部分研究人员从创新的视角对现代产业体系进行了剖析，认为现代产业体系的关键在于思路创新、产业创新、载体创新、科技创新、机制创新。广东等地区结合自身实际，对现代产业体系的发展目标、主体框架、重点载体和保障措施进行了试点。不过，这些探讨并没有对现代产业体系形成较为统一的认识，同时也缺乏对现代产业体系内在发展逻辑、本质以及动力机制的分析。对此，本文将从现代产业的发展趋势入手，对现代产业体系进行深入的分析与研究。

---

① 第九章由王承南编写。

二、产业体系的现代发展趋势

现代是一个相对、动态的时间概念。产业体系是一国国民经济中产业因各种相互关系而构成的整体。产业体系的发展演进是产业分工的不断深化，是产业要素、产业结构和产业功能不断优化的动态过程。现代产业体系是不同历史时期，相应区域产业体系相对优化的产业关系的外在表征。随着低碳技术、信息技术革命所带来的技术革命，现代产业体系的分工进一步深化，产业间的关系表现出新的发展特征。

(一) 产业发展网络化

随着物质技术条件的改变，生产社会化与分工协作发展不断深化，科学技术水平不断提高；而科学技术的进步反过来又推动了专业化水平和社会分工的不断深化。特别是信息技术时代的到来，原有的较大的经济划分格局，由于技术进步而不断出现按照工艺、零部件以及协作功能的细分，新的产品与服务不断涌现，原有的产业被不断的分化、衍生，产业链条表现出显著的纵向延伸的趋势。纵向化的分工与专业化意味着生的差异化和多样化，导致各个环节生产之间的依赖程度不断增强，市场主体之间的关联方式与作用机制——"市场链接"发生了根本性的变革，显示出复杂的网络化的特点。

(二) 产业发展集群化

产业分工的不断延伸，促使区位因素、规模报酬递增、合作剩余、网络创新等因素推动下产业集群的形成。有研究人员通过对 1952—1985 年地区经济发展政策和地区差问题的研究，表明早在中国政府采取地区非均衡增长政策之前，经济向沿海地区集中的现象已经出现，其原因包括沿海地区在地理上容易与外界交流以及基础设施网络密度高等。有研究人员等通过对中国各地区工业 GDP 份额分布变化趋势的分析，指出中国工业化聚集的趋势非常明显。可见，产业集群已经成为经济发展过程中一个非常明显的现象。在产业集群内，企业主体之间基于产业联系（纵向或横向）形成了竞争与合作并存的关系，随着集群的发展，集群内的社会资本逐渐积累，集群创新网络逐渐形成，提高了集群内信息、技术传播的效率，降低了集群内的机会成本和创新风险。集群内的企业之间建立了基于"地缘""产业缘"的社会关系网络，企业之间分工协作，形成了行为上、策略上相对比较统一的整体。

(三) 产业发展融合化

随着信息技术的快速发展，产业融合成为非常普遍的现象：一是信息通讯产业之间的融合，如计算机、通讯和媒体的融合，即所谓的"三网融合"；二是信息技术产业与其他产业之间的广泛渗透和融合；三是未来的生命和遗传工程产业与传统的农业、医药、化工及食品制造产业之间的融合。产业融合由于改变了企业的生产过程、生产方式以及人们的消费及需求方式，因而对现代经济运行产生了重要的影响。从微观角度来说，各产业实现业务融合可降低企业成本、增加企业的价值创造能力和提高企业的竞争水平，从而改善企业的盈利状况和使企业获得较高的成长性；从中观和宏观的角度来说，产业融合可使产业之间通过技术水平的提高、价值创造功能的增加和竞争状况的改善，使产业从低技术、低附加值、低成长状态向高技术、高附加值和高成长状态转变，从而推动产业优化与升级，而某个或某几个产业与多个其他产业相互融合的结果，可以使多个产业普遍获得产业升级效应，以此推动产业结构的演进和高级化，从而改进经济增长的质量。

三、现代产业体系的本质内涵

产业网络化、产业集群化、产业融合化推动了产业组织向网络化演进，使产业链和产业集群等新型产业组织形式成为了现代产业体系的主要组织形式，并表现出明显的竞争优势。部分研究指出，随着分工的深化，通过产业链的整合可以增强知识共享，协调分工，减少交易成本，获得递增报酬。部分研究为通过集群间产业链整合培育，吸引高附加值的产业环节，有利于形成完整的产业链优势，促进产业升级。马歇尔认为产业集群会带来外部经济效益，部分研究构建了以产业集群为核心的国家竞争模型，部分研究通过数学模型论证了产业集群的规模报酬递增效应，区位理论则肯定了产业集群的创新竞争优势。尽管学者们对产业链、产业集群等现代产业的组织形式的解释不尽相同，但都强调分工合作是现代产业体系的内涵，强调产业网络内的竞合关系有利于竞争优势的获得。说明现代产业体系竞争优势的获得来源于竞合关系带来的产业关系的演进。有的学者则从战略政策层面，指出产业网络内产业间的密切联系和相互作用是产业网络的核心所在，提出产业联动的观点。部分研究认为产业联动强调的是产业之间的互补、合作与相互作用，这使得产业之间的竞合关系表现出联动的形式。在一个区域的产业发展中，通过区域间产业结构的优化调整，形成优势互补、合理的产业分工体系，实现区域产业的联动发展，从而达到优化区域产业结构、提升产业能级、增强区域产业竞争力的目的。部分研究认为产业联动是以产业关联为基础，位于产业链同一环节或不同环节的企业之间进行的产业协作活动。部分研究将产业联动视为区域间以市场力为主导，借助行政推动，以产业互为需要、互为共赢为目的的双向互动的良性发展系统或过程。产业联动带来的生产要素的流动性，使产业联动决定甚至影响着区域内外的产业结构的调整与优化，进而影响甚至决定着区域产业竞争力和区域经济竞争力的提升。

总之，在现代产业网络化的发展过程中，产业被放在一个更大范围的产业组织体系中，与其他产业建在产业联动基础上的产业网络系统。

四、现代产业体系的基本特征

现代产业体系是在产业创新的推动下，由新型工业、现代服务业、现代农业等相互融合、协调发展的以产业集群为载体的产业网络系统，是新时期我国转变经济发展方式的产业载体。

（一）产业创新是现代产业体系的发展动力

正如熊彼特"资本主义就是创造性破坏的过程"的假设，技术创新是产业升级与调整的主要动因。从产业的发展看，技术创新导致的"创造性破坏"实质上就是产业发展演化的本质内容。每次技术的突破和创新意味着产业处于一个新的状态，达到了一个新的发展阶段，并使企业之间的竞争与合作的关系得以在一个新的平台上进行。而技术创新的活跃程度越高，其"创造性破坏"能力越强，商品化、产业化的速度越快，与市场需求的贴近度越近，与其他产业的关联性越紧密，产业升级发展速度就越快，影响能力就越强，甚至会引起新一轮的产业变革与产业革命，进而实现产业结构的根本性调整和升级。因此，现代产业体系作为适应现代产业发展趋势的产业组织形式，与传统产业体系最根本的区别不在于行业的性质、产品的生产形式和功能，而在于创新能力。

（二）产业集群是现代产业体系的网络结点

集聚性是现代产业体系的空间特征。产业集群因其地理空间、集聚经济、创新网络等方面的因素而成物质生产资料、人才、信息、技术的集聚地，表现出明显的竞争优势，并对其他区域产生明显的辐射、联动效应。因此，产业集群是现代产业体系的网络结点。从构成上看，产业集群是指在特定区域中，具有竞争与合作关系，且在地理上集中，有交互关联性的企业、专业化供应商、服务供应商、金融机构、相关产业的厂商及其他相关机构等组成的群体，其中大学、科研机构在产业集群中扮演着越来越重要的作用。在产业集群中，以知名大学的科技研发能力、成果为核心，以大学所提供的训练有素的高技能的劳动者为支撑，推动社区经济产业兴起与发展。正是由于产业集群内大学与科研机构的存在，使得产业集群成为整个经济发展的技术创新中心、信息中心和发散中心，并通过与其他产业集群或产业之间的联动向其他产业集群与产业进行扩散，从而带动现代产业体系的整体升级与调整。

（三）新型工业、现代农业、现代服务业等产业融合是现代产业体系的主要形式

现代产业体系的发展是产业结构、产业关系在不同时期不断调整的过程。现代产业体系不仅仅包括由自主创新驱动的现代工业的不断升级与调整，还包括现代金融、现代信息、现代物流、现代交通等现代服务业的快速发展。现代服务业提高了商品、信息、技术、资本在现代产业间的流动水平，为现代产业的发展提供了坚实的保障与支持。现代产业体系的发展并不意味着对传统产业的抛弃，而是通过现代产业的技术创新与发展，对传统产业进行升级与调整，使传统产业在现代产业体系中表现出新的发展方式和存在模式。可以说，新型工业、现代服务业、现代农业等产业间的互相融合，使现代产业体系成为有机的整体。

（四）国际性是现代产业体系的时代特征

国际性是现代产业体系的效能特征，国际性是经济全球化和区域经济一体化的内在要求。随着以信息技术产业为核心的知识产业的兴起，发展突破了地区和产业的界限，任何一国的产业结构调整都不再可能局限在一国一地来完成，必须打破产业结构变动局限于区域和国别的限制，依据要素禀赋条件和经济发展水平参与国际产业大循环，全球范围内的产业调整与转移成为越来越普遍的事情，全球性产业不断出现，产业变动出现了国家化的趋势。

目前，国际产业格局呈现出以国家为中心紧密联系的金字塔形的国际分工结构。以美国为代表的发达国家位于国际产业格局的顶端，他们在产业发展上坚持产业结构高级化的发展战略：一方面依靠技术创新积极发展高附加值的高新技术产品，实现产业结构的升级与发展；另一方面，加快对低附加值技术密集型产业的转移，推动产业调整与优化。新兴工业化国家或地区则通过吸收外来投资，承接发达国家的产业转移，从而推动本国产业结构升级。我国现阶段处于国际分工的低端，处于世界分工利润链"微笑曲线"的底部。这意味着，我国现代产业体系一方面要通过积极做好产业转移对接来推动经济发展，另一方面，要积极依靠自主创新发展新兴产业去争取世界产业分工的高端位置。

第二节　油桐现代化产业体系构建

我国现代油桐产业体系建设，对于推动两型社会建设，建设社会主义新农村，加快农民致富步伐，振兴农村经济，改善区域生态环境均可发挥重要作用。我国现代油桐产业体系建设布局，必须克服任意性、盲目性，严格贯彻落实因地制宜，适地建设的根本原则。

一、种质创新和良种选育

科学的发展与进步在油桐的种质创新和良种选育也得到了印证。油桐为单性花，也就是人们常说的雌花、雄花不为同一朵花，异花授粉也就给油桐变异带来了机会，所以说油桐的异花授粉导致品种十分丰富。油桐优良品种的选育早在"六五"和"七五"期间就列为国家科技攻关项目，国内不少油桐专家为油桐良种的选育作出了大量的贡献，中南林业科技大学的何方教授、中国林科院亚热带林业研究所的方嘉兴研究员、广西林科院的凌麓山研究员，可谓是我国新中国成立以来的中国油桐界的三驾马车，为我国油桐种质创新和良种选育奉献了自己的一生，《中国油桐品种图志》《中国油桐主要栽培品种志》等专著，在油桐育种研究领域去并获得可喜的成绩，1996 年 12 月《中国油桐种质资源研究》获国家科技进步三等奖，为我国油桐良种化进程加快起到了积极的作用，为油桐现代化产业迈出了可喜可贺的第一步。

二、油桐精准栽培技术

我国油桐生产区域历来是在偏远、落后的少数民族地区、边远山区和经济欠发达地区，这些地区交通不方便，经营理念落后，长期以来广种薄收的栽培方式持续了很久，改革开放以来，市场经济导致我国的油桐价格与国际市场接轨，我国桐油的价格随着国际市场的价格波动，经常造成国际市场价格好，桐农就大力发展，油桐产品一过剩，价格又大跌，长久以来，挫伤桐农发展油桐的积极性，加上以往使用桐油的替代产品增加，导致桐油的需求量减少。

目前，我国油桐栽培已经有一定的基础，由中南林业科技大学主持制定的《油桐栽培技术规程》林业行业标准已经发布，方嘉兴、何方主编的《中国油桐》，中国林业出版社出版的《中国油桐科技论文选》等一大批专著，广大油桐专家学者发表了诸多的油桐科研论文，中南林业科技大学、中国林科院亚热带林业研究所、广西林科院等单位在油桐栽培方面做了大量的工作，先后获《油桐丰产林》国家标准、《油桐栽培密度及林分结构模式的研究》《中国油桐林地土壤类型及立地分类与评价的研究》等科研成果十余项，为油桐精准栽培奠定了良好的基础，也为现代化油桐产业铺平的道路，油桐精准栽培技术是现代产业化的必然趋势。

三、油桐的采剥、贮藏

1. 油桐的采剥

油桐的采收一直延续着老祖宗的采收方法。油桐主产区多为坡陡的山区，人们利用油桐果多为球形和果实成熟后果实与果炳形成脱离层，只要轻轻摇树或脚踢几下桐树，果实就会落下来，没有脱落的果实用树干轻轻敲打，就会落下来，果实沿着陡峭的山坡向下滚动，只要人们在山下林边挖条沟，在林地中扫除一些障碍，就可以在山下装油桐果实了。当然，平缓的地区该方法不适用，就可以用运输工具了。

2. 剥　子

传统剥子是用手剥，用工、用时量较大的生产环节，油桐剥壳机的生产使油桐剥子从繁重的、辛苦的劳动中得到解放。

3. 桐油的榨取

桐油的榨取方法主要有机械榨油和浸出法制油这两种。20世纪90年代末的桐油加工仍以传统的压榨方式为主，经过蒸炒、压榨、过滤等工序之后，桐油的杂质较少、酸价降低、色泽较好。目前生产上使用的榨油机，主要有液压式榨油机和螺旋式榨油机两类。浸出法制油是现代油脂工业中先进的制油方法，但目前在桐油浸出法的应用上尚存在许多技术问题，因此，桐油生产仍以压榨为主。最近有实验结果证明，超声波法提取小油桐种子油脂所得油脂的理化性质与传统索氏法所得油脂的基本相同，但提取时间远远少于后者，可以借鉴改良油桐油脂提取方法。中国科学院植物种质创新与特色农业重点实验室最近对应用超声波辅助浸出法提取桐油的工艺进行了研究，所得的桐油品质优良，且该提取方法经济高效。

4. 贮　藏

油桐贮藏主要分为油桐种子的贮藏和桐油的贮藏。公司收集油桐主要是以收购油桐种子的方式进行，收集的桐子要确保干燥，收集的种子可用透气的麻袋包装，一般放在通风、干燥、阴凉的室内；时间上不易进入翌年春天的梅雨季节，否则产生酸败现象，导致桐油质量下降。

桐油的贮藏一般放在密封度较好的容器内，封口处面积越小越好，减少空气氧化的面积，有条件的公司采用抽真空或填入其他惰性气体，降低桐油氧化程度。

四、传统用途与现代技术研发相结合

作为一种优良的涂料，桐油有着广泛的应用领域。我国桐油主要以原料的形式出口日本、东欧、西欧、美国和泰国等国家和地区，用于集成电路、军工产品、机械新产品、涂料生产等领域。近年来桐油及其制品在国际市场销路有所拓展，我国的桐油出口又迎来新一轮的有利契机。在合成树脂涂料领域，使用桐油研制水性涂料、高固体分涂料、无溶剂涂料、辐射固化涂料及粉末涂料等十多类低污染、节约型优质合成树脂涂料。在高分子合成材料领域，利用桐油的三甘油酯结构，合成聚酰胺树脂、桐油马来酰亚胺树脂、酯型环氯树脂、不饱和聚酯树脂等；性能好、成本低。利用桐油改性效应，可赋予高分子材料特定的理化性能，改善了材料的耐高温、抗冲击、电绝缘和稳定性能，为宇航业提供了优质合成材料。在电子电器应用领域，用桐油改性酚醛树脂制得层压印刷电路板，具有稳定而优越电学性能，成本低，广泛用于高档电子产品。用桐油改性环氧酚醛作基础树脂研制的光固化阻焊剂，大大地提高 PCB 的线路密度。用桐油、磷、卤素等制备的阻燃剂，还广泛用于塑料、橡胶及阻燃树脂的反应中间体。在新型油墨领域，使用桐油改性环戊二烯树脂等制备用于印刷的油墨，凝结时间可缩短到 3 min，适合于高速印刷。用改性桐油、烯丙醇苯乙烯共聚物等水性照相凹版油墨，具有良好的流动性、快干性、耐磨性及无毒、无着火危险等特点；用聚合桐油研制的辐射固化油墨产品，适用于玻璃制品上印刷；用桐油制备电子束固化油墨，可用于铅质金属快速印刷固化；以桐油等制备静电复印油墨，还可对聚乙烯超柔性薄膜制品印刷，使用结果具有耐光、耐烫、耐洗，不易脱落褪色等性能。桐油最耐海水腐蚀，在造船方面有无可替代的质量优势。桐油的耐酸、耐碱和优良的绝缘性能是电子产品及大规模集成电路板用油漆的最佳选择。由于桐油的替代品和一些桐油相关农具、用具、器皿等替代品的产生，使桐油的需求量，特别是民用量大大减少，仅仅靠工业上在油墨、绝缘涂料、阻燃剂、海轮等工业用途使用的桐油，桐油市场需求量是不容乐观的，要想打开桐油的市场，民用市场是不能放弃的，目前，油桐越来越受到人们的青睐，主要是人们已意识到人工合成油漆带来的环境污染和对人体健康的伤害，特别是有害物质导致人体致命的伤害，而桐油加工的油漆则无相关污染，有研究资料表明：木腊漆的主要原料为桐油，目前市场价格每千克 200 元左右，该涂料对人体无任何副作用或副作用很小，特别是在人们崇尚纯天然的、返璞归真的今天，桐油系列民用产品的涂料才是开拓油桐需求量真正的途径。

五、综合开发利用油桐现代化产业体系重要组成部分

（一）工业原料的开发利用

桐油具有抗冷热、防潮、防锈、防腐等特点，传统上主要用它涂刷物体表面，具体用途如下：第一，作为涂料工业的主要原料，桐油在涂料生产中消耗量最大，占整个桐油消费量的一半以上，主要有桐油醇酸树脂漆、桐油水性涂料、罐头内壁涂料、桐油船舶涂料等产品；第二，桐油也是油墨生产的主要原料之一，随着我国文教事业的发展，油墨工业中桐油用量大幅度增加，其主要产品有水基油墨、光固化油墨、环戊二烯桐油改性油墨等种；第三，桐油还具有优良的防水性、耐热性、绝缘性等性能，广泛用于电视机、录音机、录像机等电器领域，由桐油改性酚醛树脂制成的印刷电路板性能优良、成本低，可用于印刷电路化工材料的生产；除此以外，它在塑料、军械、橡胶、皮革、医药等制造工业中的应用也十分广泛。随着科学技术的发展，我国已开始对油桐资源进行深加工的研究。桐油族新型化合物越来越多，使用桐油研制新型涂料、高级油墨、合成树脂、黏合剂、活性剂、增塑剂、药品等已呈现出广阔的应用前景，在合成树脂涂料、高分子合成材料、电子电器、新型油墨等领域已有初步的应用。例如，用桐油与苯乙烯乳液共聚生产新型的乳液。在新型缓释/控释肥料的研制开发中，通过对天然物质桐油进行改性后，制备新型涂层肥料，提高缓释/控释肥料的性能，增加了化肥利用率，节约了资源，减少了化肥使用对环境的污染，为包膜肥料工业生产提出了一种新的技术路线。

（二）桐饼的综合开发利用

在桐油的提取方面，桐果采收之后，经种子的剥取、干燥、贮存、提取，最后得到桐油原油。在桐油加工后的副产物桐饼的利用上，一方面可用于生产高效的有机肥，而其中的少量有毒物质可作为农药使用。我们用浸出法测定的桐粕结果表明，每克桐粕含 N 20.89 mg、P 3.49 mg、K 6.63 mg，相当于 98.61 mg 硫酸铵、14.21 mg 磷酸二氢钙和 12.64 mg 氯化钾。桐饼作为肥料不仅能提高作物的产量，而且能改良土壤的理化特性，提高土壤的保湿和保水能力，桐饼中残留的有毒物质还能杀灭害虫。另一方面，桐饼中的粗蛋白、粗脂肪、糖和纤维含量均较高，可被用作饲料。由于桐饼有一定的毒性，需脱毒处理后才能用于饲料生产。早在 20 世纪 90 年代，商业部四川粮食贮藏研究所等单位用溶剂法、氨处理法与微生物发酵法进行桐饼的毒素脱去试验，已取得一定成效。在 21 世纪初又有对桐饼脱毒试验的研究报道。陈义文等人的研究结果表

明，桐饼中的有毒物质对酸不稳定，酸煮可以减毒，并根据鸡的饲喂实验结果，探讨了提高其在配合饲料中的添加比例，为桐糟饲料的开发提供了参考依据；且该试验结果证明了桐毒物为部分蛋白质和含氮有机物。研究者发现，桐饼中的有毒物质对棉花象虫、棉铃象甲虫等害虫有毒杀作用，可作为农药使用。

（三）油桐根茎叶等营养器官的利用

在油桐根、茎、叶等营养器官的利用方面，也有不少的研究报道。油桐叶片中含有抑菌化学成分，可为制备植物源天然防腐抑菌剂提供原材料，已有对油桐乙醇提取物抑菌效果和抑菌条件的研究报道。油桐的叶与肉桂树根、大豆叶等可用作无尼古丁的香烟替代品。近年有关研究者发现，从油桐中得到的共轭三烯脂肪酸及共轭亚油酸表现出对人体肿瘤细胞有很强的毒性作用，可用于直肠癌、肝癌、肺癌、胃癌和乳腺癌等疾病的治疗。油桐木材纹理通顺，材质较轻，木材洁白，加工容易，可用于制造轻型家具，还可用作食用菌的培养基，是果、木兼用的好树种。姚恒季、汪国华等人从 1985 年就开始在衰败的桐林里进行油桐木屑栽培香菇试验，探索了杂交木耳在油桐木屑为主料的培养基上的栽培技术，每公顷转化产值超过 15 000 元，提高了倒伐桐林的利用效率，获得了较好的经济效益。在福建，作为乡土树种的油桐树，主要用作食用菌的栽培基质。

（四）用作生物柴油原料

我国在 2005 年制定了桐油质量分析测定标准，主要包含了桐油的酸价、碘值、水分及挥发物、皂化值及磷脂含量、过氧化值、色泽等方面的指标值。2006 年，油桐生产曾被学者建议列入国家生物质能源发展的范畴，列入"十一五"规划中，许多研究人员开展了使用油桐作为生物柴油的试验研究，随后进行了以桐油制备生物柴油的工艺研究，进行了桐油制备生物柴油的最佳工艺条件、酯交换过程、配料比例、影响因素及非溶液系统桐油与甲醇的酯交换反应条件等方面的研究。例如，在 2008 年，中科院广州能源研究所的研究人员参与了桐油生产生物柴油的产量及特性的研究。在用桐油代替部分石化柴油的初步研究中，我们实验室采用掺炼法，在催化裂化柴油中掺入 5%～10% 的桐油原料后，产物的十六烷值得到显著提高，而且掺炼后生成的第二代生物柴油的硫、氮等杂质含量及密度有所降低，亦提升了环保效果；以桐油作为生产第二代生物柴油的原料，在炼油厂加工成柴油的调和组分，当掺炼量达 10% 时可显著改善催化柴油的主要性质。

尽管目前国际油价处于低位，但无论如何地球上石油的总量是一天一天在减少，油桐——特别是产量较高、且油酸含量较低的千年桐是重要的生物能源树种，是国家发展生物柴油的战略资源，具有广阔的开发利用前景。

第三节　油桐现代化产业建设体系的应用

一、油桐产业基地化

建立基地，走公司加农户是现代油桐产业体系建设的要素之一。基地的建设、人财物和种植基地的相对集中是油桐生产的可靠保证，便于新技术、新品种、新的生产资料等元素能尽快准确的用于油桐生产，公司加农户能将农村山区的土地山地、桐农的空余时间得以充分的利用，由过去的散兵游勇、封闭式的生产经营方式转变为标准化的生产，变资源优势为经济优势，推动油桐向专业化、商品化、现代化方向发展的举措。

桐油作为一种特殊的工业原料，它有着与许多可食的农产品的不同之处，它不能吃，现代社会中它在民间用得也很少，更重要的是它大量的不饱和脂肪酸的氧化，还不便于贮藏。个体经济发展油桐，以前可以为自己家的农具、雨具、生活用品等物质用于涂料，随着大量的替代用品的涌现，桐油在家庭中作为涂料的用量越来越少。而公司不仅可以尽快地收集应用新技术、新品种、新生产资料等方面的信息，还可以辅助指导桐农尽快使用新技术、新品种、新的生产资料，桐农生产的桐果统一采收时间，确保桐酸的充分转化和质量的提高，最终利用公司强大的榨取技术、副产品的加工技术、贮藏技术、信息资源、网络资源销售桐油及副产品使油桐产业集群化、融合化。

二、推进林、工、贸一体化

我国的农业、林业等行业均是以出卖原材料为经营手段，产品的利润低、风险大是众所周知的现状。如何摆脱这种现状，明朝初期在江苏苏州郊外有个商人叫沈万三已经为我们做出了产业集群化、融合化的典范。在民间人们将其人喻为财富的象征，他靠自己的勤劳和智慧产生出"巨富效应"，成为现代产业体系建设的一个缩影，尽管这件事已经过去了几百年，一些理念仍然没有过时。沈万三富甲天下，民间都称他为"财神爷"。他究竟是怎样迅速地从穷人变成资巨万财富的富翁，一直众说纷纭，没有定论。撇开玄妙荒诞的马蹄金说、炼金说，归结起来，有以下三种说法比较可信：垦殖说、分财说、通番说。这几种说法各有道理，且密不可分，相互联系。可以这样说：

是以垦殖为根基，当时主要以茶叶、桑蚕、油桐的农产品为基础，以分财为手段，加工茶叶、轻工业的绸缎纺织等不同方向的资本运作，大胆出海"通番"，也就是我们现在所提及的物流、国际贸易，把中国的茶叶、丝绸、桐油、瓷器等运到国外，同时又将空船运回大量的西方工业产品，由于其人胆略超人，在很短的时间内一跃成为巨富，且富可敌国，创造了一个令世人难以相信的奇迹，也丰富了产业国际化的内涵。

经营油桐公司已具备自己的栽培、加工、运输、销售网络体系，了解市场动态、行情，在确保桐油质量和产量的同时，还要保证市场的销量和效益，只有这样才能真正地将资源优势转变为经济优势，才能使社会得到发展、公司得到壮大、桐农得到实惠。

三、优化油桐产业布局，完善生产基地和加工企业化

中南林业科技大学何方、谭晓风、王承南三位教授在《中国油桐栽培区划》一文中将中国油桐划分为三个等级的区域，即油桐中心栽培区、主要栽培区和边缘栽培区，油桐中心栽培区的界线是：北纬 26°45′~31°35′，东经 111°30′~107°10′，该产区包括川东南，鄂西南，湘西北和黔东北四省交界毗邻的地方，这是我国油桐著名产区。全国有油桐基地县 101 个，有 50 余个在这里分布，南北长约 440 km，东西宽约 400 km。

油桐中心栽培区的具体界线是：西界南端从贵州的息峰起，向北顺川黔铁路经遵义、桐梓，进入重庆，又继向北横长江至长寿，再经大竹、达县，北止于平昌；北界西端从平昌起，向东经开县至奉节，沿长江南岸经由湖北的巴东，东止于宜都东；东界北起宜都，向南进入湖南石门、慈利，经由武陵山脉东侧至沅陵，顺沅江而下至辰溪、黔阳，经洪江南止于会同；南界东起会同，向西延进入贵州的锦屏、三穗、镇远，续西延至黄平止于息峰。油桐中心栽培区处于我国中亚热带的中段，自然条件对于油桐生长非常优越。这里油桐栽培历史悠久，种质资源也十分丰富，更重要的是该区域多为老、少、边地区，土地资源十分丰富，社会劳动力较为便宜，是油桐产业布局的首先区域。

无工不富，仅靠栽培油桐、买桐油原材料是难以致富的，油桐加工企业是产生油桐经济效益的重要环节和手段，加工企业要紧密与油桐基地相结合，减少油桐子的长途运输的距离，尽快尽早加工利用是确保桐油质量的方法之一。

四、综合开发利用技术系统化

油桐全身都是宝，关键是如何利用，现代化产业建设体系建设中可从以下几方面考虑。

（一）工业原料

油桐树皮可制胶，果壳可制活性炭，炭灰可熬制土碱；桐油是制造油漆和涂料的原料，不仅是重要的工业用油，也是环保新型化工原料。桐油为甘油三酯的混合物，可探测到的脂肪酸有 9 种，主要的有 6 种，即棕榈酸、硬脂酸、油酸、亚麻酸和桐油酸，其中以桐油酸含量最高，约为 80%。桐油酸是桐油所特有的，也是决定桐油性质的主要成分，含 3 个共轭双键，极容易氧化干燥，将其聚合成薄膜，则具有绝缘、耐酸性能。其开键结构特别有利于引入各类官能团，能聚合成千上万种桐油族化合物，在工业、农业、渔业、医药及军事等方面有广泛的用途。我国桐油质量优于阿根廷、巴拉圭等国的桐油。在相同条件下，我国桐油干燥时间只需 8 min，而南美桐油则需 11 ~ 12 min。因此，我国桐油在国际市场上具有较强的竞争力。

（二）药用价值

油桐的根、叶、果均可以药用，民间使用历史悠久，特别是油桐叶。《福建民间草药》和《草木便方》中均记载了油桐叶有消肿解毒之功效，能治疗冻疮、疥癣、烫伤、痢疾、肠炎等疾病。油桐根可以消积驱虫，祛风利湿，用于治疗蛔虫病、食积腹胀、风湿筋骨痛、湿气水肿。油桐子味甘、辛，性寒，有毒，能消肿毒、吐风痰、利二便，可用以治疗扭伤肿痛、冻疮皲裂、水火烫伤及风痰喉痹、二便不通等疾症。

（三）生态价值及社会价值

油桐能提高土地的利用效率。桐叶的水浸液可防治地下害虫，树枝和加工剩余物是培养香菇、木耳的饵木，桐籽榨油后的桐饼是一种高效有机肥料。桐饼又名桐麸、桐枯，是一种含氮（2% ~ 7%）、磷（1% ~ 3%）、钾（1% ~ 2%）及各种微量元素的"绿色"有机肥，还含有大量的有机质（75% ~ 80%）、蛋白质、剩余油脂和维生素等成分，肥分浓厚，营养丰富，肥效高而持久，适用于各种土壤和各种作物。油桐枝叶茂密，树冠较低，能拦截降雨，减少地面冲刷；其根系发达，可形成多级侧根，能固结土壤以增加土壤的抗流水下切的强度，可有效保持水土。而油桐主产区大多是贫困山区，在历史上桐农吃、穿、用全靠桐油，可以提高贫困山区农民的收入。因此，在石漠化山区发展油桐，能实现生态价值与经济价值的双丰收；而且，桐油产业还可增加社会就业机会，在适宜油桐生长的长江三峡地区发展油产业还可以扩大移民的安置容量。

（四）其他方面的价值

研究林木光系统结构与光合性状、林木对大气污染（SO_2）的生理反应时，很多学者选用油桐作为研究材料，获得了许多关于油桐生理生态方面的资料，因此，油桐可成为研究经济林乃至林木生理生态学的模式植物。另外，油桐树冠圆整，叶大浓荫，花大而美丽，具有环境美学价值，可作为园林绿化的行道树种种植，目前在成渝公路两旁常能见到油桐。

五、产业发展网络化、集群化、融合化

现代油桐的理念，集中体现在应用先进科学技术发展油桐，应用现代产业制度和信息化技术管理油桐，应用现代技术手段装备油桐。因此，现代油桐应依靠科技创新，运用高新技术，实施集约化栽培管理、加工和经营，形成林、工、贸一体化的产业体系，将油桐产业建设变成可持续发展的富民工程。油桐种植属林业范畴，用途属工业料范畴，是一个多学科相互渗透的产业，适用现代油桐产业化理念。油桐现代化产业体系建设，就是构建林、工、贸一体化的运行机制和管理体制，推行标准化、规模化生产经营。值得推荐的生产经营模式为种植大户＋示范基地＋龙头企业，即以油桐加工企业为龙头，推进油桐农户规模化、标准化生产经营；企业实行股份制，由企业控股、油桐农户参股，结成利益共同体。

现代产业体系是不同历史时期，相应区域产业体系相对优化的产业关系的外在表征。产业网络化、产业集群化、产业融合化推动了产业组织向网络化演进，使得产业链和产业集群等新型产业组织形式成为了现代产业体系的主要组织形式，并表现出明显的竞争优势。现代产业体系是在产业创新的推动下，由新型工业、现代服务业、现代农业等相互融合、协调发展的以产业集群为载体的产业网络系统，是我国转变经济发展方式的产业载体。油桐现代产业体系也不例外，该体系的建设按传统的、简单的、小农经济的模式建设已不适应社会的发展。

参考文献

蔡金标，丁建祖，陈必勇．1997．中国油桐品种、类型的分类 ［J］．经济林研究，15（4）：47－50．

曹菊逸．1992．油桐形态学 ［M］．北京：科学出版社．149－150．

陈　斐，林家彬．1998．油桐无性系生产力判别评级与预测研究 ［J］．福建林业科技，25（2）：11－14．

陈　斐．1998．油桐33个家系的因子分析与选优研究 ［J］．浙江林业科技，18（3）：18－22，28．

陈　斐．1998．油桐69个无性系的典范相关分析与选优研究 ［J］．林业科学研究，11（5）：518－522．

陈　植．1984．观赏树木学 ［M］．北京：中国林业出版社．205－206．

陈爱芬．2004．油桐自交系主要经济性状遗传及测定技术研究取得显著成果 ［J］．林业科技开发，18（1）：73．

陈建忠，张水生，张新，等．2009．国内外油桐发展现状与建阳市发展战略对策的探讨 ［J］．亚热带农业研究，5（1）：69－72．

达尔文．2005．物种起源 ［M］．北京：北京大学出版社．

东北林学院．1987．土壤学 ［M］．北京：中国林业出版社．

方嘉兴，何方．1998．中国油桐 ［M］．北京：林业出版社．130－134，332－324．

冯远欣．2008．油桐树的栽培技术 ［J］．广东农业科学（9）：155－156．

傅登祺，黄宏文．2006．能源植物资源及其开发利用简况 ［J］．武汉植物学研究，24（2）：83－190．

盖廷亮．1999．中国油桐生产发展战略研究 ［J］．经济林研究，17（4）：74－76．

龚榜初，蔡金标．1996．油桐育种研究的进展 ［J］．经济林研究，14（1）：51－53．

谷战英，谢碧霞．2007．林木生物质能源发展现状与前景的研究 ［J］．经济林研究，25（2）：57－61．

顾龚平，钱学射，张卫明，等．2008．燃料油植物油桐的利用与栽培 ［J］．中国野生植物资源，27（6）：12－15．

郭浩志.1985.计算机软件实践教稿 [M].西安：西北电讯工程学院出版社.135 – 246.

何 方,等.1984.湖南油桐栽培区划及立地类型划分的研究 [J].中南林学院学报,4 (1)：29 – 45.

何 方,罗建谱.1991.油桐优良无性系的选育 [J].中南林业科技大学学报 (2)：120 – 124.

何 方,谭晓凤.1986.油桐栽培密度及林分结构模式的研究 [J].林业科学 (4)：347 – 355.

何 方,方嘉兴,凌麓山,等.1985.中国油桐主要栽培品种志 [M].长沙：湖南科技出版社.

何 方,方嘉兴,凌麓山.1998.中国油桐科技论文选 [M].北京：中国林业出版社.

何 方,何 柏,王承南,等.2005.油桐产品质量等级标准制订说明 [J].经济林研究,23 (4)：118 – 122.

何 方,何柏,王永南,等.2007.油桐栽培技术规程 (林业行业标准,LY/T 1327 – 2006).北京：中国标准出版社.

何 方,胡芳名.2004.经济林栽培学 (第二版) [M].北京：中国林业出版社.

何 方,刘益军,王承南,等.1994.油桐立地分类及评价的研究 [J],经济林研究,21 (1)：1 – 12.

何 方,谭晓凤,王承南.1987.中国油桐栽培区划 [J].经济林研究,5 (1)：1 – 9.

何 方,唐续荣.1989.中国油桐气候区划 [J].中南林学院学报,2 (9)：103 – 113.

何 方,王承南,林峰.2001.经济林研究,19 (1)：1 – 3.

何 方,王义强,谭晓凤,等.1990.油桐林生物量和养分循环的研究.经济林研究,2 (8)：6 – 19.

何 方,望家安.1992.中国油桐地土壤类型的研究//全国科技兴林 (经济林) 研讨会论文集 [C].北京：中国林业出版社.180 – 188.

何 方,吴建军.1991.低温对油桐种子萌发和幼苗生长的影响 [J].经济林研究,9 (1)：1 – 10.

何 方,姚小华.2013.中国油茶栽培 [M].北京：中国林业出版社.

何 方,张日清,王承南,等.2008.林业科技究思维与方法 [M].北京：中国林业出版社.

康庚生，朱国全，戴建成，等.1990.油桐优树 80 个无性系引种评比试验 [J].湖南林业科技（3）：21－23.

李　鹏，汪阳东，陈益存，等.2008.油桐 ISSR－PCR 最佳反应体系的建立 [J].林业科学研究，21（2）：194－199.

李建安，孙颖，陈鸿鹏，等.2008.油桐 LFAFY 同源基因片段的克隆与分析 [J].中南林业科技大学学报，28（4）：21－26.

李文银.1986.聚类分析在山西省盐碱土土属分类中的初探 [J].土壤学报，23（2）；172－176.

李志华，张彦明.1992.油桐 [J].中国水土保持（5）：36－37.

廖飞勇，何平.2005.油桐叶成熟过程中光系统结构和功能的变化及其对 SO2 的抗性 [J].经济林研究，23（1）：4－6.

林业部林业区划办公室.1987.中国林业区划 [M].北京：中国林业出版社.

林业部调查规划院.1980.森林调查手册 [M].此京：中国林业出版社：607－629.

凌麓山，何方，等.1991.中国油桐品种分类的研究 [J].经济林研究，9（2）：1－8.

凌麓山，朱积余.1991.中国油桐品种类群划分的多变量分析 [J].广西林业科技，20（3）：120－126.

刘　钊.2011.现代产业体系的内涵与特征 [J].山东社会科学，16（5）：160－162.

凌麓山，等.1993.中国油桐品种图志（彩色） [M].北京：中国林业出版社.

刘翠峰，王彦英，翟运吾，等.1996.油桐豫桐 1 号等 3 个优良家系的选育 [J].经济林研究，14（1）：45－47.

刘多森，等.1980.聚类分析在太湖地区水稻土分类上的应用 [J].土壤学报，17（4）：375－376.

隆振雄.1996.油桐北移引种幼苗越冬相关性状的遗传分析 [J].西北林学院学报，11（3）：31－35.

吕平会，李龙山，谢复明，等.1993.油桐优良单株选择 [J].经济林研究，11（2）：88－91.

全国中草药汇编编写组.1975.全国中草药汇编 [M].北京：人民卫生出版社.476－477.

沈桂芳，丁仁瑞.2000.现代生物技术与 21 世纪农业 [M].杭州：浙江科学技术出版社.

盛承禹.1986.中国气候总论 [M].北京：科学出版社.399－463.

宋立人.2001.现代中药学大辞典［M］.北京：人民卫生出版社.1 364－1 366.

孙　颖,卢彰显,李建安.2007.中国油桐栽培利用与应用基础研究进展［J］.经济林研究,25（2）：84－87.

谭方友,田玉华.1999.贵州省油桐生产现状及其发展对策［J］.经济林研究,17（4）：88－90.

谭晓风.2006.油桐的生产现状及其发展建议［J］.经济林研究,24（3）：62－64.

田国政,孙东发,刘金龙,等.2008.来凤油桐资源调查、表型观测及立体因子研究［J］.湖北农业科学,47（1）：71－74.

涂炳坤,郭刚奇,徐正红,等.1994.油桐数量性状的主成分分析及分类［J］.华中农业大学学报,13（3）：296－300.

汪阳东,李元,李鹏.2007.油桐酮酸合成酶基因克隆和植物表达载体构建［J］.浙江林业科技,27（2）：1－5.

王高峰.1986.森林立地分类研究评价［J］.南京林业大学学报（3）.

王凌晖.2007.林树种栽培养护手册［M］.北京：化学工业出版社.266－277.

吴开云,费学谦,姚小华.1998.油桐 DNA 快速提取以及 RAPD 扩增初步研究［J］.经济林研究,16（3）：28－30.

夏逍鸿,卢龙高.1992.油桐主要经济性状与产油相关分析［J］.浙江林业科技,12（1）：32－3.

徐　颖,刘鸿雁.2009.能源植物的开发利用与展望［J］.中国农学通报,25（3）：297－300.

阳合熙,卢泽愚.1981.植物生态学的数量分类方法［M］.北京：科学出版社.65－252.

油桐早实丰产国家攻关专题协作组.1992.油桐早实丰产技术研究报告［J］.经济林研究（2）.

袁嘉祖,等.1988.模糊数学及其在林业中的应用［M］.北京：中国林业出版社.

张宝坤.1959.中国气候区划（初稿）［M］.北京：科学出版社：168－285.

张玲玲,彭俊华.2011.油桐资源价值及其开发利用前景［J］.经济林研究,29（2）：130－136.

张全德.1981.通径系数在农业研究中的应用［M］.浙江农大学报,7（3）：17－25.

张尧庭,方开泰.1982.多元统计分析引论［M］.北京：科学出版社.393－444.

中国科学院南京土壤研究所.1978.中国土壤［M］.北京：科学出版社.

中国林学会经济林学会.1992.中国 66 个油桐品种资源收集及评比试验研究报//中国林学会经济林学会第二次代表大会论文［C］.北京：中国林业出版.14－34.

中国林业科学研究院林业科学研究所.1986.中国森林土壤［M］.北京：科学出版社.

《中国森林立地分类》编写组.1989.中国森林立地分类［M］.北京：中国林业出版社.

中国树木志编委会.1978.中国主要树种造林技术［M］.北京：中国农业出版社.1 026.

中国土壤学会农业化学委员会.1983.土壤农业化学常规分析方法［M］.北京：科学出版社.

中国油桐科研协作组.1988.中国油桐科技论文选［M］.北京：中国林业出版社.

中南林学院.1982.经济林栽培学［M］.中国林业出版社.103－104.

周祖平，王明华，李秋英.1993.油桐优良品种对比试验［J］.江西林业科技（6）：20－22.

Kao C. 1977. World Forestry：Silviculture in Taiwan［J］. Journal of Forestry：731－733.

Ochse J J, Soule M J, Dijkman M J, *et al*. 1961. Tropical and subtropical agriculture［M］.

附录　油桐代表品种

湖南对岁桐

主产于湘南、湘东南的杉木林产区（属Ⅰc区或Ⅲc区），主要分布于海拔300～900 m，不超过1 000 m。

树高2～3 m，主枝1～2轮，枝下高仅0.4～0.8 m树冠伞形，冠高1～1.5 m，冠幅2～3 m。枝条稀疏，节间较长。平均叶长16.5 cm，宽16.0 cm。平均花序主轴长8.8 cm，有花40.2朵，雌雄花比1∶11.5。果序多3～5果丛生。果球形或扁球形，平均纵径5.5 cm，横径5.3 cm，重57.2 g，含籽4.8粒。

萌动期3月20日前后，盛花期4月13—18日，果实成熟期10月5—15日，落叶盛期11月1—10日。年生育期240 d左右。

种后翌年始果，3～4年进入盛果期，良好条件下可经营7～10年。盛果期年产桐油150～180 kg/hm²。出籽率53.6%，出仁率55.3%，绝干桐仁含油率59.1%，

桐油酸价0.23，折光指数1.519 1。

该品种是与杉木、油茶混交造林的优良品种，值得大力提倡推广。

湖南小米桐（矮鸡婆）

分布于湖南慈利、大庸、永顺、保靖、龙山、新晃、黔阳等县（属 Ia 区），主要分布于海拔 300～600 m 的低山丘陵地带，最高可达 800～1 000 m。

成年树高 4～6 m，枝下高 0.8～1.2 m，主枝 2～3 轮，树冠伞形、圆球形或椭圆形，冠高 3～4.5 m，冠幅 4～5 m。小枝较稠密，细长下垂。平均叶长 15.7 cm，宽 12.3 cm，平均花序主轴长 7.5 cm，有花 16.6 朵，雌雄花比 1：13.6。果丛生，通常 3～5 果为一丛，多的达 10 余果，圆球形，平均纵径 5.6 cm，横径 5.0 cm，重 47.8 g，含籽 4.5 粒。

萌动期 3 月 28 日—4 月 10 日，盛花期 4 月 17—23 日，果实成熟期 10 月 20—30 日，落叶盛期 10 月 25 日—11 月 5 日。年生育期 210～220 天。

种后 3 年始果，5～6 年进入盛果期，结果寿命 20～30 年，长者可达 40～50 年。盛果期年产桐油 200～225 kg/hm²，高的可达 450 kg/hm² 以上。气干果平均重 14.9 g，出籽率 54.8%，籽粒重 2 g，出仁率 58.9%，绝干桐仁含油率 57.7%，桐油酸价 0.22，折光指数 1.519 5。

本品种系湖南省重要优良品种，目前正在全省范围内大力推广。广西、浙江、四川等省（区）有引种，均表现良好。经营方式以纯林种植为主，幼林时多行桐农间种。

泸溪葡萄桐（葡萄桐、步步桐）

原产于湖南泸溪县（属 Ia 区），主要分布于海拔 300 ~ 600 m 的低山丘陵地带。

成年树高 3 ~ 5 m，主枝多为 2 轮，枝下高 1 m 左右。树冠伞形或塔形，冠高 2.0 ~ 2.5 m，冠幅 3.5 ~ 4.0 m，枝条稀疏细长，树体结构松散。平均叶长 17.6 cm，宽 15.5 cm。平均花序主轴长 12.2 cm，每序有花 64.5 朵，雌雄花比 1∶7。果实丛生性极强，盛果期每序一般 5 ~ 15 果，最多可达 60 果，球形，平均纵径 5.1 cm，横径 4.9 cm，重 44.9 g，含籽 4.9 粒。

萌动期 3 月 15—31 日，盛花期 4 月 15—20 日，果实成熟期 10 月 15—20 日，落叶盛期 11 月 10—20 日。年生育期 240 天。

种后 3 年始果，4 ~ 5 年进入盛果期，一般持续 10 年左右，条件优越时可达 15 年以上。盛果期年产桐油一般为 250 kg/hm^2，最高可达 450 kg/hm^2。出籽率 54.5%，籽粒重 1.8 g，出仁率 59.3%，绝干桐仁含油率 53.6%，桐油酸价 0.34，折光指数 1.521 9。

葡萄桐是我国著名的早实丰产品种，国内各油桐产区都有引种。该品种宜选土壤肥沃之处进行集约栽培。经营方式以纯林种植为主，也可长期桐农间种。在立地条件较差地区生长不良，夏季高温高湿地区易感染枯萎病和黑斑病。

龙胜大蟠桐（蟠桐、老桐、大米桐）

原产于广西龙胜各族自治县（属Ⅲc区），分布区海拔 500 ~ 700 m，最高 1 000 m。

成年树高 8 ~ 11 m，枝下高 1 ~ 1.4 m，主枝 3 ~ 5 轮。树冠伞形、半圆形或广卵形，冠高 6 ~ 8 m，冠幅 4.5 ~ 4.7 m。平均叶长 12.7 cm，宽 10.8 cm。平均花序主轴长 7.2 cm，有花 51.8 朵，雌雄花比 1：16.2。果以单生为主，圆球形或扁圆形，平均纵径 5.3 cm，横径 5.4 cm，重 69.9 g，含籽 4.1 粒。

萌动期 3 月 26 日—4 月 2 日，盛花期 4 月 15—22 日，果实成熟期 10 月 15—25 日，落叶盛期 11 月 15—25 日。年生育期 230 天左右。

种后 4 ~ 5 年始果，6 ~ 7 年进入盛果期，一般结果寿命 25 ~ 30 年，长者 50 年。盛果期年产桐油 200 ~ 225 kg/hm²，高的可达 400 kg/hm²。气干果平均重 23.5 g，出籽率 58.2%，籽粒重 3.2 g，出仁率 58.6%，绝干桐仁含油率 64% ~ 68%，桐油酸价 0.42，折光指数 1.517 6。

本品种为广西重要优良品种，已在全区各地推广，经营方式以纯林种植为主，幼林时行桐农混种。

浙江五爪桐

原分布于浙江北部天目山低山、丘陵地带（属Ⅱb区），海拔168～600 m。

成年树高5～7 m，主枝2～3轮，枝下高0.6～0.8 m。树冠半椭圆形，冠高4～5 m，冠幅5～6 m。先叶后花，雌性化倾向极强，花序由1～8个粗短的主花轴簇生于同一枝条的顶端，每个花轴上着生1朵雌花，没有雄花，此雌花簇以后则发育成5～8个多轴短梗、排列紧密的丛生果序，状如五爪，故名"五爪桐"。果圆球形，顶有皱棱，平均纵径6.2 cm，横径5.7 cm，重75.0 g，含籽4.2粒。

萌动期3月20—29日，盛花期4月24—26日，果实成熟期10月15—25日，落叶期11月14—27日。年生育期243天左右。

种后3～4年始果，5～6年进入盛果期，18～20年生后逐渐衰老，正常寿命可达30～40年。盛果期年产桐油200～250 kg/hm²，零星种植单株年产桐油1～2 kg。气干果平均重24.8 g，出籽率56.8%，籽粒重3.8 g，出仁率60.9%，绝干桐仁含油率64.9%，桐油酸价0.37，折光指数1.518 5。

本品种是浙江省大力推广的优良品种，高产稳产，适应性强，同时具有纯雌花的特点，是育种的良好原始材料。

湖北五爪龙（五爪桐）

湖北省各油桐产区均有零星分布（Ⅰa、Ⅰc、Ⅱa 区均有分布），海拔 300 ~ 700 m。

成年树高 3.5 ~ 4.5 m，主枝 2 ~ 3 轮，枝下高约 0.7 m。树冠伞形，冠高 3 ~ 4 m，冠幅 3.5 ~ 4.5 m。平均叶长 18.5 cm，宽 17.0 cm。平均花序主轴长 4.3 cm，每序有桐花 6.1 朵，雌雄花比 5.1 : 1.0。结果丛生性强，多形成 3 ~ 6 个果的丛生果序，果柄粗而短，果扁球形，平均纵径 5.3 cm，横径 5.6 cm，重 69.0 g，含籽 4.3 粒。

萌动期 3 月 20 日—4 月 2 日，盛花期 4 月 20—25 日，果成熟期 10 月 20—30 日，落叶期 11 月 1—15 日。年生育期 220 天左右。

种后 3 年始果，5 ~ 6 年进入盛果期，结果寿命 20 ~ 25 年，长者可达 30 ~ 40 年。盛果期年产桐油 200 ~ 225 kg/hm²。籽粒重 2.7 g，出仁率 56.2%，绝干桐仁含油率 59.7%，桐油酸价 0.74，折光指数 1.520 0。

本品种分布范围广，适应性强，较耐瘠薄，具有丰产稳产的特点，适宜桐农间作或纯林经营，是湖北省今后油桐生产中应大力推广的优良品种之一。

湖南白杨桐（观音桐、窄冠桐）

产于湖南石门县（属 Ia 区），但无成片栽培，多混杂于其他品种的桐林中，分布区海拔 500 ~ 700 m，最高达 1 200 m。

成年树高 6 ~ 7m，主干通直，树皮灰白色而光滑，稀疏的皮孔呈点状分布，酷似白杨树干。主枝 6 ~ 8 轮，轮距甚短，分枝角一般仅 30°左右。树冠圆柱形或长卵圆形，冠高 5 ~ 6 m，冠幅不过 2 m，小枝细，近乎直立向上。平均叶长 17.8 cm，宽 15.8 cm。平均花序主轴长 7.3 cm，有桐花 25 朵，雌雄花比 1∶17.7，但也有单性花，且多系雌花。果单生或丛生，较小，圆球形，平均纵径 4.5 cm，横径 4.4 cm，重 45.8 g，含籽 4.7 粒。

萌动期 4 月 1—10 日，盛花期 4 月 18—28 日，果实成熟期 10 月 15—25 日，落叶盛期 10 月 15—30 日。年生育期 200 ~ 215 d。

种后 3 年始果，5 ~ 6 年进入盛果期，结果寿命一般为 20 年左右。盛果期年产桐油 150 kg/hm²。气干果平均重 15.2 g，出籽率 55.9%，籽粒重 2.0 g，出仁率 63.7%，绝干桐仁含油率 57.4%，桐油酸价 0.62，折光指数 1.518 6。

该品种分枝角度小，树冠狭窄，枝梢亦短，适于密植。这些优良性状，作为育种原始材料均是十分宝贵的。

四川柴桐（高脚桐、鸡嘴桐、寿桃桐）

分布于四川各油桐产区（属 Ia、Ib 区），多与其他品种混生在一起。

成年树高 4 ~ 10 m，高 0.8 ~ 2.0 m，主枝 3 ~ 6 轮。树冠椭圆形或长卵形，冠高 4 ~ 8 m，冠幅 6 ~ 7 m。枝叶稠密，叶大，平均长 17.8 cm，宽 15.2 cm。花序主轴长 15 ~ 20 cm，并于基部分出 5—6 条基侧轴，花可多达百余朵，但多为雄花，极少雌花。果单生，长卵形、寿桃形不等，尖长，或皱缩而有明显棱瓣，平均纵径 6.6 cm，横径 5.4 cm，重 51.2 g，含籽 3.4 粒。

萌动期 3 月 10 日前后，盛花期 4 月 8—12 日，果实成熟期 11 月 5—10 日，落叶盛期 11 月 20—25 日。年生育期 260 ~ 270 天。

种后 4 ~ 5 年始果，8 ~ 10 年进入盛果期，寿命可长达 50 ~ 60 年，但结果甚微，极少量的高产单株年可产桐油 0.9 ~ 1.5 kg。气干果平均重 27.3g，出籽率 51.3 %，籽粒重 3.3g，出仁率 54.5 %，绝干桐仁含油率 62.9 %，桐油酸价 0.40，折光指数 1.520 8。

本品种是个淘汰品种，产量极低。群众认为只能当柴烧，故称"柴桐"。但具较强的抗病能力，可作抗病育种原始材料或嫁接砧木。

浙江大扁球（柿饼桐）

分布于浙江省富阳、临安、昌化等县（属Ⅱb区），海拔 10 ~ 400 m。

成年树高 4 ~ 6 m，枝下高 1 ~ 1.2 m，主枝 2 ~ 3 轮。树冠半椭圆形，冠高 4.0 ~ 4.5 m，冠幅 5.1 ~ 5.3 m。枝条粗细不匀，易发生萌条。花单生，偶有几个花并生，果多单生，扁圆形，平均纵径 5.5 ~ 6.0 cm，横径 6.5 ~ 6.8 cm，重 100 ~ 120 g，含籽 5 ~ 8 粒。

萌动期 3 月 24—30 日，盛花期 4 月 22—26 日，果实成熟期 10 月 17—24 日，落叶期 11 月 12—14 日。年生育期 235 ~ 245 d。

种后 3 ~ 4 年始果，6 ~ 7 年进入盛果期，15 ~ 20 年逐渐衰老。盛果期单株年产桐油 0.5 kg 左右。气干果平均重 34.4 g，出籽率 48% ~ 52%，籽粒重 2.4 g，出仁率 63.4%，绝干桐仁含油率 64.7%，桐油酸价 0.48，折光指数 1.518 4。

该品种同前述柿饼桐品种一样，为油桐诸品种中一特殊类型。

浙江桃形桐

分布于浙江西北部各桐油产区的低山、丘陵地（属Ⅱb区），海拔164～600 m，最高800 m。

成年树高5～7 m，枝下高1.0～1.2 m，主枝2～3轮。树冠半椭圆形至伞形，冠高4～5 m，冠幅5.1～5.2 m。花序主轴长平均7.1 cm，有花25～35朵，雌雄花比1∶15。果丛生，寿桃形，平均纵径6.5 cm，横径4.3 cm，重63.9 g，含籽4.6粒。

萌动期3月26—30日，盛花期4月22—27日，果实成熟期10月18—23日，落叶期11月7—14日。年生育期235～245天。

种后3～4年始果，5～6年进入盛果期，一般寿命为30年左右。盛果期年产桐油150 kg/hm²，丰产年可达200 kg/hm²。气干果平均重21.1 g，出籽率51.7%，籽粒重3.6 g，出仁率64.5%，绝干桐仁含油率67.0%，桐油酸价0.41，折光指数1.518 9。

本品种适于在浙江西北部山区推广种植。

湘桐中南林 23 号无性系

现栽培在湖南中部衡阳县沟嵝峰林场（属 Ic 区），海拔 250 ~ 300 m。

树形较矮，成年树高 2 ~ 5 m，主枝 2 ~ 3 轮。树冠伞形、圆头形或椭圆形，冠高 2 ~ 4 m，冠幅 4 ~ 5 m，枝条疏密适中，树体结构良好。平均叶长 15.2 cm，宽 12.3 cm。中花花序，每序平均有花 26.6 朵，雌雄花比 1∶10。果丛生，每丛 5 ~ 10 果，多的达 20 个，球形，果皮光滑，平均纵径 5.1 cm，横径 5.0 cm，重 47.8 g，含籽 4.5 粒。

萌动期 3 月 10—25 日，盛花期 4 月 15—20 日，果实成熟期 10 月 15—20 日，落叶盛期 11 月 10 —20 日。年生育期 245 d。

嫁接后次年可以结果，4 年进入盛果期，现 15 年生结果旺盛，年产桐油 250 kg/hm²，高产林分达 350 kg/hm²。出籽率 54.8%，籽粒重 2.0 g，出仁率 58.9%，绝干桐仁含油率 57.7%，桐油酸价 0.22，折光指数 1.519 5。

该无性系是中南林学院于 1979 年从湘西龙山县咱果乡小米桐产区进行无性系测定，历时 10 年培育成功的。宜在立地条件优越的地区大力推广。

湘桐中南林 37 号无性系

现栽培于湖南衡阳县沟崃峰林场（属 Ic 区），海拔 250 ~ 300 m。

成年树高 2 ~ 4 m，主枝多为 2 轮，枝下高 1m 左右。树冠伞形或塔形，冠高 2 ~ 2.5 m，冠幅 3.5 ~ 4 m，枝条稀疏细长，树体结构较松散。平均，叶长 17.6 cm，宽 15.5 cm。平均花序主轴长 12.2 cm，每序有花 42.4 朵，雌雄花比 1∶5。果实丛生性极强，盛果期一般每序 5—15 个果，多的达 40 个以上。扁球形，平均纵径 4.7 cm，横径 5.1 cm，重 52.7 g，含籽 4.9 粒。

萌动期 3 月 15—31 日，盛花期 4 月 15—20 日，果实成熟期 10 月 15—20 日，落叶期 11 月 10—20 日。年生育期 240 d。

嫁接后次年可以挂果，3 年进入盛果期，一般可持续 10 ~ 15 年。盛果期年产桐油 200 kg/hm²，最高可达 450 kg/hm²。气干果平均重 1.8.1g，出籽率 54.5%，籽粒重 1.8 g，出仁率 59.3%，绝干桐仁含油率 54.5%，桐油酸价 0.34，折光指数 1.521 9。

该无性系是中南林学院于 1979 年从湘两泸溪县葡萄桐林中选优后进行无性系测定，历时 10 年培育成功的。一直表现良好，丛生性极强，且稳定，在生产上有推广价值，特别是在立地条件好的条件下栽培更为适宜。但抗枯萎病能力较弱，栽培时应加强管理，栽植密度不可太大。

贵州柴桐（野桐、公桐）

贵州油桐产区都有分布（属 Ia、Ib 区），海拔 350 ~ 1 850 m。

成年树高 5 ~ 12 m，主枝 3 ~ 5 轮，枝下高 1 ~ 1.5 m。树冠伞形，冠高 4 ~ 8 m，冠幅 4 ~ 12 m。平均叶长 12.3 cm，宽 8.4 cm。平均花序主轴长 14.8cm，有花 38.7 朵，雌雄花比 1：38.0。果单生，球形或纺锤形，平均纵径 4.6cm，横径 4.4cm，重 42.5g，含籽 3.3 粒。

萌动期 3 月 3—5 日，盛花期 4 月 12—18 日，果实成熟期 10 月 18—25 日，落叶期 11 月 6—10 日。全年生长发育 240 d。

种后 3 年始果，5 ~ 6 年进入盛果期，一般持续 15 ~ 25 年，盛果期年产桐油 60 ~ 90 kg/hm²。气干果平均重 13.8 g，出籽率 52.3%，籽粒重 1.7g，出仁率 52.4%，绝干桐仁含油率 62.8%，桐油酸价 0.57，折光指数 1.521 1。

柴桐是贵州分布较多的品种，树势生长旺盛，但产油量低，果实较小，现已日趋淘汰。

苍梧 18 号无性系

广西壮族自治区林业科学研究所第二批选育成功的千年桐高产优良无性系。现广西各地均有引种栽培。原产地为我国千年桐中心栽培区。

成年树高 4～5 m, 枝下高 0.8～1.3 m, 主枝 2～3 轮。树冠半圆形或伞形, 冠高 3～4 m, 冠幅 5～6 m, 挂果枝柔软下垂。叶长平均 16.2 cm, 宽 13.1 cm。花为伞房状聚伞花序, 主轴长 14.6 cm 左右, 并具 5～6 个与主轴等长的基侧轴, 排列为伞房状, 每序有雌花 25～40 朵。果丛生, 通常每丛 8～11 果, 球形或椭圆形, 平均纵径 4.5 cm, 横径 4.7 cm, 重 55 g, 含籽 3 粒。

萌动期 3 月 5—10 日, 盛花期 4 月 25—30 日, 果实成熟期 10 月 20 日—11 月 5 日, 落叶盛期 11 月 20 日—12 月 10 日。年生育期 280 d 左右。

种后翌年开花结果, 5 年进入盛果期, 年产桐油 450 kg/hm^2, 高者可达 600～800 kg/hm^2。气干果平均重 20.1g, 出籽率 42.2 %, 籽粒重 2.6 g, 出仁率 56.3%, 绝干桐仁含油率 57.4%, 桐油酸价 0.60, 折光指数 1.519 8。

本无性系近年在广西各地推广表现良好, 丛生性比桂皱 27 号等更强, 深受群众欢迎。

注: 油桐代表品种彩照均选自《中国油桐品种图志》(凌麓山, 等, 1993)。

责任编辑 徐定娜
封面设计 孙宝林　田　静

ISBN 978-7-5116-2718-6

9 787511 627186 >

定价：128.00元